구조방정식모형

Structural Equation Modeling :
Foundations and Applications

| 이해와 활용

심 준 섭 저

法 文 社

머리말

본 저자가 구조방정식모형을 처음 접한 게 1998년 미국 뉴욕주립대 박사과정 유학시절이었으니, 벌써 15년이 다되어 간다. 지도교수님의 권유로 처음 심리학과 대학원 수업에서 구조방정식모형 수업을 들으면서 겪었던 어려움들이 지금도 선하다. 나름대로 다양한 통계분석 기법들에 자신 있었기에 쉽게 생각하고 들어갔다가, 수업에서 생소한 개념과 원리로 인해 무척 어렵게 공부했던 생각이 난다. 당시만 해도 지금처럼 구조방정식모형 프로그램들이 사용자 편의로 만들어지지 않았던 시절이라 개념적으로 이해하는 것이 매우 힘들었다.

미국에서 박사학위를 받고 귀국 후 중앙대학교에서 교수로 재직하면서부터, 지금까지 대학원 고급계량분석 수업을 진행해오고 있다. 해마다 수업을 진행하면서 겪는 가장 큰 어려움은 쉽게 가르칠 수 있고 또한 학생들도 쉽게 이해할 수 있는 구조방정식모형 교재가 없다는 점이었다. 매번 구조방정식모형 교재를 선택해야 할 때면 고민이 많았다. 물론 지금까지 국내에서 여러 권의 구조방정식모형 교재들이 출판되었다. 초창기 교재들과 비교하면 상당히 이해하기 쉽도록 쓰여진 것이 사실이다. 그러나 여전히 학생들로부터 왜 이렇게 구조방정식모형 책들은 이해하기가 힘드냐는 질문을 받는다. 구조방정식모형을 배우는 수준의 학생이라면 적어도 회귀분석이나 요인분석에 대한 기본적인 지식들을 가지고 있는데도 말이다. 이들에게 조차도 구조방정식모형의 개념과 원리는 여전히 난해하고 복잡하게만 여겨지고 있다. 물론 그림이 많이 포함된 매뉴얼 형태의 구조방정식모형 교재들도 있다. 그러나 이런 책들은 공통적으로 구조방정식모형의 원리나 개념에 대한 설명이 부족하다보니 그저 단순히 클릭, 클릭을 통해 구조방정식모형 프로그램을 돌리는 것만 가능하게 할 뿐 결과물을 제대로 해석하거나 이해하는 데는 큰 한계를 드러내고 있다.

이러한 고민 속에서 구조방정식모형에 대한 좀 더 쉬운 책을 써보자는 것이 본 책을 쓰게 된 출발점이었다. 본 책은 지금까지 국내에 소개된 구조방정식모형 교재들과는 다음 두 가지 점에서 차별화된다.

첫째, 수학과 통계에 대한 사전 지식이 부족한 사람도 구조방정식모형을 쉽게 배울 수 있도록 가능한 쉬운 용어를 사용하고자 하였다. 수학적으로 복잡한 설명은 가능한 줄이고 쉬운 그림과 말로 풀어서 설명하고자 하였다. 그러면서도 구조방정식모형을 이해하는 데 필요한 핵심적인 개념과 원리들을 빠뜨리지 않으려고 노력하였다. 본 책의 Part I 부분은 구조방정식모형을 이해하는 데 필요한 개념과 원리, 모형들을 설명하는데 초점을 맞추었다. 각 장마다 마지막에 제시된 연습문제들을 풀어봄으로써 보다 충실한 이해가 가능할 것이다.

둘째, 예제를 이용해 실제로 구조방정식모형 분석을 연습해볼 수 있도록 하였다. 또한 구조방정식모형의 결과물을 이해하기 쉽도록 상세한 설명을 첨부하였다. 이를 위해 Part II는 실제 다양한 구조방정식모형별로 LISREL을 이용하여 분석을 수행하고 그 결과를 쉽게 해석할 수 있도록 하는데 초점을 맞추었다. 또한 최근 구조방정식모형 분석에 활용도가 높은 AMOS 사용방법도 부록에 소개했다.

구조방정식모형을 배우는 사람들에게 꼭 들려주고 싶은 말이 있다. 요즘의 통계프로그램들이 모두 그렇듯, 구조방정식모형 분석을 위한 통계프로그램도 사용하기가 쉽다. 몇 번의 마우스 조작만으로도 기계적으로 능숙하게 결과물을 얻어낼 수 있다. 이처럼 통계 소프트웨어 자체를 잘 다루는 것을 통계에 능숙한 사람 또는 더 나아가 통계 전문가라고 쉽게 말하는 데 이것은 절대로 잘못된 생각이라는 점이다. 통계에 능숙한 기술자는 될 수 있을지언정 제대로 통계를 이해했다고는 할 수 없다.

또 한 가지, 단순히 기초통계 분석만으로도 충분히 자신의 연구 질문에 적절한 해답을 얻을 수 있음에도 불구하고, 복잡한 통계기법이 멋있어 보인다는 이유만으로 구조방정식모형을 적용하겠다는 학생들을 쉽게 만날 수 있다. 모든 통계분석 기법들은 그 개념과 원리 그리고 필요한 가정을 제대로 이해하고 사용할 때만이 분석도구로서 가치를 지니게 된다. 무턱대고 어떤 통계분석 기법을 사용할 것인가를 결정하기 이전에, 연구문제에 대한 해답을 얻는 데 가장 적절한 도구가 무엇인지를 고민해야 한다.

이 책이 만들어지기까지 도움을 주신 많은 분들께 깊은 감사의 마음을 전하고자 한다. 제일 먼저 Part II 부분을 보다 쉽게 시각적으로 독자들이 이해할 수 있도록 만드는데 큰 도움을 준 중앙대 대학원 행정학과 박사과정 김지수 양에게 진심으로 고마운 마음을 전한다. 또한 김지수 양은 책 전반에 걸쳐 오탈자 교정에서부터 미흡한 내용에 대한 보완에 이르기까지 너무 많은 수고를 아끼지 않았다. 원고를 읽고 오탈자 교정에 많은 도움을 준 미래의 행정학자 김진탁 군과 김은실 양에게도 고마움을 전한다. 지금까지 중앙대학교 대학원 고급계량분석 수업을 거쳐간 많은 학생들에게도 고마운 마음을 전하고자 한다. 매번 수업을 준비하면서 또는 수업시간에 학생들과 질문과 대답을 하면서 본 저자 역시 구조방정식모형을 좀 더 정확히 이해하고 쉽게 가르칠 수 있게 되었다. 수업용 자료들이 묶여서 하나의 그럴듯한 책으로 출판될 수 있도록 기회를 주신 법문사 사장님을 비롯하여 예상현 과장님, 유진걸 선생님께도 깊은 감사를 드린다. 마지막으로, 멀리 떨어져 있는 보고 싶은 가족들, 재원, 지원, 그리고 아내에게 진심으로 고맙다는 말을 전하고자 한다.

이 책을 통해 보다 많은 학생과 연구자들이 구조방정식모형을 정확히 이해하고 쉽게 사용할 수 있게 됐으면 하는 바람이다.

흑석동 연구실에서
저자 심준섭 드림

차 례

제 1 부 구조방정식모형의 개념과 원리

제 1 장 구조방정식모형의 이해

제 2 장 구조방정식모형의 절차

제2부 LISREL을 이용한 구조방정식모형 분석

제 8 장 LISREL과 PRELIS의 기본적 이해

제 9 장 다중회귀분석

제10장 경로분석

제11장 확증적 요인분석

제12장 잠재변수 경로분석

제 1 부 구조방정식모형의 개념과 원리

제 1 장

구조방정식모형의 이해

주요개념들

- 구조방정식모형
- 요인분석
- 잠재변수, 측정변수
- 외생변수, 내생변수
- 모수추정치
- 매개변수, 허위변수
- 경로분석, 확증요인분석, 잠재변수 경로분석
- 회귀분석
- 경로분석
- 측정모형, 구조모형
- 측정오차, 설명오차
- 재귀모형, 비재귀모형
- 인과관계, 상관관계

구조방정식모형(SEM)은 40년 전 소개된 이후, 현재 사회과학의 다양한 연구 분야에서 핵심적인 통계분석 기법으로 자리 잡았다. 그러나 여전히 연구자들에게 구조방정식모형은 가장 복잡하고 난해한 통계기법으로 여겨지고 있다. 이번 장에서는 구조방정식모형의 기본 개념들을 이해하고 구조방정식모형이 기존의 통계기법들과 어떻게 다른지 살펴보고자 한다. 이를 위해 사례를 통해 구조방정식모형 전반을 직관적으로 이해하는 데서부터 출발하고자 한다.

다음으로 구조방정식모형의 특징을 살펴보고, 전통적인 통계분석 기법들과의 차이점을 살펴본다. 또한 구조방정식모형의 주요 개념과 용어들을 살펴보고자 한다. 마지막으로 구조방정식모형의 하위 유형들인 경로분석, 확증적 요인분석, 잠재변수 경로분석에 대해 이해한다.

I 구조방정식모형의 이해

1. 구조방정식모형의 개념적 이해

본격적인 설명에 앞서 쉬운 예를 통해 구조방정식모형을 이해해 보자. 기존 이론에 따르면 '만족도가 높으면 몰입도가 높아진다' 고 한다.[1] 연구자 A씨는 실제 이것이 사실인지 일선 공무원들을 대상으로 검증하고자 한다. A씨가 제일 먼저 할 일은 〈그림 1-1〉처럼 개념적으로 변수들 간의 관계를 가설로 나타내 보는 것이다.

조사방법론의 전통에 따라 추상적인 개념들은 동그라미로, 개념들 간의 인과관계는 화살표로 표시된다. 개념 또는 변수들 간의 가설적 관계를 그림으로 나타냄으로써 연구모형이 분명해진다. 개념들 간의 관계를 표현한 것이 명제(proposition)이고, 변수들 간의 관계를 표현한 것이 가설(hypothesis)이다(Bacharach, 1989). 따라서 A씨의 연구가설은 "만족도가 높으면 몰입도가 높아질 것이다"로 표현될 수 있다. 이제 연구가설을 검증하기 위해서는 만족도와 몰입도라는 개념을 조작적으로 정의해야 하며, 또한 이들을 측정하기 위한 도구들이 필요하다.

우선 만족도라는 개념은 매우 복잡하고 추상적인 **구성개념(construct)**으로 볼 수 있다. 구성개념은 사회과학 연구에서 사용되는 추상성이 높은 개념이며, 상대적으로 **변수(variable)**는 측정 가능한 개념을 의미한다. 흔히 구성개념은 한 가지 차원이 아닌 여러 복합적인 차원들로 구성되어 있다. 예컨대 상사, 동료, 임금, 작업환경에 대한 만족도는 전반적인 만족도를 구성하는 하위 차원들이다. 그렇다면

그림 1-1 만족도가 몰입도에 미치는 영향

1) 실제로는 만족도와 몰입도 간에 긍정적(+) 상관관계가 존재한다는 점에 대해서는 조직 연구자들이 대부분 동의하지만, 두 변수간 인과관계에 대해서는 이견을 보이고 있다.

그림 1-2 만족도의 개념을 고려한 연구모형

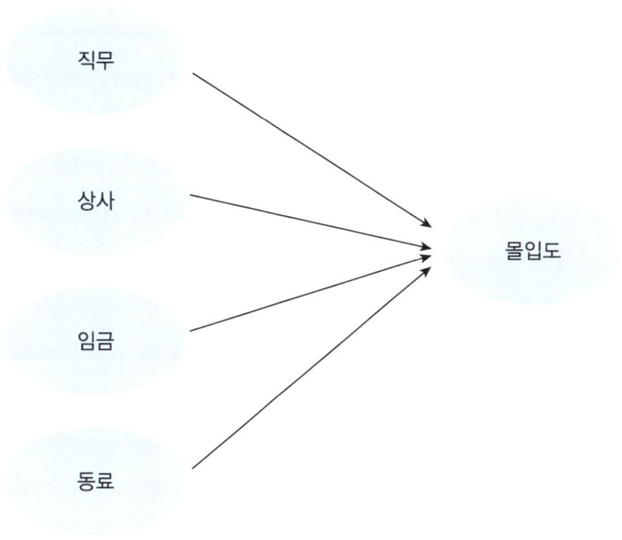

이들 네 차원들은 마땅히 연구모형에 포함되어야 할 것이나. 〈그림 1-2〉는 만족도의 네 차원들을 반영하여 수정한 모형이다.

〈그림 1-2〉에서 직무, 상사, 임금, 동료는 원인이 되는 변수로서 모형 내에서 어떤 또 다른 원인들을 가지고 있지 않은 변수들이다. 즉 자신에게 향하는 화살표를 가지고 있지 않은 변수들이다. 이러한 변수를 **외생변수(exogenous variables)** 라 부른다. 반면 몰입도는 결과변수로서 자신에게 향하는 화살표만 있으며 또 다른 어떤 변수의 원인으로 작용하고 있지 않다. 이러한 변수를 **내생변수 (endogenous variables)**라 부른다.

이제 〈그림 1-2〉의 연구모형을 실증적으로 검증하기만 하면 되는가? 불행히도 〈그림 1-2〉의 연구모형은 여전히 실증적인 연구를 수행하기에는 불충분한 상황이다. 직무에서 동료까지 네 가지 차원들은 그 자체로 직접적으로 측정 가능한 변수들이 아니기 때문이다. 사회과학의 많은 다른 개념들처럼 직무, 상사, 임금, 및 동료에 대한 만족도는 그 자체로는 측정 불가능한 변수들이다. 몰입도 역시 직접적인 측정은 불가능하다. 이처럼 그 자체로는 직접적인 측정이 불가능한 변수들을 **잠재변수(latent variable)**라 부른다. 잠재변수들을 측정하기 위해서는 〈표 1-1〉과 같은 설문 문항들이나 점수 등의 지표(indicators)나 척도(index)가 반드시 필요하다(전체 설문지는 〈부록 1-A〉에 제시되어 있다). 이러한 지표나 척도들 각

표 1-1 몰입도 측정 문항의 예

I. 다음은 귀하의 조직몰입정도를 살펴보기 위한 질문입니다. 해당되는 응답에 ∨표를 해 주십시오.

문 항	전혀 그렇지 않다	그렇지 않다	보통 이다	그렇다	매우 그렇다
1. 나는 나의 직장에 강한 소속감을 느끼고 있다.					
2. 내 직장은 나에게 직장 이상의 특별한 의미를 부여하고 있다.					
3. 나는 직장에서 가정과 같은 분위기(일체감)를 느끼고 있다.					
4. 내가 원한다면 별 어려움 없이 당장 직장을 떠날 수도 있다.					
5. 나는 선택의 여지가 많아 현재의 직장을 옮기기가 용이하다.					
6. 내가 만약 현재의 직장을 떠난다면 내 인생의 많은 부분이 좋아질 것이다.					

* 설명의 편의를 위해 설문지의 일부분만을 정리한 것임. 전체 설문지는 〈부록 1-A〉를 참고할 것.

그림 1-3 수정된 연구모형

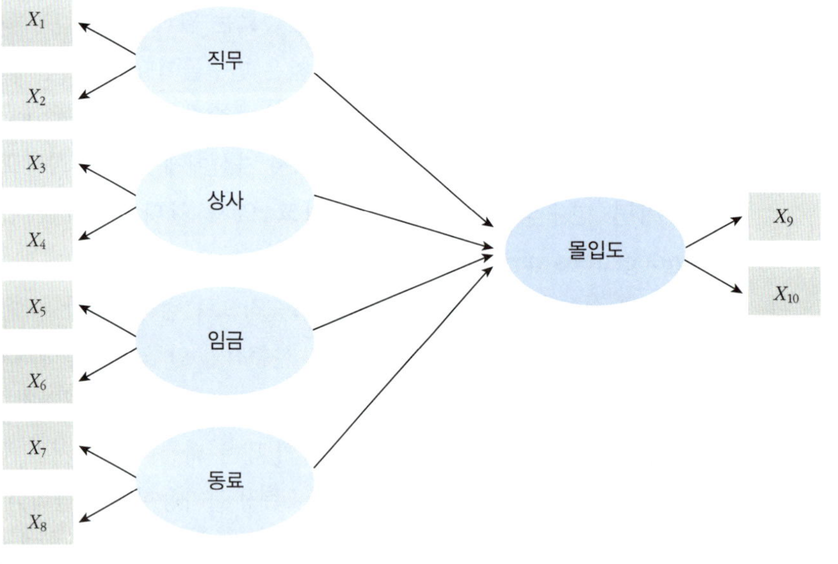

각을 **측정변수(measurement variable)** 또는 **관측변수(observed variable)**라 부른다. 이제 측정변수들을 추가하여 모형을 다시 수정하면 〈그림 1-3〉과 같다. 〈그림 1-3〉은 각 잠재변수들이 각각 두 개의 문항들에 의해 측정되는 상황을 가정한 것이다.

구조방정식모형에서 잠재변수는 원이나 타원으로 나타내고, 측정변수는 정사각형이나 직사각형으로 표현한다. 〈그림 1-3〉의 수정 모형에는 5개의 잠재변수들이 있고, 각 잠재변수는 2개의 측정변수들을 지표로 이용하여 간접적으로 측정되고 있다.

이제 구조방정식모형을 위한 대략적인 모형설정은 끝났지만, 여전히 고민거리가 남아있다. 각 잠재변수를 측정하기 위한 문항들이 완전히 타당하고 신뢰할만한 문항들인가? 사회과학의 개념들을 측정하기 위한 어떤 지표나 문항도 완전히 타당하고 신뢰할만한 경우는 없다. 예컨대 몰입도를 측정하기 위한 2개 문항들이 몰입도를 완벽하게 오차 없이 측정할 수 있을까? 만일 "나는 나의 직장에 강한 소속감을 느끼고 있다" 문항에 대해 응답자들이 해석을 달리한다면 어떤 문제가 발생될까? 이처럼 모든 측정지표에는 **측정오차(measurement error)**가 결부되기 마련이다. 측정오차는 보통 E 또는 e로(LISREL에서는 δ와 ε으로 구분) 표현된다.

구조방정식모형에는 측정오차 외에도 **설명오차** 또는 **잔차(disturbance)**로 불리는 내생변수의 오차항(error term)이 부가된다. 설명오차는 보통 D로(LISREL에서는 ζ로 표시) 표시된다. 몰입도는 내생변수이므로 설명오차가 추가되는데, 이 설명오차는 4개의 외생변수들에 의해 설명되지 않는 몰입도의 분산(또는 변량)을 나타낸다. 이것은 회귀분석에서의 '$1-R^2$'와 같은 개념이다. 이제 측정오차와 설명오차를 반영한 최종모형을 그림으로 나타내면 〈그림 1-4〉와 같다. 모형에서 제시된 부호들은 구조방정식모형의 일반적인 규칙을 따른 것이다.

〈그림 1-4〉의 최종 연구모형에서 보듯이 4개의 외생잠재 변수들이 몰입도에 미치는 효과에 대한 가설적 인과관계뿐만 아니라 잠재변수 각각을 측정하기 위해 이용된 측정변수들과의 관계도 모형에 포함되어 있다. 잠재변수들 간의 인과관계를 묘사하고 있는 부분(β_i)을 **구조모형(structural model)**이라고 부르며, 잠재변수와 측정변수들 간의 관계를 묘사하고 있는 부분(λ_i)을 **측정모형(measurement model)**이라고 부른다. 따라서 구조방정식모형은 측정변수들과 잠재변수와의 관계를 다루는 측정모형과 잠재변수들 간의 경로(인과관계)를 포함하는 구조모형으로 구성된다. 그 결과, 구조방정식모형은 일련의 측정변수들과 잠재변수들 간의 선형적 관계에 대한 가설을 검증하는 데 이용된다.

그림 1-4 최종 연구모형

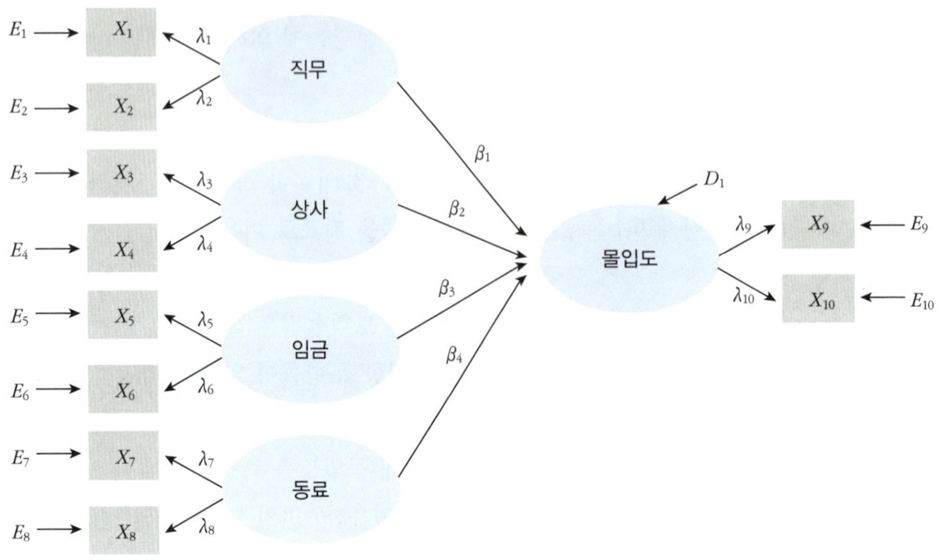

구조방정식(structural equation)이란 용어는 모형 내의 변수들 간의 인과관계를 방정식의 형태로 나타낸 것을 의미한다. 측정변수를 종속변수로 하는 회귀모형은 측정모형의 일부분을 방정식으로 나타낸 것이다. 예컨대 직무의 측정변수 X_1은 다음과 같은 구조방정식으로 나타낼 수 있다.

$$X_1 = \lambda_1 \text{직무} + E_1$$

마찬가지로 나머지 9개 측정변수들도 각각 구조방정식으로 나타낼 수 있다. 다음으로 구조모형 역시 1개의 방정식으로 나타낼 수 있다. 내생변수마다 구조방정식이 한 개씩 만들어진다. 즉, 몰입도를 내생변수로 하는 선형회귀모형은 구조모형을 방정식으로 나타낸 것이다.

$$\text{몰입도} = \beta_1 \text{직무} + \beta_2 \text{상사} + \beta_3 \text{임금} + \beta_4 \text{동료} + D_1$$

이상의 구조방정식에서 λ_i, β_i, D_i, E_i 추정치들을 **모수추정치(parameter estimates)**라고 부른다. 보다 구체적으로, λ_i,는 **적재치(loading)** 또는 **요인적재치(factor loadings)**로 불리며, β_i는 **경로계수(path coefficient)**, **구조계수**

(structural coefficient) 또는 **회귀계수(regression coefficient)**로 불린다. 개념적으로 모수추정치들은 회귀분석의 회귀계수처럼 해석될 수 있다. 이처럼 일련의 구조방정식의 작성을 통해 구조방정식모형은 변수들 간의 선형적 인과관계를 규정하거나 추정하기 위해 이용된다.

이하에서는 구조방정식모형의 역사적 배경, 구조방정식모형 소프트웨어에 대한 소개로부터 시작해서 위 사례에서 언급된 생소한 개념들에 대해 보다 구체적으로 설명하고자 한다.

2. 구조방정식모형의 역사적 배경

사회과학 연구자들이 구조방정식모형이란 표현에 이미 상당히 익숙해져 있지만, 정작 구조방정식모형의 역사적 배경을 어디까지로 볼 것인가는 다소 논란이 있다. 구조방정식모형의 핵심 부분인 측정모형에 대한 기원은 역사적으로 1900년 전후 Pearson(1896)의 상관관계와 Spearman(1904)의 요인분석이 개발되던 시점까지 거슬러 올라갈 수 있을 것이다. Spearman이 요인분석의 기초를 정립하면서 구조방정식모형에서 측정모형에 대한 개념적 토대가 만들어졌나. 이후 1930년대 Thruston은 요인분석과 요인회전에 대한 개념을 분명하게 제시함으로써 현대적인 의미의 요인분석의 토대가 마련되었다.

한편 구조모형에 대한 분석의 출발점은 1920년대 Wright(1918, 1920, 1934)의 경로분석까지 거슬러 올라갈 수 있을 것이다. 그는 변수들 간의 상관관계를 기초

그림 1-5 Wright의 사진과 최초 경로분석 논문의 일부

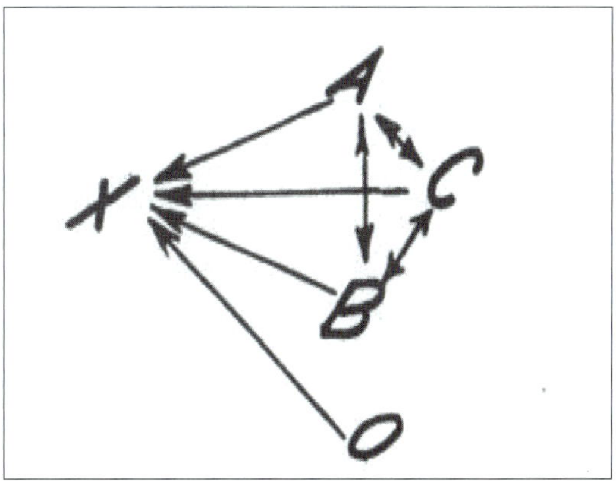

로 변수들 간의 구조적 관계를 분석할 수 있는 이론적 토대를 마련하였다.

그러나 보다 현대적인 의미의 구조방정식모형은 1970년대 초 Jöreskog과 동료들이 LISREL(LInear Structural RELations)을 제안한 시점부터 시작되었다고 볼 수 있다. 이들은 구조모형적 접근과 측정모형적 접근을 통합함으로써 구조방정식모형의 분명한 개념적 토대를 정립하였다. 1990년대를 거쳐 2000년대에 이르면서 구조방정식모형은 사회과학의 다양한 학문 분야에서 핵심적인 통계분석 기법으로 자리매김하였다. 현재 구조방정식모형은 교육학, 심리학, 마케팅, 행정학, 경제학, 사회복지학 등의 다양한 분야에서 활용되고 있다.

그럼에도 불구하고 구조방정식모형의 변형된 형태가 워낙 다양하다보니 구조방정식모형의 정확한 개념이나 명칭에 대해서는 이견들이 있다. 일반적으로 구조방정식모형은 다중회귀분석, 경로분석, 요인분석, 공분산분석 등이 결합된 통계분석 기법으로, 공분산구조분석(covariance structure analysis), 잠재변수모형(latent variable modeling), 공분산구조모형(covariance structure modeling), 동시적방정식모형(simultaneous equation model), 잠재변수 경로분석(latent variable path analysis) 또는 단순히 리즈렐(LISREL) 분석으로도 불린다.[2] 각각의 명칭은 구조방정식모형을 구성하는 잠재변수들 간의 구조적 관계와 측정변수와 잠재변수간의 측정 관계의 다양한 측면들 중 어떤 측면이 더 부각되도록 표현하느냐에서 차이가 난다.

그림 1-6 Jöreskog의 사진과 구조방정식모형 논문의 일부

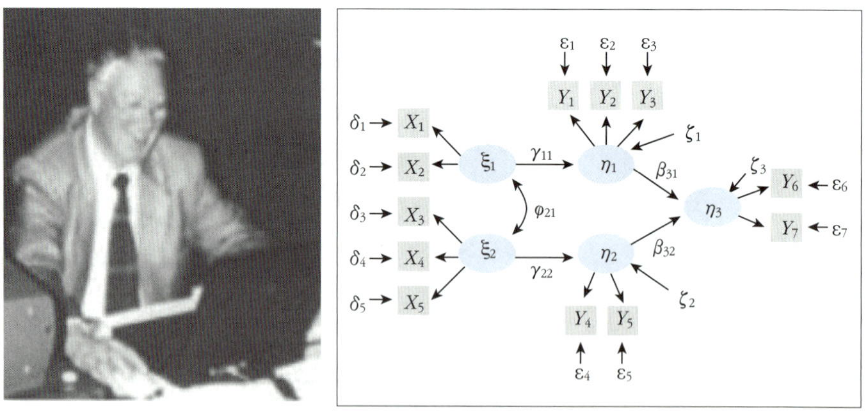

2) LISREL은 선형구조관계(LInear Structural RELationships)를 나타내며 동시에 구조방정식모형 프로그램을 의미하기도 한다.

3. 구조방정식모형 프로그램

구조방정식모형이 활성화된 배경에는 LISREL, AMOS, EQS, Mplus, SAS, STATISTICA 등 전문적인 구조방정식모형 소프트웨어들이 대중화된 점이 자리하고 있다. 이들 프로그램들은 구조방정식모형에 익숙하지 않은 사용자들도 조금만 배우면 이용 가능하도록 지속적으로 사용자 친화적 인터페이스를 개발하고 있다.

여러 프로그램들 중 LISREL, AMOS, EQS 세 가지가 가장 많이 이용되는 프로그램들이다. LISREL은 사회과학에서 구조방정식모형을 대중화시킨 주인공이다. LISREL은 선형구조관계(LISREL: LInear Structural RELationship) 모형에 바탕을 두고 구조방정식모형을 분석하는 통계패키지로서 Thillo & Jöreskog에 의해 처음 만들어졌고 이후 발전을 거듭해 오고 있다. AMOS(Analysis of MOment Structures)는 LISREL 보다는 최근에 개발된 프로그램으로서, 사용자 중심의 인터페이스를 가지고 있어 구조방정식모형의 대중화에 기여하고 있다. 최근의 LISREL 버전들은 AMOS나 다른 소프트웨어 못지않게 사용자 중심의 소프트웨어로 진화해가고 있다.

현재까지도 LISREL은 구조방정식모형 소프트웨어의 중심에 있다. 실제로 구조방정식모형 논문에서 LISREL은 여전히 가장 큰 비중을 차지하고 있다. 이 책은 LISREL 8.8 버전을 중심으로 구조방정식모형을 설명하고자 한다.

Ⅱ 구조방정식모형의 특징

1. 측정모형과 구조모형의 결합

사회과학에서 구조방정식모형이 대중화된 이유는 무엇일까? 가장 큰 이유는 구조방정식모형이 측정과 설명의 문제를 동시에 다룰 수 있는 기법이라는 점이다. 구조방정식모형은 구조모형과 측정모형의 결합을 통해 측정변수의 질을 평가하며, 잠재변수들 간의 인과관계를 설명하는 작업을 동시에 수행 할 수 있는 강력하고 유연한 수단을 제공한다. 이는 확증적 요인분석과 경로분석을 하나의 분석에서 동시에 수행하는 것과 같다. 따라서 구조방정식모형은 연구자로 하여금 연구대상 현상에 대해 매우 구체적인 질문들을 던질 수 있도록 해준다. 특히 잠재변수들 간의 인과관계에 대한 궁금증을 해소해 줄 수 있다.

2. 잠재변수와 측정변수의 동시 분석

측정모형의 핵심은 측정변수와 잠재변수의 관계를 설명하는 것이다. 구조방정식모형에서 이용되는 변수는 직접적인 측정가능성에 따라 측정변수(또는 관찰변수)와 잠재변수로 구분된다. 잠재변수라는 표현은 변수이지만 직접적으로 측정되지 않으며, 복수의 측정변수들을 지표로 이용하여 간접적으로 측정된다는 데서 붙여진 명칭이다. 잠재변수는 보통 사회과학 연구에서 구성개념(construct)으로 불린다. 지능, 신뢰, 수용성, 리더십, 몰입도, 위험인식, 동기, 만족도 등은 대표적인 잠재적 변수들이다. 이러한 개념들은 추상성으로 인해 측정을 위해서는 조작화된 지표들 또는 측정도구들을 필요로 한다. 예컨대 공무원의 몰입도는 그 자체로는 측정이 불가능한 잠재변수이며, 따라서 〈표 1-1〉처럼 복수의 설문문항들을 측정지표로 이용하여 간접적으로 측정된다. 이 경우 설문문항 각각은 잠재변수인 몰입도를 측정하기 위해 이용된 측정변수이다.

잠재변수와는 달리 소득, 학력, 길이, 성적은 연구대상으로부터 직접적으로 관찰 또는 측정 가능한 변수들로서 관찰변수들이다. 소득이라는 변수를 측정하기 위해서는 일 년 또는 한 달간 벌어들이는 수입을 측정하면 되기 때문에 소득 그 자체는 복수의 측정 지표들을 필요로 하지 않는 측정변수이다.

이처럼 사회과학에서는 추상적인 개념들에 대한 분석을 하기 위해 측정과 측정기법에 대한 관심이 증대될 수밖에 없다. 구조방정식모형은 보통 직접적으로 측정할 수 없는 이론적이고 가설적인 구성개념들을 모형에 포함시킴으로써 분석의 대상이 될 수 있도록 한다. 이를 위한 구조방정식모형의 대표적인 유형이 확증적 요인분석이다. 확증적 요인분석은 구성개념을 측정하는 지표들이 얼마나 잘 구성개념을 측정하고 있는가를 다룬다. 구조방정식모형은 확증적 요인분석을 가설검증의 차원에서 다루면서, 측정모형의 전반적인 우수성은 물론 모형을 구성하는 세부 측정지표들에 대한 검증이 가능하도록 해준다.

3. 설명오차와 측정오차의 동시 분석

구조방정식모형에서 오차항은 측정변수의 측정오차와 내생변수의 설명오차(또는 잔차)로 구분된다. 구조방정식모형은 측정오차와 설명오차를 모두 분석에 포함시키는 강점이 있다.

(1) 측정오차의 개념

측정오차는 측정과정에서 제대로 측정이 이루어지지 못함으로써 측정하려는 개념을 바르게 측정하지 못하는 정도를 나타낸다. 측정오차는 어떤 이슈에 대해 응답자 자신이 가지고 있는 본래의 태도 또는 성향이 응답과정에서 왜곡되는 것이다. 측정오차는 조사 과정에서 매우 중요한 문제이며 연구자는 측정오차로 인한 효과를 최소화하기 위해 노력한다.

연구자가 관찰을 통해 얻어낸 어떤 측정치도 완전히 정확할 수 없다. 누가 어떤 측정지표들을 개발하더라도 그것을 가지고 측정하려는 개념이나 변수를 완벽하게 측정할 수는 없다. 예컨대 몸무게를 측정하기 위해 저울을 사용하는 경우를 가정해보자. 저울의 용수철이 늘어나 있지만 누구도 모르고 있는 상황이다. 이 상황에서 10명의 몸무게를 측정했더니 10명 모두 실제 몸무게보다 2kg씩 더 무거운 것으로 측정되었다. 결국 관측된 몸무게는 각자의 실제 몸무게인 참값에 2kg의 측정오차가 더해진 값이다. 이는 용수철이 늘어난 저울은 몸무게라는 변수의 측정도구로서 타당도가 완벽하지 않음을 의미한다. 다만 반복적으로 측정해도 똑 같이 2kg씩 더 무겁게 측정되기 때문에 측정의 신뢰도는 높다.

마찬가지로, 몰입도를 측정하기 위해 어떤 문항을 사용하는 경우를 가정해보자. 이 문항에 대한 응답이 실제로 응답자의 몰입도를 나타내는 참된 부분도 있지만 몰입도와는 관련이 없는 오차 부분도 들어있게 된다. 예컨대 응답자가 자신의 몰입도를 과장해서 응답하는 경우 실제 몰입도와 관련된 부분이 응답에 포함되어 있지만, 과장되게 응답한 부분 역시 응답에 포함되게 된다. 이처럼 과장되게 응답하는 부분이 측정오차이다. 그렇다면 측정문항들의 수를 늘이면 측정오차가 완벽하게 제거되는가? 일반적으로 복수의 측정문항들을 통해 얻어진 값은 단일 측정문항에서 얻어진 값보다 신뢰도와 타당도가 높다. 그러나 복수의 측정문항들을 이용하더라도 여전히 측정오차는 존재한다. 다만 하나의 문항을 측정지표로 이용하는 경우에 비해 측정오차는 상대적으로 줄어들게 된다. 이처럼 관측치는 참값

그림 1-7 측정오차의 개념

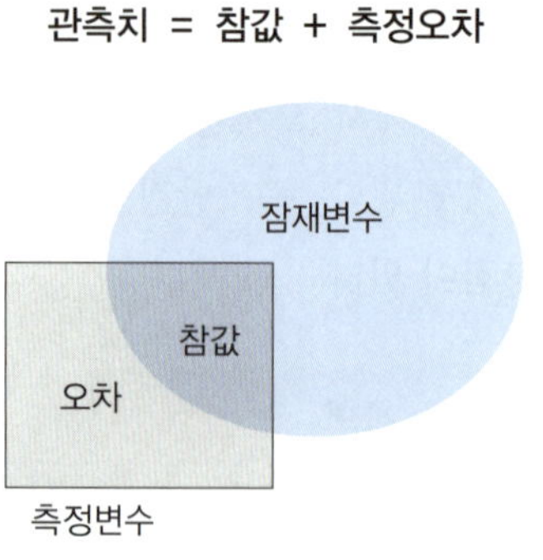

더하기 측정오차의 합으로 이해될 수 있다.

고전검사이론(classical test theory)의 관점에서 보면, 측정변수의 분산은 잠재변수에 의해 설명되는 분산인 참값과 설명되지 않는 분산인 오차분산(error variance) 또는 고유분산(unique variance)으로 나뉜다. 측정지표의 관점에서 보면 측정지표를 가지고 측정한 값은 실제 잠재변수를 측정하는 데 기여하는 부분인 참값과 그렇지 못한 부분인 측정오차로 나뉜다. 이중 측정오차는 잠재변수 즉 요인에 의해 설명되지 않는 측정변수의 고유한 분산을 나타낸다. 따라서 측정모형에서의 측정오차는 비신뢰도(unreliability)를 반영한다.[3] 신뢰도가 높은 측정변수일수록 오차가 적으며, 잠재변수의 더 나은 측정지표로 여겨진다.

〈그림 1-4〉에서 X_1은 직무를 측정하기 위한 하나의 측정변수이다. X_1과 직무의 관계를 방정식으로 나타내면 다음과 같다.

$$X_1 = \beta_1 \text{직무} + E_1$$

표준화 모수 추정모형의 경우 β_1은 직무와 X_1의 상관관계(r)를 나타낸다. 따라서 β_1^2은 직무에 의해 설명되는 X_1의 분산의 비율을 나타낸다. 또한 E_1은 측정오차로서 직무에 의해 설명되지 않는 X_1의 분산의 비율을 나타낸다. 위 방정식을 벤다이어그램으로 나타내면 다음과 같다.

3) 신뢰도는 '참값/관측치' 이며, 따라서 참값에 비해 오차값이 적을수록 지표의 신뢰도는 높아진다.

그림 1-8 직무 측정문항(X_1)의 측정오차

$$X_1 = \beta_1 직무 + E_1$$

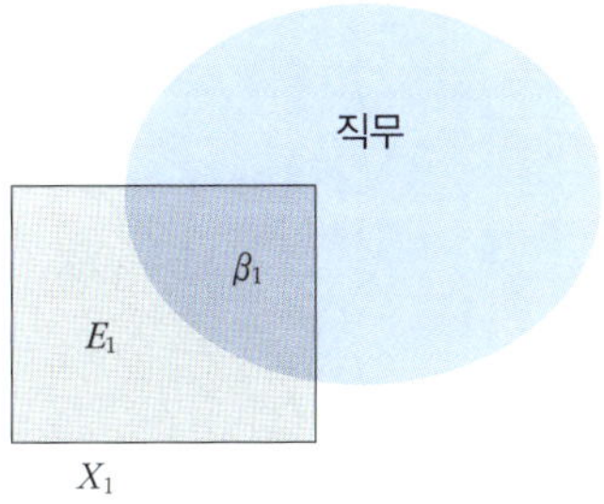

(2) 설명오차의 개념

이상에서 설명한 고전검사이론의 관점은 설명오차를 개념화하는 데도 그대로 적용된다. 설명오차는 원인이 되는 잠재변수 또는 측정변수들에 의해 설명되지 않는 내생변수의 분산을 나타낸다. 따라서 설명오차는 오차분산(error variance)으로서 회귀분석의 잔차(disturbance)와 동일한 개념이다. 설명오차는 〈그림 1-9〉처럼 내생변수의 분산 중에서 외생변수에 의해 설명되지 않는 부분을 나타낸다. 잠재변수의 오차는 구조오차(structural error)로도 불린다.

앞의 〈그림 1-4〉의 잠재변수 경로모형에서 D_1은 내생잠재변수인 몰입도의 설명오차이다. 즉 몰입도의 분산 중에서 외생잠재변수인 직무, 상사, 임금, 동료의 선형결합에 의해 설명되지 않는 분산을 나타낸다.

이론적으로 설명오차는 몰입도의 원인으로서 근무환경, 복지혜택 등 모형에 포함되지 않은 원인들이 종합적으로 미치는 효과를 의미한다. 구조방정식모형에

그림 1-9 설명오차의 개념

내생변수 분산 = 설명된 분산 + 설명오차

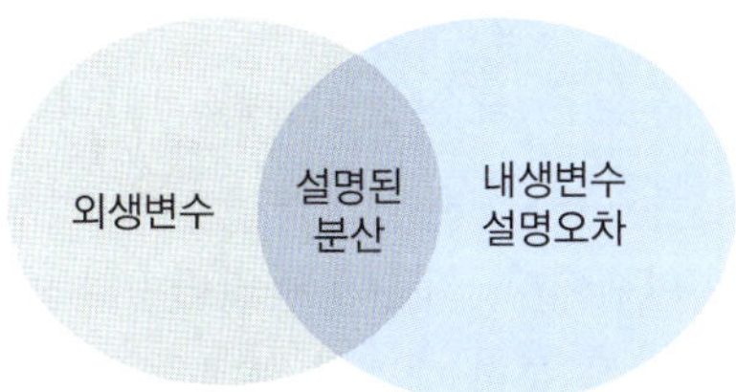

그림 1-10 몰입도의 설명오차

몰입도 = β_1직무 + β_2상사 + β_3임금 + β_4동료 + D_1

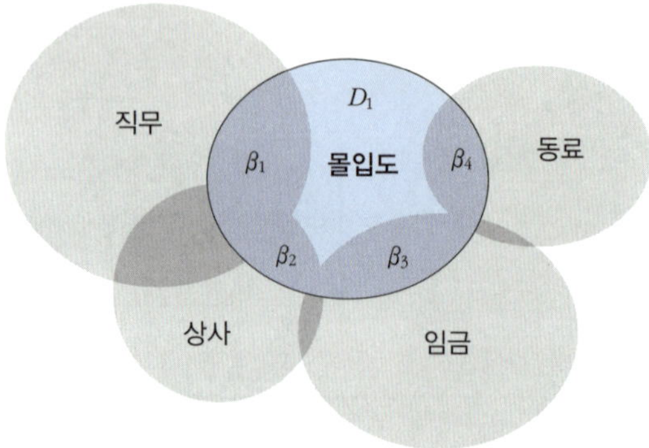

서 설명오차는 보통 D로 표시한다. 〈그림 1-10〉의 D_1은 몰입도의 분산 중에서 직무, 상사, 임금, 동료에 의해 설명되지 않는 몰입도의 분산의 부분을 나타낸다. 따라서 모형 내에 독립변수들이 추가될수록 잔차는 줄어들게 된다.

(3) 측정오차와 설명오차의 분석

구조방정식모형은 이상의 측정오차와 설명오차를 동시에 계산한다. 각 측정변수들은 측정오차를 가지고 있으며, 모든 내생변수들은 설명오차를 가지고 있다. 구조방정식모형은 모든 관찰변수의 측정오차와 내생변수의 설명오차를 동시에 분석할 수 있다. 이는 위에서 설명한 것처럼 구조방정식모형에서 측정과 설명의 이슈를 동시에 다룰 수 있음을 의미한다. 이러한 오차항들을 분석의 대상이 되도록 함으로써 구조방정식모형은 모수 추정의 정확도를 높인다. 특히 구조방정식모형은 오차항을 모형화 함으로써 측정의 타당도와 신뢰도를 평가할 수 있게 한다.

4. 매개변수의 효과 분석

사회과학자들은 측정의 이슈뿐만 아니라 예측이나 설명의 이슈에 큰 관심을 갖고 있다. 복잡한 현상에 대한 우리의 이해가 증대될수록, 설명모형 역시 더욱 복잡해지게 마련이다. 기존의 독립변수와 종속변수간의 직접적인 관계를 뛰어 넘어 다른 변수들을 통한 매개적 관계를 이해하고자 하는 관심이 증대되고 있다. 구조방정식모형은 복잡한 경로모형에 대한 검증이 가능하도록 해준다. 물론 전통적인 경로분석도 매개변수의 효과를 분석할 수는 있지만 경로분석은 측정변수들 간의 관계만을 분석할 수 있을 뿐이다. 경로분석과 구조방정식모형의 구체적인 차이점은 아래에서 논의된다.

Ⅲ 구조방정식모형과 전통적 통계분석기법의 비교

1. 전반적인 차이점

전통적인 회귀분석은 측정변수들로 구성된 독립변수들과 역시 측정변수인 종속변수간의 선형적 관계를 분석한다. 또한 회귀분석은 직접효과만을 분석할 수 있을 뿐이다. 〈그림 1-11〉은 전통적인 다중회귀분석 모형을 그림으로 나타낸 것이다.

회귀모형에서 독립변수와 종속변수의 관계를 회귀방정식으로 나타내면 다음과 같다.

$$몰입도 = \beta_1 직무 + \beta_2 상사 + \beta_3 임금 + \beta_4 동료 + e$$

회귀방정식에서 β_i는 표준화 회귀계수를 나타낸다. e는 잔차로서 몰입도의 예측치와 몰입도의 관측치의 차이를 나타낸다. 〈그림 1-4〉의 구조방정식모형에서 11개의 방정식이 필요했던 것과는 달리 회귀모형을 분석하기 위해서는 1개의 회

그림 1-11 다중회귀분석 모형

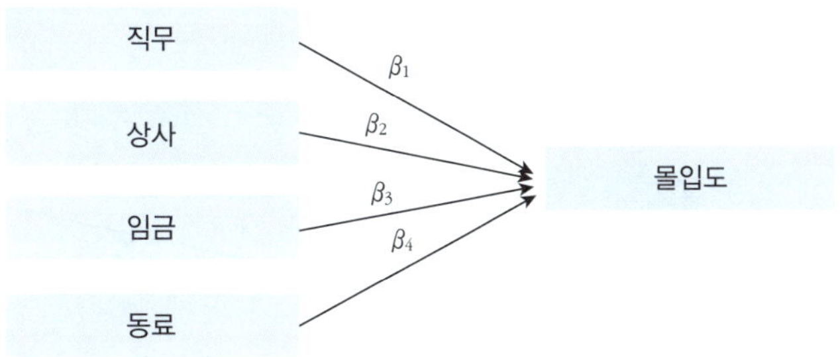

귀방정식만으로 충분하다. 그 이유는 회귀모형 속의 5개 변수들은 잠재변수가 아니라 측정변수들이며, 독립변수들은 측정오차가 없다고 가정하기 때문이다.

그렇다면 〈표 1-1〉의 설문 데이터를 가지고 직무, 상사, 임금, 동료가 몰입도에 미치는 효과를 어떻게 회귀분석할 수 있을까? 측정변수를 만들기 위해 각 차원을 측정하는 문항들에 대한 응답치를 모두 합하거나 평균값을 변수로 이용하는 것이 보통이다. 즉 직무의 경우 1번 문항과 2번 문항 응답치의 합계나 평균을 직무에 대한 측정변수로 이용하는 것이다. 마찬가지로 나머지 변수들도 문항들의 합계나 평균치를 측정변수로 이용하여 회귀분석을 한다. 결국 직무라는 잠재변수 그 자체는 회귀분석에 변수로 포함되지 못하며, 암묵적으로 두 문항들에 의해 완전하게 측정된다고 믿어질 뿐이다. 이러한 가정은 4개의 독립변수들이 모두 오차 없이 측정된다는 것을 전제로 한다. 그 결과 회귀모형에는 독립변수에 측정오차가 추가되지 않는다. 물론 이러한 가정의 비현실성이 구조방정식모형의 발전을 불러왔다. 또한 회귀분석은 독립변수와 종속변수간의 직접효과만을 분석할 뿐, 두 변수 사이에 어떤 변수가 매개되는 경우의 간접효과를 분석하지 못한다. 예컨대 〈그림 1-12〉처럼 임금이 직무를 매개로 몰입도에 미치는 간접효과를 분석할 수 없다.

회귀분석과는 달리 전통적인 경로분석은 독립변수와 종속변수 사이에 매개변수를 포함시킴으로써 측정변수들 간의 보다 복잡한 매개적 관계를 분석할 수 있다. 〈그림 1-12〉처럼 상사, 동료, 임금이 직무를 매개로 몰입도에 미치는 효과를 분석하는 경우, 직무는 매개변수가 된다. 따라서 매개변수를 경유하는 간접효과에 대한 분석이 가능해진다. 그러나 잠재변수를 사용하지 않으므로 여전히 회귀분석처럼 측정문항들의 합계나 평균을 가지고 해당 변수의 측정치로 이용할 뿐이다. 〈그림 1-12〉에서 내생변수는 직무와 몰입도 2개이므로 각각을 설명하기 위한

그림 1-12 경로분석모형

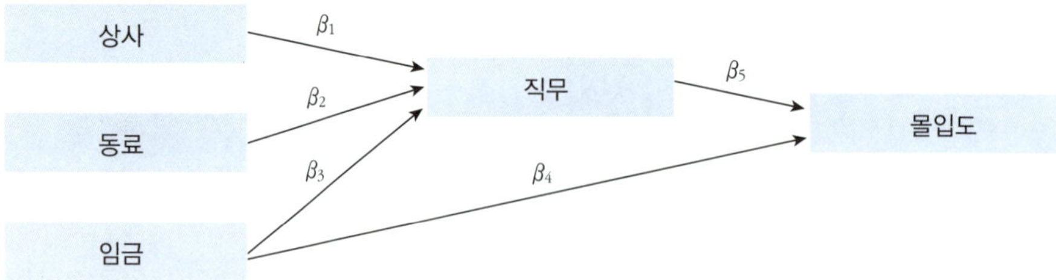

회귀방정식이 필요하다.

$$직무 = \beta_1 상사 + \beta_2 동료 + \beta_3 임금 + e$$
$$몰입도 = \beta_4 임금 + \beta_5 직무 + e$$

위 방정식에서 β_i는 표준화 회귀계수를 나타낸다. e은 잔차로서 직무와 몰입도 각각의 예측치와 관측치의 차이를 나타낸다.

회귀분석이나 경로분석과는 다른 관점에서, 요인분석은 다수의 측정변수들을 소수의 잠재변수인 요인들로 축소하는 데 목적을 두고 있다. 복수의 설문문항들을 분석하여 내면에 깔려있는 몇 개의 상위 차원들을 찾아내는 것이 일반적인 탐색적 요인분석이다. 따라서 요인분석은 측정변수들이 잠재변수를 측정하는 데 있어서 얼마나 타당한가를 검증하기 위해 주로 이용된다. 예컨대 직무, 상사, 임금, 동료를 각각 측정하는 2개 설문문항들이 얼마나 타당한 문항들인가를 검증한다. 그러나 요인분석은 요인들간의 인과관계에 대한 분석을 다루지는 못한다.

요인분석에서 각 측정변수는 요인들의 선형결합으로 나타낼 수 있다. 따라서 요인들의 선형결합에 의해 설명되지 않는 측정변수의 고유분산($e_i = 1 - h^2$)은 측정오차(e)를 나타낸다.

$$X_1 = a_1 직무 + a_2 상사 + a_3 임금 + a_4 동료 + e$$
$$X_1 = h_1^2 + e$$

그림 1-13 탐색적 요인분석 모형

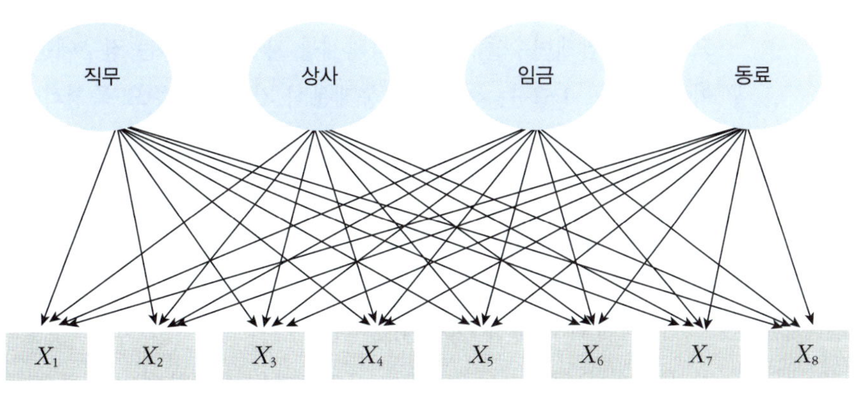

표 1-2 전통적인 통계분석 기법들의 특성 비교

구 분	특 성	한 계
회귀분석	복수의 독립변수가 하나의 종속변수에 미치는 직접효과를 분석	• 측정변수만을 분석: 잠재변수들 간의 관계를 분석하지 못함 • 직접효과만을 분석: 매개변수의 효과를 분석하지 못함 • 모든 독립변수들은 측정오차 없이 측정된다고 가정
경로분석	독립변수, 매개변수, 종속변수들 간의 직접적, 간접적 효과를 분석	• 측정변수만을 분석: 잠재변수들 간의 경로관계를 분석하지 못함 • 모형의 전반적인 적합도를 평가할 수 없음 • 모든 독립변수들은 측정오차 없이 측정된다고 가정
요인분석	• 측정변수(지표)들을 소수의 요인(잠재변수)로 축소 • 요인들간의 상관관계를 분석 • 각 측정변수는 요인들간의 선형결합으로 나타낼 수 있음	• 요인들 간의 인과관계를 분석하지 못함 • 모형의 전반적인 적합도를 평가하지 못함

여기서 a_i는 해당 잠재변수에 대한 측정변수의 적재치(loading)를 나타내며, e는 측정변수의 분산 중 요인들에 의해 설명되지 않는 분산으로 오차분산 또는 고유분산을 나타낸다. h^2는 공유치(communality)로서 요인들의 선형결합에 의해 설명되는 각 측정변수의 분산을 나타낸다. 즉, 공유치는 각 측정문항이 잠재변수들과 공유하는 분산의 비율을 나타낸다.

구조방정식모형은 회귀분석, 경로분석, 요인분석을 결합한 분석기법이다. 즉, 복수의 외생잠재변수들이 내생잠재변수에 미치는 직접효과를 분석하면 잠재변수 회귀분석이 된다. 외생잠재변수와 내생잠재변수들간의 간접적 매개효과를 분석하는 경우 잠재변수 경로분석이 된다. 각 잠재변수가 복수의 측정변수들을 지니고 있지만 잠재변수들 간에 인과관계를 가정하지 않는 경우에는 확증적 요인분석이 된다. 〈표 1-2〉는 전통적인 통계분석 기법들의 주요 특성과 한계를 비교 정리한 것이다.

2. 세부적인 차이점

(1) 복잡한 모형에 대한 검증 가능성

무엇보다 구조방정식모형은 구조모형을 설정함으로써 변수들 간의 상호의존적인 관계들을 동시에 분석할 수 있다. 분산분석(ANOVA)이나 회귀분석 같은 단일변량분석 기법들은 복수의 독립변수들과 하나의 종속변수 간의 선형적이며 직접적인 관계만을 분석한다. 물론 다변량 분산분석(MANOVA)이나 정준상관분석과 같은 다변량분석 기법들은 복수의 종속변수들을 다루기는 하지만 여전히 독립변수와 종속변수간의 직접적 관계만을 분석할 수 있을 뿐이다. 종속변수는 단지 설명되는 변수일 뿐 다른 변수들을 설명하는 변수로서 다루어지지 않는다. 그 결과 이들 기법들은 독립변수가 또 다른 변수를 매개해 종속변수에 미치는 간접효과를 분석하지 못한다.

물론 경로분석은 매개변수를 포함함으로써 변수들 간의 복잡한 인과관계를 분석할 수 있으나 개별 경로계수들에 대한 평가만 가능하다. 경로모형 전체를 종합적으로 평가하는 데는 근본적인 한계가 있다. 더욱이 경로분석은 측정변수만을 분석에 포함함으로써 잠재변수간의 관계에 대한 분석은 불가능하다.

반면 구조방정식모형은 회귀분석, 경로분석, 요인분석을 하나의 분석으로 통합함으로써 전통적 통계기법들이 지닌 한계를 극복한다. 특히 구조방정식모형은 복수의 외생잠재변수들이 복수의 내생잠재변수 각각에 미치는 영향을 분석할 수도 있고, 변수들 간의 매개적 관계를 분석할 수도 있다. 개별 경로계수의 유의도 대한 검증뿐만 아니라 모형 전체의 적합도에 대한 검증이 가능하며, 나아가 모형들 간의 적합도 비교를 수행할 수도 있는 특별한 강점들을 지니고 있다. 이처럼 구조방정식모형은 외생변수와 내생변수의 복잡한 인과적 구조에 대한 종합적인 검증이 가능하다.

(2) 잠재변수의 포함

구조방정식모형이 전통적인 통계기법들과 다른 점은 잠재변수를 분석에 포함시킨다는 점이다. 물론 기존 요인분석은 많은 측정변수들을 소수의 내재적인 잠재변수 즉 요인으로 축소시키는 분석기법이다. 따라서 잠재변수를 분석에 포함시킨다는 점에서는 다른 통계기법들과는 차별화된다. 그러나 요인분석은 오차분산에 대한 분석에도 불구하고 요인들 간의 인과관계를 분석하는 단계에는 이르지 못한다. 잠재변수인 직무를 측정하는 문항들이 얼마나 타당한가를 검증할 수는 있어도, 직무가 몰입도에 미치는 효과를 분석하지는 못한다. 구조방정식모형은 이러한 잠재변수들 간의 인과관계를 분석에 포함시킴으로써 이론적 개념과 측정변수들 간의 관계가 타당한가를 검증하고, 나아가 잠재변수들 간의 인과관계를 분석할 수 있다.

(3) 측정오차의 분석

측정오차의 분석은 구조방정식모형을 회귀분석, 경로분석, 분산분석(ANOVA), 공분산분석(ANCOVA) 등의 다른 선형모형들로부터 분명하게 차별화한다. 이러한 선형모형들은 얻어진 데이터를 모형에 잘 맞추는 데 초점을 맞춘다. 즉 이들 기법들은 데이터를 연구모형에 가능한 잘 적합시키려고 노력한다. 따라서 주어진 데이터를 가장 잘 기술하면서도 오차를 최소화하는 모형을 찾는 데 초점을 맞춘다. 이 과정에서 모든 독립변수들은 오차 없이 측정된다고 가정한다. 그러나 측정오차를 배제하는 것은 모수 추정에서 심각한 오류를 초래할 수 있다.

그림 1-14 데이터와 모형의 관계

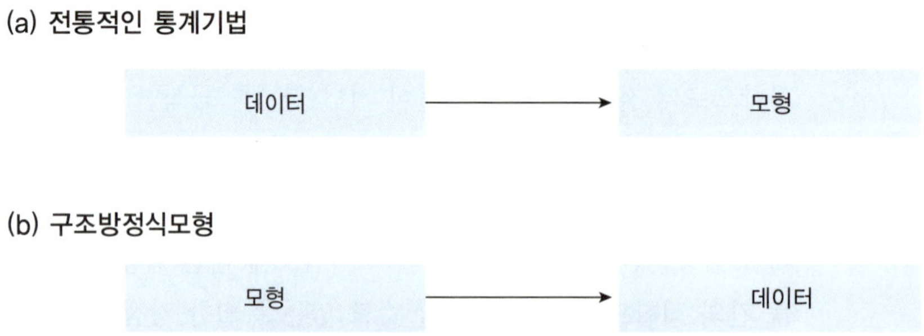

이와는 반대로 구조방정식모형은 연구자의 가설적 모형이 타당한지 평가하기 위해 얻어진 데이터에 모형을 적합시키는 데 초점을 맞춘다. 모형을 데이터에 적합시키는 과정에서 측정오차가 추정된다. 구조방정식모형은 측정오차를 분석하기 위해 잠재변수를 이용함으로써, 모수추정 오류의 문제점을 극복한다. 즉, 측정오차를 모형화 함으로써 구조방정식모형은 잠재변수들 간의 불편추정치(unbiased estimates)를 도출한다.

(4) 가정의 유연함

구조방정식모형은 다른 통계 기법들에 비해 유연한 가정에 기초한다. 구조방정식모형 역시 다른 통계분석 기법들처럼 일정한 가정들을 필요로 한다.[4] 그러나 상대적으로 완화된 가정들만을 필요로 한다. 표본이 충분히 커야 하고, 다변량 정

4) 구조방정식모형의 구체적인 가정들에 대해서는 다음 장에서 다뤄진다.

규분포(multi-variate normality)를 이루고, 모형이 제대로 설정되어야 한다는 점을 제외하면 다른 통계기법들과 같은 충족되기 어려운 많은 가정들을 요구하지 않는다. 특히 다중공선성(multi-collinearity) 상황에서도 해석이 가능하다는 점이 구조방정식모형의 큰 장점이다.

(5) 분석결과의 시각적 제시

구조방정식모형은 변수들 간의 구조적 관계에 대한 분석 결과를 그림의 형태로 제시할 수 있는 매력도 지니고 있다. 구조방정식모형 프로그램들에 내장된 그래픽 인터페이스(graphical interface)는 구조방정식모형 분석 결과를 〈그림 1-4〉와 같은 경로도 형태로 보여줌으로써 복잡한 분석결과에 대한 쉬운 이해가 가능하도록 돕고 있다.

3. 구조방정식모형 분석과 기타 통계분석 기법의 공통점

전통적인 통계분석 기법들과 구조방정식모형의 공통점은 모두 선형모형에 기초하고 있다는 점이다. 구조방정식모형도 일반선형모형(general linear model)으로 분류될 수 있다. 따라서 구조방정식모형을 분석할 때 적용되는 가정은 관찰변수들 간에, 잠재변수들간 또는 관찰변수와 잠재변수들 간의 관계가 선형관계라는 점이다. 물론 구조방정식모형은 비선형 관계를 분석하는 것도 가능하다.

전통적인 통계기법들과 구조방정식모형의 또 다른 공통점은 모형의 비교이다. 회귀모형의 경우 점증적 F 검증(incremental F test)과 같은 방법들을 통해 더 제약적인 모형과 덜 제약적인 모형간의 비교가 가능하다. 마찬가지로 구조방정식모형의 경우 카이제곱(χ^2) 통계치의 차이를 이용하여 모형 간 적합도의 비교가 가능하다.

IV 구조방정식모형의 접근방법

1. 개 념

구조방정식모형의 적용은 크게 확증적인(confirmatory) 방식과 탐색적인(exploratory) 방식으로 구분할 수 있다. 구조방정식모형의 대부분은 확증적인 방식의 연구들이다. 보통 구조방정식모형은 연구대상 현상을 설명하는 기존 이론이나 제안된 이론에 근거한다. 관심현상에 대한 이론이 존재하면, 구조방정식모형을 통해 경험적 데이터를 가지고 그 이론을 검증해 볼 수 있다. 이러한 검증의 과정은 확증적 방식(confirmatory mode)으로 진행된다. 그러나 모든 구조방정식모형이 확증적 방식으로만 이용되는 것은 아니다. 대안모형적인 접근과 모형개발적인 접근도 가능하다.

2. 완전 확증적인 접근

가장 일반적인 접근방법으로서 완전히 확증적인 분석을 하는 경우이다. 완전 확증적 연구에서, 연구자는 하나의 단일한 모형을 구성하고 이를 경험적으로 검증하기 위해 데이터를 획득하여 구조방정식모형을 분석한다. 검증 결과에 따라 모형을 기각하거나 기각하지 않음으로써 분석이 종료된다. 이를 위해 모형에 의해 재생된 공분산 행렬과 표본의 공분산 행렬이 얼마나 서로 일치하는가를 평가함으로써 모형에 대한 검증이 이루어진다.

대표적으로, 구조방정식모형을 구성개념의 검증(construct validation)을 위해 이용하는 경우이다. 잠재변수를 측정하기 위해 이론에 근거해 사용된 지표나 문항들이 얼마나 잠재변수를 제대로 측정하고 있는가를 평가하는 경우이다. 완전 확증적 접근에서 한 가지 주의할 점은 다른 검증되지 않은 모형들이 데이터에 더 잘 일치할 가능성이 있기 때문에, 수용된 모형은 단지 포기되지 않은 모형일 뿐이라는 점이다.

3. 대안모형적인 접근

대안모형적인 접근은 둘 또는 그 이상의 가설적 모형들 가운데 어느 모형이 가장 적합한가를 결정하는 방식이다. 연구자는 복수의 대안적 모형들을 표본 데이터에 적합시키고 적합도가 가장 우수한 모형을 선택하는 경우이다. 그러나 현실적으로 연구자가 두 개 이상의 훌륭한 대안적 모형을 발견하기가 쉽지는 않다.

4. 모형개발적인 접근

마지막으로 모형개발적인 접근으로 구조방정식모형이 이론개발을 목적으로 이용되는 경우이다. 연구자는 잠정적인 초기모형을 규정하여 데이터에 적합시킨다. 만일 데이터에 대한 초기모형의 적합도가 낮으면 모형이 수정되고, 동일한 데이터에 대해 또 다시 검증이 이루어진다. 초기모형이 검증되고, 미흡한 것으로 나타나면, 구조방정식모형의 수정지수(modification indices)가 제시하는 변화량에 기초하여 또 다른 대안적 모형이 검증된다. 적합도가 개선될 때까지 여러 모형들이 반복적으로 평가된다. 통계적 관점에서 데이터에 가장 적합한 모형을 찾는 것이다. 따라서 연구자가 얻어온 자료를 탐색하고 그로부터 의미 있는 결론에 도달하는데 초점을 맞춘다. 비록 매 단계에서 하나의 모형이 검증되지만, 전체적인 접근법은 모형 검증적이기보다는 모형 개발적이다.

모형개발은 동일한 데이터를 가지고 진행되는 경우가 일반적이며, 따라서 그 결과를 해석함에 있어 상당한 주의를 기울여야 한다. 발견사실이 동일한 모집단으로부터 추출된 독립적인 표본들에서도 반복적으로 교차검증(cross-validated)될 때만이 신뢰할 만한 결과로 여겨지게 된다. 따라서 결과의 일반화 가능성을 신중히 검토해야 한다.

V 구조방정식모형의 주요 개념과 용어

1. 구조방정식모형의 기호와 도형

구조방정식모형에는 잠재변수, 측정변수, 측정오차, 설명오차처럼 다소 생소한 용어들이 사용된다. 또한 구조방정식모형에 쓰이는 기호나 도형들 역시 일정한 규칙이 있다. 〈표 1-3〉은 구조방정식모형에 쓰이는 기호와 도형들을 정리한 것이다.

잠재변수는 원 또는 타원으로, 관찰변수는 정사각형 또는 직사각형으로 그려진다. 변수들 간의 관계는 화살표로 표시되며, 변수 간에 연결하는 화살표가 없으면 관계가 없음을 의미한다. 화살표는 일방향 화살표와 양방향 화살표로 구분된다. 일방향 화살표는 두 변수간의 직접적인 인과관계를 나타내며, 자신에게 향하는 화살표가 없이 밖으로 향하는 화살표만 가진 변수가 외생변수이며 자신에게 향하는 화살표를 가진 변수가 내생변수이다. 외생변수에는 독립변수들이 포함되며, 내생변수에는 매개변수와 종속변수가 포함된다. 〈그림 1-15〉는 구조방정식모

표 1-3 구조방정식모형의 기호와 도형

변 수	유사한 표현	개 념	상 징	예 시
잠재변수	요인, 구성개념	관찰되지 않는 가상의 변수	○ ⬭	만족도, 몰입도, 신뢰
측정변수	지표, 관찰변수	관찰된 변수	□ ▭	길이, 무게, 설문문항
요인적재치	적재치	잠재변수와 측정변수간 인과관계	→ ←	○→□
경로계수	회귀계수, 경로계수	잠재(측정)변수와 잠재(측정) 변수 간의 인과간계	→ ←	○→○
공분산	공변관계	표준화되지 않은 상관관계	↔ ⌒	
상관관계	상관관계	표준화된 공분산	↔ ⌒	○↔○
측정오차	–	잠재변수에 의해 설명되지 않는 측정변수의 오차	e ⓔ	□←e
설명오차	잔차	내생변수의 분산 중 설명되지 않는 부분($1-R^2$)	D Ⓓ	○←D
외생변수	독립변수	다른 변수에 영향을 미치기만 하는 변수	–	
내생변수	매개변수, 종속변수	다른 변수로부터 영향을 받는 변수	–	
자유모수	추정모수	모형에서 추정하려는 모수로서 요인적재치, 경로계수, 오차분산이 포함됨	–	
고정모수	상수, 제약모수	일정한 값으로 고정되고, 따라서 모형에서 추정되지 않는 모수	→(1)	○→(1)□

그림 1-15 구조방정식모형의 주요 용어들

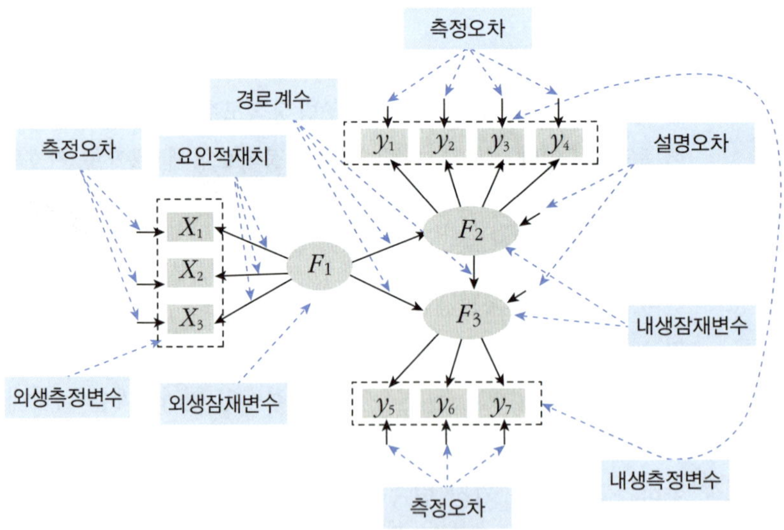

형의 핵심 구성요소들을 용어에 따라 구분한 것이다.

한편, LISREL에서는 설명오차와 측정오차를 단순히 화살표만으로 표기하지만 AMOS에서는 오차항이 외생잠재변수인 점을 고려하여 원으로 표현하는 차이가 있다.

2. 변수의 특성에 따른 구분

(1) 관찰변수: 측정변수

관찰변수(observed variable)는 지표(indicators), 명시변수(manifest variable), 기준변수(reference variable), 또는 측정변수(measured variable)로도 불린다. 관찰변수는 표본대상으로부터 직접적으로 측정되거나 관찰되는 변수로서 시험성적, 설문항목에 대한 응답, 소득, 온도, 체중, 나이, 비용, 크기 등이 대표적이다. 명시변수라는 표현이 쓰이기도 하는데, 이는 특히 데이터의 수집 과정에서 연구자에 의해 실제적으로 변수들이 측정된다는 사실을 강조하기 위함이다.

(2) 잠재변수

잠재변수는 관찰되지 않는 변수로서 구성개념(construct) 또는 요인(factor)에 해당되며, 각각 자신을 측정하기 위한 지표들에 의해 간접적으로 측정된다. 따라서 독립변수, 매개변수, 종속변수 모두 잠재변수일 수 있다. 잠재변수는 연구에서 가설적으로 존재하는 구성개념(hypothetically existing constructs)들로서 태도, 지능, 불안감, 만족도, 조직문화, 동기, 신뢰, 사회자본, 창의성, 아름다움 등의 추상적인 개념들이 여기에 포함된다. 이러한 추상적 개념들은 직접적인 관찰이 불가능하며 따라서 직접적인 측정 역시 불가능하다. 잠재변수를 측정하기 위해서는 유사변수(proxies)들을 이용할 수밖에 없는데 설문지, 척도, 지수, 지표, 시험 등과 같은 도구를 통해 간접적으로 측정된다. 예컨대 지능은 추론, 수의 관계

표 1-4 잠재변수와 측정변수의 비교

구 분	개 념	예 시
잠재변수 (요인, 이론변수, 구성개념)	추상적인 개념으로서 그 자체로 측정되지 않는 이론변수	만족도, 몰입도, 성과, 지능, 성실성, 신뢰, 투명성
측정변수 (관찰변수, 관측변수)	잠재변수의 조작화된 측정도구로서 직접적으로 측정되는 변수	만족도의 설문 문항, 키, 성적, 소득

등에 대한 점수와 같은 지표들로 측정되며, 몰입도는 복수의 설문문항들을 통해 측정된다.

Q&A 변수들을 좀 더 쉽게 구분하는 방법은 없는가?

변수는 직접적인 측정여부에 따라 잠재변수와 측정변수로 구분된다. 또한 인과관계에서 원인변수인지 결과변수인지에 따라 외생변수와 내생변수로 구분된다. 외생변수에는 독립변수가, 내생변수에는 매개변수와 종속변수가 포함된다. 이러한 구분을 기초로 변수들을 보다 쉽게 분류하면 〈표 1-5〉와 같다.

표 1-5 변수들의 구분

		인과관계	
		외생변수	내생변수
측정가능성	잠재변수	I	II
	측정변수	III	IV

I 유형의 변수는 외생잠재변수, II 유형은 내생잠재변수, III 유형은 외생측정변수, IV 유형은 내생측정변수로 불린다.

3. 인과관계에 따른 구분

(1) 외생변수

구조방정식모형을 이해하기 위해서는 또 다른 변수 구분으로 외생변수와 내생변수를 이해할 필요가 있다. 외생변수(exogenous variable)는 독립변수로서 선행하는 원인변수가 존재하지 않으며, 따라서 자신에게 향하는 화살표가 존재하지 않는다. 그러나 특별한 이론적 근거가 존재하지 않는 한 외생변수들끼리 양방향 화살표로 연결되는 상관관계는 존재한다고 가정한다. 즉 모든 외생변수들은 서로 연관되어 있는 것으로 가정된다. 따라서 모든 외생변수들은 공분산 화살표(양방향 화살표)로 연결된다. 그러나 외생변수와 내생변수 간에는 공분산 관계를 지닐 수 없으며 일방향의 인과관계만 존재한다. 외생잠재변수는 보통 그리스 문자 ξ

(xi, 자이)로 표시된다.

(2) 내생변수

내생변수(endogenous variable)는 인과관계를 나타내는 일방향 화살표가 자신에게 향하는 변수이며, 자신으로부터 나가는 화살표는 존재할 수도(매개변수인 경우)있고, 그렇지 않을 수도 있다. 따라서 적어도 하나 이상의 화살표가 자신에게로 향하는 변수가 있다면 모형 안에서 다른 변수들의 원인이 되는지의 여부에 관계없이 내생변수로 분류된다. 내생변수에는 매개변수(다른 외생변수의 결과이며 동시에 또 다른 내생변수의 원인인 변수)와 순수한 종속변수들이 포함된다. 내생변수들 간에는 공분산 화살표가 존재하지 않는다. 내생잠재변수는 그리스 문자 η(eta, 에타)로 표시된다. 〈그림 1-4〉에서 모든 관찰변수(X_i)와 잠재변수인 몰입도는 내생변수에 해당된다.

4. 변수들 간의 관계

(1) 인과관계와 공분산관계

변수들 간의 공분산(표준화된 경우는 상관관계)은 양방향 화살표($X \leftrightarrow Y$)로 나타낸다. 양방향 화살표는 흔히 곡선형태로 표현한다. 반면 변수들간의 인과관계는 일방향 화살표($X \leftrightarrow Y$)로 나타낸다. 원인변수는 화살표가 시작되는 변수이고 결과변수는 화살표가 향하는 변수이다.

양방향 화살표가 아닌 일방향 화살표가 두 개인 경우는($X \rightleftarrows Y$) 상관관계가 아니라 양방향 인과관계를 의미한다. 즉 한 변수가 또 다른 변수의 원인인 동시에

그림 1-16 공분산과 인과관계

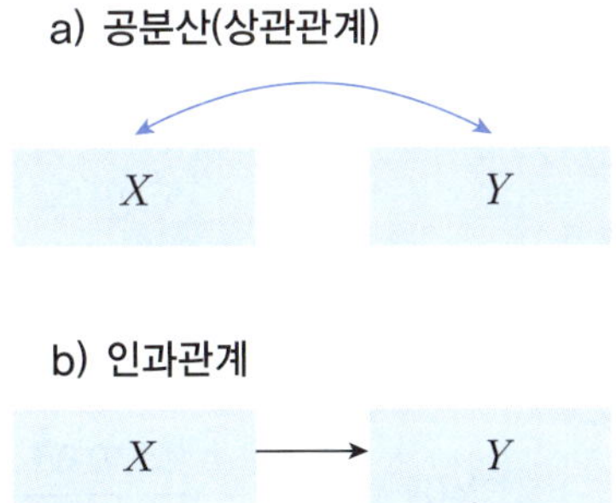

결과가 되는 경우이다.

(2) 허위적 관계

허위적 관계는 두 변수 간에 전혀 관계가 없는데도 이들 두 변수에 영향을 미치는 제3의 변수로 인해 두 변수 사이에 상관관계가 있는 것처럼 나타나는 경우이다. 허위적 관계를 유발하는 제3의 변수를 허위변수(spurious variable)라 한다. 허위변수를 통제하면 두 변수 간에는 상관관계가 전혀 존재하지 않거나 매우 작아진다.

예컨대 〈그림 1-17〉 (a)에서 인식된 위험과 수용성 간에 0.45의 경로계수가 존재한다. 만일 (b)처럼 인식된 혜택을 모형에 추가해도 인식된 위험과 수용성간의 관계가 그대로 유지된다면 인식된 위험과 수용성의 관계는 비허위적(non-

그림 1-17 허위적 관계

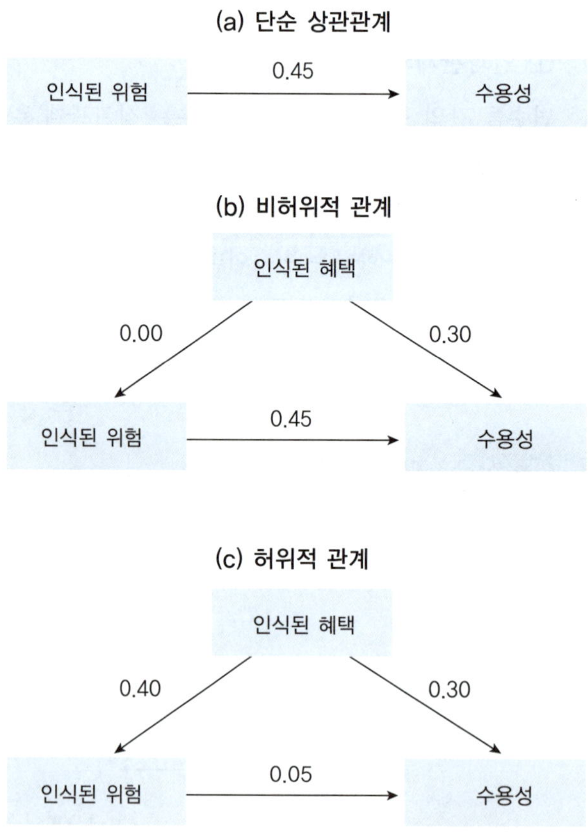

spurious) 관계이다. 그러나 (c)처럼 인식된 혜택이 추가된 이후, 인식된 위험과 수용성의 경로계수가 0에 가깝게 작아진다면 둘 간의 관계는 인식된 혜택으로 인한 허위적 관계이다.

(3) 매개적 관계

매개효과는 원인변수가 제3의 변수를 매개하여 종속변수에 미치는 효과를 나타낸다. 매개효과는 선행변수가 종속변수에 미치는 인과적 효과에 대한 보다 정확한 설명을 위해 이용된다. 매개효과는 〈그림 1-18〉처럼 두 가지 경우로 구분될 수 있다. (a)처럼 인식된 위험에서 수용성으로 직접효과가 존재하지 않고, 인식된 혜택을 매개로 수용성에 미치는 간접효과만 존재하는 경우를 완전 매개효과(full mediation)라고 한다. (b)는 인식된 위험이 수용성에 미치는 직접효과와 인식된 혜택을 매개로 수용성에 미치는 간접효과가 동시에 존재하는 경우이다. 이 경우를 부분적 매개효과(partial mediation)라고 한다.

그림 1-18 매개효과

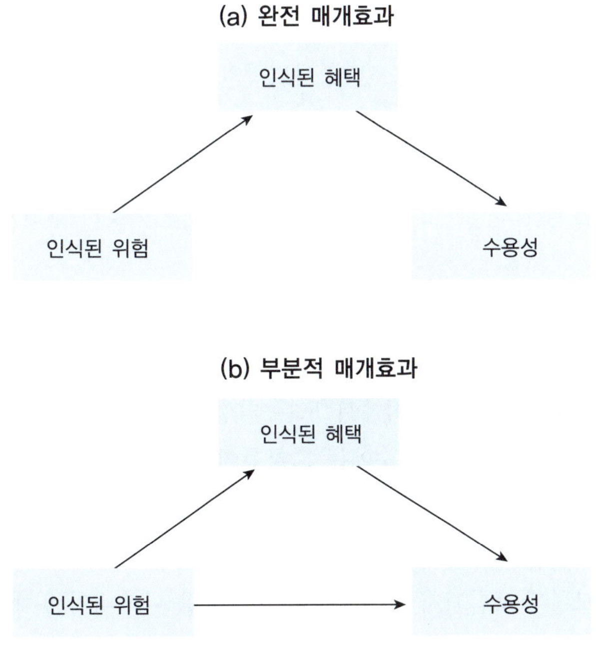

Ⅵ 구조방정식모형의 유형

1. 경로분석

(1) 경로분석의 개념

경로분석모형(path analysis model)은 관찰변수(측정변수 또는 지표)간의 설명적 관계(explanatory relationship)를 모형으로 나타낸 것이다. 따라서 잠재변수들은 모형에 포함되지 않는다. 경로분석모형은 측정변수들의 관계가 연구의 주된 관심사이거나 잠재변수를 측정하는 복수의 측정지표들이 존재하지 않은 경우에 이용된다. 물론 하나의 측정변수만으로는 신뢰도와 타당도의 문제로 인해 잠재변수를 적절히 나타낼 수 없는 것이 보통이다. 그럼에도 불구하고 경로분석모형은 측정변수들을 구성개념의 정확하고 오차가 없는 구현물로 취급한다. 물론 독립변수의 측정오차를 가정하지 않다보니 효과의 추정에 상당한 오차가 발생할 수 있다.

일부 연구자들은 관찰변수들 간의 관계만을 분석한다는 이유를 들어 경로분석모형을 구조방정식모형에서 제외시키기도 한다. 그러나 보다 넓은 시각에서 보면 경로분석모형을 구조방정식모형의 범주에 포함시키는 것이 타당하다. 개념적으로 전통적인 경로분석에는 없는 모형 적합도의 아이디어를 적용하고 있으며, 역사적으로도 구조방정식모형의 출발점이기도 하기 때문이다. 경로분석의 목적은 측정변수들 간의 인과관계를 이론적으로 기술한 모형을 검증하는 데 있다.

(2) 경로분석의 유형

경로분석에 포함된 변수들은 모두 관찰변수들로서 직접적으로 측정 가능한 변수들이다. 경로분석에서 모든 외생변수들은 오차 없이 측정된 변수들로 가정된다. 따라서 외생변수에는 오차항이 존재하지 않는다. 그러나 내생변수에는 오차항이 추가되는데, 이는 잔차로서 원인이 되는 변수들에 의해 설명되지 않는 내생변수의 고유분산을 나타낸다. 내생변수의 분산을 완전히 설명할 수 없기 때문에 모형에 포함되지 않은 변수들의 영향을 나타내기 위해 매개변수나 종속변수에 오차항이 부가된다. 내생변수의 오차항은 잠재변수로 다루어진다.

〈그림 1-19〉, 〈그림 1-20〉, 〈그림 1-21〉은 경로분석 모형의 예들을 보여준다. 〈그림 1-19〉에서 내생변수는 소득과 TV 시청시간이며, 이들 변수에 영향을 미치

그림 1-19 경로분석 기본모형

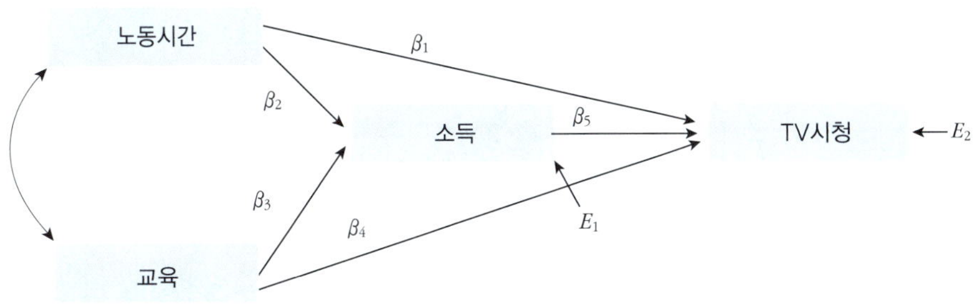

는 변수들간의 관계를 경로도로 나타낸 것이다. 모형에서 노동시간과 교육은 외생변수들로서 이들 간에는 상관관계만을 가정한다. 모형에서 소득은 매개변수이고 TV시청은 종속변수이지만 둘 다 내생관찰변수이며 따라서 오차항이 있음을 확인할 수 있다. TV시청을 설명하기 위한 변수들간의 관계를 회귀방정식으로 나타내면 다음과 같다.

$$\text{TV 시청} = \beta_1\text{노동시간} + \beta_4\text{교육} + \beta_5\text{소득} + E_2$$

회귀방정식에서 보듯이 노동시간, 소득, 및 교육으로 설명할 수 있는 TV 시청의 부분(즉, 분산)이 있는 반면 그렇지 못한 부분도 있게 마련이다. 이처럼 설명하

그림 1-20 경로분석모형: 재귀모형

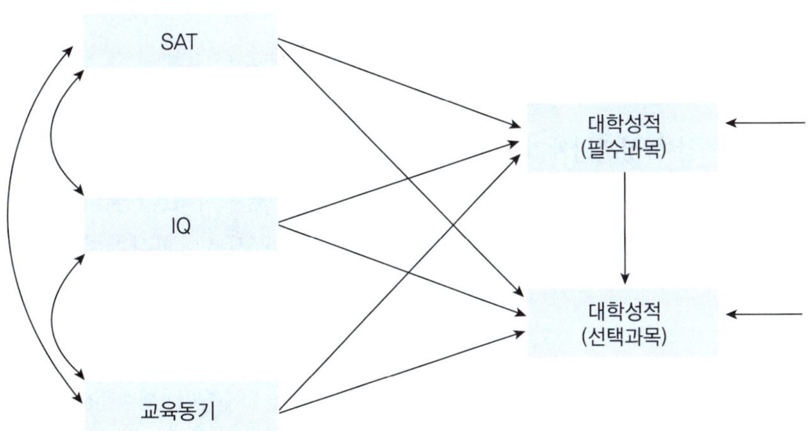

그림 1-21 경로분석모형: 비재귀모형

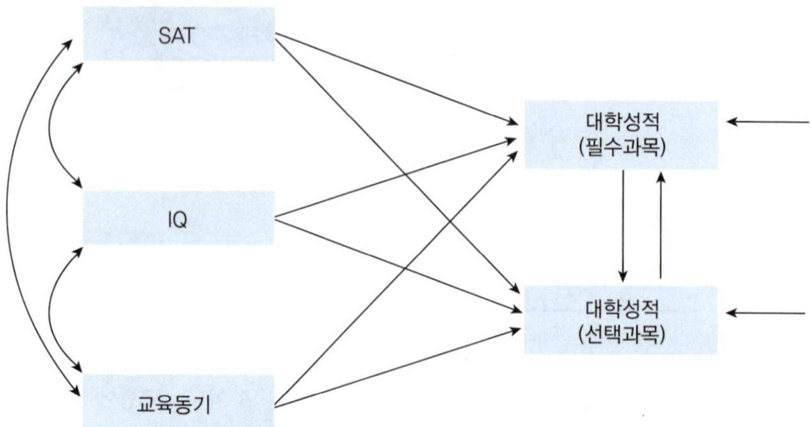

지 못하는 부분이 바로 오차항이며 설명오차로도 불린다.

경로모형은 재귀모형(recursive model)과 비재귀모형((nonrecursive model)으로 구분된다. 〈그림 1-20〉이 재귀모형인 반면 〈그림 1-21〉은 비재귀모형이다.[5)]

1) 재귀모형

재귀모형은 변수들간의 인과관계가 한 방향으로만 설정되어 있으며, 오차항들간에 상관관계가 존재하지 않는 모형이다. 따라서 〈그림 1-20〉처럼 모형 내에서 원인변수와 결과변수가 분명하게 구분되는 경우이다. 선택과목은 다른 어떤 변수에도 영향을 미치지 않는 결과변수이다. 재귀모형에서는 변수들 간의 직접효과에 대한 경로계수와 오차항(설명오차)을 추정하기 위해 회귀방정식을 사용할 수 있다.

2) 비재귀모형

비재귀모형은 모형에서 변수들간에 순환고리가 존재하는 경우이거나, 오차항간에 상관관계가 존재하는 경우이다. 또는 두 가지 모두가 포함된 경우이다. 즉, 어떤 변수가 원인이면서 동시에 결과인 경우가 있다면 비재귀모형이 만들어진다. 〈그림 1-21〉은 필수과목과 선택과목간에 상호인과관계가 존재함으로써 변수들간의 인과관계가 끊임없이 순환하는 경우이다. 이 두 변수는 서로 원인이면서 동시

5) 전통적인 경로분석에서는 경로모형을 투입경로모형과 산출경로모형으로 구분한다. 투입경로모형(input path model)은 이론에 근거한 가설에 의해 예측되는 변수들간의 인과관계를 묘사하기 위해 사전에 그려진 경로모형이다. 산출경로모형(output path model): 실제 통계분석의 결과로 발견된 경로모형이다.

에 결과이기도 하다. 따라서 비재귀모형은 식별(identification)되지 않으며 구조방정식모형 분석을 실행할 수 없다. 식별에 대해서는 다음 장에서 구체적으로 다루어진다.

2. 확증적 요인분석

(1) 개 념

확증적 요인분석모형(confirmatory factor analysis model)은 구조방정식모형의 한 형태로서 잠재변수들(요인 또는 구성개념)과 측정변수들 간의 관계의 패턴을 분석하는 데 이용된다. 따라서 확증적 요인분석은 구조방정식모형에서 측정모형의 평가와 관련된다.

확증적 요인분석모형에 포함된 각 잠재변수는 요인(factors) 들로서 보통 둘 이상의 관찰변수들에 의해 측정된다. 관찰변수들이 요인의 측정지표로 이용되는 것이다. 확증적 요인분석을 통해 측정변수들의 타당도를 평가할 수 있다. 따라서 확증적 요인분석은 측정변수들의 선택이나 요인구조에 관한 논쟁이 있는 경우에 특히 적절한 분석방법이다. 확증적 요인분석모형에서는 잠재변수들 간에는 어떤 인과적 관계를 가정하지 않으며 단지 공분산만을 가정한다.

(2) 유 형

확증적 요인분석은 이론을 토대로 요인구조에 관한 연구모형을 도출한 후, 관찰된 데이터를 가지고 모형의 적합도를 검증하는 절차로 진행된다. 따라서 연구모형으로부터 재생된 행렬이 관찰된 표본행렬과 어느 정도나 근접한가를 검증한다. 만일 적합도가 높으면 제안된 모형이 연구대상 현상에 대한 적절한 설명을 하고 있는 것으로 여겨지며, 따라서 연구모형이 기초하고 있는 이론은 지지된다. 〈그림 1-22〉와 〈그림 1-23〉은 확증적 요인분석의 두 가지 모형을 예시한 것이다.

〈그림 1-23〉은 2차 확증적 요인분석을 나타낸 것이다. 즉, 요인들 간에 계층적 관계가 존재하는 경우로서 2차 요인인 F_4는 어떤 측정변수로도 직접적으로 측정되지 않는다. 또한 2차 요인은 1차 요인들에 직접적인 영향을 미치는 외생변수이다. 반면 1차 요인들은 내생변수이며, 〈그림 1-22〉와는 달리 서로 간에 공분산을 지니지 않는다.

확증적 요인분석모형에서 요인과 측정변수들 간의 대응관계는 이론에 근거해서 설정된다. 따라서 탐색적 요인분석과는 달리 분석에 앞서 연구자는 각 요인과 측정변수들 간의 대응관계를 설정해 주어야 한다. 잠재변수인 요인은 원 또는 타원으로 그려지며, 측정변수는 내생변수로서 사각형으로 그려진다. 요인은 측정변

그림 1-22 확증적 요인분석모형

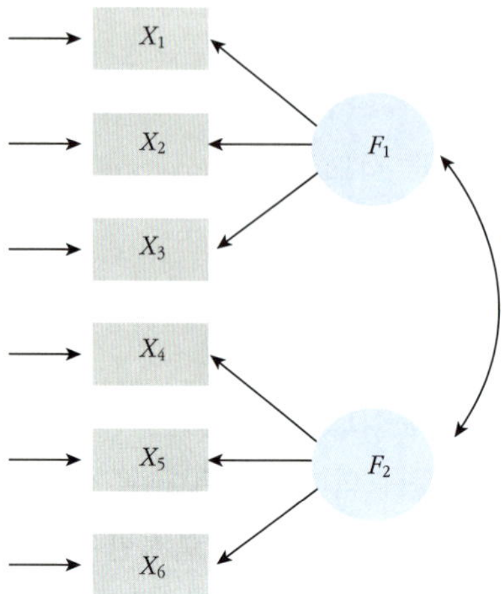

그림 1-23 2차 확증적 요인분석모형

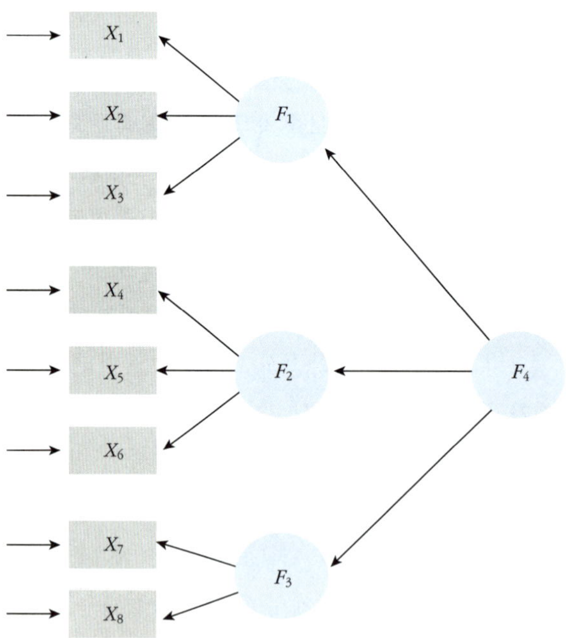

수의 원인으로서 측정변수는 요인에 의해 설명되기 때문에 요인에서 측정변수로 향하는 화살표가 존재한다. 따라서 요인에서 측정변수로 향하는 화살표는 요인이 측정변수에 미치는 효과를 나타내며, 효과의 크기에 대한 추정치를 요인적재치(factor loadings) 또는 적재치라 부른다. 표준화 요인적재치는 요인과 측정변수간의 피어슨 상관(Pearson correlation)계수로 계산된다. 요인들 간의 관계는 공분산 관계로서 양방향 화살표로 표시된다.

오차는 측정변수 중 잠재변수에 의해 설명되지 않는 부분들로 측정오차를 나타낸다. 측정오차는 자신에게 향하는 화살표가 없기 때문에 외생변수이며, 측정변수로 향하는 화살표를 갖는다. 측정오차들은 서로 독립적이며 상관관계가 존재하지 않는다고 가정한다.

3. 잠재변수 경로분석

구조방정식모형의 또 다른 형태는 구조적회귀모형(structural regression model), 잠재변수 경로분석(latent variable path analysis), 잠재변수 구조방정식모형, 또는 단순히 LISREL 모형으로도 불리는 가장 일반적인 형태의 구조방정식모형이다. 잠재변수 경로모형은 확증적 요인분석과 경로분석을 결합한 형태로 잠재변수들 간의 인과적 관계를 포함하고 있다. 또한 각 잠재변수는 측정변수들에 의해 측정된다.

따라서 잠재변수 경로모형은 구조모형과 측정모형을 동시에 포함하고 있다. 구조모형은 잠재변수들 간의 관계를 규정하고 있으며, 측정모형은 잠재변수들이 어떻게 측정되는가를 규정하고 있다. 그 결과 하나의 모형 내에서 변수들간의 구조적 관계와 측정관계에 대한 가설을 동시에 검증할 수 있는 장점이 있다. 잠재변수 경로분석은 다양한 잠재변수들 간의 설명적 관계에 관한 이론들을 검증하거나 부정하기 위해 이용된다.

〈그림 1-24〉는 선행요인들이 직무만족과 조직몰입을 매개로 이직의도에 미치는 영향을 구조방정식모형으로 분석한 것이다.

이 모형은 8개 잠재변수들 간의 관계를 모형화하고 이를 검증하고자 하였다. 모형에서 채용전 기대, 인식된 직무특성, 리더십 고려, 연령은 외생변수로 설정되었고, 직무만족, 조직몰입, 퇴직의사, 이직은 내생변수로 설정되었다.

또 다른 사례로 〈그림 1-25〉의 모형에서는 내생변수로 측정변수(Y_1)가 이용된 경우이다. 따라서 세 개의 측정지표를 지닌 잠재변수(F_1)가 측정변수(Y_1)에 미치는 효과를 분석하고 있다.

그림 1-24 이직의 결정요인에 관한 연구

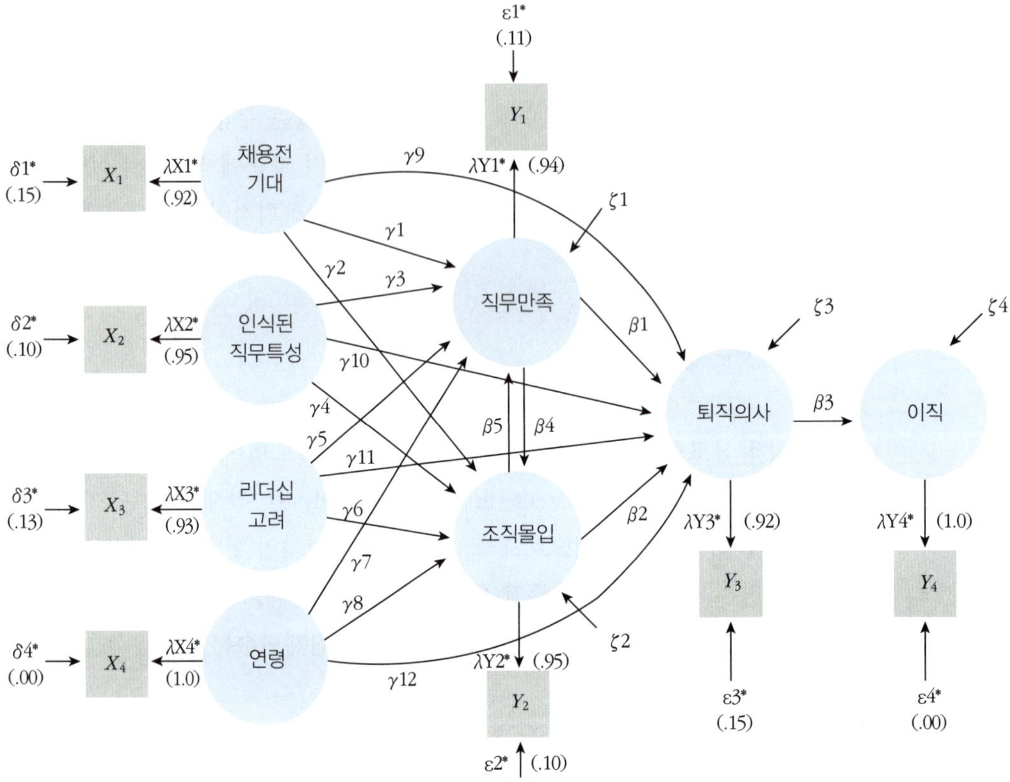

*출처: Williams & Hazer(1996).

그림 1-25 Deshon(1997)의 잠재변수 경로모형

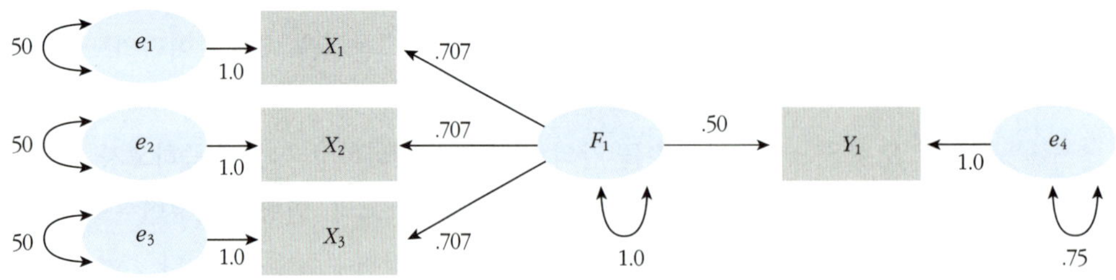

*출처: Deshon(1997).

그림 1-26 Aaker & Bagozzi(1979)의 모형

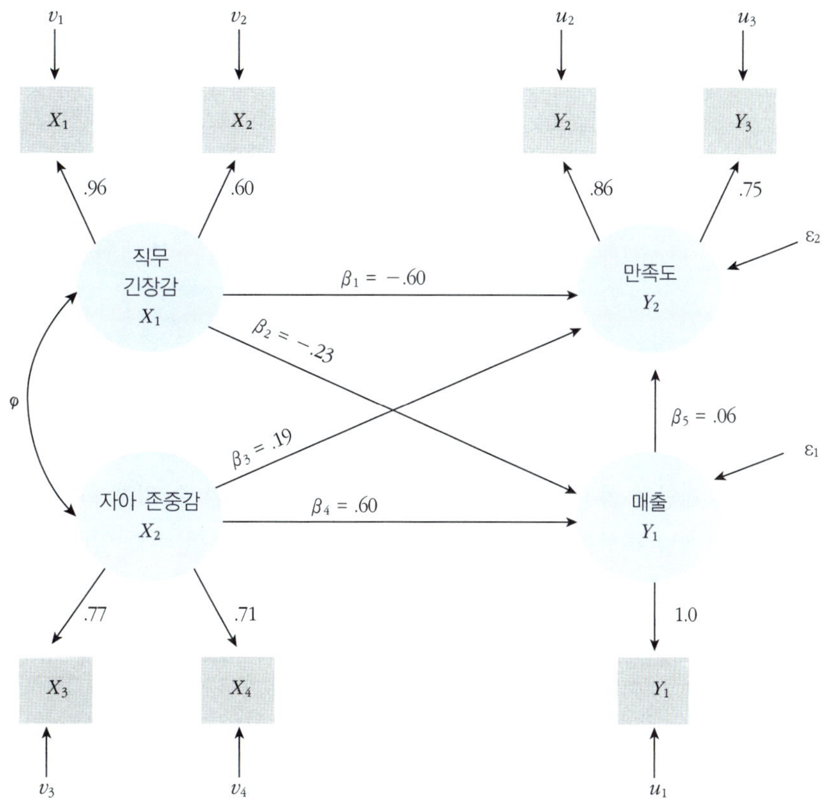

마지막 〈그림 1-26〉은 Aaker & Bagozzi(1979)의 모형으로서 네 개의 잠재변수들을 포함하고 있다. 직무 긴장감(job tension)과 자아 존중감(self-esteem)은 외생변수들로 매출(sales)을 매개로 만족도에 영향을 미치고 있다. 직무 긴장감, 자아 존중감, 만족도는 각각 2개의 측정변수들에 의해 측정되고, 매출은 1개의 측정변수만으로 측정되고 있다.

4. 잠재변화모형

잠재변화모형(latent change model)은 잠재성장곡선모형(latent growth curve model) 또는 잠재곡선분석모형(latent curve analysis model)으로도 불린다. 잠재변화모형은 시간에 따른 변화를 연구하는 모형이다. 이 모형은 성장, 쇠퇴, 등의 장기적 형태를 분석하는 데 초점을 맞춘다. 연구자로 하여금 시간의 흐름에 따른

그림 1-27 잠재변화모형의 예시

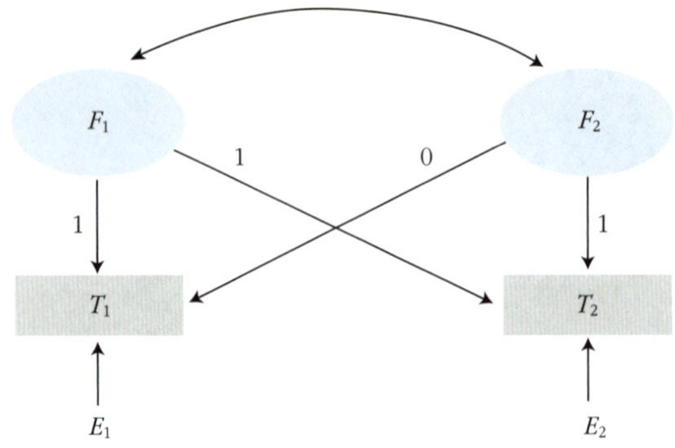

개인적 성장, 개인간 유사성 차이 등을 연구할 수 있게 한다. 또한 변화의 형태와 개별 특성들 간의 관계를 평가하기 위해 이용될 수도 있다. 〈그림 1-27〉은 두 개의 상이한 시점에서의 2요인 성장모형(two-factor growth model)의 사례를 보여준다.

연 · 습 · 문 · 제

01. 사회과학에서 잠재변수에 대한 분석이 중요한 이유는 무엇인가?

02. 측정모형과 구조모형은 어떻게 다른가?

03. 구조방정식모형에는 어떤 종류들이 있는가?

04. 확증적 요인분석과 탐색적 요인분석은 어떻게 다른가?

05. 측정오차와 설명오차는 어떻게 다른가?

06. 구조방정식모형은 다른 통계기법들과 비교해 어떤 강점이 있는가?

07. 인과관계와 상관관계는 어떻게 다른가?

08. 독립변수, 매개변수, 종속변수를 설명하라.

09. 외생변수와 내생변수를 설명하라.

〈부록 1-A〉: 분석용 데이터 – 조직몰입과 직무만족에 관한 설문

〈조직몰입과 직무만족에 관한 설문〉

I. 다음은 귀하의 조직몰입정도를 살펴보기 위한 질문입니다. 해당되는 응답에 √ 해주십시오.

문 항	전혀 그렇지 않다	그렇지 않다	보통 이다	그렇다	매우 그렇다
1. 나는 나의 직장에 강한 소속감을 느끼고 있다.					
2. 내 직장은 나에게 직장 이상의 특별한 의미를 부여하고 있다.					
3. 나는 직장에서 가정과 같은 분위기(일체감)를 느끼고 있다.					
4. 내가 원한다면 별 어려움 없이 당장 직장을 떠날 수도 있다.					
5. 나는 선택의 여지가 많아 현재의 직장을 옮기기가 용이하다.					
6. 내가 만약 현재의 직장을 떠난다면 내 인생의 많은 부분이 좋아질 것이다.					

II. 다음은 귀하의 직무만족도를 살펴보기 위한 문항들입니다. 해당되는 응답에 √ 해주십시오.

직무에 관한 문항	전혀 그렇지 않다	그렇지 않다	보통 이다	그렇다	매우 그렇다
1. 나는 나의 현 직무에 많은 흥미를 가지고 있다					
2. 나의 현 직무를 타인이 중요하게 여긴다고 생각한다					
3. 현 직무는 장래성이 있으며 나의 발전에 도움이 된다고 생각한다					
4. 나의 지식과 기술이 현 직무수행에 잘 이용되고 있다고 생각한다					
5. 나의 근무량과 근무시간은 나의 능력에 적당하다고 생각한다.					
상사에 관한 문항	**전혀 그렇지 않다**	**그렇지 않다**	**보통 이다**	**그렇다**	**매우 그렇다**
6. 나의 상사가 나의 건의나 불만을 성의 있게 받아들여 준다고 생각한다.					
7. 나의 상사는 내가 업무를 잘 수행했을 때 칭찬을 해 준다					
8. 나의 상사는 나의 직무수행에 많은 자율성을 인정해 주고 있다					
9. 나의 상사는 나의 일에 도움을 준다.					
10. 나의 상사는 나의 개인적인 신상문제에 대해 많은 관심을 가지고 있다.					
11. 나의 상사는 나를 공정하게 평가해 주고 있다.					
12. 나는 상사에 대해 많은 존경심을 가지고 있다.					
보수에 관한 문항	**전혀 그렇지 않다**	**그렇지 않다**	**보통 이다**	**그렇다**	**매우 그렇다**
13. 우리 시설의 사업이 활성화되면 업무성과에 대해 적절한 보상이 있을 것으로 기대한다.					

14. 시설에서 본봉, 보너스, 수당, 경력인정을 결정하는 방법에 대해서 만족한다.					
15. 나는 현재 월급으로 여유 있는 생활을 유지하고 있다.					
16. 내가 받는 월급은 나의 노력에 비추어 공정하다고 생각한다.					
17. 나의 월급은 타 복지시설의 같은 직급에 근무하는 사람과 비교하여 많다고 생각한다.					
승진에 관한 문항	전혀 그렇지 않다	그렇지 않다	보통 이다	그렇다	매우 그렇다
18. 우리 시설은 다른 복지시설에 비해 승진이 빠르다고 생각한다.					
19. 나의 직무성과가 승진에 많은 영향을 준다고 생각한다.					
20. 나의 종교 여부가 승진에 많은 영향을 준다고 생각한다.					
21. 나는 승진에 반영되는 근무평가가 공정하게 이루어지고 있다고 생각한다.					
22. 우리 시설의 승진제도가 개선될 것이라고 생각한다.					
동료관계에 관한 문항	전혀 그렇지 않다	그렇지 않다	보통 이다	그렇다	매우 그렇다
23. 나는 동료들을 항상 신뢰하고 존중한다.					
24. 나의 동료들은 어려운 일이 발생하였을 때 서로 잘 도와준다.					
25. 나는 같은 부서의 동료와 마음이 잘 맞는다고 생각한다.					
26. 나는 직무와 관련된 사항을 동료와 자유롭게 상의한다.					
27. 내가 일을 열심히 했을 때 동료들이 칭찬해 준다.					
이직에 관한 문항	전혀 그렇지 않다	그렇지 않다	보통 이다	그렇다	매우 그렇다
28. 나는 출근시에 결근하고 싶다는 생각이 종종 든다.					
29. 나는 이직을 진지하게 고려해 본 적이 있다.					
30. 나는 다른 직장을 구하려고 노력한 적이 있다.					
31. 나는 현재 수준의 수입이 보장된다면 다른 곳으로 옮길 생각이 있다.					

III. 다음은 귀하에 관한 일반적인 사항입니다.

1. 귀하의 성별은?

   ① 남　　② 여

2. 귀하의 연령은?

   ① 20-29세　② 30-39세　③ 40-49세　④ 50-59세　⑤ 60세 이상

3. 귀하의 최종학력은?

   ① 고졸　② 전문대졸　③ 대졸　④ 대학원졸

제 2 장
구조방정식모형의 절차

주요개념들

- 경로도
- 수렴타당도, 판별타당도
- 적합도 지수
- 자유모수, 고정모수, 제약모수
- 구조방정식과 공분산 방정식
- 측정모형의 평가, 구조모형의 평가
- 자유도
- 수정지수
- 모형설정
- 분산, 공분산 행렬
- 다변량 정규성
- 신뢰도와 타당도
- 모형식별
- 모수추정방법
- 단일차원성

구조방정식모형 분석은 기존의 통계분석 기법들에 비해 훨씬 복잡한 절차에 따라 진행된다. 이러한 이유 때문에 구조방정식모형을 매우 어렵게 생각하기 마련이다. 그러나 회귀분석, 경로분석, 요인분석에 대한 어느 정도의 지식만 가지고 있다면 구조방정식모형을 이해하는 것은 그리 어렵지 않다.

일반적으로 구조방정식모형은 이론에 의한 모형설정, 경로도 작성, 구조방정식 작성, 모형의 식별, 모수의 추정, 모형의 적합도 검증, 모형의 수정 등의 7개 단계로 진행된다. 이러한 단계들에 따라 구조방정식모형 분석을 진행하다보면 몇 가지 중요한 질문들에 대답해야 한다. 모형을 추정하기에 충분한 표본 데이터가 확보되었는가? 연구모형이 구조방정식모형 분석이 가능한가? 모수 추정을 위해 어떤 방법을 쓸 것인가? 모형의 적합도는 어떻게 평가할 것인가? 모수 추정치들을 어떻게 해석할 것인가?

이하에서는 이러한 질문들에 대한 해답을 구하는 데 초점을 맞추고, 구조방정식모형의 단계별로 구체적인 내용과 절차들을 설명하고자 한다.

I 구조방정식모형의 절차

1. 개념적 이해

구조방정식모형의 가치는 구조모형과 측정모형을 동시에 활용할 때 극대화될 수 있다. 구조방정식모형 분석은 크게 두 단계로 진행된다. 측정모형의 타당화(validating the measurement model)와 구조모형의 적합화(fitting the structural model)가 그것이다. 전자는 주로 확증적 요인분석에 의해 이루어지며, 후자는 잠재변수들 간의 경로분석을 통해 이루어진다.

〈그림 2-1〉은 구조방정식모형의 절차를 개념적으로 나타낸 것이다. 연구자는 이론에 근거해 연구모형을 설정하고, 표본들을 대상으로 연구모형을 검증하는 데 필요한 데이터를 수집한다. 데이터 수집을 위해 보통 설문조사나 2차 자료 등이

그림 2-1 구조방정식모형의 분석 절차

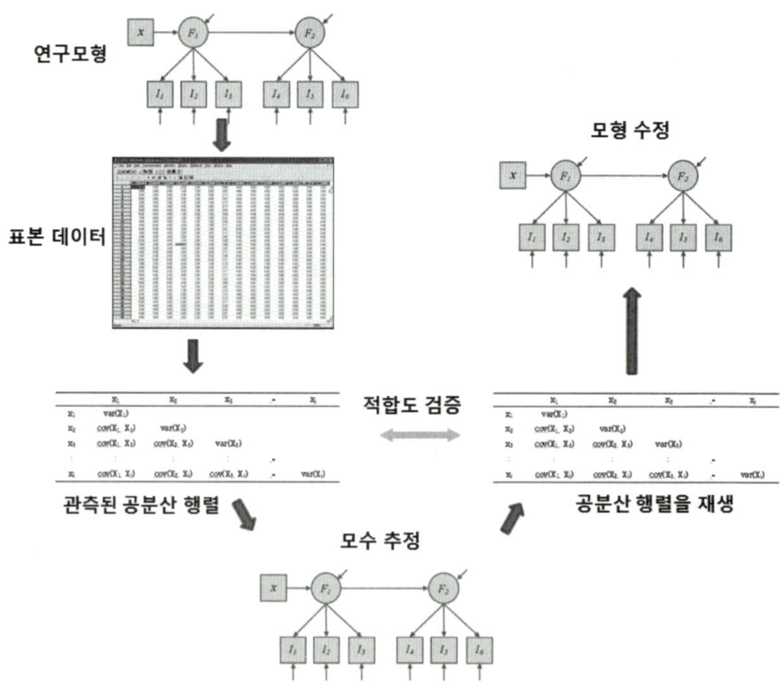

이용된다. 다음으로, 수집된 데이터를 변수들 간의 공분산 행렬 또는 상관관계 행렬로 변환한다. 이렇게 변환된 공분산 행렬은 모수추정을 위한 투입자료로 이용된다. 연구자는 공분산 행렬을 이용해 모수를 추정하기 위해 모수추정 방법을 선택한다. 다음으로, 구조방정식모형 소프트웨어를 이용해 모수 추정 작업을 실시한다. 다음으로, 추정된 모수들을 토대로 공분산 행렬을 재생하고, 재생된 공분산 행렬과 실제 표본 공분산행렬이 어느 정도 일치하는가를 검토한다. 이를 위해 다양한 적합도 지수들이 이용된다. 적합도가 낮은 경우 모형 수정이 이루어지기도 한다.

2. 세부 절차의 이해

구조방정식모형 분석 절차를 살펴보면, 모형 설정(model specification), 모형 식별(identification), 모수 추정(estimation), 적합도 검증(model fit), 모형의 수정(modification)의 5단계로 진행되는 것이 일반적이다(Bollen & Long, 1993). 그러나 이번 장에서는 이러한 5단계를 보다 세분화하여 다음 〈그림 2-2〉처럼 7단계로 구분하고자 한다(Hair et al., 1998). 5단계 구분에 비해 7단계 구분은 경로도 작성과 구조방정식 작성 단계를 추가함으로써 구조방정식모형에 대한 보다 쉬운 이해를 돕는다.

첫 번째 단계는 연구질문에 기초하여 모형을 설정하는 단계이다. 이론적, 경험적 토대 위에서 연구자는 연구질문에 해답을 구할 수 있도록 구조방정식모형 분석에 필요한 연구모형을 설정한다. 모형설정 과정에서 핵심적인 변수들을 모형에 반드시 포함시키고 또한 중요한 변수가 누락되는 일이 없도록 유의함으로써 모형 설정 오류를 예방해야 한다. 변수들 간의 가설적 인과관계가 모형에서 제시되도록 한다.

두 번째 단계는 설정된 모형을 도식화하기 위해 경로도를 작성하는 단계이다. 이 과정에서 외생변수와 내생변수, 잠재변수와 관찰변수를 구분하고 구조방정식모형을 위한 기호와 도형을 사용하여 변수들 간의 관계를 그림으로 나타낸다.

세 번째 단계는 경로도를 분석하는 데 필요한 구조방정식을 작성한다. 구조방정식은 측정모형과 구조모형을 위한 방정식으로 구분된다. 측정모형의 경우 잠재변수와 이를 측정하기 위한 측정변수들 간의 관계를 방정식으로 나타낸다. 구조모형의 경우에는 잠재변수들 간 또는 잠재변수와 측정변수들 간의 인과관계를 방정식으로 나타낸다. 이 과정에서 표본 데이터가 구조방정식모형에 적합한가를 검

그림 2-2 구조방정식모형의 절차

1 단계: 이론에 기초한 모형 설정
1. 이론적 토대 위에서 연구모형을 도출
2. 모형내 변수간 인과관계를 정확히 표현
3. 모형설정 오류가 없어야 함

2 단계: 경로도 작성
1. 외생변수와 내생변수를 규정
2. 잠재변수와 관찰변수를 구분
3. 변수들 간의 관계를 화살표로 표현

3 단계: 구조방정식 작성
1. 측정모형의 구조방정식을 작성
2. 구조모형의 구조방정식을 작성

투입행렬의 선택
- 분산/공분산 행렬
- 상관관계 행렬

구조방정식모형 분석을 위한 준비
- 구조방정식모형의 가정을 검토
  - 다변량 정규성, 극단치의 제거, 결측치의 처리
- 표본크기의 적절성 검토
- 모수 추정방법의 선정

4 단계: 모형의 식별
1. 자유도의 결정
2. 모형의 식별 문제들을 점검

5 단계: 모수의 추정
1. 필요한 모수의 추정
2. 모수추정 방법의 적용: ML, GLS, 또는 WLS

6 단계: 모형의 적합도 검증
1. 측정모형의 적합도 평가
   - 측정변수의 신뢰도 및 타당도 검증
2. 구조모형의 적합도 평가
   - 경로계수의 검증
3. 가설의 검증

7 단계: 모형의 수정
1. 모형의 적합도를 향상시키기 위한 모형의 수정
   - 경로의 제거, 경로의 추가
2. 모형 수정의 이론적 근거 검토

토하고, 구조방정식모형 분석에 필요한 자료를 공분산 행렬로 할 것인지 상관관계 행렬로 할 것인지를 결정한다. 또한 어떤 모수 추정방법을 이용할 것인가를 결정한다.

네 번째 단계는 모형을 식별하는 단계이다. 전 단계에서 작성된 구조방정식모형이 식별 가능한 모형인지 검토한다. 이를 위해서는 투입자료 행렬 내의 고유한 요소의 수를 계산하고 추정하려는 모수의 수를 확인하여 자유도를 계산한다. 연구모형이 식별되지 않는 경우 모수 추정이 불가능하다.

다섯 번째 단계는 필요한 모수를 추정하는 단계이다. LISREL이나 AMOS 같은 구조방정식모형 프로그램을 이용하여 실제로 구조방정식모형 분석을 수행하는 단계이다.

여섯 번째 단계는 모형에 대한 평가단계이다. 구조방정식모형 분석결과를 검토하여 모형이 전체적으로 얼마나 데이터에 적합한지를 결정한다. 구조방정식모형을 검증하는 방법은 크게 2단계로 측정모형에 대한 평가와 구조모형에 대한 평가로 진행된다. 측정모형 평가는 측정변수들의 타당도와 신뢰도를 검증하는데 초점을 맞춘다. 신뢰도 평가를 위해 전통적인 내적일관성 신뢰도 지수인 *Cronbach α*와 함께 종합신뢰도(composite reliability)가 검토된다. 타당도를 평가하기 위해 수렴타당도(convergent validity)와 판별타당도(discriminant validity)를 검토한다.

구조모형에 대한 평가는 측정모형을 통해서 구현된 잠재변수들간의 경로에 대한 평가에 초점이 맞추어진다. 이를 위해 다양한 적합도 지수들을 검토하여 전체 모형이 적합한 것으로 나타난 경우 개별 모수 추정치들을 평가하는 단계로 진행된다. 또한 개별모수 추정치들이 가설에서 설정한 대로 나타나는지 검토하는 가설검증을 작업을 진행한다. 경쟁모형을 비교하는 경우에는 어떤 모형이 더 적합한 모형인가를 평가한다.

마지막 단계는 모형의 적합도를 향상시키기 위해 모형을 수정하는 단계이다. 수정지수를 토대로 추정하려는 모수들을 삭제하거나 또는 추가함으로써 모형을 재설정하고, 수정된 모형을 제시하는 단계이다.

II 연구모형의 설정

1. 이론적 토대와 연구모형의 도출

구조방정식모형 분석의 출발점은 모형의 설정이다. 일반적으로 모형(model)은 연구대상 현상을 설명하기 위해 현실세계를 단순화하여 핵심 변수들 간의 관계를 설명한 것이다. 구조방정식모형 분석은 이러한 연구모형을 설정하는 작업에서부터 시작된다. 연구자는 연구모형 내의 변수들 간의 인과관계를 설정하고 추정해야 할 모수들을 설정해야 한다. 이러한 작업에는 측정모형의 설정, 구조모형의 설정, 잠재변수와 측정변수의 관계 설정, 오차항의 설정 등이 포함된다.

일반적으로 연구자들은 이론적 배경과 선행연구 검토를 기초로 자신이 연구하고자 하는 연구모형을 설정한다. 연구모형 안에는 일방적으로 다른 변수에 영향만을 미치는 독립변수, 다른 변수의 영향을 받는 종속변수이지만 동시에 또 다른 변수에 영향을 주는 변수로도 작용하는 매개변수, 다른 변수에 의해 영향을 받기만 하는 종속변수 등의 관계가 설정된다. 또한 변수들을 잠재변수와 측정변수로 구분하여, 잠재변수들 각각이 어떤 측정변수들에 의해 측정되는지를 설정해야 한다. 잠재변수와 잠재변수간의 구조적 관계도 분명하게 규정해야 한다.

이처럼 연구모형에 포함된 변수들 특히 잠재변수들 간의 관계는 연구자에 의해 자의적으로 만들어지는 것이 아니라 선행연구나 이론으로부터 도출되어야 한다. 어떤 변수가 어떤 변수에 영향을 미치는가에 대한 가설은 분명한 이론적 또는 경험적 근거에 기초해야 한다. 이러한 이유로 구조방정식모형은 확증적인 성격을 강하게 지닌다.

2. 측정모형과 구조모형의 설정

구조방정식모형은 측정모형과 구조모형으로 구성된다. 따라서 연구자는 측정모형을 설정하고 다음으로 구조모형을 설정해야 한다. 우선 측정모형은 잠재변수와 측정변수들 간의 관계를 다루고 있다. 측정모형은 각 잠재변수들이 관찰변수들을 통해 어떻게 측정되고 있는지를 규정하며, 측정도구로서의 관찰변수들의 신뢰도와 타당도가 관심의 대상이다. 따라서 가설적인 구성개념을 포착하기 위해

그림 2-3 측정모형의 예시

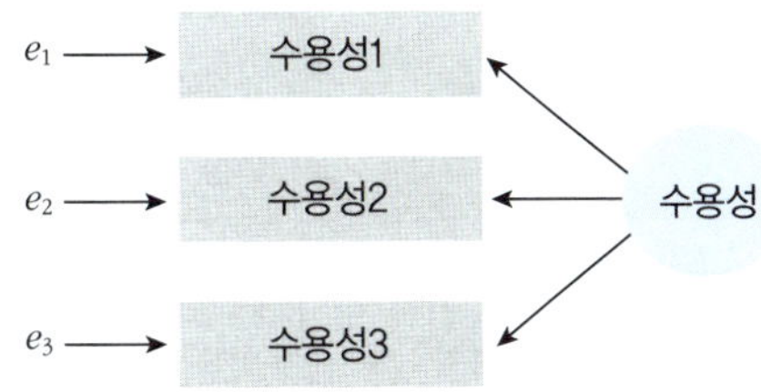

측정변수들이 얼마나 서로 잘 결합되어 있는가에 초점이 맞추어진다.

측정모형의 설정은 각 잠재변수와 각 측정변수간의 대응관계를 설정하는 것이다. 하나의 측정변수는 하나의 잠재변수에만 적재되도록 설정한다. 측정모형에는 측정 과정에서 필연적으로 수반되는 측정오차가 반영된다. 예컨대 〈그림 2-3〉처럼 세 개의 설문문항을 이용해 몰입도를 측정하는 경우를 가정해보자. 두 개 문항은 실제로 몰입도를 측정하는데 타당한 문항이지만, 또 다른 한 문항은 몰입도와는 관련이 없는 문항이라고 하자. 이 경우 잘못된 측정문항으로 인해 몰입도의 측정모형이 잘못 설정(model miss-specification)되며, 측정하고자 하는 잠재변수인 몰입도는 불충분하게 정의되게 된다. 이처럼 측정모형이 제대로 설정되지 않는 경우 측정오차는 커지고 구조방정식모형 분석 결과는 왜곡될 수밖에 없다. 만일 세 개 측정지표 각각이 잠재변수의 타당한 지표이며, 동시에 이 측정지표들이 결합되어 잠재변수의 완전한 표상이 된다면 측정모형으로서 가장 이상적인 상황이 된다.

다음으로, 구조모형의 설정은 잠재변수들 간의 인과관계를 규정하는 것이다. 구조모형은 일련의 외생변수들과 내생변수들로 구성되며, 이들 간의 직접효과, 간접효과, 외생변수들 간의 공분산, 내생변수의 설명오차 등을 포함하고 있다. 공분산은 외생잠재변수들간의 비지시적 관계를 나타내며, 따라서 양방향 화살표를 이용해 그려진다. 직접효과는 한 외생잠재변수가 또 다른 내생잠재변수에 직접적으로 영향을 미치는 경우이다. 반면 간접효과는 한 외생잠재변수가 하나 또는 그 이상의 또 다른 변수들을 매개하여 내생잠재변수에 영향을 미치는 경우이다.

〈그림 2-4〉는 구조모형의 예를 보여준다. 그림에서 수용성은 신뢰, 인식된 혜택, 인식된 위험의 함수이다. 또한 인식된 위험은 신뢰와 인식된 혜택에 의해 설명된다. 따라서 신뢰는 인식된 혜태과 인식된 위험을 매개로 수용성에 영향을 미치고 있다. 또한, 신뢰만이 유일한 외생잠재변수이므로 외생변수들간의 공분산은

그림 2-4 **구조모형의 예시**

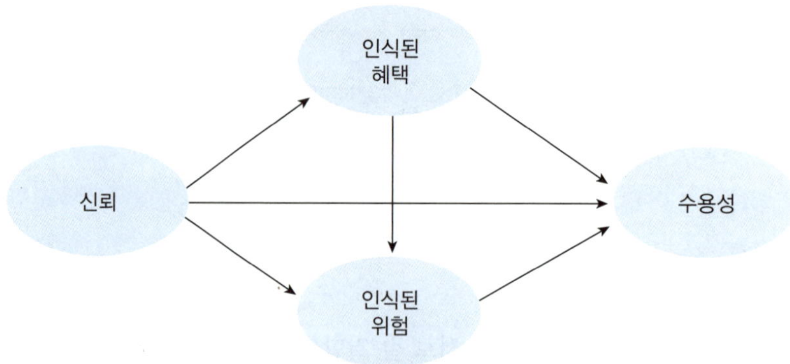

그림 2-5 **구조방정식모형의 예시: 신뢰, 인식된 혜택, 인식된 위험, 수용성의 관계**

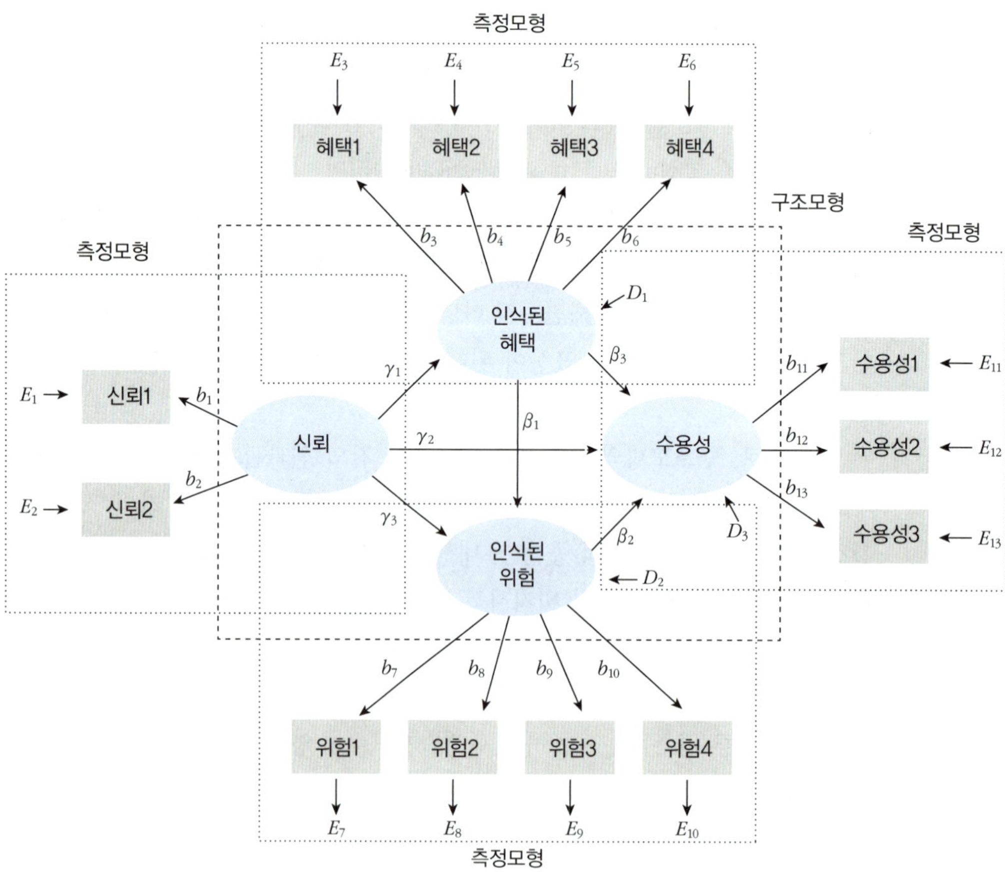

*출처: 심준섭(2009).

설정되지 않는다.

〈그림 2-3〉의 측정모형과 〈그림 2-4〉의 구조모형이 결합된 종합적인 구조방정식모형이 〈그림 2-5〉이다. 〈그림 2-5〉에는 네 개의 측정모형이 존재하는데, 신뢰, 인식된 혜택, 인식된 위험, 수용성 등의 4개의 잠재변수들 각각의 측정변수들은 측정모형을 구성한다. 잠재변수인 신뢰, 인식된 혜택, 인식된 위험, 수용성간의 관계는 하나의 외생잠재변수와 세 개의 내생잠재변수간의 관계로서 구조모형에 해당된다.

3. 구조방정식과 인과관계

구조방정식모형은 변수들간의 인과관계(causal relationship)에 기초를 두고 있다. 인과관계가 존재한다는 것은 변수들 간에 의존관계가 존재한다는 것을 의미한다. 그런데 사회과학 연구자들은 흔히 설문조사와 같은 횡단적 연구를 통해 얻어진 데이터를 가지고 구조방정식모형을 분석한다. 또한 횡단적 표본 데이터를 이용하는 것에 대한 심각한 반론을 제기하지도 않는다. 그렇다면 구조방정식모형에서 변수들간의 인과관계를 어떻게 정의할 것인가?

사실 인과관계는 여러 행태와 의미를 지니고 있다. 물리학을 포함한 자연과학에서 발견되는 매우 엄격한 인과성(causation)으로부터 행태연구에서 볼 수 있는 완화된 인과관계에 이르기까지 다양하다. 흔히 행태연구에서는 직무 만족도의 원인 또는 정부신뢰의 이유처럼 인과관계를 덜 엄격한 표현으로 사용한다.

두 변수들 간의 인과성에 대한 강도나 확신은 선택된 분석방법이 아니라 분석을 지지하기 위해 제시된 이론적 정당성(theoretical justification)에 달려있다. 인과관계를 주장하기 위한 조건들은 과학 철학에 깊은 뿌리를 두고 있다. 인과관계를 주장하기 위해서는 적어도 네 가지 기준들이 충족되어야 한다. 인과관계의 세 가지 기준인 (1) 두 변수간의 연관관계(association), (2) 시간적 선후관계, (3) 경쟁적 원인변수(causal variables)의 배제와 함께 관계의 이론적 토대라는 네 번째 기준이 충족되어야 한다.

비록 많은 경우 인과관계가 성립되기 위한 이러한 기준들이 엄격하게 충족되지는 않지만, 관계가 이론적 근거에 기반을 두는 경우 인과관계에 대한 주장을 하는 것이 가능하다는 게 공통된 시각이다. 그러나 이론적 기반이 미흡한 상태에서 단지 구조방정식모형과 같은 통계적 기법을 이용하는 것 자체가 인과관계를 입증하는 수단으로 이용되는 상황은 분명히 경계해야 한다. 심지어 탐색적인 목적으로 구조방정식모형을 이용하는 경우에도 여전히 어느 정도 이론적 기반은 필요하다.

4. 모형설정의 유의점

(1) 모형설정 오류의 방지

모형 설정단계에서 중요한 개념들이 앞에서 설명된 외생변수와 내생변수, 잠재변수와 관찰변수이다. 모형은 외생변수로부터 내생변수로, 내생변수로부터 다른 내생변수로 연결하는 일련의 이론적 명제나 가설들을 포함한다. 모형설정의 오류(specification error)는 모형에 반드시 포함되어야 할 중요 변수가 누락되거나, 변수들 간의 관계가 바르게 설정되지 못하는 경우이다. 이론에 토대를 둔 모형을 개발함에 있어서 가장 심각한 오류는 핵심적인 변수들이 누락되는 경우이다. 핵심 변수가 모형에서 누락되는 경우 다른 변수들의 중요성에 대한 평가에 오류가 생기게 된다. 예를 들어 X, Z 두 변수를 Y의 설명변수로 이용하는 상황을 가정해 보자. 만일 설명변수 중 Z가 분석에서 누락된다면 X의 계수는 크게 변할 수 있다. 특히 X와 Z 사이에 높은 상관관계가 존재할 경우 Z 변수의 누락이 미치는 효과는 커지게 된다. 또한 X, Y간에 상관관계가 존재하지 않지만 허위변수 또는 혼란변수 Z가 존재하는 경우에도 X, Y의 상관관계는 실제보다 과도하게 추정될 수 있다. 마찬가지로 매개변수나 억제변수 역시 모형설정 과정에서 주의 깊게 다루어져야 할 변수들이다. 따라서 연구모형에서 이러한 변수들이 잘못 누락되거나 반대로 잘못 포함되는 경우에 주의해야 한다.

(2) 간결성과 적합도의 상쇄관계 고려

연구자는 흔히 모형설정 과정에서 누락의 오류를 방지하기 위해 가능한 많은 변수들을 모형에 포함시키고 싶은 욕심이 생기기 마련이다. 복잡한 모형을 만들수록 모형의 적합도는 증대될 수 있겠으나, 모형에 요구되는 또 다른 조건인 간결성(parsimony)이 떨어질 수밖에 없다. 즉, 모형에 변수들이 많이 포함될수록 모형의 설명력은 높아지게 되지만, 그 대가로 모형의 간결성은 떨어지게 된다. 많은 변수들이 모형에 포함됨으로써 복잡한 모형을 만들 수는 있겠으나 이론모형으로서의 가치는 오히려 떨어지게 되는 것이다. 현실 세계의 핵심 변수들만으로 모형이 구성되어야 한다는 모형의 기본 전제와도 어긋나게 된다. 이러한 모형설정 오류를 예방하기 위해서는 광범위하고 심층적인 문헌검토와 선행연구 검토가 전제되어야 한다. 이를 토대로 핵심 변수들을 추출하고 이들 간의 가설적 관계를 규정함으로써 모형설정의 오류를 최소화해야 한다.

(3) 경쟁적 이론의 잘못된 통합에 유의

경쟁적이거나 대립적인 이론들을 하나의 모형 안으로 통합하려는 시도는 전혀 바람직하지 않다. 대립되는 이론들은 흔히 이론의 철학적, 인식론적 기반이 상이한 것이 보통이다. 이처럼 근본적인 차이를 지닌 경쟁적인 또는 대립적인 이론들을 하나의 모형에 통합하려는 시도는 정당화되기 어렵다.

5. 적정한 측정지표의 수

사회과학 특히 행태 연구에서 관찰변수들은 관찰 불가능한 잠재변수의 불완전한 지표(fallible indicators)들에 불과하다. 따라서 하나의 관찰변수만으로 잠재변수를 측정하기 위한 지표로 이용한다면 관찰변수는 잠재변수에 관한 매우 불완전한 정보만을 담게 될 가능성이 크다. 한 개의 관찰변수는 측정 대상인 잠재변수의 단지 한 측면만을 반영하는 정보를 담을 수 있기 때문이기도 하다. 이러한 이유로 구성개념의 다양한 측면에 대한 종합적인 그림을 그리기 위해 복수의 지표들을 이용하는 것이 바람직하다.

그러나 하나의 잠재변수를 측정하는데 몇 개의 측정변수가 적정한가에 대해서는 논란의 여지가 있다. 가장 적게는 한 개의 관찰변수만을 이용하여 잠재변수를 측정하는 경우이다. 그러나 지표가 하나인 경우 오차가 제대로 모형화되기 어렵다. 두 개의 지표를 이용하여 잠재변수를 측정하는 경우에는 불가능한 해에 도달할 가능성이 높으며, 타당도와 신뢰도에서 문제가 생길 수 있기 때문에 상당한 주의가 요구된다. 따라서 잠재변수마다 적어도 측정지표가 3개는 되어야 한다. 이론에서 잠재변수의 지표수를 분명하게 규정한 경우가 아닌 한, 지표의 적정 수에 대한 상한선은 없다. 대부분의 잠재변수들은 4~7개의 지표들로 측정된다. 그러나 심리측정학(psychometrics)에 기초한 지수들(예컨대 공격성)은 많은 문항들에 의해 측정된다. 이 경우 개념의 단일차원성을 평가하고, 복수의 하위차원들이 존재하는 경우에는 2차 요인모형(second order factor model)으로 표현하게 된다.

측정지표와 관련하여 또 한 가지 주의할 점은 잠재변수를 만들기 위해 관찰변수들을 자의적으로 결합해서는 안 된다는 점이다. 예컨대 '배경요인'이라는 잠재변수를 만들기 위해 성별, 인종 및 기타 인구통계학적 변수들을 결합하는 것은 적절하지 않다. 이는 배경요인이 어떤 단일한 차원의 의미를 지니고 있지 않기 때문이다. 이와 관련하여 MacCallum & Browne(1993)은 잠재변수와 측정변수의 관계를 반영적(reflective) 관계와 형성적(formative) 관계로 구분한다. 만족도와 같은 잠재변수를 측정하기 위한 문항들은 기본적으로 만족도를 반영하여 만들어진 문항들로 만족도라는 잠재변수가 이들 측정변수들의 원인이다. 반면, 학력, 성별, 인종, 등의 변수들은 인구학적 변수를 형성하기 위해 묶여진 측정변수들이다. 잠재변수와 측정변수들의 관계가 형성적인 경우 흔히 모형 식별에 문제가 발생될 수 있다.

III 경로도의 작성

1. 경로도의 개념

변수들 간의 가설적 관계를 설정하는 가장 편리한 방법은 경로도(path diagram)를 직접 그려보는 것이다. 경로도는 구조방정식모형의 핵심적인 부분으로서 연구하고자 하는 변수들 간의 복잡한 관계를 이해하기 쉽게 도형의 형태로 나타낸 것이다. 〈그림 2-6〉은 경로도의 사례를 보여준다.

LV는 잠재변수, MV는 측정변수, ME는 측정오차, LE는 잠재변수의 설명오차를 나타낸다. 이처럼 경로도를 통해 변수들 간의 가설적인 관계를 쉽게 정리할 수 있으며, 또한 구조방정식으로의 전환도 쉽게 가능해진다. 또 다른 경로도의 예로서

그림 2-6 경로도 예시: Shah & Goldstein(2006)의 잠재변수 경로모형

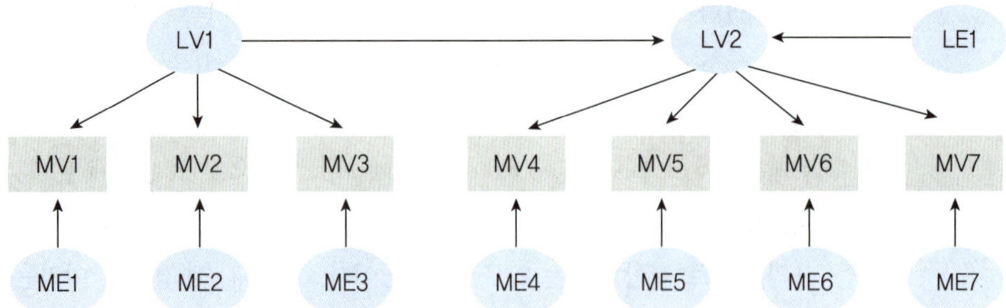

그림 2-7 경로도 예시: LISREL의 기호와 부호를 활용한 경우

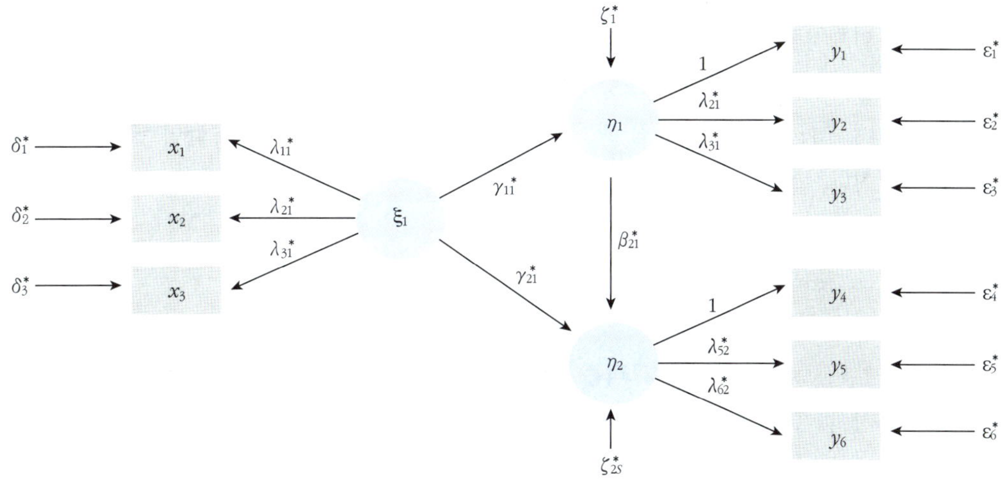

〈그림 2-7〉은 LISREL의 기호와 부호들을 활용해 그린 경로도이다. 일반적인 표현보다는 그리스 문자를 사용하고, 또한 측정오차와 설명오차가 동그라미로 표현되어 있지 않은 점이 〈그림 2-6〉과 다르다.

두 경로도 예시에서 보듯이 경로도는 변수들 간의 관계가 복잡할수록 시각적 도식화를 통해 변수들 간의 관계에 대한 이해를 편리하게 한다. 경로도를 살펴봄으로써 추정되어야 할 미지의 모수의 수, 잠재변수와 관찰변수, 외생변수와 내생변수, 변수 간 인과관계, 오차항 등을 쉽게 구분할 수 있다. 따라서 구조모형과 측정모형을 기술하기 위해 몇 개의 방정식이 필요한지 쉽게 계산할 수 있다. LISREL이나 AMOS 같은 프로그램들은 쉽게 경로도를 그릴 수 있으며, 그려진 경로도를 모수 추정에 필요한 방정식으로 자동으로 변환해준다.

2. 경로도의 기본 가정들

경로도는 크게 두 가지 가정에 기초한다. 첫째, 모든 인과관계가 규정되어야 한다. 따라서 선행 이론은 어떤 관계를 포함할 것인가 또는 포함시키지 않을 것인가를 결정하는 기초가 된다. 변수들 간에 관계가 존재함을 정당화하는 것만큼이나 변수들 간에 인과관계가 존재하지 않음을 정당화하는 것도 중요하다. 이 과정에서 중요한 고려사항은 모형의 간결성(parsimony)으로 이론적으로 정당화될 수

있는 변수들 간의 최소한의 관계를 가지고 모형을 설정하는 것이다.

두 번째 가정은 인과관계가 선형적(linear)이라는 것이다. 다른 다변량 분석기법들처럼 구조방정식모형에서는 비선형적 관계들이 직접적으로 추정되지 않는다. 그러나 이것이 구조방정식모형이 비선형적 관계를 다룰 수 없다는 뜻은 아니며, 최근에는 비선형적 관계에 대한 구조방정식모형 분석도 늘어나고 있는 추세이다.

3. 경로도의 작성 요령

경로도는 무작정 그리는 것이 아니라 일정한 규칙에 따라 그려져야 한다. 지금까지 이 책에서 제시된 여러 구조방정식모형들은 일정한 경로도 작성 규칙에 따라 그려졌다. 경로도 작성 규칙에 따라 경로도를 작성함으로써 사람들 간에 모형에 대한 개념적 의사소통이 가능해진다. 즉, 어떤 변수가 외생변수이고 또한 잠재변수인지 경로도만으로도 쉽게 구분할 수 있다.

Q&A 경로도를 그리는 원리는 무엇인가?

1. 잠재변수는 원으로 표현하며 측정변수들은 사각형으로 나타낸다.
2. 두 변수간의 가설적 인과관계는 일방향 화살표로 나타낸다. 화살표는 원인변수로부터 시작해서 결과변수로 향한다. 두 변수 간에 아무런 연결선이 없다는 것은 두 변수 간에 어떤 관계도 존재하지 않음을 나타낸다.
3. 양방향 화살표는 커브 형태로 표현하며 두 변수간의 공분산(상관관계)을 나타낸다. 단, 공분산은 외생변수들 사이에만 존재한다.
4. 모든 측정변수에는 측정오차가 추가된다. 측정오차는 E(또는 δ, ε)로 표시된다.
5. 모든 내생변수에는 설명오차가 추가된다. 설명오차는 D(또는 ζ)로 표시된다.

따라서 여러분은 경로도의 작성을 위해서는 구조방정식모형의 핵심 요소인 변수들에 대해 이해하고, 경로도의 작성요령에 대해서도 알고 있어야 한다. 기본적으로 잠재변수들은 원 또는 타원으로, 측정변수들은 사각형으로 나타낸다. 외생변수는 자신에게 들어오는 화살표가 없으며, 내생변수는 자신에게 들어오는 화살표가 존재한다. 변수들 간의 가설적 인과관계는 일방향 화살표로 그려지며, 공분산 관계만을 가정하는 경우에는 양방향 화살표로 그려진다. 간혹 화살표의 굵기를 통해 효과의 크기를 나타내는 경우도 있다. 또한 모든 측정변수에는 측정오차가 추가되고 내생변수에는 설명오차가 추가된다.

4. 경로도와 구조방정식

구조방정식모형을 분석하기 위해서는 경로도에 포함된 모수들을 추정하기 위한 구조방정식이 필요하다. 그런데 잠재변수와 측정변수들이 복잡하게 얽힌 잠재변수 경로모형의 경우 상당히 많은 방정식이 모수 추정을 위해서 필요하다. 이 경우 잠재변수와 측정변수, 내생변수와 외생변수, 설명오차와 측정오차, 분산과 공분산을 구분하기 위해서는 여러 가지 부호와 표현들이 필요하다. 복잡한 경로도를 분석하기 위해서는 많은 방정식들을 작성하는데 필요한 다양한 기호와 표현들이 필요하다. 예컨대 〈그림 2-7〉과 같이 외생잠재변수로부터 내생변수들로의 화살표는 γ(감마)로 표현되며, 내생변수와 다른 내생변수를 연결하는 화살표는 β(베

표 2-1 LISREL에 이용되는 그리스 문자의 구분

		원소	행렬	명칭	내 용
변수	잠재변수	ξ	ξ	자이	외생잠재변수
		η	η	에타	내생잠재변수
	관찰변수	x	x	엑스	외생잠재변수의 측정변수
		y	y	와이	내생잠재변수의 측정변수
	오차변수	δ	δ	델타	x에 대응되는 측정오차
		ε	ε	엡실론	y에 대응되는 측정오차
		ζ	ζ	제타	내생잠재변수에 대응되는 설명오차
경로계수 (인과 관계)	측정모형	λ^x	Λ_x	람다	외생잠재변수와 x 사이의 요인적재치
		λ^y	Λ_y	람다	내생잠재변수와 y 사이의 요인적재치
	구조모형	γ	Γ	감마	외생잠재변수와 내생잠재변수 간의 경로계수
		β	B	베타	내생잠재변수 간의 경로계수
공분산 (상관 관계)	오차항	θ^δ	Θ_δ	세타-델타	x에 대응된 측정오차들 간의 공분산
		θ^ε	Θ_ε	세타-엡실론	y에 대응된 측정오차들 간의 공분산
		ψ	Ψ	프사이	내생잠재변수에 대응된 설명오차의 분산-공분산
	잠재변수	φ	Φ	파이	외생잠재변수들 간의 분산-공분산

*출처: 김기형 · 강현철(2001).

타)로 표현된다. 또한 측정오차는 ε(엡실론)와 δ(델타)로, 설명오차는 ζ(제타)로 표시한다. 구조방정식모형의 방정식 작성에 이용되는 기호나 부호들은 제일 먼저 LISREL에서 그리스 문자들을 이용하면서부터 시작되었다. 〈표 2-1〉은 구조방정식모형에 이용되는 그리스 문자 부호들을 정리한 것이다.

기본적으로, 행렬은 그리스 문자의 대문자로 표시되며, 행렬 내의 원소들 즉 모수들은 소문자로 표시된다. 관측된 측정치는 로마문자로 표시되는데, 외생변수들은 x로, 내생변수들은 y로 표시된다. * 는 모형에서 추정되어야 할 모수임을 나타낸다.

이러한 복잡한 표기법을 암기하고 구분하는 것은 매우 성가신 일이며, 또한 구조방정식모형을 난해한 통계기법으로 생각되게 만드는 원인이 되고 있다. 이러한 이유로 최근에는 구조방정식의 원리를 훼손하지 않는 수준에서 보다 일반화된 표현들이 이용되고 있다. 예컨대, 측정변수의 측정오차를 δ와 ε으로 구분하여 표시하기 보다는 E로 표시하는 것이 일반적이다. 또한 내생잠재변수의 설명오차를 ζ 대신 D로 표시하기도 한다.

그럼에도 불구하고, 특히 LISREL을 이용하여 구조방정식모형을 분석하는 경우에는 이러한 부호들을 정확하게 이해할 필요가 있다. 물론 LISREL에 내재된 SIMPLIS 프로그램을 이용하는 경우에도 기본적인 표현법에 대한 이해는 여전히 필요하다. 앞의 〈그림 2-7〉은 〈표 2-1〉에서 제시된 그리스 문자들을 이용하여 경로도를 작성한 것이다.

IV 구조방정식의 작성

1. 개 념

이상에서 측정모형과 구조모형을 규정하고 이를 경로도로 나타내는 과정을 살펴보았다. 경로도를 통해 연구모형을 설정한 다음에는 경로도를 일일이 분해해서 각 경로를 설명하는 구조방정식 또는 모형규정 방정식(model definition equations)으로 나타내는 작업을 해야 한다. 즉 구조방정식모형에서 각 모수들을 추정하기 위한 구체적인 방정식들로 변환해야 한다. 이러한 작업은 측정모형의 방정식 변환과 구조모형의 방정식 변환의 2단계로 진행된다. 따라서 각 잠재변수와 측정변수의 관계를 분석하기 위한 방정식들을 작성하고, 다음으로 잠재변수들

간의 경로를 분석하기 위한 방정식들을 작성해야 한다.

구조방정식의 작성 원리는 무엇인가?

1. 구조방정식은 회귀방정식과 동일한 형태를 지닌다.
2. 모든 내생변수마다 구조방정식이 하나씩 필요하다.
3. 내생변수는 또 다른 구조방정식에서 예측변수로 포함될 수 있다.
4. 모든 구조방정식에는 오차항이 추가된다.
   4a) 모든 내생변수의 구조방정식에는 설명오차가 추가된다.
   4b) 모든 측정변수의 구조방정식에는 측정오차가 추가된다.
5. 외생변수는 모든 구조방정식에서 예측변수로만 포함된다.

2. 측정모형의 방정식 작성

먼저 측정모형을 분석하기 위한 방정식들을 작성한다. 앞의 〈그림 2-5〉에서 신뢰, 인식된 혜택, 인식된 위험, 수용성 등 4개의 잠재변수들 각각을 측정하기 위한 4개의 측정모형이 존재함을 알 수 있다. 또한 각 잠재변수는 2~4개의 측정변수들에 의해 측정되고 있다. 측정모형의 방정식에서 내생변수는 종속변수이며 방정식의 왼쪽에 위치한다. 회귀모형을 구성할 때 '$Y=bX$' 처럼 등호의 왼쪽에는 종속변수를 오른쪽에는 독립변수를 위치시키는 것과 동일하다. 〈그림 2-5〉에서 신뢰1, 신뢰2는 신뢰의 측정변수이다. 신뢰는 외생잠재변수이고, 신뢰의 측정변수인 신뢰과 신뢰2는 내생변수이다. 신뢰는 자신으로부터 나가는 화살표만 존재하고, 신뢰1과 신뢰2는 자신에게 들어오는 화살표만 있기 때문이다. 또한 각 측정변수의 측정오차는 외생변수로서 측정변수로 향하는 화살표를 갖는다. 외생잠재변수인 신뢰의 측정모형을 단순한 형태의 일련의 방정식으로 표현하면 다음과 같다.

$$신뢰1 = b_1신뢰 + E_1$$
$$신뢰2 = b_2신뢰 + E_2$$

표 2-2 측정모형의 방정식

변 수	측정모형의 방정식
신뢰	신뢰1 = b_1신뢰 + E_1 신뢰2 = b_2신뢰 + E_2
인식된 혜택	혜택1 = b_3인식된 혜택 + E_3 혜택2 = b_4인식된 혜택 + E_4 혜택3 = b_5인식된 혜택 + E_5 혜택4 = b_6인식된 혜택 + E_6
인식된 위험	위험1 = b_7인식된 위험 + E_7 위험2 = b_8인식된 위험 + E_8 위험3 = b_9인식된 위험 + E_9 위험4 = b_{10}인식된 위험 + E_{10}
수용성	수용성1 = b_{11}수용성 + E_{11} 수용성2 = b_{12}수용성 + E_{12} 수용성3 = b_{13}수용성 + E_{13}

각 측정변수는 종속변수로서 방정식의 좌측에 위치하고 잠재변수와 오차는 독립변수로서 방정식의 우측에 위치한다. 구조방정식을 통해 추정하려는 모수인 bi은 잠재변수인 신뢰가 측정지표에 미치는 효과의 크기를 나타내며, 요인적재치로 불린다. 측정오차의 경로는 1로 고정되어 있기 때문에 측정오차에는 경로계수가 없다.

마찬가지로 〈표 2-2〉처럼 내생변수인 인식된 혜택과 인식된 위험의 측정모형을 일련의 방정식으로 나타내고, 마지막으로 수용성의 측정모형을 방정식으로 나타낸다.

이상의 측정모형에서의 방정식 체계는 요인분석의 변수별 모형을 계산하는 것과 유사하다. 요인분석에서 각 변수는 각 요인에 대한 적재치에 의해 설명된다. 각 변수의 예측치는 각 요인에 대한 해당변수의 적재치로 계산된다. 마찬가지로 측정모형에서 각 측정변수는 해당 요인(신뢰, 인식된 혜택, 인식된 위험, 수용성)에 대한 적재치로 설명되며, 이 요인적재치가 경로계수(b_i)가 된다. 측정모형의 방정식 체계를 일반 구조방정식으로 나타내면 다음과 같다.

측정모형의 구조방정식

측정변수$_i$ = 요인적재치$_i$ × 잠재변수 + 측정오차$_i$

- 외생변수 측정모형: $X = \Lambda x\xi + \delta$
- 내생변수 측정모형: $Y = \Lambda y\eta + \varepsilon$

이러한 방정식의 표현은 회귀분석에서 종속변수와 독립변수의 관계를 설명한 회귀방정식과도 동일하다. 주의 할 점은 모든 측정변수들이 요인에 의해 완벽하게 설명될 수 없기 때문에 측정오차가 방정식에 포함된다. 이는 마치 전통적인 회귀모형에 오차항(e)이 포함되는 것과 같다.

$$Y = b_i X_i + e$$

3. 구조모형의 방정식 작성

다음으로, 구조모형을 분석하기 위한 방정식들을 작성해야 한다. 측정모형에서 적재치 또는 요인적재치가 추정되는 것처럼 구조모형에서는 잠재변수들간의 경로계수(path coefficient) 또는 구조계수(structural coefficient)가 추정된다. 이처럼 구조모형의 방정식 변환은 잠재변수와 잠재변수 또는 잠재변수와 측정변수간의 인과관계를 방정식으로 나타내는 것이다. 〈그림 2-5〉에서 내생잠재변수인 인식된 혜택, 인식된 위험, 수용성 각각은 외생변수 또는 또 다른 내생변수들에 의해 예측된다. 따라서 모든 관계마다 예상되는 효과로서 경로계수가 추정된다. 주의할 점은 내생변수의 개수만큼 방정식이 필요하다는 것이다.

외생잠재변수와 내생잠재변수간의 경로계수는 γ_i로, 내생잠재변수간 경로계수는 β_i로 나타낸다. 인식된 혜택은 신뢰에 의해 예측되지만, 완전한 예측이 불가능

표 2-3 구조모형의 방정식

변 수	구조모형의 방정식
인식된 혜택	인식된 혜택 = γ_1신뢰 + D_1
인식된 위험	인식된 위험 = γ_3신뢰 + β_1인식된 혜택 + D_2
수용성	수용성 = γ_2신뢰 + β_3인식된 혜택 + β_2인식된 위험 + D_3

하므로 오차항, 정확하게는 구조오차(structural error 또는 disturbance)가 방정식에 포함된다. 마찬가지로 인식된 위험은 신뢰와 인식된 혜택에 의해 예측된다. 종속변수인 수용성은 신뢰, 인식된 혜택, 및 인식된 위험에 의해 예측된다. 이상의 논의를 기초로 구조방정식모형의 방정식 체계를 일반 구조방정식으로 표현하면 다음과 같다.

구조모형의 방정식

내생잠재변수$_i$ = 경로계수$_j$ × 외생잠재변수 + 경로계수$_k$ × 내생잠재변수 + 설명오차$_i$

$$\eta = \beta\eta + \Gamma\xi + \zeta$$

V 공분산 방정식의 작성

1. 원 리

이상의 구조방정식에서 규정된 모수들은 실제로는 표본 공분산 행렬 또는 상관관계 행렬에 대한 분석을 통해서 추정된다. 따라서 모수 추정에 필요한 구조방정식들을 구조방정식모형을 위한 투입자료인 분산-공분산 행렬을 이용하여 관계를 나타낼수 있다. 분산-공분산 행렬을 이용하여 관계식을 표현하는 것을 공분산 방정식(covariance equation)이라 부른다.

모수추정 과정을 보다 정확하게 이해하기 위해서는 변수들 간의 선형결합에서 분산과 공분산의 역할을 이해해야 한다. 변수들 간의 분산-공분산 관계 역시 측정모형과 관련된 것과 구조모형과 관련된 것으로 나눌 수 있다.

2. 공분산 계산 법칙

공분산 계산 법칙을 이해하면 구조방정식모형에서 분산과 공분산을 보다 쉽게 계산할 수 있다. 물론 모형에서 변수들이 많아지는 경우 공분산 계산법칙에 따라

분산과 공분산을 직접 계산하는 일은 매우 어려운 작업이 된다. 그럼에도 불구하고 공분산 계산 법칙은 분산-공분산 행렬을 재생하기 위해 모수 추정치들이 어떻게 결합되는가를 이해하는 데 큰 도움이 된다. 다음은 기본적인 공분산 계산법칙들을 정리한 것이다.

공분산 계산법칙

1. $Cov(c, X_1) = 0$
2. $Cov(cX_1, X_2) = cCov(X_1, X_2)$
3. $Cov(X_1 + X_2, X_3) = Cov(X_1, X_3) + Cov(X_2, X_3)$
4. $Var(X_1) = Cov(X_1, X_1)$

단, Var은 분산, Cov는 공분산, c=상수, X_i=변수를 나타낸다.

첫 번째 규칙에 따르면, 어떤 변수와 상수간의 공분산은 0이다. 두 번째 규칙에 따르면 상수가 곱해진 변수와 또 다른 변수간의 공분산은 두 변수의 공분산에 상수를 곱한 값과 동일하다. 세 번째 규칙에 따르면, 두 변수의 합과 또 다른 변수간의 공분산은 첫 번째 변수와 세 번째 변수의 공분산과 두 번째 변수와 세 번째 변수의 공분산의 합과 같다. 네 번째 규칙에 따르면, 어떤 변수와 변수 자신의 공분산은 변수의 분산이다. 공분산이 서로 다른 두 변수간의 연계의 강도를 평가하는 반면, 분산은 자기 자신과의 연계의 강도를 평가한다.

3. 경로분석모형의 공분산 방정식 작성

구조방정식을 공분산 방정식으로 변환하는 과정을 이해하기 위해 〈그림 2-8〉의 경로모형을 예로 들어 각 변수의 분산과 공분산을 계산해보자.

〈그림 2-8〉에서 내생변수는 Y_1과 Y_2이므로 다음과 같은 2개의 구조방정식이 만들어진다.

$$Y_1 = \gamma_1 X_1 + e_1$$
$$Y_2 = \beta_1 Y_1 + \gamma_2 X_1 + e_2$$

그림 2-8 **경로모형의 예시**

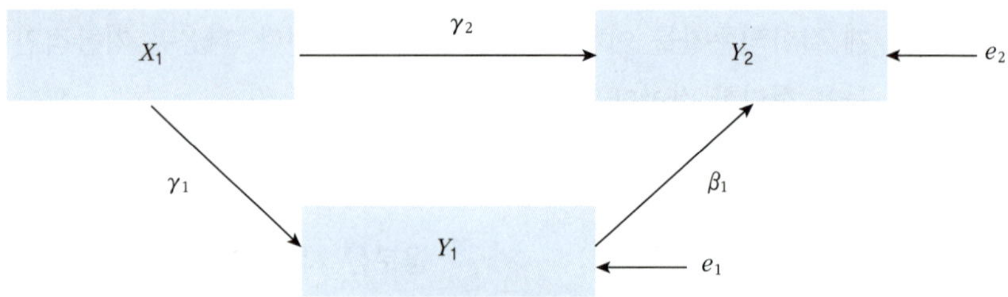

위 방정식을 토대로 먼저 Y_1의 분산을 계산해보자. 네 번째 공분산 계산 공식을 따르면 다음과 같이 나타낼 수 있다.

$$Var(Y_1) = Cov(Y_1,\ Y_1)$$

이 식에 위의 구조방정식을 대입하면 다음과 같다.

$$Var(Y_1) = Cov(\gamma_1 X_1 + e_1,\ \gamma_1 X_1 + e_1)$$

다시, 이 식을 공분산 계산 3번째 법칙에 따라 분배하면 다음과 같다.

$$= Cov(\gamma_1 X_1,\ \gamma_1 X_1) + Cov(\gamma_1 X_1,\ e_1) + Cov(e_1,\ \gamma_1 X_1) + Cov(e_1,\ e_1)$$

오차항 e_1은 다른 어떤 변수와도 공분산 관계가 존재하지 않는다. 따라서 맨 앞과 맨뒤의 공분산 계산식만 남게 되며, 이 식들을 두 번째 공분산 계산 법칙에 따라 재정리하면 다음과 같다.

$$= Cov(\gamma_1 X_1,\ \gamma_1 X_1) + Cov(e_1,\ e_1)$$
$$= \gamma_1 \gamma_1 Cov(X_1,\ X_1) + Cov(e_1,\ e_1)$$
$$= \gamma_1^2 Var(X_1) + Var(e_1)$$

결국, 경로계수(γ_1)의 제곱에 X_1의 분산을 곱한 값이 Y_1의 설명된 분산이다. 이렇게 계산된 분산에 오차분산을 더하면 Y_1의 총분산이 계산된다.

다음으로, X_1과 Y_1의 공분산을 계산해보자. 이를 위해선 X_1과 Y_1을 위의 구조방정식으로 나타낸다.

$$Cov(X_1, Y_1) = Cov(X_1, \gamma_1 X_1 + e_1)$$

이 식에 공분산 계산 세 번째 법칙을 적용하면 다음과 같다.

$$= Cov(X_1, \gamma_1 X_1) + Cov(X_1, e_1)$$

오차항 e_1과 변수간에 공분산은 존재하지 않으므로 $Cov(X_1, e_1)=0$이 된다. 따라서 남아 있는 방정식에 공분산 계산 두 번째 법칙을 적용해 다음과 같이 변환할 수 있다.

$$= Cov(X_1, \gamma_1 X_1)$$
$$= \gamma_1 Cov(X_1, X_1)$$

변수 X_1과 X_1 자신의 공분산은 분산과 같다. 따라서 X_1과 Y_1의 공분산은 X_1의 분산에 경로계수를 곱한 값과 동일하다.

$$= \gamma_1 Var(X_1)$$

이 값은 모형을 통해 추정(재생)되는 X_1과 Y_1의 공분산을 나타낸다. 만일 모형이 완전히 적합하다면, $\gamma_1 Var(X_1)$는 관측된 표본 공분산과 일치하게 된다.

이제, Y_1과 Y_2의 공분산을 계산하면 다음과 같다.

$$Cov(Y_1, Y_2) = Cov(\gamma_1 X_1 + e_1, \beta_1 Y_1 + \gamma_2 X_1 + e_2)$$

공분산 법칙 세 번째 분배법칙을 적용하면 다음과 같다.

$$= Cov(\gamma_1 X_1, \beta_1 Y_1) + Cov(\gamma_1 X_1, \gamma_2 X_1) + Cov(\gamma_1 X_1, e_2) +$$
$$Cov(e_1, \beta_1 Y_1) + Cov(e_1, \gamma_2 X_1) + Cov(e_1, e_2)$$

위 식에서, 오차항 e_1과 e_2는 어떤 다른 변수와도 공분산 관계가 존재하지 않는다. 따라서 맨 앞의 두 공분산 계산식만 남게 된다. 두 식을 공분산 계산 두 번째 규칙에 따라 정리하면 다음과 같다.

$$= Cov(\gamma_1 X_1, \beta_1 Y_1) + Cov(\gamma_1 X_1, \gamma_2 X_1)$$
$$= \gamma_1\beta_1 Cov(X_1, Y_1) + \gamma_1\gamma_2 Cov(X_1, X_1)$$
$$= \gamma_1\beta_1 Cov(X_1, Y_1) + \gamma_1\gamma_2 Var(X_1)$$

따라서 '경로계수(γ_1)×경로계수(β_1)×X_1과 Y_1의 공분산' + '경로계수(γ_1)×경로계수(γ_2)×X_1의 분산' 으로 계산된다.

마지막으로, X_1과 Y_2의 공분산을 계산하면 다음과 같다.

$$Cov(X_1, Y_2) = Cov(X_1, \beta_1 Y_1 + \gamma_2 X_1 + e_2)$$

공분산 계산 법칙 세 번째 분배법칙을 적용하면 다음과 같다.

$$= Cov(X_1, \beta_1 Y_1) + Cov(X_1, \gamma_2 X_1) + Cov(X_1, e_2)$$
$$= Cov(X_1, \beta_1 Y_1) + Cov(X_1, \gamma_2 X_1)$$
$$= \beta_1 Cov(X_1, Y_1) + \gamma_2 Cov(X_1, X_1)$$
$$= \beta_1 Cov(X_1, Y_1) + \gamma_2 \mathrm{Var}(X_1)$$

Y_2의 분산은 편의상 생략한다. 스스로 계산해보기 바란다. 이상의 공분산 방정식 계산 결과를 공분산 행렬로 나타내면 다음과 같다.

표 2-4 분산-공분산의 구조: 모형에 기초한 분산-공분산의 계산

	X_1	Y_1	Y_2
X_1	$Var(X_1)$		
Y_1	$\gamma_1 Var(X_1)$	$\gamma_1^2 Var(X_1) + Var(e_1)$	
Y_2	$\beta_1 Cov(X_1, Y_1) + \gamma_2 Var(X_1)$	$\gamma_1\beta_1 Cov(X_1, Y_1) + \gamma_1\gamma_2 Var(X_1)$	$\beta_1^2 Var(Y_1) + 2(\beta_1\gamma_1\gamma_2 Var(X_1))$ $+ \gamma_2^2 Var(X_1) + Var(e_1)$

4. 확증적 요인분석모형의 공분산 방정식 작성

경로분석모형과 마찬가지로 확증적 요인분석의 경우 구조방정식을 공분산 방정식으로 변환해보자. 〈그림 2-9〉의 확증적 요인분석모형을 사례로 공분산 방정식을 계산해보자.

그림 2-9 확증적 요인분석모형

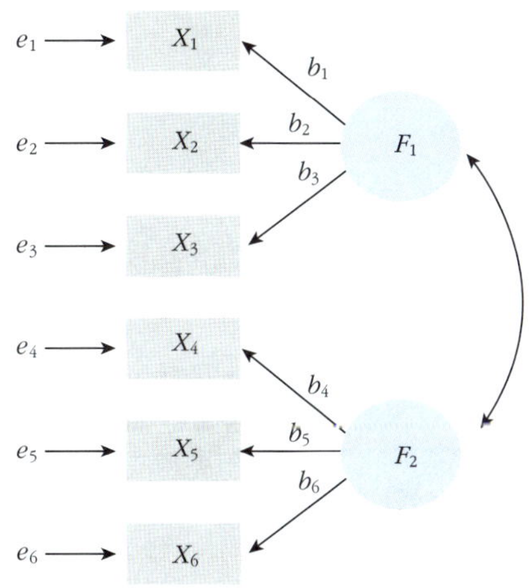

측정모형의 구조방정식 작성 원리에 따르면 측정변수 X_1의 구조방정식은 다음과 같다.

$$X_1 = b_1F_1 + e_1$$

측정변수 X_1의 분산을 계산해보자. 공분산 계산 네 번째 규칙에 따라 다음과 같이 나타낼 수 있다.

$$Var(X_1) = Cov(X_1, X_1)$$
$$Var(X_1) = Cov(b_1F_1 + e_1, b_1F_1 + e_1)$$

이 식을 공분산의 분배법칙에 따라서 풀면 다음과 같다. 단, 오차항은 다른 어떤 변수와도 공분산 관계를 지니지 않는다.

$$= Cov(b_1F_1, b_1F_1) + Cov(b_1F_1, e_1) + Cov(e_1, b_1F_1) + Cov(e_1, e_1)$$
$$= Cov(b_1F_1, b_1F_1) + Cov(e_1, e_1)$$
$$= b_1b_1Cov(F_1, F_1) + Var(e_1)$$
$$= b_1b_1Var(F_1) + Var(e_1)$$
$$= b_1^2Var(F_1) + Var(e_1)$$

여기서, 잠재변수 F_1의 척도를 설정하기 위해 분산을 '1'로 고정하는 경우에는 다음과 같이 정리된다.

$$= b_1^2 + Var(e_1)$$

결국, 측정변수 X_1의 분산은 비표준화 요인적재치를 제곱한 값에 측정오차(오차분산)을 더하면 된다.

측정모형에서 측정변수의 분산 계산

측정변수(X_i)의 분산 = (비표준화 요인적재치X_i^2 × 잠재변수의 분산) + 측정오차$_{ei}$

이번에는 F_1의 측정변수 X_1과 X_2의 공분산을 계산해보자. 이상의 계산과정과 마찬가지로 X_1과 X_2를 각각 구조방정식으로 대체하면 다음과 같다.

$$Cov(X_1, X_2) = Cov(b_1F_1 + e_1,\ b_2F_1 + e_2)$$

이 식을 분배법칙에 따라서 풀면 다음과 같다. 단, 오차항은 다른 어떤 변수와도 공분산 관계를 지니지 않는다.

$$= Cov(b_1F_1, b_2F_1) + Cov(b_1F_1, e_2) + Cov(e_1, b_2F_1) + Cov(e_1, e_2)$$
$$= Cov(b_1F_1, b_2F_1)$$
$$= b_1b_2Cov(F_1, F_1)$$
$$= b_1b_2Var(F_1)$$
$$= b_1b_2$$

여기서, F_1 분산의 척도를 설정하기 위해 분산을 '1'로 고정하면, $\text{Var}(F_1)=1$이 된다. 결국, 측정변수 X_1과 X_2의 공분산은 각각의 비표준화 요인적재치를 곱한 값과 일치한다.

이번에는 서로 다른 요인의 측정변수들 간의 공분산을 계산해 보자. $F1$의 측정변수인 X_1과 F_2의 측정변수인 X_4의 공분산을 계산하면 다음과 같다. 단, 오차항은 다른 어떤 변수와도 공분산 관계를 지니지 않는다.

$$Cov(X_1, X_4) = Cov(b_1F_1+e_1, b_4F_2+e_4)$$

$$= Cov(b_1F_1, b_4F_2) + \text{Cov}(b_1F_1, e_4) + \text{Cov}(e_1, b_4F_2) + \text{Cov}(e_1, e_4)$$
$$= Cov(b_1F_1, b_4F_2)$$
$$= b_1b_4Cov(F_1, F_4)$$

측정모형에서 두 측정변수(X_i, X_j)간 공분산

1. 누 측정변수가 동일한 잠재변수에 적재되는 경우
   = 요인적재치X_i × 요인적재치X_j × 잠재변수의 분산
2. 두 측정변수가 다른 잠재변수에 적재되는 경우
   = 요인적재치X_i × 요인적재치X_j × 두 잠재변수 간 공분산

5. 잠재변수 경로분석모형의 공분산 방정식 작성

(1) 측정모형의 공분산 방정식 작성

가장 복잡한 형태의 구조방정식모형인 잠재변수 경로모형에 대한 공분산 방정식 작성을 위해 〈그림 2-5〉를 예로 이용해 보자. 우선 측정모형을 분석하기 위한 공분산 방정식들을 작성해보자. 측정모형의 공분산 방정식 작성은 확증적 요인분석 모형에서의 공분산 작성 원리와 동일하다. 공분산 방정식 작성 원리에 따라 각 측정변수의 분산과 공분산을 계산할 수 있다. 예컨대, 신뢰의 측정지표들인 신뢰1, 신뢰2를 분산-공분산 방정식으로 나타내면 다음과 같다.

$$Var_{신뢰1} = b_1^2 Var_{신뢰} + Var_{E1}$$
$$Var_{신뢰2} = b_2^2 Var_{신뢰} + Var_{E2}$$
$$Cov_{신뢰1,신뢰2} = b_1 b_2 Var_{신뢰}$$

잠재변수 신뢰의 측정변수(신뢰$_1$)의 분산은 요인적재치의 제곱(b_1^2) + 오차분산(e_1)으로 계산된다. 단, 잠재변수인 신뢰는 척도를 설정하기 위해 분산을 '1' 로 고정한다. 또한 신뢰의 측정변수 X_1과 X_2의 공분산은 X_1의 요인적재치와 X_2의 요인적재치를 곱한 값으로 계산된다. 마찬가지로, 인식된 혜택, 인식된 위험, 수용성의 측정지표들 역시 분산-공분산의 관계 속에서 〈표 2-5〉와 같이 공분산 방정식으로 나타낼 수 있다.

표 2-5 측정모형의 공분산 방정식

잠재변수	공분산 방정식
신뢰	$Var_{신뢰1} = b_1^2 Var_{신뢰} + Var_{E1}$ $Var_{신뢰2} = b_2^2 Var_{신뢰} + Var_{E2}$ $Cov_{신뢰1,신뢰2} = b_1 b_2 Var_{신뢰}$
인식된 혜택	$Var_{혜택1} = b_3^2 Var_{혜택} + Var_{E3}$ $Var_{혜택2} = b_4^2 Var_{혜택} + Var_{E4}$ $Var_{혜택3} = b_5^2 Var_{혜택} + Var_{E5}$ $Var_{혜택4} = b_6^2 Var_{혜택} + Var_{E6}$ $Cov_{혜택1,혜택2} = b_3 b_4 Var_{혜택}$ $Cov_{혜택1,혜택3} = b_3 b_5 Var_{혜택}$ $Cov_{혜택1,혜택4} = b_3 b_6 Var_{혜택}$ $Cov_{혜택2,혜택3} = b_4 b_5 Var_{혜택}$ $Cov_{혜택2,혜택4} = b_4 b_6 Var_{혜택}$ $Cov_{혜택3,혜택4} = b_5 b_6 Var_{혜택}$
인식된 위험	$Var_{위험1} = b_7^2 Var_{위험} + Var_{E7}$ $Var_{위험2} = b_8^2 Var_{위험} + Var_{E8}$ $Var_{위험3} = b_9^2 Var_{위험} + Var_{E9}$ $Var_{위험4} = b_{10}^2 Var_{위험} + Var_{E10}$ $Cov_{위험1,위험2} = b_7 b_8 Var_{위험}$ $Cov_{위험1,위험3} = b_7 b_9 Var_{위험}$ $Cov_{위험1,위험4} = b_7 b_{10} Var_{위험}$ $Cov_{위험2,위험3} = b_8 b_9 Var_{위험}$ $Cov_{위험2,위험4} = b_8 b_{10} Var_{위험}$ $Cov_{위험3,위험4} = b_9 b_{10} Var_{위험}$
수용성	$Var_{수용성1} = b_{11}^2 Var_{수용성} + Var_{E11}$ $Var_{수용성2} = b_{12}^2 Var_{수용성} + Var_{E12}$ $Var_{수용성3} = b_{13}^2 Var_{수용성} + Var_{E13}$

(2) 구조모형의 공분산 방정식 작성

다음으로 구조모형에 대한 공분산 방정식들을 작성해 보자. 내생잠재변수의 분산, 공분산은 추정모수에서 제외되는 점을 기억해야 한다(추정모수에 대한 계산 원리는 이번 장 'VI. 모수추정' 부분에서 설명된다). 구조모형의 공분산 작성은 1) 신뢰와 인식된 혜택의 관계, 2) 신뢰, 인식된 혜택과 인식된 위험의 관계, 3) 신뢰, 인식된 혜택, 인식된 위험과 수용성의 관계로 구분하여 공분산 방정식으로 표현할 수 있다. 이처럼 구조방정식모형에서 공분산 방정식을 이용한다는 이유로 구조방정식모형은 공분산 구조분석(covariance structure analysis)으로도 불린다. 우선, 인식된 혜택의 분산과 인식된 혜택-신뢰의 공분산을 계산해보자. 인식된 혜택의 구조방정식은 다음과 같다.

$$\text{인식된 혜택} = \gamma_1\text{신뢰} + D_1$$

인식된 혜택의 분산($Var_{\text{인식된혜택}}$)을 먼저 계산해 보자.

$$Var_{\text{인식된혜택}} = Cov(\text{인식된 혜택, 인식된 혜택})$$

여기서, 인식된 혜택을 구조방정식으로 대체하면 다음과 같다.

$$\begin{aligned}
&= Cov(\gamma_1\text{신뢰}+D_1,\ \gamma_1\text{신뢰}+D_1)\\
&= Cov(\gamma_1\text{신뢰},\ \gamma_1\text{신뢰}) + Cov(\gamma_1\text{신뢰},\ D_1) + Cov(D_1,\ \gamma_1\text{신뢰}) +\\
&\quad Cov(D_1,\ D_1)\\
&= \gamma_1\gamma_1 Cov(\text{신뢰, 신뢰}) + Var(D_1)\\
&= \gamma_1^2 Var\text{신뢰} + Var(D_1)
\end{aligned}$$

단, 설명오차 D_1은 다른 어떤 변수와도 공분산 관계가 존재하지 않는다. 신뢰는 척도를 설정하기 위해 분산을 '1'로 고정한다. 따라서 $Var_{\text{신뢰}}=1$ 이다. 또한 설명오차 자신의 공분산은 분산과 같다. 따라서 인식된 혜택의 분산은 신뢰에서 인식된 혜택으로 향하는 경로계수의 제곱(γ_1^2)에 인식된 혜택의 설명오차(D_1)를 더하면 된다. 신뢰와 인식된 혜택간의 공분산 역시 다음과 같이 계산된다.

$$
\begin{aligned}
& Cov(\text{신뢰, 인식된 혜택}) \\
&= Cov(\text{신뢰}, \gamma_1\text{신뢰}+D_1) \\
&= Cov(\text{신뢰}, \gamma_1\text{신뢰}) + Cov(\text{신뢰}, D_1) \\
&= \gamma_1 Cov(\text{신뢰, 신뢰}) \\
&= \gamma_1 Var_{\text{신뢰}}
\end{aligned}
$$

따라서 신뢰의 분산에 경로계수(γ_1)를 곱하면 '신뢰-인식된 혜택' 의 공분산이 계산된다. 마찬가지로, 인식된 위험과 수용성에 대한 분산과 공분산을 계산하면 〈표 2-6〉과 같다.

표 2-6 구조모형의 공분산 방정식

잠재변수	공분산 방정식
인식된 혜택	1. $Var_{\text{인식된혜택}}$ $= \gamma_1^2 Var_{\text{신뢰}} + Var_{D_1}$ 2. $Cov_{\text{신뢰, 인식된혜택}}$ $= \gamma_1 Var_{\text{신뢰}}$
인식된 위험	1. $Var_{\text{인식된위험}}$ $= \gamma_3^2 Var_{\text{신뢰}} + 2(\gamma_3\beta_1 Cov_{\text{신뢰,인식된혜택}}) + Var_{D_2}$ 2. $Cov_{\text{인식된위험,신뢰}}$ $= \gamma_3 Var_{\text{신뢰}} + \beta_1 Cov_{\text{신뢰,인식된혜택}}$ 3. $Cov_{\text{인식된위험,인식된혜택}}$ $= \gamma_1\gamma_3 Var_{\text{신뢰}} + \gamma_1\beta_1 Cov_{\text{신뢰,인식된혜택}}$
수용성	1. $Var_{\text{수용성}}$ $= \beta_3^2 Var_{\text{인식된혜택}} + \beta_3\gamma_2 Cov_{\text{신뢰,인식된혜택}} + \beta_3\beta_2 Cov_{\text{인식된위험,인식된혜택}} + \gamma_2\beta_3 Cov_{\text{신뢰,인식된혜택}} + \gamma_2^2 Var_{\text{신뢰}} + \gamma_2\beta_2 Cov_{\text{신뢰,인식된혜택}} + \beta_2\beta_3 Cov_{\text{인식된위험,인식된혜택}} + \beta_2\gamma_2 Cov_{\text{인식된위험,신뢰}} + \beta_2^2 Var_{\text{인식된위험}} + Var_{D_3}$ 2. $Cov_{\text{수용성,인식된혜택}}$ $= \beta_3\gamma_1 Var_{\text{신뢰}} + \gamma_1\gamma_2 Var_{\text{신뢰}} + \beta_2\gamma_1 Cov_{\text{신뢰,인식된위험}}$ 3. $Cov_{\text{수용성,인식된위험}}$ $= \beta_1\beta_1 Cov_{\text{신뢰,인식된혜택}} + \beta_3\gamma_3 Var_{\text{신뢰}} + \beta_1\gamma_2 Cov_{\text{신뢰,인식된혜택}}$ $+ \gamma_2\gamma_3 Var_{\text{신뢰}} + \beta_2\beta_1 Cov_{\text{인식된위험,인식된혜택}} + \beta_2\gamma_3 Cov_{\text{신뢰,인식된위험}}$ 4. $Cov_{\text{수용성,신뢰}}$ $= \beta_3 Var_{\text{신뢰}} + \gamma_2 Var_{\text{신뢰}} + \beta_2 Cov_{\text{신뢰,인식된위험}}$

Ⅵ 모수추정을 위한 투입자료 행렬의 선택

1. 자료행렬의 선택기준

구조방정식모형에서 모수를 추정하기 위해 이용되는 투입자료는 공분산 행렬이나 상관관계 행렬이 이용된다. 공분산 행렬은 행렬의 대각선에 변수 자신의 분산이 위치하며, 대각선 이외의 값들은 변수들 간의 공분산으로 구성된다. 반면 상관관계 행렬은 공분산 행렬을 표준화한 것이다. 즉 '평균=0, 표준편차=1' 인 값으로 표준화한 것이다. 그 결과 행렬의 대각선에는 1이 위치하며, 나머지 값들은 변수들 간의 이변량 상관계수(Pearson correlation coefficient)가 위치한다. 이러한 이유로 상관관계 행렬은 표준화 공분산 행렬로도 불린다. 그렇다면 구조방정식모형에서 모수 추정을 위해 어떤 행렬을 이용하는 것이 바람직할까?

일부 학자들은 투입행렬의 선택은 이론적 관심사와 학문적 선호에 따라 달라질 수 있다고 주장한다. 이론적으로 변수들 간의 관계의 패턴에만 관심이 있는 경우에는 상관관계 행렬을 이용하는 것이 적절한 선택이라는 것이다. 사실 상관관계 행렬은 모든 변수들의 분산이 1이 되도록 재척도화(rescaling)함으로써 해석을 용이하게 한다. 특히 측정변수들이 표준화되고 모형을 상관관계 행렬에 적합시키게 된다. 따라서 모수추정치들은 표준화된 변수의 관점에서 해석될 수 있다. 더욱이 상관관계 행렬의 사용은 모수의 유의도에 대한 보다 엄격한 추정치를 산출하는 강점이 있다. 실제 미국 심리학 분야 구조방정식모형 논문의 50% 정도는 상관관계 행렬을 이용한 것으로 나타났다.

상관관계 행렬의 장점에도 불구하고 공분산 행렬을 이용하는 것이 바람직하다. 구조방정식모형은 척도로부터 자유롭지 않으며, 따라서 상관관계 행렬에 적합한 모형이 공분산 행렬에는 적합하지 않을 수 있다. 상관관계 행렬은 변수를 표준화함으로써 변수의 척도에 관한 중요한 정보를 상실하게 된다. 많은 유형의 구조방정식모형이 척도에 따라 달라지므로 이것은 중요한 문제라 할 수 있다. 특히 변수들 간의 척도가 매우 다른 경우 상관관계 행렬보다는 공분산 행렬을 투입자료로 이용하는 것이 바람직하다.

더욱이 구조방정식모형에서의 가설 검증은 공분산 행렬에 대한 분석을 전제로 하고 있다. 구조방정식모형의 모수 추정방법들이 공분산 행렬에 적합한 통계적

분포이론에 기초하고 있기 때문이다. Shah & Goldstein(2006)은 상관관계 행렬을 공분산행렬처럼 취급하면서 모형을 상관관계 행렬에 적합시키는 것은 옳지 않다고 주장한다. Cudeck(1989)은 상관관계 행렬을 이용한 연구들에 대한 심층적 분석을 통해 모수 추정치의 표준오차, 신뢰구간, 검정통계량 등이 정확하지 않게 계산되었다는 결론을 내렸다. 또한 χ^2(카이제곱) 같은 적합도 지수가 바르게 계산되지 않을 수 있다. 이러한 논의들을 종합해볼 때 상관관계 행렬보다는 공분산 행렬을 이용할 것을 추천한다.

2. 공분산 행렬

구조방정식모형에서는 공분산 행렬(Σ) 또는 상관관계 행렬(R)이 투입자료로 이용된다. 물론 원데이터를 투입자료로 이용할 수 있으나, 이 경우에도 연구자는 원자료를 어떤 행렬로 변환시킬 것인지 결정해야 한다.

공분산 행렬을 이해하기 위해서는 편차와 분산의 개념을 먼저 이해해야 한다. 편차는 해당 변수에 대한 관측치에서 평균을 뺀 값이며, 편차를 제곱해서 모두 더한 값이 제곱합(sum of square)이다. 편차와 제곱합은 데이터의 흩어짐 정도를 평가하는 통계량이다. 편차는 각 관측치가 평균으로부터 얼마나 떨어져 있는가를 측정하는 지표로 이용된다. 제곱합은 이러한 편차값을 제곱하여 모두 더한 값으로 데이터의 전체적인 흩어짐을 측정하는 지표로 이용된다. 그러나 표본의 수를 고려하지 않기 때문에 제곱합의 크기로 데이터의 흩어짐을 평가하는 것은 옳지 않다.

$$\text{편차} = X - \bar{X} = x$$

$$\text{제곱합} = \Sigma(X - \bar{X})^2 = x^2$$

따라서 표본 크기를 고려한 제곱합을 계산한 것이 분산이다. 분산은 데이터가 얼마나 흩어져있는가를 측정하는 지표로서 제곱합의 평균을 계산한 값이다. 분산의 계산식은 다음과 같다.

$$Var_x = s^2 = \frac{\Sigma(X_i - \bar{X})(X_i - \bar{X})}{n - 1}$$

분산이 어떤 변수(X) 자신의 편차를 곱함으로써 얻어지는 반면, 공분산은 두 개의 서로 다른 변수간의 편차를 곱함으로써 얻어지게 된다. 두 변수(X, Y) 간의 공분산은 다음과 같이 계산된다.

$$Cov_{xy} = \frac{\Sigma(X_i - \bar{X})(Y_i - \bar{Y})}{n - 1}$$

또 공분산은 두 변수간의 관계의 크기를 측정하는 지표로서 한 변수의 증가에 따른 또다른 변수의 증가 또는 감소 경향을 나타내는 측도이다. 공분산은 측정 단위가 그대로 보존되는 통계량이다. 따라서 단순히 두 변수간의 공분산이 다른 두 변수간의 공분산에 비해 크다는 것만으로 연관관계의 강도가 크다고 할 수는 없다. 〈표 2-7〉은 공분산 행렬을 나타낸 것이다.

공분산 행렬의 대각선에는 각 변수의 분산이 위치하고, 대각선 이외의 값은 두 변수 간의 공분산을 나타낸다. 대각선을 중심으로 상하 대칭이므로 대각선 아래 또는 위 부분의 원소들만을 행렬로 표시하는 것이 일반적이다. 공분산 행렬을 구조방정식모형의 투입자료로 활용하는 것은 모든 변수의 원래 단위를 그대로 유지하여 분석한다는 것을 의미한다. 따라서 공분산 행렬을 그대로 이용하면 비표준화 모수 추정치들을 얻을 수 있다.

표 2-7 공분산 행렬

	X_1	X_2	X_3	…	X_i
X_1	$Var(X_1)$				
X_2	$Cov(X_1, X_2)$	$Var(X_2)$			
X_3	$Cov(X_1, X_3)$	$Cov(X_2, X_3)$	$Var(X_3)$		
⋮	⋮	⋮	⋮	…	
X_i	$Cov(X_1, X_i)$	$Cov(X_2, X_i)$	$Cov(X_3, X_i)$	…	$Var(X_i)$

3. 상관관계 행렬

공분산은 변수의 측정단위에 따라 그 값이 크게 달라질 수 있기 때문에, 단순히 공분산의 크기만으로 변수들 간의 관계의 크기를 비교하는 것은 곤란하다. 이러한 문제를 해결하기 위해 공분산을 표준화하면 상관관계가 된다.

표준화는 데이터의 평균이 0이고 표준편차가 1인 값으로 변환하는 것이다. 위의 공분산 계산식을 보면 분자는 이미 (관측치－평균치)로써 그 평균이 0이다. 따라서 공분산을 해당변수들의 표준편차로 나눠주기만 하면 표준편차가 1인 값으로 변환된다.

$$r_{x_i x_i} = \frac{\Sigma(X_i - \overline{X})(X_i - \overline{X})}{n - 1} \times \frac{1}{s_{x_i}} \times \frac{1}{s_{x_i}} = 분산 \times \frac{1}{분산} = 1$$

한 변수의 분산에 (1/표준편차 × 1/표준편차)을 곱하여 표준화하면 분산은 1로 바뀐다. 즉 분산에 1/분산을 곱하면 1이 된다. 그 결과 어떤 변수와 자기 자신과의 상관관계는 1이 된다.

반면, 서로 다른 두 변수간의 공분산을 각 변수의 표준편차로 나누면 두 변수간 피어슨 상관계수가 된다. 이러한 이유로 상관관계 행렬은 표준화 공분산(standardized covariance) 행렬로 불린다.

$$r_{x_i x_j} = \frac{\Sigma(X_{ki} - \overline{X}_i)(X_{kj} - \overline{X}_j)}{n - 1} \times \frac{1}{s_{x_i}} \times \frac{1}{s_{x_j}}$$

$$r = \frac{\Sigma(X_i - \overline{X})(Y_i - \overline{Y})}{(n - 1)s_X s_Y}$$

표 2-8 상관관계 행렬

	X_1	X_2	X_3	…	X_i
X_1	1				
X_2	$Cor(X_1, X_2)$	1			
X_3	$Cor(X_1, X_3)$	$Cor(X_2, X_3)$	1		
⋮	⋮	⋮	⋮	…	
X_i	$Cor(X_1, X_i)$	$Cor(X_2, X_i)$	$Cor(X_3, X_i)$	…	1

표 2-9 **상관관계 행렬과 표준편차: 예시**

변수	*X*	*Y*	*Z*
X	1	0.5	0.65
Y	0.5	1	0.70
Z	0.65	0.70	1
표준편차	5	10	15

〈표 2-8〉에서 보듯이 상관관계 행렬의 대각선에는 1이 위치한다. 이는 각 변수의 분산을 표준화하였기 때문이다. 상관계수는 −1에서 1 사이에 분포하게 된다. 따라서 상관계수 행렬을 구조방정식모형의 투입자료로 활용한다는 것은 모든 변수를 표준화한 다음 분석하는 것과 동일하다.

상관관계 행렬이 이용되는 경우에는 평균=0, 표준편차=1인 값들이 투입자료로 이용되므로 분석결과 역시 표준화된 해(standardized solution)를 얻게 된다. 물론 상관관계 행렬을 투입자료로 이용하는 경우에도 각 변수의 평균과 표준편차가 제공된다면 거꾸로 각 변수들 간의 분산-공분산 행렬을 정확히 계산할 수 있다.

〈표 2-9〉처럼 상관관계 행렬과 표준편차가 주어진 상황에서 *X*, *Y*, *Z* 세 변수의 공분산행렬을 계산해보자. 예컨대, *X*와 *X*자신의 공분산은 X의 분산과 같기 때문에 '상관관계×표준편차^2'으로 계산된다. 따라서 X의 분산은 1×5×5=25이다. 다음으로, *X*와 *Y*의 공분산을 계산하기 위해서는 두 변수의 상관계수에 *X*의 표준편차와 *Y*의 표준편차를 곱하면 된다. 즉, r=0.5이고, *X*의 표준편차는 5, *Y*의 표준편차는 10이므로, 0.5×5×10=25이다. 〈표 2-9〉의 상관관계 행렬을 공분산 행렬로 변환하면 〈표 2-10〉과 같다.

표 2-10 **공분산 행렬의 계산 방법**

변수	*X*	*Y*	*Z*
X	1 × 5 × 5 = 25	0.5×5×10 = 25	0.65×5×15 = 48.75
Y	0.5 × 5 × 10 = 25	1 × 10 × 10 = 100	0.70 × 10 ×15 = 105
Z	0.65×5×15 = 48.75	0.70×10×15 = 105	1×15×15 = 225

4. 결측치와 행렬의 계산 문제

구조방정식모형은 공분산 행렬 또는 상관관계 행렬을 투입자료로 이용한다. 따라서 비록 우리가 직접 볼 수는 없지만 구조방정식모형 프로그램은 원자료를 가지고 공분산 행렬이나 상관관계 행렬을 계산한다. 물론 MS Exel 프로그램과 같은 프로그램을 이용해 직접 공분산 행렬을 계산하고 이를 구조방정식모형의 투입 자료로 이용할 수도 있다. 어떤 방식을 선택하더라도 원자료로부터 공분산 또는 상관관계 행렬을 계산하기 위해서는 결측치(missing values)의 문제를 해결해야만 한다.

결측치는 하나 또는 그 이상의 사례들에서 변수들의 측정치가 확보되지 못한 경우이다. 결측치의 처리 문제는 구조방정식모형에 국한된 것은 아니며 모든 통계분석의 고민거리이기도 하다. 회귀분석이나 분산분석과 같은 선형모형들에서는 결측치를 어떻게 처리할 것인가에 대해 이미 많은 대안들이 제시되었다. 전통적인 통계분석에서 결측치를 처리하는 대표적인 방법은 목록별 제거(listwise deletion), 쌍별 제거(pairwise deletion), 평균으로의 대체 중 한 가지 방법을 이용하는 것이다. 이러한 결측치 처리방법들 모두는 결측치가 완전히 무작위로 분포되어 있다는 가정에 기초하고 있다.

목록별 제거는 변수 *X*에 결측치가 있는 경우 결측치가 포함된 사례들을 모든 분석에서 제거하는 방법으로서 모든 분석의 사례수가 일치하게 된다. 쌍별 제거는 해당 분석을 할 때 결측치가 있는 사례만을 제거하는 방식이다. 예컨대 변수 *X*와 *Y*간의 공분산을 계산할 때 변수 *X*의 결측치 사례들이 분석에서 제외되지만, 변수 *Y*와 *Z*의 공분산을 계산할 때는 변수 *X*의 결측치가 영향을 미치지 못한다. 변수 *Y*와 *Z*에만 결측치가 없으면 된다. 따라서 쌍별 제거에서는 각 분석마다 유효사례의 수가 달라질 수 있다.

통계분석의 관점에서 보면 두 방법 모두 문제를 지니고 있다. 목록별 제거 방식은 통계적 검정력의 상당한 손실을 초래하게 된다. 특히 많은 사례들이 각각 다른 변수들에 대해 결측치를 지니고 있는 경우에 문제가 된다. 극단적으로 각 사례들이 적어도 한 변수에 대해 측정치가 없는 경우 모든 사례가 분석에서 제외되는 상황이 발생될 수도 있다. 이러한 측면에서 본다면 쌍별 제거가 다소 우수한 방법으로 보인다. 그러나 모든 쌍의 변수들 간의 공분산이나 상관관계를 계산함에 있어서 상이한 표본 크기를 이용하는 경우 모형의 적합도에 문제가 있음은 물론이고 고유한 해를 얻지 못하는 상황이 초래될 수도 있다(Schumacker & Lomax, 2004).

목록별 제거나 쌍별 제거가 지닌 문제점을 해결하는 또 다른 방법은 결측치마다 해당 변수의 평균값으로 대체하는 방법이다. 평균으로 대체하는 방법은 모든 변수들간의 공분산 계산에서 표본 크기가 동일하도록 만들어주는 장점은 있지만, 변수들의 분산을 축소시키기는 문제를 지니고 있다. 평균값으로 대체되기 때문에 자연히 분산이 작아질 수밖에 없다. 더 큰 문제점은 결측치들이 완전히 무작위 분포를 이루고 있다고 가정하고 있다는 점이다(Little & Rubin, 1987).

그렇다면 최선의 방법은 무엇인가? 결측치의 비율에 따라 대처방법을 달리하는 것이다. 즉 결측치의 비율이 5% 이하라면 목록별 제거가 가능하다(Roth, 1994). 물론 이 경우에도 결측치들은 무작위로 분포되어 있어야 한다. 그 외의 경우에는 최대우도(maximum likelihood: ML) 방법으로 결측치를 추정하거나, 또는 다중대체(multiple imputation) 방법이 이용될 수 있다(Howell, 2007). 두 방법 모두 결측치가 과연 원래 어떤 값이었을까를 추정하지만 상이한 원리에 따라 값을 추정하게 된다.

최대우도법의 추정원리는 단순하지만 실제 계산과정은 무척 복잡하다. 최대우도 추정치를 얻는 방법은 여러 가지이다. 가장 대표적인 계산법은 기대-극대화 알고리즘(Expectation-Maximization algorithm: EM)을 이용하는 방법이다.[1] 또 다른 방법은 다중대체이다(Jöreskog & Sörbom, 2002). EM 방법이 이용가능한 변수들에 기초해서 예상되는 값을 대체하는 방식인 반면, 다중대체 방법은 무작위 데이터로 대체하는 방법이다. LISREL 프로그램은 다중대체방법을 이용해 결측치를 처리할 수 있다.

VII 구조방정식모형의 통계적 가정

1. 개 념

분산분석이나 회귀분석과 같은 전통적인 통계분석 기법들처럼 구조방정식모형 분석을 위해서는 일련의 가정들이 충족되어야 한다. 그러나 상대적으로 다른 통계기법들에 비해 완화된 가정만을 요구한다는 점이 구조방정식모형의 큰 장점

1) 기대-극대화 알고리즘(Expectation-Maximization algorithm)에 대한 구체적인 내용은 Schafer(1997)를 참고할 것.

이다. 구조방정식모형을 위한 통계적 가정들은 다음과 같다. 첫째, 표본의 크기가 충분해야 한다. 둘째, 내생변수들은 연속적이며 정규분포를 이루고 있어야 한다. 셋째, 모형이 제대로 설정되어야 한다.

> **구조방정식모형의 가정**
>
> 1. 표본이 충분히 커야 한다.
> 2. 다변량 정규성: 측정변수들은 연속적이며 정규분포를 이루고 있어야 한다.
> 3. 모형이 제대로 설정되어야 한다.

2. 충분한 표본의 크기

(1) 표본이 커야 하는 이유

구조방정식모형은 표본의 크기가 큰 경우에 적용되는 통계기법이다. 작은 표본을 가지고 구조방정식모형을 분석하는 경우에 여러 문제가 생길 수 있다. 일반적으로 조사연구에서 표본의 크기는 표본추출 오차(sampling error)와 직접적으로 관련된다. 상관관계나 공분산은 작은 표본으로부터 추정되는 경우 표준오차가 증폭되게 마련이고, 따라서 추정된 모수 값이 불안정할 수밖에 없다. 표본이 커질수록 표본추출 오차는 줄어들게 마련이다. Loehlin(1992)은 확증적 요인분석모형에 대한 시뮬레이션을 통해 표본이 작은 경우 구조방정식모형 프로그램들이 만족할 만한 해에 도달하지 못하거나, 해가 적절하지 않거나, 모수추정치의 정확성이 떨어지게 된다고 주장한다. 특히 그는 구조방정식모형 프로그램들이 충분한 표본크기를 전제로 모수 추정치의 표준오차를 계산한다는 점을 강조한다. 최대우도법(ML)과 같은 모수 추정방법이나 χ^2와 같은 적합도의 검증은 커다란 표본에 대한 가정에 기초한다.

그렇다면 어느 정도나 커야 '큰 표본'이라고 할 수 있는가? 자료수집에 앞서 주어진 모형에 대해 바람직한 통계적 검정력을 달성하기 위해 필요한 최소한의 표본 크기를 결정하는 것이 중요하다(McQuitty, 2004). 그러나 구조방정식모형 분석에 적정한 표본 크기가 얼마인가에 관해서는 연구자들 사이에 이견이 존재한다. 실제로 구조방정식모형을 적용한 연구들을 살펴보면 표본의 크기가 매우 다양한데, 특히 100명 이하의 작은 크기의 표본을 이용한 경우도 드물지 않게 발견된다. 그럼에도 불구하고, 사례가 200개는 넘어야 적절하다는 것이 공통된 견해이다(Garver & Mentzer, 1999; Hoelter, 1983).

(2) 표본수의 결정 규칙

구조방정식모형을 위한 보다 정교한 표본 수 결정 규칙은 없는가? Bentler & Chou(1987)는 회귀분석과 비슷한 시각에서 '표본크기:추정모수'의 비율이 5:1은 되어야 한다고 주장한다. 단 이들은 이러한 가정이 데이터가 정규분포를 이루고 있으며, 결측치나 극단치가 없는 경우에 한정된다는 점을 분명히 하고 있다. 또한 이들이 측정변수의 수가 아닌 추정모수의 수를 기준으로 삼고 있는 점을 주목할 필요가 있다. 측정변수는 모형내의 다른 변수와 적어도 하나 이상의 경로계수와 측정오차를 지니고 있는 점을 기억한다면, 측정변수 1개당 대략 15개 정도의 사례가 필요한 것으로 해석된다. Jöreskog과 Sörbom(1989)은 보다 구체적인 표본 크기 결정 규칙을 제시한다. 표본크기는 q(측정변수의 수)<12 이면 적어도 표본이 200은 되어야 하며, $q\geq12$이면 적어도 $1.5q(q+1)$은 되어야 한다는 것이다. 예컨대 측정변수의 수가 10개라면 표본크기는 200개면 되고, 측정변수가 13개면 적어도 사례수가 273개는 되어야 한다는 것이나. Schreiber et al.(2006)은 비록 표본크기가 데이터의 정규성과 모수추정 방법에 의해 영향을 받지만, 추정되는 자유모수 하나당 10개의 사례가 필요하다고 주장한다. Kline(2005)은 $100<n<200$을 중간정도 표본 크기라고 보며, 복잡한 모형에서는 표본이 200개 이상이어야 한다고 주장한다. 나아가 Kline(2005)은 구조방정식모형을 위한 표본수 일반법칙으로 '사례수:추정모수의 수'의 비율이 20:1이 바람직하며, 적어도 10:1은 되어야 한다고 주장한다. Tanaka(1987) 역시 20:1을 기준으로 제시하고 있다.

보다 구체적으로, 검정력 분석(power analysis)을 통해 모형의 적합도 검증에 필요한 최소한의 표본크기를 계산할 수 있을 것이다. 그러나 전체적인 적합도를 검증하기 위해 검정력 분석을 통해 필요한 최소한의 표본크기를 결정하는 방법이 만능약은 아니며, 정확한 모수추정에 필요한 표본크기를 정하는 데도 적합하지는 않다.

3. 다변량 정규성

다변량 정규성(multivariate normality)은 모든 단일변량 분포가 정규분포를 이루고, 변수들이 모여 이루는 결합분포 역시 정규분포를 이루어야 하며, 등분산성(homoscedasticity)을 충족시켜야 한다(Kline, 2005). 구조방정식모형은 측정변수의 관측치들이 연속적이며 다변량 정규분포를 이루는 모집단으로부터 추출된다고 가정한다. 특히, 전통적인 경로분석과는 달리 구조방정식모형은 내생변수의 설명오차(즉, 잔차)를 모형화한다. 따라서 구조방정식모형 프로그램들은 내생측정변수들(종속변수와 매개변수들)이 연속적으로 분포하며, 잔차는 정규분포를 이루고 있다고 가정한다. 잔차들은 단일변량 정규분포를 이루고 있으며, 다른 내생변수들의 오차와 관련해서도 다변량 정규분포를 이루어고 있어야 한다. 그러나 외생변수들은 이분법적 변수이거나 더미변수일 수도 있다.

다변량 정규분포를 이루는 경우에만 측정변수들의 변화는 표본 공분산에 의해 완벽하게 설명될 수 있다. 다변량 정규성이 위배되면 측정변수들의 변화는 표본 공분산에 의해 바르게 설명되지 못한다(Hoyle, 1995). 다변량 정규성이 위배되는 경우 표준오차들이 과소추정되기 쉬우며, 적합도 지수인 카이제곱(χ^2) 통계량의 과대추정으로 이어질 수 있다(Kaplan, 2000). 다변량 정규성 가정은 특히 최대우도법(ML)으로 모수 추정을 하는 경우에 중요하다. 최대우도 추정치들은 다변량 정규분포를 전제로 하고 있기 때문이다.

그러나 다변량 정규성 가정이 현실 속에서 완벽하게 충족되기는 어렵다. 이러한 한계들을 극복하기 위해 구조방정식모형에서는 정규분포에 위배된 변수들을 다룰 수 있는 여러 방법들이 개발되었다. 예컨대 다변량 정규성의 가정이 충족되지 못하는 경우에는 가중제곱법(WLS: weighted least square)으로 모수 추정이 가능하다.

Q&A 구조방정식모형에서 더미 변수는 어떻게 사용하는가?

기본적으로 구조방정식모형에서 더미변수는 외생변수로만 이용된다. 다음 그림처럼 성별(0 또는 1)이 연속형 변수인 교육이나 연령과 함께 외생변수로 이용될 수 있다.

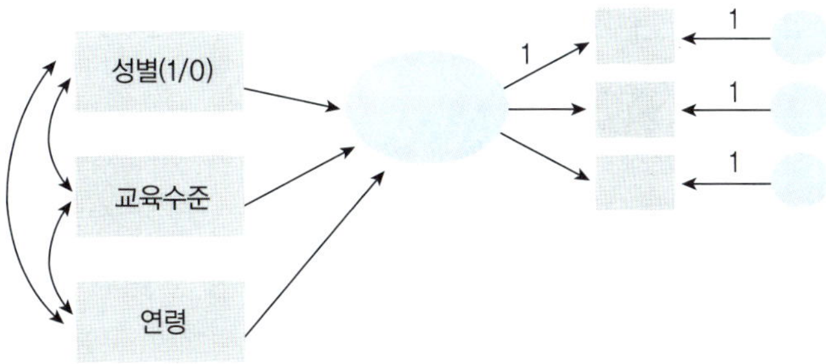

또한 외생변수가 2개 이상의 범주를 포함하는 범주형 변수인 경우 회귀분석의 경우와 마찬가지로 D−1개의 더미변수들이 모형에 외생변수로 포함될 수 있다. 예를 들어 아래 그림처럼, 기독교(D1), 불교(D2), 천주교(D3), 무교 등 집단이 4개이며 기준 집단은 무교이다, 이 경우 3개의 더미변수들이 외생변수로 포함될 수 있다.

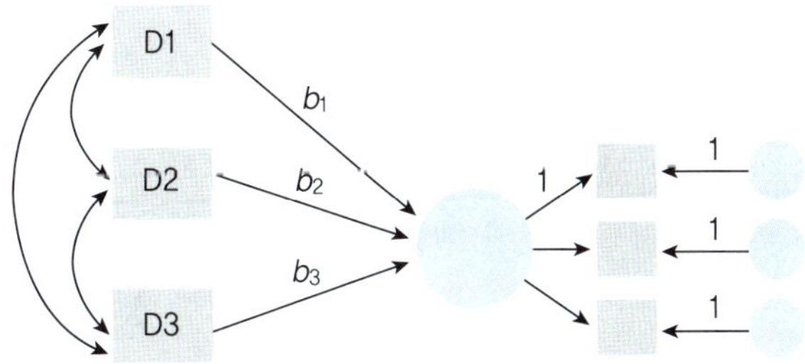

개별 경로계수들이 아닌 종교 변수 전체를 검증하는 경우에 가설이 'H0:$b_1 = b_2 = b_3 = 0$'이 된다. 반면 개별 종교(예, 기독교)와 무교간의 차이를 검증할 경우에는 'H0:$b_1 = 0$'이 된다. 그러나 기본적으로 더미변수는 내생변수로는 이용될 수 없다. 다변량 정규성의 가정을 충족시킬 수 없기 때문이다. 따라서 아래 모형처럼 투표여부(0 또는 1)와 정치인의 부패에 대한 찬반(0 또는 1) 변수가 잠재변수의 측정지표로 이용될 수 없다.

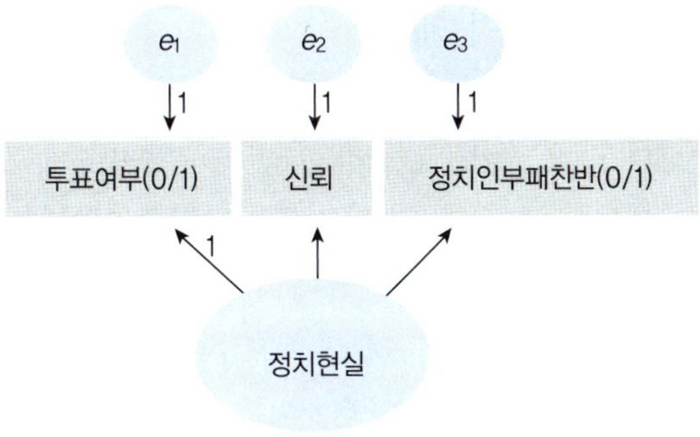

4. 모형의 적절한 설정

구조방정식모형이 분석 가능하기 위해서는 모형이 적절히 설정되어야 한다. 모형이 적절히 설정되어야 한다는 것은 모형이 식별되어야(identified) 함을 말한다. 모형이 식별될 때만이 추정하려는 모수에 대한 고유한 해를 얻을 수 있다. 모형의 적절한 설정은 구조방정식모형에 내재된 근본적인 가정이라기보다는 구조방정식모형 프로그램이 구동하기 위한 현실적인 가정이라 할 수 있다. 모형의 식별에 대해서는 아래에서 보다 구체적으로 논의된다.

5. 심각한 다중공선성의 배제

구조방정식모형은 다중공선성이 존재하는 경우에도 분석이 가능하다. 그러나 이것이 심각한 다중공선성 상황에서 구조방정식모형이 가능함을 의미하는 것은 아니다(Kline, 2005). 예컨대 두 변수간의 상관관계가 $r_{xy} = 0.95$처럼 매우 높은 경우 두 변수는 실질적으로 하나의 변수라 할 수 있다. 따라서 실제로 구조방정식모형 분석을 위해 공분산 행렬에서 이용 가능한 고유요소의 수 또는 관측된 정보의 수는 $p(p+1)/2$보다 적어지게 된다. 이러한 경우 모형 식별에서 문제가 발생되는데, 이를 경험적 과소식별(empirical under-identification)이라 부른다(Kenny, 1979).

VIII 모형의 식별

1. 모형 식별의 개념

모형 식별(model identification)은 구조방정식모형에서 가장 중요하면서도 어려운 부분이다. 구조방정식모형의 목적은 관찰된 분산-공분산 행렬로부터 미지의 모수들(예컨대 요인적재치, 경로계수)들을 추정하는 데 있다. 식별(identification)은 추정하려는 각 모수에 대해 고유한 추정치를 얻을 수 있음을 의미한다. 만일 고유한 모수 추정치를 얻을 수 없다면 모형은 식별되지 않는다.

따라서 식별의 문제는 모형이 고유한 해(solution)를 얻을 수 있는가의 문제와 직결된다. 모형이 식별되면 모수의 추정과 모형 검증이 가능해진다. 거꾸로 모형이 식별되지 않으면, 아무리 모형이 이론적으로 쓸모 있다고 하더라도 경험적인 연구에서는 큰 효용이 없게 된다. 이는 마치 다중회귀분석에서 사례 수 보다 변수의 수가 더 많은 경우에 회귀분석을 수행할 수 없는 것과 마찬가지다. 그러나 구조방정식모형이 회귀분석과 크게 다른 점은 모형이 식별되지 않는 상황에서는 표본의 크기를 500, 1000, 10,000으로 늘여도 표본의 크기와 상관없이 모형은 여전히 식별이 불가능하다는 점이다. 식별되지 않는 모형은 재설정되어야만 한다. 따라서 구조방정식모형을 위해서는 모형이 반드시 식별 가능해야 한다.

Q A 모형 식별의 기본 조건은 무엇인가?

1. 고유요소의 수가 추정하려는 모수의 수보다 적어도 같거나, 또는 많아야 한다.
2. 모든 잠재변수에는 척도가 부여되어야 한다.

구조방정식모형이 식별되기 위해서는 1) 고유요소의 수가 추정하려는 모수의 수보다 적어도 같거나 또는 많아야 하며, 2) 모든 잠재변수에는 척도가 부여되어야 하는 두 가지 조건이 반드시 충족되어야 한다(Kline, 2005). 구조방정식모형에서는 투입자료로 공분산 행렬이나 상관관계 행렬을 이용되는데, 이들 행렬에서 중복되지 않는 고유한 값들의 개수를 '고유요소의 수' 또는 '고유한 정보의 수'라고 한다. 이러한 고유요소의 수가 추정하려는 모수의 수보다 같거나 많아야 한다는 것이다. 두 번째로 잠재변수는 그 자체로 측정되지 않기 때문에 분석을 위해서는 일정한 척도를 부여해야 분석에 포함될 수 있다. 두 가지 조건의 구체적인 내용은 아래에서 제시된다.

모형의 식별은 크게 과소식별(under-identified), 적정식별(just-identified), 과다식별(over-identified)의 세 가지 경우로 나뉜다. 과소식별은 모형이 식별되지 않는 경우이다. 적정식별은 '고유요소의 수=추정하려는 모수의 수'인 경우를 말한다. 즉 단지 하나의 올바른 해만이 존재하는 경우이다. 적정식별 모형은 항상 고유한 해를 산출하고, 따라서 모수 추정치들을 이용해 공분산 행렬을 완벽하게 재생할 수 있다. 따라서 완전적합의 상황이므로 χ^2 통계량과 자유도는 0이 되며 적합도에 대한 가설을 검증하는 것은 의미가 없다. 적정식별 모형은 포화모형(saturated model)으로도 불린다. 과다식별은 모형이 식별 가능한 경우로서 설정된 연구모형에 대한 구조방정식모형 분석이 가능한 상황이다. 따라서 구조방정식모형은 과다 식별을 전제로 한다.

2. 모형 식별의 원리

모형의 식별 문제를 방정식의 수와 모수의 수의 관점에서 이해할 수 있다. Rigdon(1997)의 원리에 따라 다음의 방정식을 가정해 보자.

$$X + 2Y = 10$$

여기서 X와 Y는 추정하려는 모수를 나타낸다. 방정식은 하나인데 추정하려는 모수가 2개이므로, 2개의 모수인 X와 Y에는 수많은 해들이 존재한다. 그 결과 고유한 해를 구할 수 없다. 이러한 경우를 과소식별이라 한다. 다음의 경우를 살펴보자.

$$X + 2Y = 10$$
$$3X + Y = 10$$

추정해야 할 모수는 여전히 X와 Y 2개지만, 모수추정치를 얻기 위해 이용된 방정식 역시 2개로 '방정식의 수=추정하려는 모수'의 수와 일치되는 경우이다. 이 경우 $X=2$, $Y=4$의 고유한 해를 얻을 수 있다. 이러한 경우를 적정식별이라 한다.

그러나 '방정식의 수=모수의 수'가 적정식별을 위한 필요충분조건은 아니다. 다음과 같이 두 개의 방정식이 존재하는 경우를 생각해보자.

$$X + 2Y = 10$$
$$3X + 6Y = 18$$

앞의 경우와는 달리 이 경우는 고유한 해를 구하는 것이 불가능하다. 즉 방정식의 속성 자체가 해를 구할 수 없게 만들어진 경우이다. 두 번째 식의 왼쪽 부분은 단순히 첫 번째 식의 왼쪽 부분에 2를 곱한 것에 불과하다. 따라서 두 번째 식이 첫 번째 식의 해를 구하는 데 아무런 도움이 되지 못한다. 앞의 식은 뒤의 식에 종속되어 있고, 뒤의 식은 다시 앞의 식에 종속되어 있는 상황으로서 비재귀 모형에서 식별이 불가능한 경우에 해당된다.

다음으로 3개의 방정식이 있는 경우이다. 추정하려는 모수는 여전히 X, Y 2개인데 방정식은 3개로서 단일한 해를 구할 수 없는 경우이다.

$$X + 2Y = 10$$
$$3X + Y = 10$$
$$X + Y = 8$$

그러나 일정한 제약 즉 통계적 기준을 정함으로써 모수에 대한 추정치를 구할 수 있다. 예컨대 다양한 X와 Y의 값들 중에서 오차의 제곱합을 최소화하는 값을 구하도록 제약을 가하는 것이다. 만일 $X=2$, $Y=4$이면, 첫 번째와 두 번째 방정식의 해를 구할 수 있다. 그러나 세 번째 방정식에 대입하면 6으로 실제값 8과는 −2의 차이가 존재한다. 이를 제곱하면 4만큼 오차가 존재한다. 이번에는 $X=3$, $Y=2$를 대입하면, 오차제곱합은 19이다. $X=2.2$, $Y=4.1$인 경우에는 오차제곱합은 3.54로 작아진다. 이처럼 반복적인 계산을 통해 오차제곱합을 최소화하는 해를 찾도록 함으로써 단일한 해를 구할 수 있다.

3. 모형 식별의 유형

구조방정식모형은 표본 공분산 행렬(또는 상관행렬)을 가지고 모형 내의 모수들을 추정한다. 따라서 공분산 행렬 내에 있는 고유한 요소들의 수보다 많은 모수를 추정하는 것은 불가능하다. Bollen(1989)은 이를 모형식별의 't 법칙' 이라고 불렀다. p개의 측정변수들이 포함된 공분산 행렬은 대각선의 분산을 중심으로 대칭행렬이므로, $p(p+1)/2$개의 고유한 요소들이 존재한다. 따라서 추정하려는 모수의 수(k)가 $p(p+1)/2$개의 요소 수보다 적거나 같아야 모형의 식별이 가능하다.

$$k \leq \frac{p(p+1)}{2}$$

(1) 적정식별

구조방정식모형에서 추정하려는 모수의 수가 공분산 행렬의 고유요소 수와 같은 경우 적정식별 또는 포화모형이 된다. 적정식별 모형의 경우 오직 하나의 고유한 해가 얻어지며, 모형은 데이터에 완전하게 적합된다. 물론 완전적합 상황에서 연구모형의 적합도를 검증하는 것은 아무런 의미가 없다.

(2) 과소식별

구조방정식모형에서 추정하려는 모수 수가 고유요소의 수보다 많은 경우 과소식별이 된다. 이 경우 모수의 고유한 해를 구할 수 없기 때문에 모형은 식별되지 않는다. 이는 고유하게 구해질 수 있는 것보다 많은 미지수가 존재하며, 또한 무한히 많은 해들이 존재하기 때문이다. 모형이 식별 불가능하다는 것은 불충분한 정보를 의미하며, 이는 곧 모수가 유일하게 정의될 수 있도록 모형을 더욱 구체적으로 제약하거나 새로운 변수들이 모형에 추가되어야 함을 의미한다(김기영 · 강현철, 2001). 따라서 이 경우 일부 모수들을 고정하거나 제약하지 않으면 모수를 추정할 수 없다.

(3) 과다식별

구조방정식모형에서 가장 바람직한 상황이 과다식별이다. 고유요소의 수가 추정하려는 모수의 수보다 많은 경우이다. 과다식별 상황에서는 많은 고유한 해들이 존재하며, 그 중에서 가장 잘 데이터에 적합시키는 해를 찾게 된다. 마치 앞에서 세 개의 방정식을 가지고 두 개의 모수를 추정하는 경우와 같다. 이처럼 과다식별은 구조방정식모형 연구에서 가장 바람직한 상황인 반면 과소식별은 해가 존재하지 않는 문제 상황이다.

4. 자유도와 모형 식별

모형 식별을 자유도의 관점에서 이해해 보자. 모형 식별의 필요조건은 자유도(df: degree of freedom)가 음수가 아니어야 한다는 점이다. 즉 '자유도≥0' 이어야 한다. 여기서 자유도는 최대 가능한 고유요소의 수와 모형에서 추정하고자 하는 모수의 수간의 차이를 나타낸다. 또한 추정하려는 미지 모수의 수와 자유도의 합은 고유 요소의 수와 일치한다. 이러한 관계를 정리하면, 고유 요소의 수는 $p(p+1)/2$이며 따라서 자유도의 계산은 다음과 같다.

$$자유도 = \frac{p(p+1)}{2} - k$$

p = 측정변수의 수, k = 추정하려는 모수의 수

이상을 정리하면, 자유도가 양수이거나 0이면 모형식별이 가능하다. 자유도 = 0인 경우는 포화모형이 되며, 자유도 > 0인 경우는 과다식별이 된다. 반면 자유도 < 0인 경우는 과소식별로서 고유한 해를 구할 수 없는 상황이다.

Q&A 모형 식별의 세 가지 상황은 어떻게 다른가?

1. 과소식별(모형 식별이 불가능)
   추정 모수의 수 > 고유 요소의 수 (df < 0인 경우)
2. 적정식별(단일한 해가 존재)
   추정 모수의 수 = 고유 요소의 수 (df = 0인 경우)
3. 과다식별(모형 식별이 가능)
   추정 모수의 수 < 고유 요소의 수 (df > 0인 경우)

여기서, 자유도(df) = 고유 요소의 수 − 추정하려는 모수의 수

$$자유도(df) = \frac{p(p+1)}{2} - k$$

k = 추정하려는 모수의 수, p = 측정변수의 수

자유도가 중요한 또 다른 이유는 모형의 간결성과 직접적으로 관련되기 때문이다. 두 개의 모형이 있는데 한쪽 모형은 df=5이고 또 다른 모형은 df=10이라면 후자의 모형이 간결하다고 할 수 있다. 〈그림 2-10〉은 신뢰, 혜택, 수용성, 위험의 관계를 모형으로 나타낸 것이다.

네 개의 변수들이 존재하는 상황에서 고유 요소의 수는 〈표 2-11〉의 공분산 행렬처럼 4(4+1)/2=10개이다. 4개의 변수들이 포함된 공분산 행렬은 대각선의 분산을 중심으로 대칭행렬이므로, 4(4+1)/2=10개의 고유한 요소들이 존재한다. 따라서 추정 가능한 모수의 수는 최대 10개이다.

그림 2-10 경로모형의 식별

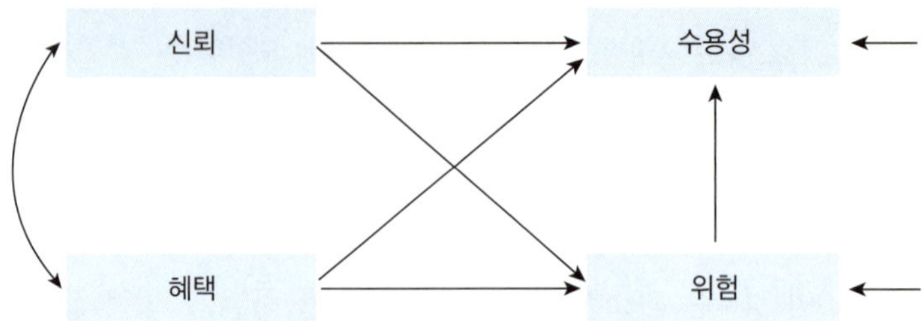

표 2-11 사례의 분산-공분산 행렬

	신뢰	혜택	위험	수용성
신뢰	분산$_{신뢰}$			
혜택	공분산$_{신뢰 \times 혜택}$	혜택$_{혜택}$		
위험	공분산$_{신뢰 \times 위험}$	공분산$_{혜택 \times 위험}$	분산$_{위험}$	
수용성	공분산$_{신뢰 \times 수용성}$	공분산$_{혜택 \times 수용성}$	공분산$_{위험 \times 수용성}$	분산$_{수용성}$

〈그림 2-10〉의 모형에서 추정하려는 모수의 수는 몇 개인가? 추정모수의 수는 10개이다. 연구모형에서 추정하려는 모수는 외생변수의 분산 및 공분산 3개(신뢰의 분산, 혜택의 분산, 신뢰와 혜택의 공분산), 회귀계수 5개(신뢰 → 위험, 신뢰 → 수용성, 혜택 → 위험, 혜택 → 수용성, 위험 → 수용성), 그리고 내생변수인 위험과 수용성의 오차항(설명오차)의 분산 2개 등 총 10개이다. 따라서 자유도(df) = 10−10=0이 되어 포화모형이 된다. 그 결과 적정식별 상황이 된다. 적정식별 모형의 경우 오직 하나의 고유한 해가 얻어지며, 모형은 데이터에 완전하게 적합하게

그림 2-11 수정 경로모형 1

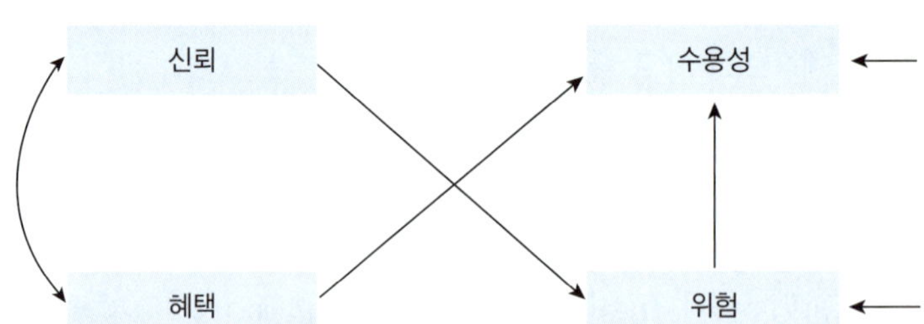

그림 2-12 수정 경로모형 2

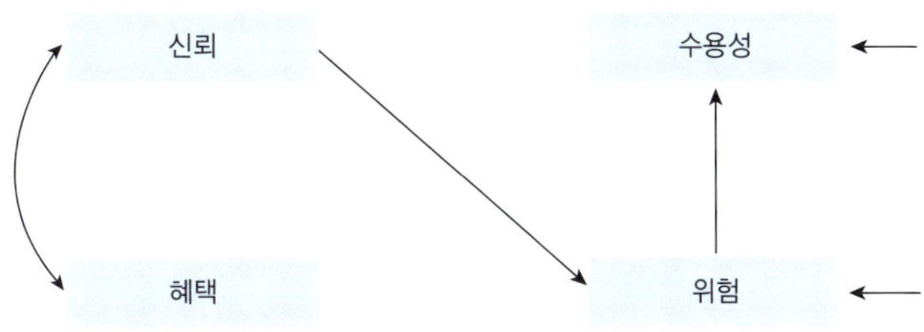

된다. 이번에는 연구모형을 수정하여 〈그림 2-11〉과 같은 경우를 가정해 보자.

이 경우 자유도는 얼마인가? 〈그림 2-10〉의 포화모형과 비교하여 2개의 경로가 삭제된 상황이다. 즉 신뢰와 수용성, 혜택과 위험성 간에 경로가 존재하지 않는 상황이다. 이 모형의 자유도는 '고유요소의 수(10)−추정모수의 수(8)' 로 2가 된다. 만약 〈그림 2-12〉처럼 추가로 혜택과 수용성간의 경로가 제거된 이론모형이 있다면, 이 모형의 추정 모수 수는 7개이며, 따라서 자유도는 10−7=3이 된다.

이러한 결과를 토대로, 변수의 수가 일정한 상황에서 이론모형에서 추정해야 할 모수의 수가 줄어들수록 자유도는 증대됨을 알 수 있다.

〈그림 2-13〉은 〈그림 2-10〉과 비교할 때 위험과 수용성 간에 새로운 경로가 추가된 모형으로 식별이 불가능한 비재귀적 경로모형에 해당된다. 자유도가 10−11=−1이기 때문이다. 내생잠재변수들간에 서로를 예측하는 관계가 발생하면(즉, $X \rightarrow Y$ 그리고 $Y \rightarrow X$가 동시에 존재함으로써 순환적인 관계가 되는 경우), 구조방정식모형의 식별은 불가능하다.[2] 이러한 원칙은 관찰변수들로만 구성된 경로

그림 2-13 식별 불가능한 경로모형

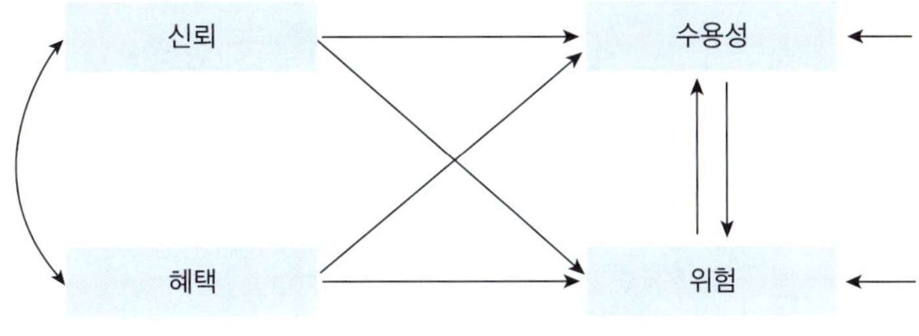

2) 이 경우 내생잠재변수간의 경로계수 행렬이 모두 0이 되기 때문이다.

그림 2-14 경험적으로 식별 불가능한 경로모형

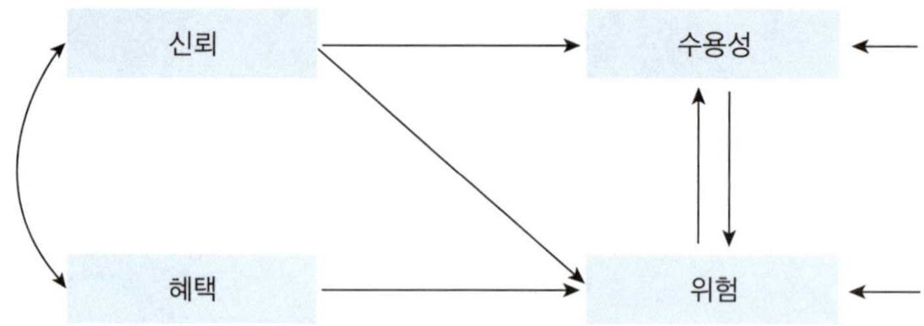

분석에도 동일하게 적용된다.

〈그림 2-14〉 역시 식별불가능한 비재귀모형을 보여준다. 이 경우 추정하려는 모수의 수는 10개이며 고요 요소의 수 역시 10개로 같아서 적정식별이 가능할 것으로 보이지만 여전히 식별은 불가능하다. 모형에서 설정된 경로의 특성으로 인해 모형 식별이 불가능한 경우이다. 수용성은 위험에 의존적이고, 위험은 다시 수용성에 의존적인 상황으로 위에서 설명한 것처럼 두 개의 방정식 간에 상호 의존적인 관계가 존재한다. 그 결과 적정식별의 조건을 갖추었음에도 불구하고 모형은 경험적으로 식별되지 않는다.

이처럼 고유 요소의 수에 비해 추정하려는 모수의 수가 적다고 해서 무조건 모형이 식별되는 것은 아니다. 다만 모형이 식별된 경우에는 이 조건이 충족되어 있게 된다. 모형에 부분적인 식별 불능 문제가 발생되어 일부 모수를 추정할 수 없는 경우도 있다. 이 경우 모든 구조방정식을 검토해야 어떤 모수가 식별 불가능한지를 찾아낼 수 있다. 모형이 식별 불가능한 경우의 첫 번째 조치는 모형 내의 모든 모수들이 제대로 설정되었는지 또는 모든 잠재변수들이 고정된 척도를 가지고 있는지 점검하는 것이다.

IX 모수의 추정

1. 모수 추정의 개념과 원리

(1) 개 념

모수(parameters)는 모집단의 속성을 나타내며 표본의 통계치를 토대로 추정된다. 따라서 표본의 통계치들은 모수는 아니며 모수의 추정치들이다. 모수들은 연구대상 현상의 알지 못하는 측면들로서 일정한 최적화 기준과 절차를 통해 연구모형을 표본 데이터에 적합시킴으로써 추정된다. 마찬가지로 구조방정식모형에서 모수들은 연구 중인 현상의 미지의 측면으로 보통 표본공분산 행렬(sample covariance matrix: S)로부터 추정된다.

앞의 〈그림 2-7〉에서 별표(*)로 표시된 것들이 미지의 모수들이며, 연구자는 구조방정식모형 분석을 통해 이러한 미지의 모수들을 추정하려고 한다.

그림 2-15 모집단과 표본의 관계

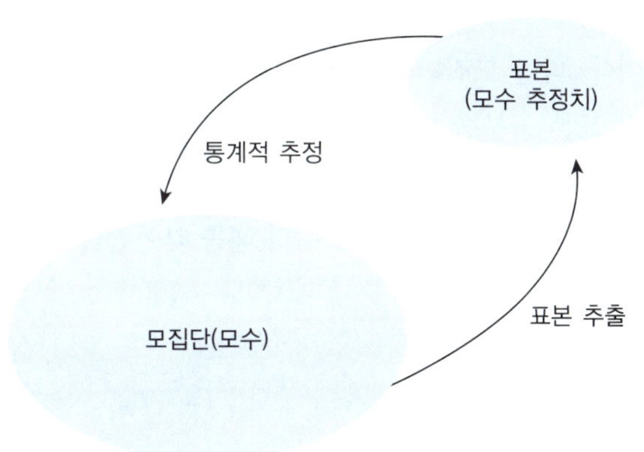

	표본 (계수	→ 추정 →	모집단 모수)
평균	$\bar{X}$		μ
분산	s^2		σ^2
표준편차	s		σ
공분산 행렬	S		Σ

(2) 모수추정의 원리

구조방정식모형에서 모수추정의 원리를 이해하기 위해 회귀분석과 비교해 보자. 회귀분석에서는 연구자가 회귀모형의 모수들을 지정할 필요가 없다. 즉 절편, 회귀계수, 추정의 표준오차(standard error of estimate) 등을 모수로 규정할 필요가 없다. 구조방정식모형과는 달리, 회귀분석에서는 이러한 모수들에 대해 최소제곱법(ordinary least square)이라는 오직 하나의 방법만으로 추정되기 때문이다. 회귀분석을 하려면 연구자는 어떤 변수들을 독립변수로 하고 또 어떤 변수를 종속변수로 이용할 것인지만 결정하면 그것으로 충분하다. 그러나 구조방정식모형에서는 이와 같은 모수의 자동결정 과정이 없다. 연구자가 구조방정식모형의 모수들을 먼저 결정해야 한다. 즉 연구자가 어떻게 모형을 규정하느냐에 따라 추정해야 할 모수는 달라진다.

더욱이 앞에서 살펴본 것처럼 모형이 과다식별되고 나면 무수히 많은 해가 존재하게 된다. 따라서 많은 해(solution)들 중에서 가장 나은 해를 선택해야 한다. 가장 나은 해는 당연히 모집단의 모수에 가장 근접하는 모수 추정치를 제공하는 해일 것이다. 그렇다면 어떻게 모수에 근접하는 해를 얻었다고 판단할 수 있을까?

모수 추정의 과정은 모집단의 공분산 행렬(Σ)과 모형에 의해 재현된 공분산 행렬($\hat{\Sigma}$)이 유사해지도록 만드는 과정이다. 〈그림 2-1〉에서 보듯이 표본 공분산 행렬과 모수 추정치를 토대로 재현된 공분산 행렬이 가능한 일치되도록 만드는 것이다. 다만 모집단의 공분산 행렬을 알 수 없기 때문에 n개의 표본으로부터 얻어진 표본 공분산 행렬(S)을 대신 이용하여 모집단 공분산 행렬의 추정치를 얻는다. 구조방정식모형에서는 반복적인 추정(iterative estimation)을 통해 표본의 공분산 행렬에 가장 근접하는 모수의 해를 찾아간다.

$$\hat{\Sigma} = \Sigma$$

$$\text{적합잔차 행렬} = \hat{\Sigma} - \Sigma$$

두 행렬의 요소들 간의 차이를 적합잔차 행렬(fitted residual matrix)이라고 한다. 따라서 잔차행렬 내의 요소들의 값이 작을수록 모수 추정치들이 모수에 근접하게 되며, 모형의 적합도는 우수하게 된다. 복잡한 모형의 경우 이러한 모수 추정 과정을 손으로 계산하는 것은 거의 불가능하다. 물론 이러한 상황에서 LISREL이나 AMOS와 같은 통계패키지들이 대중성을 지니게 된 것은 당연한 결과라 하겠다.

2. 모수의 종류

구조방정식모형에는 세 가지 형태의 모수들이 존재한다. 연구자가 모형을 어떻게 설정하는가에 따라 각 모수는 자유롭게 추정되기도, 특정한 값으로 고정되기도, 부분적인 제약이 가해지기도 한다. 이들 각각을 자유모수, 고정모수, 제약모수라 부른다. 일반적으로 구조방정식모형에서 모수라고 하면 자유모수와 제약모수가 포함된다. 이러한 모수들은 고정된 것은 아니며 자유모수가 고정모수로 바뀔 수도 있고, 고정모수가 자유모수나 제약모수로 바뀔 수도 있다.

(1) 자유모수

자유모수(free parameter)는 표본 데이터를 가지고 자유롭게 추정할 수 있는 모수이다. 자유모수들은 모형을 데이터에 적합시키는 과정에서 추정되어야만 하는 모수들이다. 자유모수는 아래에서 언급하는 6가지 규칙들에 의해 결정된다. 〈그

그림 2-16 확증적 요인분석에서 자유모수

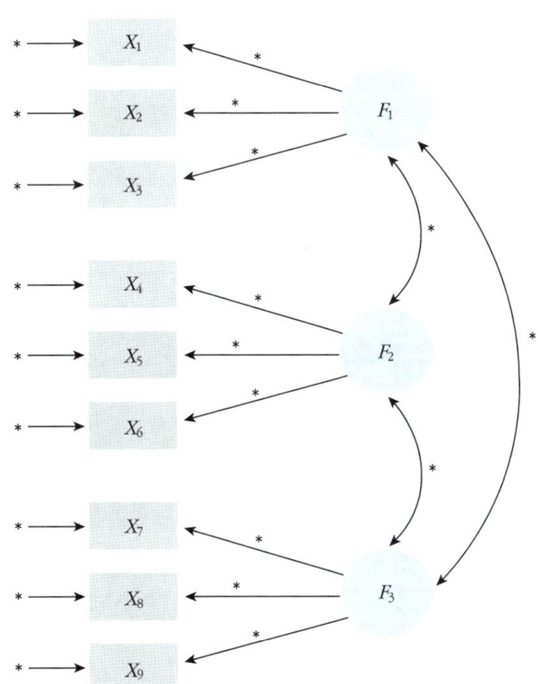

림 2-16〉의 확증적 요인분석의 경우 별표(*)로 표시된 모수들이 모두 자유모수에 해당된다.

(2) 고정모수

고정모수(fixed parameter)는 그 값이 일정한 상수로 지정된 경우이다. 모수들이 고정된다고 하는 의미는 자유모수와는 달리 모형을 적합시키는 과정에서도 그 값이 변하지 않기 때문이다. 예컨대 어떤 외생변수가 내생변수에 미치는 효과가 없다면, 두 변수간의 경로계수를 0으로 고정시키는 경우이다.

〈그림 2-16〉에서는 관찰변수(X_1에서 X_9)의 오차항들 간의 공분산(상관관계)은 고정모수이다. 이들은 모두 0으로 고정되어 있다. 어떤 한쌍의 오차항간에도 양방향 화살표가 존재하지 않는 것도 이러한 이유 때문이다. 이처럼 변수들간에 경로가 존재하지 않는 경우도 고정모수에 해당되며, 다만 해당 경로를 0으로 고정했기 때문에 화살표가 존재하지 않는 것이다. 연구자는 최초에 자유모수로 여겨지는 모수들을 고정할 수도 있다. 반대로 모형식별의 조건을 충족시키기 위해 최초에 고정모수였던 것들을 일부 자유모수로 바꿀 수도 있다.

(3) 제약모수

또 다른 유형의 모수는 제약모수(constrained parameter) 또는 한정모수(restricted parameter)이다. 제약은 다른 변수들과의 상대적인 관계에 의해서 설정된다. 흔히 제약모수들은 그 값이 서로 같도록 설정된다. 이를 동일성 제약(equality constraint)이라 부른다(Kline, 2005). 그러나 고정모수처럼 그 값이 사전에 정해지지 않는 점이 다른 점이다. 제약모수가 모형에 포함되는 경우는 흔히 이러한 제한이 이론에 의한 것이거나 연구 가설들에 대한 검증을 목적으로 하는 경우이다.

예컨대 〈그림 2-16〉에서 연구자가 X_1, X_2, X_3의 F_1 요인에 대한 적재치들이 모두 동일하다고 가정하는 경우이다. 이러한 가정은 세 개의 측정지표들이 동일한 측정단위 속에서 동일한 잠재변수를 측정하고 있다고 가정하는 것과 같다. 따라서 세 개의 모수들이 동일하도록 제약함으로써, 이러한 가설의 타당성을 검증할 수 있다. 그러나 주의할 점은 제약모수가 모형에 포함되는 경우는 이러한 제약이 선행연구나 이론에 근거하거나, 검증하고자 하는 상당히 의미 있는 가설로부터 도출되어야 한다는 점이다. 연구자가 자의적으로 제약모수를 설정하는 것은 바람직하지 않다.

3. 모수의 결정규칙

구조방정식모형에서 추정하려는 모수가 전부 몇 개인지를 확인해야 모형의 자유도와 식별 여부를 결정할 수 있다. 구조방정식모형에서 추정해야 할 모수에는 외생측정변수나 외생잠재변수의 분산, 외생변수들 간의 공분산, 외생 또는 내생변수가 다른 내생변수에 미치는 직접효과인 경로계수가 포함된다.

구체적으로, 모형 내의 모든 외생변수(모든 잠재변수, 측정오차, 및 설명오차)의 분산과 공분산은 모형에서 추정되어야 할 모수이다. 그러나 내생변수의 분산과 공분산은 모형 내의 다른 모수들의 함수이다. 즉, 내생변수의 분산과 공분산은 다른 변수들에 의해 설명되므로 모수가 아니다. 내생변수의 분산은 다른 변수들에 의해 설명되는 분산과 오차분산(설명오차)의 합이기 때문이다. 따라서 내생변수들 간에는 비방향적 관계인 공분산이 존재할 수 없다. 이와 함께 잠재변수와 잠재변수 간의 경로계수, 잠재변수와 측정변수간의 요인적재치는 추정하려는 모수에 해당된다.

사실상 이상의 설명만으로 무엇이 추정하려는 모수이고 또 무엇이 모수가 아닌지 이해하기는 쉽지 않다. 이러한 일반 규칙을 보다 세분화하여, Raykov & Marcoulides(2000)는 구조방정식모형에서 모수를 바르게 결정하기 위한 6가지 규칙들을 제시하였다.

구체적인 사례를 통해 6가지 규칙들을 살펴봄으로써 모수의 결정규칙을 보다 쉽게 이해할 수 있을 것이다. 〈그림 2-17〉과 같은 잠재변수 경로모형을 사례로 모수의 결정규칙을 살펴보자.

Q&A 모수의 결정규칙은?

1. 모든 외생변수들의 분산은 추정 모수이다.
2. 모든 외생변수간의 공분산은 추정 모수이다.
3. 잠재변수와 측정변수 간의 모든 요인적재치들은 추정 모수이다.
4. 관찰변수들 간의 또는 잠재변수들 간의 모든 경로계수들은 추정 모수이다.
5. 내생변수들의 분산과 공분산, 내생변수와 외생변수간의 공분산은 추정 모수가 아니다.
6. 각 잠재변수는 척도를 설정해야만 한다.

그림 2-17 모수의 결정규칙: 잠재변수 경로모형

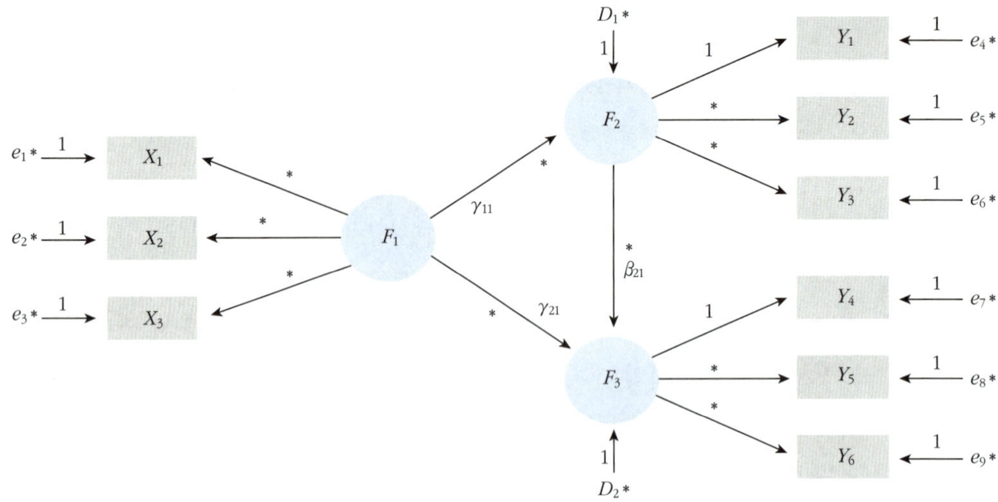

(1) 규칙 1: "모든 외생변수들의 분산은 추정 모수이다."

외생변수는 자신으로부터 다른 변수로 향하는 화살표만 있고, 자신에게 들어오는 화살표가 존재하지 않는 변수이다. 〈그림 2-17〉을 살펴보면, 외생변수에는 외생잠재변수인 F_1과 오차항(측정오차)들의 분산 e_1부터 e_9까지 9개와 잠재내생변수의 오차항(설명오차) D_1과 D_2 2개가 포함된다. D_1과 D_2는 각각 내생잠재변수 F_2과 F_3의 분산 중에서 원인이 되는 잠재변수들에 의해 설명되지 않는 분산을 나타낸다. 잠재변수든 관찰변수든 모든 오차항 들은 측정되지 못하기 때문에 관찰되지 않는 존재이며, 모형 내의 다른 어떤 변수들에 의해서도 영향을 받지 않기 때문에 외생변수에 해당된다. 따라서 구조방정식모형에서는 외생잠재변수뿐만 아니라 모든 오차의 분산이 추정해야할 모수에 해당된다.

그러나 오차항으로부터 변수로 향하는 모든 경로는 '1' 로 고정되어 있어 자유모수가 아닌 고정모수임에 주의해야 한다. 이는 오차항에 척도를 부여하기 위한 것이다. 따라서 오차항의 분산은 추정모수이지만 오차항이 변수에 미치는 효과(즉, 경로계수)는 추정모수가 아닌 고정모수이다. 앞에서 배운 것처럼, X_1의 분산을 추정하기 위한 구조방정식을 떠올리면 이해가 쉬울 것이다.

$$\mathrm{X}_1 = \beta_1 F_1 + \mathrm{e}_1$$

위 방정식에서 e_1의 계수는 1로 고정되어 있으며, 따라서 별도로 계수가 표시되지 않는 점을 기억하면 된다. 오차항의 척도 부여에 대해서는 아래에서 구체적으로 설명된다.

(2) 규칙 2: "모든 외생변수간의 공분산은 추정 모수이다."

〈그림 2-17〉에서는 외생잠재변수가 F_1 하나 밖에 없다. 따라서 외생잠재변수들 간의 공분산은 문제가 되지 않는다. 또한 오차항들 간의 공분산은 0으로 고정되어 있기 때문에 오차항들 간에 공분산 화살표가 존재하지 않으며 따라서 추정해야 할 모수도 아니다. 반면 아래 〈그림 2-18〉의 확증적 요인분석모형에서는 3개 외생변수들이 존재하고, 이들 간의 3개의 공분산(φ_1, φ_2, φ_3)은 추정 모수이다. 외생변수들 간의 공분산은 양방향 화살표로 표시되어 있다.

그림 2-18 모수의 추정: 외생변수간의 공분산

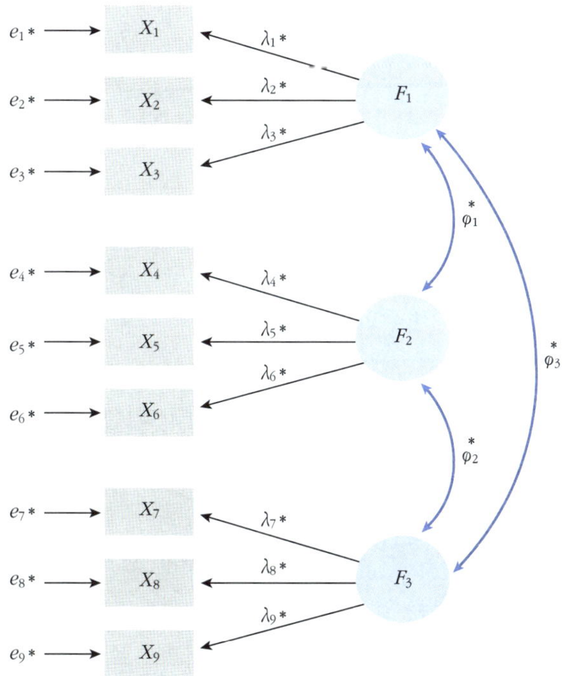

(3) 규칙 3: "잠재변수와 측정변수 간의 모든 요인적재치들은 추정 모수이다."

〈그림 2-17〉에서 외생잠재변수는 F_1이고, F_2와 F_3는 내생잠재변수들이다. 이 세 개의 잠재변수들은 각각 3개의 측정변수들에 의해 측정되고 있다. 따라서 9개의 요인적재치 들은 추정하려는 모수에 해당된다. 마찬가지로 〈그림 2-18〉에서 잠재변수와 측정변수 간에 연결된 9개의 경로들인 요인적재치들은 모두 추정 모수들이다.

(4) 규칙 4: "관찰변수들 간의 또는 잠재변수들 간의 모든 경로계수들은 추정 모수이다."

〈그림 2-17〉에서 잠재변수인 F_1과 F_2, F_3 사이에는 3개의 회귀모형적인 관계가 존재하기 때문에 3개의 경로계수(γ_{11}, γ_{21}, β_{21})는 모두 추정하려는 모수에 해당된다. 그러나 〈그림 2-18〉은 확증적 요인분석모형이므로 잠재변수들 간의 인과관계가 존재하지 않는다.

(5) 규칙 5: "내생변수들의 분산과 공분산, 내생변수와 외생변수간의 공분산은 추정 모수가 아니다."

내생잠재변수와 내생관찰변수들의 분산과 공분산은 추정하려는 모수가 아니다. 이들 분산과 공분산들은 그 자체로 다른 모수들에 의해 설명되기 때문이다. 즉, 내생잠재변수의 경우 외생잠재변수나 다른 내생잠재변수에 의해 설명되기 때문에 내생잠재변수의 분산이나 이들 간의 공분산은 추정 모수가 아니다. 〈그림 2-17〉에서 내생잠재변수인 F_2나 F_3에는 * 표시가 되어 있지 않다. 또한 내생잠재변수인 F_2와 F_3를 연결하는 또는 이들과 외생잠재변수 F_1을 연결하는 일방향 화살표는 있지만 양방향 화살표(공분산)는 존재하지 않는다.

(6) 규칙 6: "각 잠재변수의 척도를 설정해야만 한다."

측정변수와는 달리 잠재변수에는 척도가 존재하지 않는다. 잠재변수는 일정한 척도를 지닌 측정변수들에 의해 간접적으로 측정될 수 있을 뿐이다. 그런데 구조방정식모형에서 잠재변수의 척도가 규정되지 않으면, 잠재변수의 척도는 결정되지 못한 상태로 남아있게 된다. 따라서 잠재변수의 효과에 대한 추정을 위해서는 반드시 잠재변수의 척도를 결정해야 한다.

〈그림 2-18〉에서 F_1, F_2, F_3는 잠재변수들이다. 3개 잠재변수는 각각 3 개의 측

정변수들에 의해 간접적으로 측정될 뿐 그 자체가 직접적으로 측정되는 것은 아니다. 따라서 어떤 척도도 지니고 있지 않다. 잠재변수에 해석 가능한 척도를 부여하지 않는 한 잠재변수를 분석할 방법이 없다. 이렇게 되면 모형이 식별되지 않는 심각한 문제가 발생된다. 잠재변수와 각 측정변수간의 요인적재치는 잠재변수의 분산의 함수이다. 그런데 잠재변수의 분산은 또한 요인적재치의 함수이기 때문에 요인적재치와 잠재변수의 분산을 동시에 추정하는 것은 불가능하다. 그 결과 모형 식별이 불가능해지는 것이다.

잠재변수의 척도를 고정하지 않는 경우 구조방정식모형 프로그램들은 분석에 문제가 있다는 에러 메시지를 띄우게 된다. 이러한 문제를 해결하기 위해서는 잠재변수의 척도를 설정해야만 한다.

4. 잠재변수의 척도 설정 방법

잠재변수에 척도를 부여하기 위해서는 다음 두 가지 방법이 이용된다. 잠재변수 자신의 분산을 상수 1로 고정하거나, 잠재변수로부터 측정변수로 향하는 경로계수 하나를 선택해 상수 1로 고정하는 것이다.

이처럼 잠재변수의 측정단위 고정 규칙이 필요한 이유는 잠재외생변수에 첫 번째 규칙을 적용하게 되면 일부 중복적인 모수를 산출하기 때문이다. 예컨대 잠재외생변수로부터 나가는 경로와 이 변수의 분산으로 구성된 쌍은 중복적인 모수를 포함하게 된다. 잠재변수의 측정단위를 지정하는 어떠한 방법이 적용되던, 모형에서 추정해야 할 모수의 수는 잠재변수의 수만큼 줄어들게 된다.

(1) 잠재변수의 분산을 고정하는 방법

첫 번째 방법은 잠재변수의 분산을 1로 고정하는 방법이다. 잠재변수의 분산이 1이 되도록 표준화하면 측정단위 자체가 없어져버림으로써 잠재변수가 취하는

Q&A 잠재변수의 척도 부여 방법은?

1. 잠재변수의 분산을 상수 '1'로 고정하거나,
2. 또는 잠재변수로부터 측정변수로 향하는 요인적재치 하나를 선택해 상수 '1'로 고정한다.

값이 단순한 숫자가 되게 된다. LISREL에서는 연구자가 잠재변수의 측정단위에 어떤 지정을 하지 않는 경우 기본 값으로 잠재변수(외생잠재변수)의 분산을 1로 고정한다. 물론 잠재변수의 분산을 1로 고정한다는 것은 이들 분산이 더 이상 추정 모수가 아님을 의미한다.

〈그림 2-17〉에서 보면 외생잠재변수 F_1의 경우 그 자체의 분산이 1로 고정된 반면, 내생잠재변수 F_2와 F_3의 경우 요인 적재치 하나를 1로 고정하고 있다. 〈그림 2-18〉의 확증적 요인분석모형에서는 외생잠재변수의 척도를 고정하기 위해 F_1, F_2, F_3 세 잠재변수의 분산을 1로 고정하였다. 따라서 9개 관찰변수들에 대한 모든 요인적재치들이 추정해야 할 모수에 포함되었다. 확증적 요인분석에서 요인적재치가 아닌 잠재변수들의 분산을 고정하는 경우는 특히 잠재변수들 간의 상관관계를 추정하는데 큰 관심이 있는 경우이다.

(2) 잠재변수마다 측정변수의 요인적재치 하나를 선택적으로 고정하는 방법

또 다른 방법은 잠재변수에서 측정변수로 향하는 하나의 경로계수(즉, 요인적재치)를 상수 1로 고정하는 방법이다. 즉 관찰변수 중 어느 하나를 잠재변수에 대한 참조변수(reference variable)로 두고 해당 경로계수를 1로 고정시키는 것이다. 이를 통해 잠재변수와 참조변수의 분산이 같도록 만드는 것이다. 〈그림 2-17〉에서 내생잠재변수 F_2와 F_3는 각각 경로 하나를 선택하여 1로 고정하였다. F_2는 Y_1의 적재치를, F_3는 Y_4의 적재치를 1로 고정하였다.

만일 잠재변수의 지표들 중에 특별히 더 신뢰할만한 지표가 있다면, 그 지표로 향하는 경로계수를 1로 지정함으로써 잠재변수의 척도를 고정하는 것이 바람직하다. 그렇지 않다면 잠재변수의 분산을 1로 고정함으로써 잠재변수의 척도를 고정하는 방법도 가능하다. 경로계수 하나를 고정하는 방법은 참조변수로 규정된 관찰변수와 잠재변수의 측정단위를 동일하게 함으로써 잠재변수의 척도를 지정하는 특성이 있으나, 잠재변수의 측정단위가 서로 다르게 될 수 있기 때문에 잠재변수들 간의 인과관계를 나타내는 공분산 행렬 내의 요소들의 크기를 비교하기 어렵게 만드는 문제가 있다.

주의할 점은 오차항 역시 외생잠재변수라는 점이다. 오차항 그 자체를 측정하는 측정지표들이 없기 때문에 잠재변수이며, 오차항에서 측정변수로 향하는 화살표만 있기 때문에 외생변수이다. 따라서 오차항 역시 척도를 부여해야 한다. 그런데 각 측정오차는 마치 해당 측정변수에 의해 간접적으로 측정되고 있는 것과 동일한 상황이다. 따라서 오차항의 경로를 1로 고정하면 해당 측정변수와 동일한 척

그림 2-19 측정오차의 경로계수

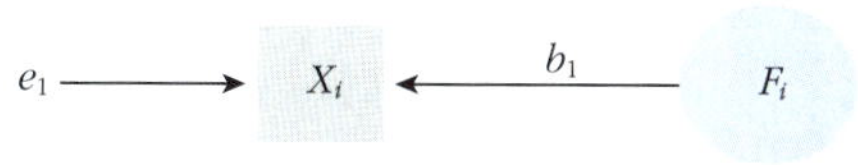

도를 갖게 된다.

〈그림 2-19〉를 측정변수(X_i)와 잠재변수(F_i)의 관계를 분석하기 위한 구조방정식으로 나타내면 다음과 같다. 방정식에서 e_i의 계수는 1로 고정된다.

$$X_i = b_iF_i + e_i$$

(3) 어떤 척도부여 방법이 더 바람직한가?

Tabachnik & Fidell(2007)은 잠재변수가 독립변수인 경우에는 둘 중 어떤 방법을 써도 되지만, 잠재변수가 종속변수인 경우에는 대부분 경로계수를 1로 고정하는 방법을 쓴다고 주장한다. 반면 Jöreskog & Sörbom(1996)은 모든 잠재변수이 표준화가 보다 편리한 방법이라고 주장한다.

어떤 방법을 선택하든 고정을 하게 되면 해당 모수는 고정모수가 되며 따라서 모수 추정에서 제외된다. 다만 모수를 0으로 고정하는 경우와 달리 1로 고정하면 화살표는 존재한다. 오차항에서 변수로 향하는 경로가 1로 고정되는 경우가 여기에 해당된다. 즉 오차항의 분산 자체는 추정해야할 모수이지만 오차항으로부터 나온 경로계수는 분석이 필요 없으며 따라서 1로 고정된다. 이상의 6가지 규칙들을 〈그림 2-17〉에 적용해 보면 총 21개의 모수들(*표시)이 추정되어야 할 모수에 해당된다.

5. 모수 추정 방법

구조방정식모형 프로그램들은 모형의 적합도가 최대화되도록 모수를 추정한다. 모수의 추정은 반복추정 과정으로 진행되는데, 그 출발점은 단순 추정으로서 우선 모수의 초기값을 지정한다. 그리고 이 모수들을 가지고 거꾸로 공분산 행렬을 계산한다. 이렇게 추정된 공분산 행렬을 실제 데이터에서 관찰된 공분산 행렬과 비교한다. 적합도가 낮으면 다시 모수를 조정하고, 공분산 행렬을 재생한다. 이후 적합도를 다시 점검한다. 일정한 기준이 충족될 때까지 이러한 반복추정의

표 2-12 모수추정방법의 비교

모수추정방법	적합함수	특성
ULS	• 표본 공분산 행렬과 모형에 의해 재생된 공분산 행렬의 대응 요소들 간의 차이의 제곱합을 최소화	• 분석되는 변수들이 동일하거나 또는 유사한 척도를 사용하는 경우에 적합 • 관측변수의 척도에 따라 추정량이 달라지는 문제점 • 통계적 검증이 불가능
GLS	• 가중 제곱합의 방법이 적용 • 표본 공분산 행렬(S)과 모형에 의해 재생된 공분산행렬의 가중 제곱합의 차이를 최소화	• 관측변수의 척도에 영향을 받지 않음 • 다변량 정규분포를 전제로 함
ML	• 마치 동일한 모집단으로부터 다시 데이터를 수집하는 것처럼 이용 가능한 데이터를 관찰할 가능성을 최대화하도록 모수를 추정	• 가장 대중적으로 이용되는 모수추정 방법 • 표본이 크고, 데이터가 다변량 정규분포를 이루는 경우에 적합: 다변량 정규분포에 어느 정도 위배되는 경우에도 사용 가능 • 관측변수의 척도에 큰 영향을 받지 않음 • 표본크기에 민감하여 표본크기가 커지면 (예: 400~500) 작은 차이에도 모형 적합도를 나쁘게 평가하게 됨
WLS	• ADF 방법으로도 불림	• 다변량 정규성의 가정이 위배되는 경우에 이용 • 표본의 크기가 매우 커야 함(표본크기>2500)

과정이 계속된다. 물론 연구자는 적합도 추정기준인 적합함수(fitting function)를 지정할 수 있다. 즉 '무엇을 최소화할 것인가?'를 정하기 위해 적합의 기준을 지정하는 것이다.

가장 대표적인 추정방법으로 ULS(unweighted least square), ML(maximum likelihood), GLS(Generalized Least Square), WLS(weighted least square) 등 네 가지 방법이 이용된다. 이 중 가장 많이 이용되는 추정방법은 최대우도법(ML)이고 다음으로 GLS가 많이 이용된다. 각 추정 방법은 장단점이 있으며, 최대우도법 이외의 다른 추정방법을 이용하는 경우 그 방법을 사용한 이유를 연구자가 정당화할 필요가 있다(Hoyle, 2000). 이상의 네 가지 모수추정 방법들은 표본의 크기가 커질수록 비슷한 모수 추정치들을 산출한다.

(1) 비가중제곱(ULS) 방법

ULS 방법은 회귀분석의 OLS(최소제곱법)과 유사한 방법을 이용한다. OLS 방법이 오차의 제곱합을 최소화는 것처럼 ULS는 잔차 행렬 내 요소들의 제곱합을 최소화한다. 즉, F_{ULS}로도 표현되는 ULS 방법은 표본 공분산 행렬(S)과 모형에 의해 재생된 공분산행렬($\hat{\Sigma}$)의 대응 요소들간의 차이의 제곱합을 적합함수로 이용한다. ULS의 적합함수는 다음과 같다.

$$F_{ULS} = \frac{1}{2}tr\{[S - \Sigma(\theta)]\}^2$$

tr은 행렬의 트레이스(trace), S는 관측된 표본 공분산 행렬, $\Sigma(\theta)$모형에 의해 재생된 공분산행렬, θ은 모수의 $(t\times1)$ 벡터를 나타낸다. 따라서 모수의 추정치들은 F_{ULS}가 최소화되는 값들이다. 보통 ULS 방법은 분석되는 변수들이 동일하거나 또는 유사한 척도를 지닌 경우에 적용된다. 따라서 측정변수들의 척도가 다른 경우 적용에 제약이 있다. 또한 ULS 방법은 표준오차가 ML 방법에 비해 크기 때문에 추정의 효율성이 떨어진다(Kline, 2005). 그러나 ULS는 잔차의 분포에 대한 어떤 가정도 필요로 하지 않는다.

(2) 일반제곱(GLS) 방법

ULS 방법이 회귀분석의 OLS와 유사한 것처럼, GLS 방법은 회귀분석의 가중제곱합(WLS: weighted least square)과 유사하다. 즉 적합 잔차 행렬의 요소들의 제곱값을 더하는 것이 아닌 곱하는 방식에 특정한 가중치들(W)이 이용되는 점이 다르다. OLS 방법은 회귀계수를 계산할 때 모든 관측치들에 동일한 가중치를 부여한다. 이로 인해 모든 관측치들이 동일한 오차 분산을 가지고 있지 않은 경우 비효율적인 추정치를 산출한다. 이러한 문제를 해결하기 위해 WLS는 각 관측치에 오차분산의 역수에 비례하는 가중치를 부여한다. 비슷한 방식으로, GLS 방식은 잔차 행렬 내의 모든 요소들을 분산과 공분산을 고려하여 가중치를 부여한다. GLS 추정량은 표본 공분산 행렬의 역행렬(S^{-1})에 의해 가중된 잔차의 제곱합을 최소화한다. GLS의 적합함수는 다음과 같다.

$$F_{GLS} = \frac{1}{2}tr\{[(S - \Sigma(\theta)]S^{-1}\}^2$$

tr은 행렬의 트레이스(trace), S는 관측된 공분산행렬, S^{-1}은 관측된 공분산행렬의 역행렬, $\Sigma(\theta)$모형에 의해 재생된 공분산행렬, θ은 모수의 $(t\times1)$ 벡터를 나타낸다. 따라서 S^{-1}을 가중치 행렬(W)로 이용한다. GLS 방법은 ML 방법과 동일한 가정에 기초하기 때문에 관찰된 데이터가 다변량 정규분포를 이루는 경우에 적합하다. 그러나 표본 크기가 작은 경우에는 GLS에 비해 ML 방법이 더 우수하다.

(3) 최대우도(ML) 방법

ML 방법은 구조방정식모형에서 가장 대중적으로 이용되는 모수추정 방법이다. 실제 LISREL의 초기값이기도 하다. ML 방법은 마치 동일한 모집단으로부터 다시 데이터를 수집하는 것처럼, 이용 가능한 데이터를 관찰할 가능성을 최대화하도록 모수를 추정하는데 초점을 맞춘다. 즉 표본공분산 행렬을 재생할 가능성을 극대화하도록 모수들을 추정한다. ML의 적합함수는 다음과 같다.

$$F_{ML} = log\|\Sigma\| + tr(S\Sigma^{-1}) - log\|S\| - p$$

행렬 X가 정방행렬(square matrix)이라 할 때, $\|X\|$는 행렬 X의 디터미난트(determinant)를 의미하며, $tr(X)$는 행렬 X의 트레이스(trace)로 주대각원소의 합을 나타내고, p는 관측변수의 수를 나타낸다.

ML 방법은 모든 가능한 모수들에 대한 탐색을 통해 적합함수 F_{ML}을 최소화하는 방식으로 모든 모수들을 선택함으로써 최적화를 달성한다. ML 방법에 적절한 최소한의 표본 크기는 100~150으로 여겨진다(Ding, Velicer & Harlow, 1995). ML은 표본크기에 민감하여 표본 크기가 커지면(예: 400~500) 작은 차이에도 모델 적합도를 나쁘게 평가하는 문제점이 있다. ML 방법은 다변량 정규성의 가정이 다소 위배되는 상황에도 이용될 수 있다(Jöreskog & Sörbom, 1993; Anderson & Gerbing, 1984). 그러나 가정이 심각하게 위배되는 경우 모수 추정치는 여전히 타당하지만, 카이제곱(χ^2)기반 적합도 지수들이 잘못 계산되기 쉽다.

(4) 일반가중제곱(WLS: Weighted Least Squares)

WLS는 다변량 정규성 가정을 요구하지 않으며, 따라서 다변량 정규성의 가정에서 심각하게 위배되는 경우에도 이용될 수 있다. WLS 방법은 ADF(asymptotically distribution free) 방법으로도 불린다. WLS 추정치는 GLS 방법에 기초하고 있지만, 다른 가중치(W)를 적용하는 차이가 있다. 따라서 GLS, ULS, ML 방법들을 포괄하는 보다 일반적인 적합함수로 묘사할 수 있다. 다만 각 방법은 가중치를 적용하는 방식이 다를 뿐이다. WLS의 적합함수 일반 형태는 다음과 같다.

$$F_{WLS} = (s - \sigma\theta)' W^{-1}(s - \sigma\theta)$$

s는 관측된 공분산 행렬에서 비반복적인 요소들의 벡터를 나타내며, $\sigma(\theta)$는 모

형에 의해 재현된 공분산행렬에서 비반복적인 요소들의 벡터를 나타낸다. θ는 모수의 $(t \times 1)$ 벡터를 나타낸다. W^{-1}은 $(k \times k)$ 가중행렬로서 $k=p(p+1)/2$ 이고, p는 관측변수의 수를 나타낸다. WLS의 경우 표본의 크기가 매우 커야($n>2500$) 정확한 모수 추정치들을 산출할 수 있다.

6. 모수의 추정과정

이상에서 살펴본 것처럼 각 추정 방법은 상이한 적합함수 최소화 방법들을 적용한다. 상이한 적합함수를 적용함에도 불구하고 반복적인 추정(iterative estimation)을 통해 관찰된 공분산 행렬과 모형에 의해 재생된 공분산 행렬간의 차이의 최소화를 시도한다는 점은 동일하다.

$$\hat{\Sigma} \fallingdotseq \Sigma$$

$$\text{적합잔차 행렬} = \hat{\Sigma} - \Sigma$$

두 행렬의 요소들 간의 차이를 나타내는 적합잔차 행렬 내의 요소들이 가능한 작은 값을 지니도록 만드는 것이다. 만일 표본 공분산 행렬과 예측된 공분산 행렬이 정확히 일치되게 되면, 적합잔차 행렬 내의 모든 요소들은 0이 되고 적합함수 역시 0이 됨으로써 완전 적합이 된다. 반대로 두 행렬간의 차이가 커질수록, 적합함수 값은 커지게 된다.

그렇다면 어떤 방식으로 반복추정이 이루어지는가? 모수 추정의 과정은 연속적이고 반복적인 방식으로 진행된다. 매 단계마다 새로운 모수추정치들을 가지고 선택된 모수 추정 방법에 따라 적합함수를 계산한다. 이 과정에서 전 단계 보다 적합함수가 작아지도록 모수 추정치들을 선택한다. 더 이상 적합함수의 개선이 이루어지지 않을 때까지 이러한 과정이 반복적으로 진행된다. 즉 선택된 모수 추정 방법을 가지고 표본 공분산 행렬과 재생된 공분산 행렬간의 차이를 더 이상 의미있게 줄일 수 없을 때까지 모수 추정을 반복하는 것이다. 반복과정은 적합함수의 변화가 매우 적은 수준에 이르게 되면 종결된다.

이러한 반복적 과정은 모수의 초기 추정치를 정하는 작업으로부터 출발한다. 모수들의 초기값은 구조방정식모형 프로그램에 의해 자동으로 계산되는 것이 보통이다. 이후 표본 공분산 행렬과 재생된 공분산 행렬간의 차이에 더 이상의 개선이 불가능할 경우 반복 추정은 종결된다. 최종 단계에서 얻어진 추정치들이 최종적인 모수 추정치가 되는 것이다.

적합함수를 최소화하기 위한 반복과정이 종결되지 않는 경우는 보통 모형이 잘못 규정되었기 때문일 가능성이 높다. 불필요한 모수들(예컨대 잘못된 경로)이 포함되어 있거나 중요한 모수들이 누락된 것이다. 또 다른 이유는 모형식별이 미흡하기 때문일 수 있다. 모형이 식별되지 않는 경우 모수들의 고유한 추정치를 구할 수 없다.

모든 최종 모수 추정치들은 표본의 변동성(sampling variability)에 관한 지표인 표준오차와 함께 제공된다. 표준오차의 크기는 모집단으로부터 동일한 크기의 반복 표본추출이 이루어질 경우에 해당 모수 추정치가 얼마나 안정적인가에 대한 지표로 이용된다. 표준오차는 해당 모수의 통계적 유의도를 검증하는 데 이용된다.

X 측정모형의 평가

1. 개 념

구조방정식모형이 요인분석과 경로분석의 결합이라고 볼 때 구조방정식모형을 측정모형과 관련된 부분과 구조모형과 관련된 부분으로 나눌 수 있다. 측정모형은 구성개념과 구성개념의 측정도구로서의 측정변수들 간의 관계를 기술한다. 반면, 구조모형은 구성개념들 간의 상호의존적 관계를 기술한다. 따라서 구조방정식모형에 대한 평가 역시 측정모형에 대한 평가와 구조모형에 대한 평가 순서로 2단계로 진행된다(Anderson & Gerbing, 1988).[3]

측정모형을 살펴봄으로써 연구자는 측정변수들이 이론적인 잠재변수들을 확인하기 위해 얼마나 적절한 것들인가를 평가할 수 있다. 측정모형에 대한 검증은 확증적 요인분석을 통해 이루어지며(Bollen, 1989; Anderson & Gerbing, 1988), 여기서 이론적인 구성개념들이 잠재변수로 다뤄진다. 특히 측정모형에 대한 평가는 확증적 요인분석을 통해 측정변수들의 신뢰도와 타당도를 평가하는데 초점이 맞

3) 측정모형과 구조모형을 동시에 추정하는 1단계 접근법은 측정모형과 구조모형이 상호작용하여 각 모형의 타당도를 정확하기 추정하는 것이 어렵다(Anderson & Gerbing, 1988). 이러한 문제점을 극복하기 위해 2단계 접근법은 측정모형과 구조모형을 분리하여 측정도구의 신뢰도와 타당도를 먼저 검증한 후 모형 전체에 대한 평가를 실시하는 방식이다.

추어진다.

잠재변수를 측정하기 위해 이용되는 측정변수들이 완벽할 수는 없다. 측정변수들이 간접적으로 잠재변수를 측정하는 과정에서 측정오차가 발생될 수밖에 없다. 따라서 각 잠재변수를 측정하기 위한 측정 지표들이 서로 어느 정도 일관적인지(신뢰도), 동일한 잠재변수를 측정하고 있는지(수렴타당도), 다른 잠재변수와는 분명히 통계적으로 구분되는지(판별타당도), 측정지표들이 하나의 동일한 잠재변수를 측정하고 있는지(단일차원성)에 대한 평가가 필요하다.

측정변수들의 신뢰도가 낮고, 수렴타당도와 판별타당도가 불충분하며, 단일차원성이 낮은 경우 통계분석의 결과는 신뢰하기 어려우며 왜곡되기 쉽다(Gerbing & Anderson, 1988; Nunnally & Bernbstein, 1994).

2. 측정모형의 신뢰도 검증

측정모형의 평가는 이론에 기초하여 규정된 잠재변수들과 측정변수들 간의 관계에 대한 경험적 검증을 하는 것이다. 측정모형의 검증은 측정변수들의 신뢰도와 타당도 검증으로 이루어진다. 측정변수들은 잠재변수의 지표로서 신뢰할만하고 동시에 타당해야 한다.

(1) 개 념

측정도구의 신뢰도가 없는 경우 연구결과는 재생될(replicable)수 없기 때문에 신뢰도는 과학적 방법의 핵심요소이다. 신뢰도는 내적 일관성(internal consistency)을 측정하는 것으로서, 반복측정의 결과에 얼마나 일관성이 있는가와 관련된다(Hair et al., 1998; Nunnally & Bernstein, 1994).

신뢰도는 항목, 척도 또는 도구와 실제로 그것들이 측정하기로 되어있는 가상의 값과의 상관관계를 나타낸다. 전통적인 심리측정학에서 신뢰도는 총분산에서 참분산(true variance)이 차지하는 비율로 계산되며, 이는 구조방정식모형에서 잠재변수의 측정도구인 측정변수들이 얼마나 정확하게 오차 없이 잠재변수를 측정하였는지의 이슈라고 할 수 있다. 그러나 완전한 측정도구는 존재하지 않기 때문에 신뢰도는 추정될 수밖에 없다. 구조방정식모형에서 측정변수들의 신뢰도 검증 방법으로는 내적일관성(internal consistency) 신뢰도, 종합신뢰도 로우(Raykov's reliability rho: ρ), 다중상관제곱(SMC: squared multiple correlation: R^2_{smc}) 등이 있다. 신뢰도 계수들의 계산 원리는 모두 동일하다.

측정치 = 참값 + 오차값
오차값 = 체계적 오차 + 무작위 오차
신뢰도 = 참값 / 측정치

신뢰도는 참값/측정치로 계산되며, 따라서 참값에 비해 오차값이 적을수록 측정도구의 신뢰도는 높아진다.

(2) 크론바흐 α(*Cronbach* α)

Cronbach α는 신뢰도를 측정하는 가장 대표적인 지수이다. *Cronbach* α는 존재할 수 있는 모든 가능한 항목들로 구성된 가상적인 참값척도(true scale)내에서 관찰척도(observed scale)가 설명하는 분산의 비율을 나타낸다. *Cronbach* α의 계산은 다음과 같다.

$$\alpha = \frac{k}{k-1}\left(1 - \frac{\sum_{i=1}^{k}\sigma_Y^2}{\sigma_X^2}\right)$$

여기서 'k=측정변수의 수'를 나타내며, $\sigma_y{}^2$는 'y번째 측정변수의 분산'을 나타내며, '$\sigma_X{}^2$는 모든 측정변수들의 총점수의 분산'을 나타낸다. 따라서 관측된 분산에서 참된 잠재변수 분산이 차지하는 비율을 나타낸다. 측정치에 참값이 전혀 측정되지 않은 경우는 α=0이 되며 오직 오차값만 존재하게 된다. 반면 모든 항목들이 단지 참값만을 측정하는 경우 α=1이 되며, 이 경우 오차값은 0이다.

Nunnally & Bernstein(1994)은 0.8을 수용 가능한 신뢰도 기준으로 제시하였다. 보통 탐색적 연구에서는 α=0.6을 최저 기준으로 하지만, 0.7이 보다 일반적인 기준이다. *Cronbach* α가 0.7 이상이면 적절하고, 0.8 이상이면 우수한 것으로 판단된다. α의 기본 가정은 항목의 수가 많아질수록 척도나 측정도구는 더 신뢰할 수 있다는 원리다. 척도에 포함된 항목의 수가 늘어날수록, α는 증가한다. 따라서 항목의 수를 늘이는 것은 α를 수용 가능한 수준으로 높이는 한 가지 대안이다. 그러나 항목의 수가 다른 두 척도들 간의 α의 단순비교는 바람직하지 않다. α가 −값이 나오는 경우는, 데이터 입력 과정에서의 비일관성을 나타내거나 상이한 차원을 측정하고 있는 항목들이 섞여 있음을 의미한다. 항목들이 이분법적인 경우에는 Kuder–Richardson(KR20) 계수가 *Cronbach* α를 대신 이용된다.

〈그림 2–20〉은 신뢰가 인식된 혜택과 인식된 위험을 매개로 수용성에 미치는 효과에 대한 잠재변수 경로분석 결과를 경로도로 나타낸 것이다. 각 모수추정치는 표준화 추정치를 나타낸다. 〈표 2–13〉은 모형에 대한 신뢰도 검증결과를 정리한 것이다. 〈표 2–14〉는 잠재변수들 간의 상관관계를 정리한 것이다. 대각선의 값은 평균추출분산을 계산한 것이다. 〈표 2–13〉에서 4개 잠재변수의 *Cronbach* α는 0.85에서 0.89로 내적일관성 신뢰도는 우수한 것으로 평가된다.

그림 2–20 신뢰, 인식된 혜택, 인식된 위험, 수용성에 대한 잠재변수경로분석 결과

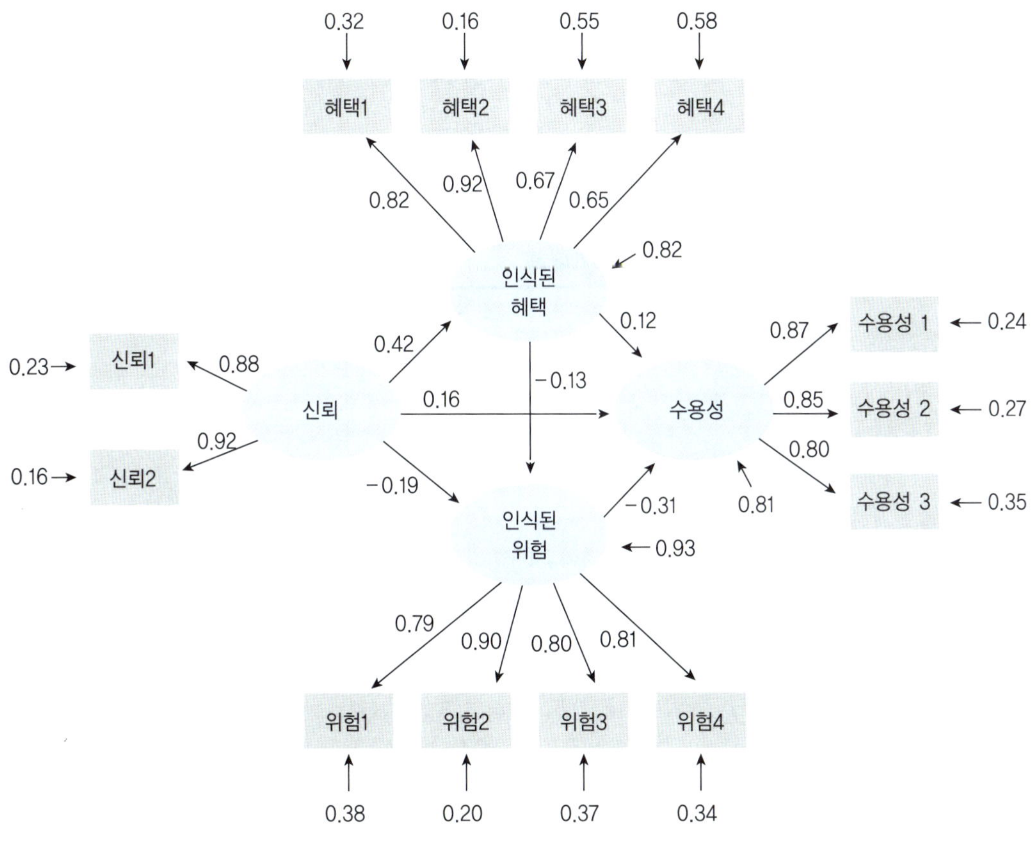

*출처: 심준섭(2009).

표 2-13 측정모형의 신뢰도와 타당도 검증 결과

잠재변수	관찰변수	적재치(표준화 적재치)	SMC (R^2)	Cronbach α	종합 신뢰도
신뢰	원전기관에 대한 신뢰 원전 직원에 대한 신뢰	0.93(0.88) 1.0(0.92)	0.77 0.84	0.89	0.89
혜택	지역경제 성장 주민소득 증대 부동산 가격 상승 도로, 전기시설 등 지역기반 시설	1.0(0.82) 1.06(0.92) 0.81(0.67) 0.75(0.65)	0.68 0.84 0.45 0.42	0.85	0.85
위험	원전으로 인한 환경피해 원전 사고 발생 가능성 원전으로 인한 지역 이미지 손상 원전으로 인한 생명에 대한 위협	1.0(0.79) 1.08(0.90) 1.00(0.80) 1.01(0.81)	0.62 0.80 0.63 0.66	0.89	0.89
수용	원전의 추가 건설 방사능 폐기물 처리장의 건설 방사성 관련 산업단지의 유치	1.0(0.87) 1.01(0.85) 0.95(0.80)	0.76 0.73 0.65	0.88	0.88

*출처: 심준섭(2009).

표 2-14 잠재변수 상관관계행렬

잠재변수	신뢰	인식된 혜택	인식된 위험	수용성
신뢰	**0.81***			
인식된 혜택	0.42	**0.60***		
인식된 위험	−0.25	−0.21	**0.68***	
수용성	0.29	0.25	−0.38	**0.71***

* 상관관계행렬에서 대각선상의 값은 추출평균분산(AVE: average variance extracted)을 나타냄.
** AVE = (Σ표준화적재치^2)/((Σ표준화적재치^2)/ + (Σ측정오차))

(3) 종합신뢰도 ρ(Raykov's reliability rho: ρ)

ρ 신뢰도 또는 종합신뢰도(composite reliability)는 어떤 단일한 공통요인이 일련의 측정변수들 내면에 자리하고 있다는 가정을 검증하는 데 이용된다. 종합신뢰도는 개념신뢰도 또는 구성개념 신뢰도로도 불린다. Raykov(1988)는 *Cronbach* α가 척도의 신뢰도를 과대 또는 과소추정한다는 것을 입증하였는데, 특히 과소추정이 흔한 것으로 나타났다. 이러한 이유로 그는 ρ를 대안으로 제시하였다. 종합신뢰도의 계산은 다음과 같다.

$$종합신뢰도(C.R.) = \frac{(\Sigma 표준화적재치)^2}{(\Sigma 표준화적재치)^2 + (\Sigma 측정오차)}$$

측정변수의 표준화 적재치는 측정변수와 잠재변수간의 상관관계를 나타내며, 표준화적재치의 제곱은 잠재변수에 의해 설명되는 측정변수의 분산을 나타낸다. 측정오차는 잠재변수에 의해 설명되지 않는 측정오차의 분산을 나타낸다. 따라서 위 식에서 보듯이 측정변수들의 총분산(설명된 분산+설명되지 않은 분산)에서 설명된 분산이 차지하는 비율을 계산하는 원리가 적용된다. *Cronbach* α가 각 측정변수들이 잠재변수에 동일하게 적재된다고 가정하는 반면, 종합신뢰도는 측정모형이 주어진 상황에서 해당 잠재변수에 대한 적재치의 크기에 따라 각 측정변수의 상대적 가중치를 고려한다. 종합신뢰도 ρ 역시 참신뢰도(true reliability)를 측정하기 때문 신뢰도 ρ의 수용기준은 *Cronbach* α와 동일하다. 구조방정식모형의 경우 측정모형의 신뢰도를 평가하는 기준으로 보통 $\rho>0.6$이 적용된다(Fornell & Larcker, 1981; Hair et al., 2010). 그러나 보다 엄격하게 $\rho>0.8$을 신뢰도의 기준으로 주장하는 의견도 있다(Gefen, 2003). 흔히 ρ는 α보다 높은 신뢰도 추정치를 제공한다. 한편 LISREL 프로그램은 ρ와 α를 자동으로 계산해 주지는 않으며, 연구자가 위의 공식에 따라 계산해야 한다.

〈표 2-13〉에서 4개의 잠재변수 각각의 종합신뢰도는 0.85에서 0.89로 계산되었다. 예컨대 신뢰의 경우 표준화 적재치의 합계는 0.88+0.99=1.8이고, 측정오차의 합계는 0.23+0.16=0.39이다. 따라서 잠재변수 신뢰의 종합신뢰도는 다음과 같이 계산된다.

$$종합신뢰도(\rho) = \frac{1.8^2}{1.8^2 + 0.39} = 0.89$$

(4) 다중상관제곱(SMC: squared multiple correlation: R^2_{smc})

다중상관제곱은 문항별 신뢰도를 검증하는 데 이용된다. 측정변수를 종속변수로하고 요인을 독립변수로 한 다중상관제곱(SMC: squared multiple correlation: R^2_{smc})를 이용해 측정변수의 신뢰도를 평가할 수 있다. 다중상관제곱(R^2_{smc})은 각 측정변수마다 잠재변수에 의해 설명되는 측정변수의 분산의 비율을 나타낸다. R^2_{smc}는 문항신뢰도(item reliability), 공유치(communality), 추출분산(variance extracted)으로도 불리며, 따라서 신뢰도 검증지수로도 이용된다. R^2_{smc}는 다음과 같이 계산된다.

$$SMC_{var\,i} = \frac{\lambda_i^2}{\lambda_i^2 + \Theta_{ij}}$$

λ_i = 변수 i에 대한 요인적재치

Θ_{ij} = 각 변수의 측정오차

다중상관제곱은 표준화 요인적재치의 제곱과 일치한다. 이는 표준화 적재치가 잠재변수와 측정변수간의 상관관계를 나타내며, 따라서 상관계수의 제곱이 R^2_{smc}와 일치하기 때문이다. 그 결과 하나의 측도가 얼마나 잠재변수를 잘 측정하고 있는가를 보여준다. R^2_{smc}이 0.5(즉, 표준화 요인적재치 0.7) 이상이면 문항신뢰도가 높다고 할 수 있다. 예컨대 〈그림 2-20〉에서 신뢰의 첫 번째 측정변수의 표준화 요인적재치는 0.88이며, $0.88^2=0.77$이다. 이 값은 〈표 2-13〉의 '원전기관에 대한 신뢰'의 $R^2_{smc}=0.77$과 일치한다. 따라서 첫 번째 측정변수의 문항 신뢰도는 우수하다고 평가된다.

3. 측정모형의 타당도 검증

(1) 타당도의 개념

현재까지 타당도에 대한 다양한 명칭들이 존재하고 있다. 1954년 미국심리학회(APA)는 타당도의 유형을 1) 내용타당도(content validity), 2) 구성타당도(construct validity), 3) 동시적 타당도(concurrent validity), 4) 예측타당도(predictive validity)의 4가지로 분류하였다. 1966년 미국심리학회(APA)는 이러한 분류에서 동시적 타당도와 예측타당도를 기준관련타당도(criterion-related validity)로 통합하였다. Sheperd(1993)은 기준타당도와 내용타당도는 구성타당도의 하위유형이라고 주장함으로써, 구성타당도 하나만 타당도의 개념으로 제시하였다. Cronbach(1971)는 어떤 검사나 척도에 대한 타당도는 확립될 수 없으며, 단지 척도나 검사를 통해 연구자가 해석할 수 있을 뿐이라고 주장하였다. 현재는 구성개념타당도 중심으로 통합된 견해가 지배적이다.

(2) 구성개념 타당도(construct validity)

구조방정식모형의 주요한 목적 중 하나는 제안된 측정모형의 구성개념 타당도를 평가하는 것이다. 구성개념 타당도는 연구자가 측정하고자 하는 추상적 개념이

실제로 측정도구에 의하여 제대로 측정되는 정도를 나타낸다. 따라서 연구에 사용된 이론적 구성개념인 잠재변수와 이를 측정하는 측정변수 간의 일치도를 의미한다. 이처럼 구성개념 타당도는 측정의 정확도(accuracy)와 직접적으로 관련된다.

구성개념 타당도가 높다는 증거는 측정지표들이 실제 측정하려는 잠재변수를 제대로 측정하고 있음을 나타낸다. 좋은 구성개념은 측정 가능한 지표들이 이용될 수 있도록 분명한 조작적 정의를 통해 표현되는 이론적 토대를 지니고 있다. 반면 나쁜 구성개념들은 그 내용에 대한 이론적 동의가 미흡하거나, 조작화가 미흡하여 측정지표들이 연구자에 따라 다른 것을 측정하게 된다.

측정모형의 타당도 평가는 확증적 요인분석의 방식으로 진행된다. 탐색적 요인분석이 잠재적 요인들을 확인하는데 초점을 맞추고 있다면, 확증적 요인분석에서의 측정모형의 타당도 검증은 이론에 기초하여 개발된 측도들이 측정하고자 했던 개념을 실제로 얼마나 잘 측정하고 있는가를 평가하는데 초점이 맞추어진다. 구조방정식모형에서 구성개념타당도 평가는 크게 수렴타당도(convergent validity) 평가와 판별타당도(discriminant validity) 평가로 구분된다.

(3) 수렴타당도의 평가

1) 개념

수렴타당도는 특정한 잠재변수의 측정지표들 간에는 수렴(converge)되어야 한다는 것이다. 즉 동일한 잠재변수를 측정하는 지표들 간에는 높은 상관관계를 보여야 한다. 따라서 수렴타당도는 한 잠재변수를 측정하고 있는 측정도구나 측정변수들 간의 높은 상관관계로 평가된다. 수렴타당도를 평가하는 대표적인 방법들로는 요인적재치의 검토, 단순요인구조, 평균추출분산(AVE: average variance extracted) 등이 있다.

2) 요인적재치

요인분석은 수렴타당도와 판별타당도를 평가하는 가장 일반적인 방법이다. 측정문항과 잠재변수의 관계는 요인적재치로 나타낸다. 따라서 모든 측정변수들이 각자 자신이 측정하고자 하는 해당 잠재변수에 높게 적재되어야 하며 자신이 측정하고 있지 않은 잠재변수들에는 낮게 적재되어야 한다.

전통적으로 타당도를 평가하기 위한 요인분석 방법은 흔히 탐색적으로 주성분분석(principal component analysis)을 실시하고 용이한 해석을 위해 직각회전을 하는 방법이다. 앞 장에서 설명된 것처럼 탐색적 요인분석이므로 사전에 이론에 기초해 측정변수들이 잠재변수에 할당되지 않으며, 단지 경험적 데이터에 의해 통계적으로 측정변수들이 잠재변수에 할당된다. 더욱이 확증적 요인분석과는 달리 탐색적 요인분석에서는 각 측정변수가 모든 요인들과 상관관계를 지니게 된다.

측정변수마다 표준화된 요인적재치가 높다면 수렴타당도가 확보되었다고 할 수 있다. 요인적재치는 적어도 0.5 이상이어야 하며, 0.7 이상인 경우 매우 이상적이다. 그 이유는 표준화된 요인적재치가 잠재변수와 측정변수의 상관관계를 나타낸다는 점을 고려할 때 $0.7^2 ≒ 0.5$, 즉 측정변수의 분산의 약 50% 정도가 잠재변수에 의해 설명됨을 의미하기 때문이다. 물론 요인적재치는 가설에서 예상한 것과 동일한 부호로 나타나야 한다. 또한 구성개념 타당도가 확보되기 위해서는 각 요인적재치들은 통계적으로 유의해야 한다(Anderson & Gerbing, 1988; Hair et al., 2000). 〈표 2-13〉에서 각 측정변수의 표준화 요인적재치는 0.65에서 0.92 사이에 분포되고 있다. 따라서 수렴타당도가 우수한 것으로 평가된다.

측정변수 별로 잠재변수에 대한 요인적재치가 분명하게 나타나는 경우도 있지만 그렇지 못한 경우도 많다. 특히 모든 요인들에 낮게 적재되거나 반대로 하나의 이상의 요인들에 높게 적재됨으로써 해석이 용이하지 않은 경우가 흔히 있다. 따라서 요인적재치에 대한 평가를 위해 Thurston(1947, 1954)의 단순요인구조(simple factor structure)를 기준으로 활용할 수 있을 것이다. 단순요인구조는 수렴타당도와 판별타당도를 동시에 검증하는 데 이용될 수 있다.

Q&A 단순요인구조란?

1. 각 측정변수는 적어도 한개 이상의 적재치 0값을 가져야 한다.
2. k개의 열(공통요인)을 지닌 요인행렬 내의 각 요인은 k개의 0 적재치를 지녀야 한다.
3. 요인행렬 내의 각 쌍의 열은 하나의 요인에 집중적으로 적재되며 동시에 다른 요인에는 적재되지 않는 변수들을 여러 개 가지고 있어야 한다.
4. 요인행렬 내의 각 쌍의 열은 양쪽 열 모두에 대해 적재치 0을 지니는 변수들이 많은 비율을 차지해야 한다.
5. 요인행렬 내의 각 쌍의 열은 양쪽 열 모두에 대해 적재치가 0이 아닌 변수들은 적은 비율에 그쳐야 한다.

3) 평균추출분산(AVE)

AVE(평균추출분산: average variance extracted)은 Fornell & Larcker(1981)이 제안한 것으로 잠재변수 내의 공통분산의 크기를 측정하는 지표이다. 잠재변수에 의해 설명된 분산이 측정오차에 비해 큰 경우 수렴타당도가 확보된다. AVE는 탐색적 요인분석의 아이겐벨류(eigenvalue)와 어느 정도 비슷한 개념이라고 볼 수 있다. 측정모형에 포함된 각 잠재변수마다 AVE는 다음과 같이 계산된다.

$$AVE = \frac{(\Sigma \text{표준화적재치}^2)}{(\Sigma \text{표준화적재치}^2) + (\Sigma \text{측정오차})}$$

AVE가 0.5 이상이면 오차분산보다 설명된 분산이 크므로 수렴타당도가 있는 것으로 해석된다. 〈그림 2-14〉에서 신뢰의 $AVE=0.81$로 나타났다. 신뢰의 두 측정변수의 표준화 요인적재치의 제곱의 합은 $0.88^2+0.92^2=1.62$이며, 측정오차의 합은 0.23+0.16=0.39이다. 따라서 신뢰의 AVE는 0.81이다.

$$AVE = \frac{1.62}{1.62 + 0.39} = 0.81$$

이는 AVE>0.5의 기준을 상회하며, 따라서 잠재변수 신뢰의 측정변수들의 수렴타당도는 우수하다고 할 수 있다.

4) 종합신뢰도

신뢰도는 수렴타당도의 한 지표이기도 하다(Hair et al, 2010). 여러 신뢰도 측정방법 중에 어떤 것이 우수한가에 대해서는 상당한 논란이 존재하지만, 위에서 설명한 *Cronbach* α는 가장 대표적인 지표이다. *Cronbach* α 역시 수렴타당도를 평가하는 데도 이용된다. 그러나 *Cronbach* α의 가장 큰 약점은 신뢰도를 실제보다 과소 추정한다는 점이다. 최근에는 이러한 점을 고려하여 종합신뢰도 ρ가 더 많이 이용되고 있다. 수렴타당도의 기준으로 종합신뢰도 0.5 이상이 제시된다.

(4) 판별타당도(discriminant validity)의 평가

1) 개념

구성개념 타당도의 또 다른 차원으로 상이한 잠재변수들을 위한 측정지표들이 서로 높게 상관관계가 존재하지 않음으로써 이들이 동일한 잠재변수를 측정하고 있다고 결론을 내리지 않도록 해야 한다. 상이한 잠재변수를 측정하기 위한 측정지표들이라면 마땅히 서로 간에 높은 상관관계가 있어서는 안 된다는 것이다. 이러한 문제는 구성개념간의 개념적 중첩이 존재하는 경우에 발생한다. 수렴타당도와는 반대로 판별타당도는 잠재변수들이 통계적으로 서로 다른가를 검증하는데 초점을 맞춘다. 판별타당도의 평가방법으로는 잠재변수간 상관관계, 요인분석, AVE 방법 등이 있다.

이 중 상관관계나 요인분석 방법은 전통적인 판별타당도 평가방법으로 탐색적 요인분석에 기초하고 있다(Bagozzi, 1980). 우선, 특정 지표가 측정하려고 했던 구성개념과는 다른 구성개념에 높은 상관관계를 지니지 않아야 한다. 높은 상관관계를 지니는 경우 해당 지표를 측정도구에서 제외해야 한다(기준: $r=0.85$). 다음으로, 요인분석(주성분분석)에서 지표들이 상이한 요인들에 동시에 높게 적재되는 경우 판별타당도에 문제가 있다(Straub, 1989). 각 지표들이 상이한 요인에 높게 적재되면 구성개념들이 서로 다르다고 결론을 내릴 수 있다. 이하에서는 구조방정식모형에서 판별타당도를 검증하는 방법인 AVE 방법을 소개한다.

2) 평균추출분산(AVE) 방법

상관관계분석이나 요인분석과는 달리 AVE 방법은 구조방정식모형에 적합한 판별타당도 검증방법이다. AVE 방법은 측정모형의 판별타당도를 검증하는 데 가장 많이 이용되는 방법이다. Fornell & Larcker(1981)에 따르면, 만일 각 구성개념(요인)의 AVE가 이들의 공유된 분산(shared variance)보다 크면 구성개념(요인)이 서로 다르다고 결론을 내릴 수 있다. 즉 어떤 구성개념의 $\sqrt{AVE} > |r|$ (여기서 r은 해당 구성개념과 다른 모든 구성개념간의 상관관계의 절대값)이면 구성개념들이 서로 다름을 의미한다.

이러한 논리의 배경에는 한 잠재변수가 다른 잠재변수와 공유하는 분산에 비해 자신을 측정하기 위해 이용된 지표들에 의해 더 많은 분산이 설명될 수 있어야 한다는 생각이 깔려있다. 〈표 2-14〉에 나타난 것처럼 각 잠재변수의 평균추출분산(AVE: 0.60~0.81)은 해당 잠재변수와 여타 잠재변수들과의 상관관계의 제곱값들(r^2: 0.04~0.18)보다 큰 것으로 나타나 판별타당도가 우수한 것으로 평가된다.

3) 신뢰구간 방법

판별타당도의 또 다른 평가방법은 '상관계수±2×표준오차' 신뢰구간에 1.0이 포함되는지를 검토하는 것이다(Anderson & Gerbing, 1988).

4. 단일차원성(uni-dimensionality)의 평가

(1) 개 념

단일차원성은 일련의 측정변수 또는 문항들에 내재된 하나의 구성개념(construct)의 존재여부를 의미한다. 단일차원성은 신뢰도의 계산에 내재되어 있는 가정으로 측정지표들이 하나의 동일한 잠재변수를 측정하고 있는 경우 단일차원성이 확보된다. 측정변수들이 오직 하나의 잠재변수에 의해서만 설명될 수 있어야 단일차원성이 확보되는 것이다. 단일차원성은 두 개 이상의 잠재변수가 있는 경우 특히 중요한 의미를 지닌다. 측정변수가 자신이 측정하고자 했던 잠재변수 이외의 다른 잠재변수들에 대해서는 적재치가 0인 경우에 단일차원성이 확보된다.

Cronbach α와 같은 신뢰도 지수의 사용은 단일차원성을 확인해주지는 못하며, 다만 단일차원성이 존재한다고 가정할 뿐이다(Gerbing & Anderson, 1984). 신뢰도가 높은 경우라도 어떤 척도의 단일차원성이 확보되는 것은 아니다. 또한 판별타당도와 수렴타당도 역시 단일차원성을 평가하는 데는 도움이 되지 못하며, 따라서 단일차원성은 별도로 평가되어야 한다(Anderson & Gerbing, 1988).

개념적으로는 탐색적 요인분석은 단일차원성을 평가하는 데 도움이 될 수 있다. 특히 탐색적 요인분석을 했더니 이론에서 예상치 못한 요인이 확인되거나 상이한 요인에 높게 적재되는 경우 단일차원성에 문제가 있음을 의미한다. 그러나 요인들은 측정변수들의 가중합으로 계산되기 때문에 요인분석을 통한 수렴타당도와 판별타당도의 평가는 단일차원성을 평가하는 데 문제가 있다. 더욱이 탐색적 요인분석은 공유치의 계산을 통해 각 측정변수의 분산의 일부만을 분석에 포함시킨다. 따라서 한 측정변수의 오차와 다른 측정변수의 오차간에 심각한 상관관계가 존재하는 경우를 평가하지 못한다. 물론 이러한 경우 단일차원성은 떨어지게 된다. 이처럼 탐색적 요인분석은 단일차원성을 평가하는 데 심각한 한계가 있다. 단일차원성에 대한 위협이 심하지 않은 경우는 구조방정식모형에 큰 문제가 없으나, 심한 경우에는 분석결과가 잘못되거나 모호한 결론에 도달할 수 있다(Gefen, 2003).

일반적으로 구조방정식모형 연구들이 신뢰도, 타당도에 대한 평가 결과를 제시하고 있는 반면에, 극히 소수의 연구들만이 측정지표들의 단일차원성을 평가하고 있다. 특히 단일차원성을 평가한 연구들 대부분 확증적 요인분석을 실시한 연구들이다.

(2) 평가방법

구조방정식모형에서 단일차원성을 평가하는 방법에는 공유잔차분산(shared residual variance), 수정지수(modification indices), 또는 외생측정변수들간의 분산-공분산 행렬과 내생측정변수들간의 분산-공분산 행렬의 수정지수의 크기를 검토하는 방법이 있다. 우선, 공유잔차 분산을 검토하는 방법으로서, 표준화 적합잔차 행렬에서 표준화잔차의 값이 2.58($p<0.01$에 해당되는 임계치)보다 큰 경우 해당되는 측정변수 하나 또는 둘 모두 단일차원성에서 벗어날 수 있다(Gerbing & Anderson, 1988). 아래 〈표 2-15〉는 표준화잔차 행렬의 예를 보여준다.

〈표 2-15〉에서 'A58_2'와 'A58_3', 'A58_1', 'A58_3' 등을 포함하여 표준화잔차>2.58인 쌍들이 발견된다. 특히 'A58_1'과 'A58_2'는 단일차원성을 위협하는 가장 심각한 측정변수들이다.

모형에 새로운 경로를 추가할 때 모형의 전체적 χ^2가 변화되는 정도를 나타내는 것이 수정지수이다. 이러한 수정지수가 5보다 큰 경우 새로운 경로의 추가가 모형 전체의 적합도의 상당한 개선으로 이어짐을 나타낸다(Gefen, 2003). 자유도 1에 해당되는 χ^2값은 최소 5.02 이상이어야 통계적으로 유의하기 때문에 '수정지수>5' 기준이 적용된다. 마지막으로 단일차원성을 검증하는 또 다른 방법으로 외생측정 변수들 간의 분산-공분산 행렬과 내생측정 변수들 간의 분산-공분산

표 2-15 표준화 잔차행렬

Standardized Residuals

	A58_1	A58_2	A58_3	A58_6	A58_7	A58_8
A58_1	- -					
A58_2	-2.34	- -				
A58_3	-3.35	5.88	- -			
A58_6	-0.48	-0.89	1.01	- -		
A58_7	-1.52	-0.13	0.85	0.67	- -	
A58_8	1.13	-0.31	1.33	-2.26	1.74	- -
A58_13	2.49	-0.03	2.03	0.85	0.84	0.16
A58_14	-2.75	1.30	0.67	-0.25	-0.12	-0.67
A58_15	-1.76	2.02	2.13	0.50	0.22	0.38
A58_23	2.79	-3.13	0.47	1.96	-2.39	0.93
A58_24	1.20	-3.36	-3.02	1.22	-0.84	0.97
A58_25	2.34	-0.65	-0.25	-0.79	-0.33	0.94

표 2-16 수정지수

The Modification Indices Suggest to Add an Error Covariance			
Between	and	Decrease in Chi-Square	New Estimate
A58_3	A58_1	11.2	−0.08
A58_3	A58_2	34.6	0.11
A58_13	A58_1	9.4	0.04
A58_23	A58_7	13.0	−0.02

행렬의 수정지수를 검토해서 그 값이 크면 단일차원성에 문제가 있다고 평가할 수 있다. 만일 모든 측정변수들이 단일차원성을 지니고 있다면, 두 행렬의 모든 값들이 작게 나타나야 한다.

표에서 보듯이 A58_3과 A58_1의 오차항 간에 경로를 추가하는 경우 χ^2가 11.2 감소함을 나타낸다. 따라서 '수정지수>5'를 기준으로 할 때 특히 'A58_3'과 'A58_2'는 단일차원성을 저해하는 가장 심각한 측정변수들이다.

이처럼 측정변수들의 쌍에서 단일차원성에 위협이 되는 문제 쌍들이 있음을 알 수 있다. 이러한 상황에서 단일차원성을 개선하는 손쉬운 방법은 가장 문제가 있는 측정변수를 제외하는 방법이다. 예컨대 'A58_3'을 측정모형에서 제거하고 다시 분석을 시행한 후 다음으로 가장 큰 문제가 있는 측정변수를 찾아내서 제거한다. 문제가 있는 측정변수들이 모두 제거될 때까지 이러한 과정을 반복한다.

XI 구조모형의 평가

1. 모형적합도 검증의 이해

(1) 개 념

모형의 적합도 검증은 이론적인 모형이 실제 데이터와 어느 정도나 일치되는가를 평가하는 작업이다. 즉 모형에 의해 예측된 공분산 행렬이 데이터에서 실제로 관측된 공분산 행렬과 어느 정도나 일치하는가를 통계적인 방법으로 검토하게 되는 것이다. 이를 위해 모형에 의해 재현된 공분산 행렬($\hat{\Sigma}$)이 표본 공분산 행렬(S)에 어느 정도나 일치하는가를 평가하는 것이다. 따라서 적합도가 우수한 모형일수록 실제 데이터의 공분산과 상당히 일치하게 된다. Bollen(1989)는 구조방정식모형을 위한 기본 가설을 다음과 같이 제시하고 있다.

$$\Sigma = \hat{\Sigma}$$

Σ는 모집단의 공분산행렬이고, $\hat{\Sigma}$는 모형에 의해 재현된(implies) 공분산 행렬이다.

(2) 모형 적합도의 원리

재생된 공분산 행렬이 표본 공분산 행렬과 어느 정도나 다른가를 어떻게 평가할 것인가는 구조방정식모형에서 핵심적인 문제이다. 이미 모수 추정방법에서 모형 적합도의 원리에 대해서는 어느 정도 설명했기 때문에 여기서는 실제 표본 공분산 행렬과 재생된 공분산 행렬을 예를 들어 설명해보자. 〈표 2-17〉과 〈표 2-18〉은 표본의 공분산 행렬과 모형에 의해 재생된 공분산 행렬을 비교한 것이다.

두 행렬에서 각 변수의 분산/공분산 값은 일치하지 않으며 차이를 보이고 있다. 그렇다면, 두 행렬간의 차이가 어느 정도나 큰가? 두 행렬 간의 차이가 보기에

표 2-17 표본 공분산 행렬

	SATIS	COLL	CARR	COLP	MANP
SATIS	78.3				
COLL	4.12	1.13			
CARR	−4.27	−0.48	1.95		
COLP	28.98	2.98	−3.53	32.13	
MANP	13.82	1.39	−2.48	10.38	18.84

표 2-18 재생된 공분산 행렬

	SATIS	COLL	CARR	COLP	MANP
SATIS	76.96				
COLL	4.08	1.13			
CARR	−3.14	−0.42	1.92		
COLP	28.20	2.96	−2.01	31.97	
MANP	10.14	0.96	−2.43	10.38	18.76

도 작게 느껴질 정도라면 연구자는 모형이 관찰된 데이터를 상당히 잘 표현하고 있다고 결론을 내릴 수 있을 것이다. 반대로 그 차이가 두드러진다면, 모형이 관찰된 데이터와 일치하지 않는다고 결론을 내릴 수 있을 것이다. 그러나 결론을 내리기 애매한 상황이라면 어떻게 할 것인가? 모형의 적합도를 평가하기 위해서는 재생된 공분산 행렬이 표본 공분산 행렬과 얼마나 다른가를 평가할 수 있는 방법이 필요할 것이다.

두 행렬간의 차이를 평가하는 출발점은 두 행렬간의 거리(distance)이다. 만일 5와 3처럼 개별 숫자간의 거리를 측정해야 한다면 둘 사이의 차이를 계산하면 충분하다. 그러나 행렬과 행렬을 비교하는 것이라면 이것이 불가능하다. 재생된 행렬에서 표본 행렬을 빼는 경우 하나의 값이 나오는 것이 아니라, 차이 값으로 구성된 또 다른 행렬인 적합잔차 행렬(fitted residual matrix)이 얻어지게 된다.

$$\text{적합잔차 행렬} = \Sigma - \hat{\Sigma}$$

〈표 2-19〉는 두 행렬간의 적합잔차 행렬을 계산한 것이다. 예컨대 SATIS의 경우 관측된 분산과 모형에 의해 예측된 분산 간에 78.3-76.96=1.34의 차이가 존재한다. 물론 이 차이가 커질수록 적합도가 낮아지게 됨은 분명하다.

그렇다면 두 행렬 간의 거리를 하나의 숫자로 평가할 수 있는 손쉬운 방법은 없을까? 가장 쉬운 방법은 두 행렬의 대응적 요소들 간의 차이의 제곱의 합을 계산하는 방법이다. OLS 회귀분석에서 오차의 제곱합을 최소화하는 것과 비슷하다. 또 다른 방법은 다소 복잡한데, 이러한 제곱에 대해 적절한 가중치를 부여해서 곱한 후 이를 더하는 방식이다. 어떤 경우이던 하나의 숫자가 얻어지며, 이 값은 두 행렬간의 거리의 측도를 나타낸다. 따라서 이 값이 커질수록, 두 행렬간의 차이는 커지게 된다. 반대로 그 값이 작아질수록 두 행렬은 유사한 행렬임을 의미하게 된

표 2-19 적합잔차 행렬

	SATIS	COLL	CARR	COLP	MANP
SATIS	1.34				
COLL	0.04				
CARR	-1.13	-0.06	0.03		
COLP	0.78	0.02	-1.52	0.16	
MANP	3.68	0.43	-0.05	0	0.08

다. 이것이 바로 앞에서 설명한 적합함수(fit function)이다. 적합함수는 0보다 크거나 같으며, 0인 경우에는 두 행렬이 정확히 일치함을 의미한다. 행렬간의 거리를 어떻게 계산하는가에 따라 다양한 적합함수들이 존재할 수 있다.

2. 모형의 적합도 평가지수

모형의 적합도를 평가하는 방법은 크게 두 가지로 모형 전체의 적합도를 평가하는 방법과 개별 모수추정치의 적합도를 평가하는 방법으로 구분된다. 모형전체의 적합도를 평가하는 데는 적합도지수(goodness of fit index)가 이용된다. 위에서 설명한 것처럼 적합도 지수들은 각기 다른 적합함수를 적용하되, 자유도나 표본크기를 고려하는 방식으로 계산된다.

적합도 지수는 검증대상 모형이 채택될 것인가 또는 기각될 것인가를 결정하기 위해 이용된다. 적합도 지수는 모형 전체에 대한 검증을 위한 것이며, 모형 내의 개별 추정치들의 유의도를 검증하는데 이용되는 것은 아니다. 현재 많은 지수들이 구조방정식모형의 적합도를 평가하는데 이용된다. 그러나 어떤 지수가 더 적절한가에 대해서는 학자들 간에 상당한 논쟁이 이루어지고 있다. 〈그림 2-21〉은 모형의 전반적 적합도를 평가하는 지수들을 정리한 것이다.

모형의 적합도 지수는 크게 절대적합도 지수와 상대적합도 지수의 두 가지 유형으로 구분될 수 있다. 절대적합도 지수는 연구모형이 얼마나 표본 데이터에 적합한가를 평가한다. 절대적합도 지수는 제시된 이론이 데이터에 얼마나 적합한가를 보여주는 가장 기본적인 지표이다. 연구자는 이론에 근거해서 모형을 설정하는데, 이렇게 설정된 모형이 얻어진 표본 데이터에 얼마나 잘 일치되는가를 결정

그림 2-21 적합도 지수의 구분

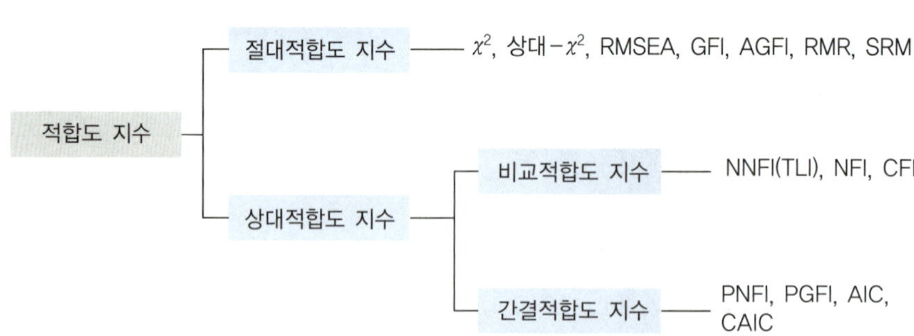

하는 것이다. 절대적합도 지수는 어떤 기준모형과의 비교에 기초해서 계산되는 것이 아니라 모형이 없는 상태와 비교해서 적합의 정도를 결정한다. 절대적합도 지수에는 χ^2, RMSEA, GFI, AGFI, RMR, SRMR 등이 포함된다.

절대적합도 지수들이 모형이 실제 공분산 행렬을 얼마나 잘 재생할 수 있는가를 평가하는 반면, 상대적합도 지수들은 둘 또는 그 이상의 경쟁모형들(competing models) 중에 어떤 모형이 데이터에 더 잘 일치하는가를 평가한다. 연구모형과 기준모형간의 χ^2의 차이를 평가의 기초로 삼는다. 상대적합도 지수에는 NFI, NNFI(TLI), IFI 등이 포함된다. 상대적합도 지수는 다시 비교적합도(comparative fit)와 간결적합도(parsimonious fit)로 세분화될 수 있다.

간결적합도는 더 많은 추정 모수들을 포함할수록 모형의 적합도가 좋아질 수밖에 없다는 사실에 근거한다. 극단적으로 모든 가능한 모수들이 포함된 적정식별모형의 경우 데이터에 완전 적합하게 된다. 따라서 간결적합도의 평가는 마치 비용편익의 관점에서 모형의 적합도를 평가하는 것이다. 절대적합도 지수들이 항상 복잡한 모형을 선호하는 결과를 낳지만, 간결적합도 지수는 보다 많은 모수를 추정하는데 따른 문제점을 조정한다. 마치 회귀분석의 조정결정계수(adjusted R^2)와 비슷하다. 적합도 지수들 각각에 대한 구체적인 설명은 제6장에서 제시된다.

3. 경로계수의 유의도 평가

모형의 적합도는 개별모수의 타당도에 대해서는 어떤 것도 말해주지 못한다. 모형의 적합도가 우수한데도 개별 모수 추정치들이 유의하지 않을 수 있다. 또한 모형이 예측에서 크게 벗어난 결과를 보이기도 한다. 따라서 모형의 전반적인 적합도를 평가한 다음에는 반드시 개별 모수 추정치들을 검토하는 것이 중요하다. 흔히 구조방정식모형을 검증하는 경우 다음 두 가지 상황 중 하나가 발생할 수도 있다. 첫째, 일부 모수들이 유의하지 않은데도 불구하고 제안된 모형이 적합한 경우이다. 둘째, 모형은 적합한데 일부 모수들만이 유의하며, 예측과는 반대방향의 부호를 지니는 경우이다. 이 두 경우 모두 비록 모형이 절대수준에서는 적합하다고 하더라도 연구자의 이론은 부정된다.

변수들 간의 인과적 경로는 비표준화 추정치를 이용하여 통계적 유의도와 강도의 관점에서 평가된다. α=0.05를 기준으로 할 때, 경로계수의 t 값이 ±1.96보다 커야 영가설이 기각되고 해당 경로계수가 유의한 것으로 평가된다. 유의수준(α)= 0.05에 해당되는 z 값이 ±1.96인 점을 떠올리면 된다(표본이 크기 때문에 실제로는 z 값이 이용된다). 영가설이 기각되면 경로계수는 0이 아니라는 결론을 내릴 수 있다. 경로계수의 유의도 검증방법은 다음과 같다.

$$t = \frac{b_i}{s.e}$$

b_i는 비표준화 모수추정치, $s.e$는 표준오차를 나타낸다. LISREL에서는 이러한 검정통계량을 t 값으로 부르고(Jöreskog & Sörbom, 1989), AMOS에서는 C.R.(critical ratio)로, EQS에서는 t 값을 제곱한 Wald 검증으로 부른다. 경로계수의 통계적 유의도를 검증한 다음에는, 변수들 간의 관계에 대한 실질적인 평가로서 관계의 강도를 검토해야 한다. Chin(1998)에 따르면 표준화 경로계수가 적어도 0.2 이상은 되어야 하며 의미 있는 논의를 위해서는 0.3 이상이 바람직하다고 주장한다. 이는 어떤 경로계수가 통계적으로 유의하더라도 실질적인 의미나 가치는 통계적 검증 결과와 다를 수 있음을 나타낸다.

XII 모형의 수정 및 재설정

1. 모형수정의 의미

연구모형이 데이터에 적합되지 않는 상황에서 모형의 적합도를 개선하기 위한 방안은 무엇인가? 구조방정식모형 분석에서 모형수정(model re-specification 또는 model modification) 만큼 논란이 많은 부분도 없을 것이다. 모형수정의 목적은 모형의 간결성(parsimony)이나 적합도를 증진하기 위함이다. 따라서 모형수정을 위해서는 다음 두 가지 방법들이 이용된다. 첫째, 통계적으로 유의하지 않은 경로를 모형으로부터 삭제하는 '이론 다듬기(theory trimming)' 이다. 유의하지 않는 경로들을 모형으로부터 제거함으로써 모형의 적합도를 증진하는 것이다. 이론 다듬기는 회귀분석의 단계적 접근(stepwise approach)과 유사하다. 둘째, 분석결과에 기초하여 모형에 새로운 경로들을 추가하는 방법이다.

비록 모형수정이 분석 과정에 포함되고는 있지만 모형수정에는 몇 가지 심각한 문제점들이 있다. 무엇보다도 모형수정이 사후에 탐색적으로 이루어짐으로써 이론에 기반한 결과이기 보다는 Type I 또는 Type II 오류의 가능성이 증대된다는 점이다. 따라서 수정모형은 반드시 다른 독립적인 표본에서 교차 타당화(cross validation) 되어야만 한다. 동일한 데이터를 가지고 모형을 수정한 후 재검증하는 경우가 종종 발견되는데, 이 경우 모형에 추가되거나 삭제된 모수들이 확증되었다고 말하기는 어렵다. 모형을 연구자가 가지고 있는 표본 데이터에 가능한 적합시키는 것이 모형수정이기 때문에 당연히 수정모형을 또 다시 표본 데이터에 적합시킨다면 적합도가 높아질 수밖에 없다. 우연의 기회에 편승(capitalizing on chance)하는 심각한 오류를 범하게 되는 것이다. 따라서 반드시 또 다른 독립된 데이터를 가지고 교차타당도를 검증해야 한다(홍세희, 2000).

다음으로 모형의 적합도를 증진하기 위해 모형에 추가된 모수들이 실질적으로 해석 가능한 모수들이 아닌 경우가 많다. 예컨대 오차항간의 공분산을 추정 모수에 추가하는 경우가 그렇다. 비록 적합도가 개선된다 하더라도 이러한 모수들의 추가는 정당화되기 어렵다.

그렇다면 모형이 데이터에 적합하지 않는 경우 어떻게 해야 하는가? 적합도가 낮은 모형에 대한 한 가지 해결책은 분석을 멈추고 모형을 인도했던 이론이 틀렸음을 선언하는 것이다. 이러한 접근법은 가설검증의 전통적인 의사결정 시각을 따른다는 장점이 있다. 즉, '가설을 세운다. 검증한다. 가설을 기각하거나 채택한다' 는 가설검증의 절차를 철저히 따르는 것이다. 그러나 약점은 무엇이 바른 이론인가에 대한 통찰력을 얻을 수는 없다는 점이다.

두 번째 방법은 좀 더 적합한 모형을 산출하기 위해 이용 가능한 정보를 활용하는 방안이다. 한 마디로 원래 모형을 데이터에 일치하도록 변경하는 것이다. 그러나 이것은 사후적으로 우연의 기회에 편승할 가능성을 높인다. 데이터에 적합시키기 위해 모형에 경로 하나를 추가함으로써 기회에 편승하지만, 그러한 결과가 다른 표본에서 반복적으로 얻어지기는 어려울 것이다. 이러한 문제를 해결하기 위해서는 가능한 이론에 근거하여 모형을 수정해야 한다. 또한 또 다른 독립적인 표본에서 검증될 때만이 모형으로서 가치를 지니게 된다는 점을 기억해야 한다.

2. 모형 수정지수

구조방정식모형 프로그램들은 모형의 수정을 위한 수정지수들(modification indices)을 제공하고 있는데, 대표적인 통계적 방법들은 χ^2차이 검증, 라그랑즈 승수검증(LM: Lagrange multiplier test), Wald 검증 등이 있다. 이러한 모형지수들은 표본 크기에 민감하다. 경로의 추가나 삭제와 같은 모형수정은 표본이 큰 경우 통계적으로 유의한 결과를 낳을 수 있다. 따라서 단지 통계적 유의성에 따라 새로운 경로를 추가하거나 삭제하는 것은 전혀 바람직하지 않다. 모형의 수정은 반드시 이론적 근거에 바탕을 두어야 한다.

(1) χ^2 차이 검증(chi-square difference test)

모형들이 내재적인 경우에는(즉, 모형이 다른 모형의 일부분인 경우) "작은 모형의 χ^2 − 큰 모형의 χ^2"을 계산한 후, 두 모형간의 자유도의 차이를 자유도로 하는 χ^2검증을 실시한다. 카이제곱 차이 검증의 문제점은 χ^2과 표본크기의 관계 때문에 표본크기가 작은 경우에는 모형간의 유의한 차이를 발견하기 어렵다는 점이다. χ^2 차이 검증의 구체적인 내용은 제7장의 내재적 모형의 비교에서 다루어진다.

(2) Lagrange 승수 검증(LM 검증: Lagrange Multiplier Test)

LM 검증법 역시 내재모형들을 비교하지만, 한 가지 모형의 추정치만을 필요로 하는 점에서 카이제곱 차이 검증과 다르다. LM 검증은 현재 고정되어 있는 하나 또는 그 이상의 모수들을 추정 모수로 변경하는 경우 모형이 얼마나 개선되는가를 검증하는데 초점을 맞춘다. 즉 모형의 적합도를 개선하기 위해서는 어떤 모수들이 추가되어야 하는가를 평가한다. LM 모형수정 방법은 마치 전방단계적 회귀분석(forward stepwise regression)과 유사하다.

대부분 구조방정식모형 프로그램들은 경로가 0으로 고정된 모수에 대한 수정지수(modification indices)들을 제공하고 있다. 그 통계적 검증방법이 LM 검증이다. 수정지수의 값은 해당 모수가 자유모수가 되는 경우 감소될 것으로 예상되는 최소한의 χ^2 통계량을 나타낸다. 즉 라그랑즈 승수는 경로를 하나 추가한 것에 대한 자유도가 1인 χ^2 통계치이다. 따라서 수정지수의 값이 커질수록 해당되는 경로를 추가시킴으로써 모형의 적합도를 크게 개선할 수 있다.

연구자는 이 정보를 이용하여 모형수정을 할 수 있다. 각 단계에서 적합도가 가장 크게 개선되는 모수를 자유모수로 변경한다. 이후 적정한 적합도에 도달할 때까지 이 과정이 반복된다. 예컨대 0으로 고정된 어떤 적재치(즉, 화살표가 없는)가 커다란 수정지수 값을 보이면 이 모수를 자유모수화하고(즉, 화살표를 그리고) 그 값을 추정할 수 있다. 이렇게 함으로써 자유도가 감소되는 대가로 모형의 적합도는 개선된다. 물론 모형수정에는 이론적인 정당화가 반드시 전제되어야 한다. 따라서 주의할 점은 모형에서 단지 통계적으로 유의하다는 이유로 특정 경로를 추가한다면 이는 Type I 오류의 가능성이 크다는 점이다.

(3) Wald 검증

LM 방법과는 반대로 Wald 검증은 어떤 모수들을 모형으로부터 제거해야 하는가에 초점을 맞춘다. 따라서 단계적 회귀분석의 후방제거법(backward deletion)과 유사하다. 이러한 이유로 Wald 검증은 주로 모형 다듬기에서 이용된다.

Wald 검증은 특정한 경로를 0으로 고정시킬 때 전체 χ^2 값이 증가되는 양을 추정한다. 라그랑즈 승수와는 반대는 경로 하나를 삭제한 것에 대한 자유도가 1인 χ^2 통계치이다. Wald 검증 결과가 유의하다면 이것은 전체 모형 적합도가 유의한 수준으로 감소되었음을 의미한다. 반대로 Wald 검증 결과가 유의하지 않다면 모형 적합도를 훼손시키지 않으면서 경로 하나를 제거하는 것이 가능함을 의미한다. 따라서 모형에서 단지 통계적으로 유의하지 않다는 이유로 특정 경로를 삭제한다면 이는 Type II 오류의 가능성이 크다는 점을 기억해야 한다.

연 · 습 · 문 · 제

01. 측정모형의 신뢰도와 타당도를 평가하는 방법을 설명하라.

02. 모형의 식별은 무엇이며, 왜 중요한가?

03. 모형의 과소식별은 왜 문제가 되는가?

04. 다음은 5명의 학생들의 수학, 영어, 국어 시험 성적이다.

번호	수학	영어	국어
1	90	60	90
2	90	90	30
3	60	60	60
4	60	60	90
5	30	30	30

1) 각 과목의 성적들을 표준점수로 환산하라. 표준점수를 이용하여 공분산 행렬을 계산하라.
2) 위의 공분산 행렬을 이용해 상관관계 행렬을 계산하라.

05. 모형의 적합도를 평가하는 지수들을 설명하라.

06. 구조방정식모형의 분석 절차를 설명하라.

07. 전통적인 경로분석은 잠재변수 경로분석과 어떻게 다른가?

08. 아래 모형을 식별하고 자유도를 계산하라.

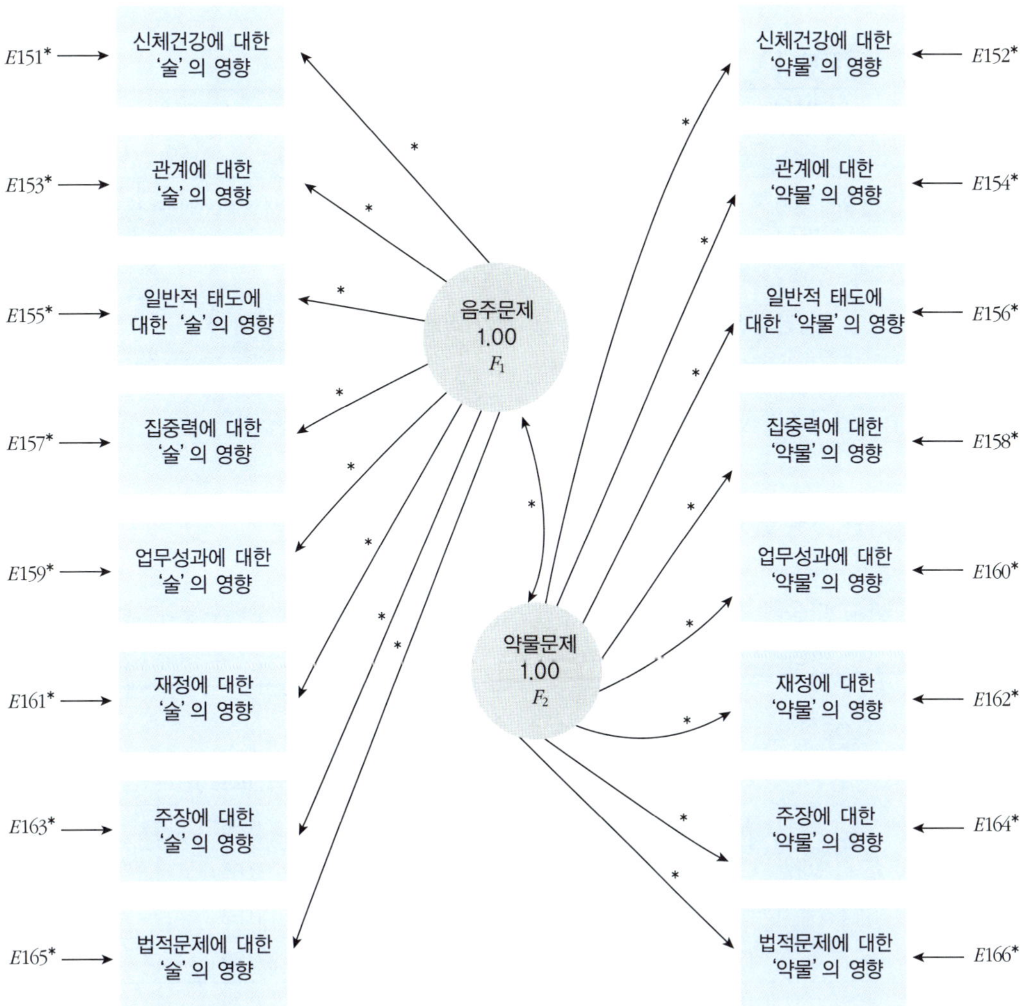

* 출처: Ullman, J. B. (2006). Structural Equation Modeling: Reviewing the Basics and Moving Forward. Journal of Personality Assessment, 87(1), pp. 35–50.

09. 모형의 수정지수들을 설명하라.

10. 다음의 적합도 지수표를 보고 모형의 전반적인 적합도를 평가하라. 또한 각각의 적합도 지수를 평가하라.

표 1 구조방정식모형의 적합도검정결과

CMIN/df	P	GFI	AGFI	TLI rho2	CFI	RMSEA
1.248	0.190	0.968	0.938	0.987	0.991	0.036

* 출처: Vella, P. J., Gountas, J., Walker, R., (2009) "Employee perspectives of service quality in the supermarket sector", Journal of Services Marketing, Vol. 23 Iss: 6, pp. 407-421.

11. 한 잠재변수의 측정지표는 몇 개가 적절한가?

12. 구조방정식모형을 수행하기 위해 필요한 가정은 무엇인가?

13. 공분산 행렬과 상관관계 행렬은 어떻게 다른가?

14. 다음의 표를 보고 각 잠재변수들을 측정하기 위한 측정변수들의 신뢰도를 평가하라.

표 2 종합신뢰도와 AVE

잠재변수	종합신뢰도(p_c)	$AVE(p_v)$
모바일 광고의 유용성에 대한 인식	0.86	0.61
모바일 광고에서 제공하는 정보의 유용성에 대한 인식	0.86	0.56
모바일 광고의 통제력에 대한 인식	0.83	0.56
모바일 광고수신에 의한 손해에 관한 인식	0.89	0.72
모바일 광고에 대한 신뢰(법적 효력 등)	0.78	0.55

* 출처: Merisavo, M., Kajalo, S., Karjaluoto, H., Virtanen, V., Salmenkivi, S., Raulas, M., et al. (2007). An Empirical Study of the Drivers of Consumer Acceptance of Mobile Advertising. Journal of Interactive Advertising, 7(2), pp. 41-50.

15. 구조방정식모형을 위해 적절한 표본의 수는 얼마인가?

16. 모수의 추정방법들을 비교하라.

17. 모수의 결정규칙을 설명하라.

18. 모형의 적합도 검증은 어떤 원리를 따라 이루어지는가?

19. 측정모형의 신뢰도와 타당도 평가방법에는 어떤 것들이 있는가?

20. 모형의 적합도를 평가하는 지수들을 비교하라?

21. 잠재변수의 척도 부여는 무엇이며, 왜 중요한가?

제 3 장

경로분석

주요개념들

- 허위변수, 혼란변수
- 오차항의 척도 설정
- 표준화 경로계수, 비표준화 경로계수
- 매개변수
- 총효과, 직접효과, 간접효과
- 재생된 공분산행렬

구조방정식모형은 통일된 개념이기보다는 회귀분석, 경로분석, 확증적 요인분석, 잠재변수 경로분석 등 다양한 분석모형들을 포괄하는 개념이다. 이번 장에서는 구조방정식모형의 하위 유형으로서 경로분석의 개념과 원리를 살펴보고자 한다.

경로분석은 측정변수들 간의 인과적 관계를 포함하고 있으며, 따라서 잠재변수를 다루지는 못한다. 경로분석에는 측정변수들로서 독립변수, 매개변수, 종속변수들이 포함되며, 이들 간의 인과적 관계를 분석하는 데 목적을 두고 있다. 경로모형에서 변수들 간의 효과는 직접효과와 간접효과로 구분된다. 또한 경로모형은 재귀적 모형과 비재귀적 모형으로 구분된다.

I 경로분석의 이해

1. 경로분석의 배경

1930년대 Wright에 의해 최초로 개발되고, 1960년대에 이르러 사회과학에 도입된 경로분석(path analysis)은 회귀분석의 직접적인 연장선상에서 둘 이상의 변수들 간의 인과적 관계를 분석하는 통계기법이다. 경로분석은 구조방정식모형의 하위기법으로 일련의 측정변수들 간의 가설적 인과관계(hypothesized causal connection)의 크기와 중요도를 추정하기 위해 이용된다. 경로모형 내의 변수들이 복수의 측정지표들(multiple observed indicators)에 의해 측정되는 잠재변수들(latent variables)인 경우 경로분석은 잠재변수 경로모형이라 불린다. 따라서 단순히 경로분석은 측정변수들 간의 경로분석을 의미한다. 경로분석은 연구자가 두 개 또는 그 이상의 대안적 모형들을 비교하는 데도 이용된다. 경로분석은 흔히 경로모형(path model)으로 나타낸다.

전통적인 다중회귀분석은 하나의 종속변수에 대한 두개 이상의 독립변수의 직접적인 효과를 검증하는데 이용된다. 회귀계수의 계산을 통해 변수들의 상대적 중요도를 추정하거나 모형의 구성을 통해 종속변수를 예측할 수 있다. 그러나 이 모든 경우에서 변수들 간의 관계는 직접적인 관계를 의미한다. 따라서 회귀분석에서 독립변수가 어떤 매개변수를 통해 유발하는 간접적인 효과의 크기를 측정하는 것은 불가능 하다. 현실 속 세상에서는 변수들 간의 관계가 회귀분석이 가정하는 것보다 훨씬 복잡하기 쉽다. 이러한 한계를 극복하기 위한 대안으로 이용되는 것이 경로분석이다.

전통적인 경로분석은 변수들 간의 인과적 관계에 대한 가정을 검증하는 분석기법이며, 그 자체로는 경로모형의 옳고 그름을 증명하지 못한다. 그러나 구조방정식모형에서는 모형의 전반적인 적합도를 평가할 수 있다. 전통적인 경로분석이 각 변수들 간의 효과를 직접효과와 간접효과로 구분하여 개별 경로들을 분석하는데 초점을 맞추는 반면, 구조방정식모형의 일부로서의 경로분석은 경로모형 전체의 적합도 검증이 중요한 부분을 차지한다.

2. 경로분석의 가정

경로분석에서는 하나의 관찰변수를 잠재변수의 완벽한 구현으로 가정하고 이를 모형에 포함한다. 따라서 타당성을 지닌 측정변수를 사용하는 것이 무엇보다 중요하다. 잠재변수를 측정하기 위한 복수의 측정변수들이 하나의 척도를 구성하는 경우에 경로분석을 위해 어떤 측정변수를 사용할 것인가는 어렵고도 중요한 문제이다.

또 다른 중요한 가정은 모형 설정의 오류가 없어야 한다는 점이다. 중요한 변수들이 모형에서 누락되는 경우 분석결과의 신뢰도와 타당도가 낮아질 수밖에 없다. 중요한 변수들을 누락시키거나 잘못 포함시키는 경우 직접효과와 간접효과상의 경로계수들은 상당히 다른 값을 갖게 된다. 경쟁모형들이 존재하고 이 모형들 간의 상대적 적합도를 비교하는 경우에는 특히 문제가 된다.

따라서 연구자는 이론과 선행연구들에 대한 심층적 검토를 통해 중요한 변수들이 누락되지 않도록 해야 한다. 그러나 반대로 너무 많은 변수들을 경로모형에 포함시킴으로써 중요하지 않은 변수들이 포함되는 경우에는 간명성의 문제를 고려해야 한다. 연구자가 설정한 변수들간의 인과관계의 방향에 대해서는 분명한 이론적 뒷받침이 있어야 한다.

또한, 경로분석 모형은 재귀적(recursive) 모형이어야 한다. 모형 내에서 모든 화살표는 한 방향으로 진행해야 한다. 즉 상호 인과관계를 포함하는 환류고리가 존재해서는 안 된다. 물론, 이것이 외생변수들 간의 상관관계를 의미하는 양방향 화살표가 모형 내에 있어서는 안 된다는 말은 아니다.

Ⅱ 경로모형의 설정

1. 경로모형의 구성요소

경로모형은 측정변수들로만 구성된 독립변수, 매개변수, 종속변수들 간의 관계를 가정하는 모형이다. 일방향 화살표는 외생변수 또는 매개변수와 종속변수 사이의 인과관계를 나타낸다. 양방향 화살표는 한 쌍의 외생변수들 간의 상관관계를 나타낸다. 경로분석에서 변수들 간에 관계를 나타내는 화살표 기호가 존재하지 않는 경우는 변수들이 상호 독립적임을 의미한다.

경로모형의 외생변수는 자신을 유발하는, 즉 자신의 원인이 되는 변수들이 존재하지 않는 변수들을 의미한다. 외생변수들 간에 상관관계가 존재하는 경우 둘 사이를 연결하는 쌍방향 화살표로 표시된다. 경로분석에서도 내생변수의 오차항은 외생잠재변수로 다루어진다.

내생변수는 자신을 향하는 화살표가 존재하는 변수들이다. 내생변수에는 매개변수(intervening variables)와 종속변수가 포함된다. 매개내생변수(intervening endogenous variable)는 경로모형에서 자신에게 향하는 화살표와 자신으로부터 나가는 화살표가 동시에 존재하는 변수다. 반면 종속변수는 단지 자신에게 향하는 화살만이 존재한다. 아래 〈그림 3-1〉의 경우 성취동기, 자아존중감, 언어지능은 외생변수이며, 업무성과는 매개내생변수이며 직무만족은 내생변수로서 종속변수이다.

경로분석에서는 측정변수들만을 이용하기 때문에, 외생변수들이 측정오차 없이 옳게 측정된다고 가정한다. 〈그림 3-1〉과 〈그림 3-2〉는 두 가지 경로모형을 예시한 것이다. 〈그림 3-1〉에서 내생변수인 업무성과와 직무만족에는 오차항(즉, 설명오차)이 있는 반면, 외생변수인 성취동기, 자아존중감, 언어지능에는 오차항이 존재하지 않는다. 이는 성취동기, 자아존중감, 언어지능은 측정오차가 없이 측정된다는 것을 가정하기 때문이다.

또한 경로분석은 외생변수들 간의 상관관계를 가정한다. 외생변수들 간의 상관관계는 어떤 변수가 원인이고 또한 어떤 변수가 결과인지에 대해 알지 못하는 경우이다. 이러한 외생변수들 간의 관계는 분석되지 않는 관계이다(Kline, 2005).

그림 3-1 직무만족의 결정요인에 관한 경로모형

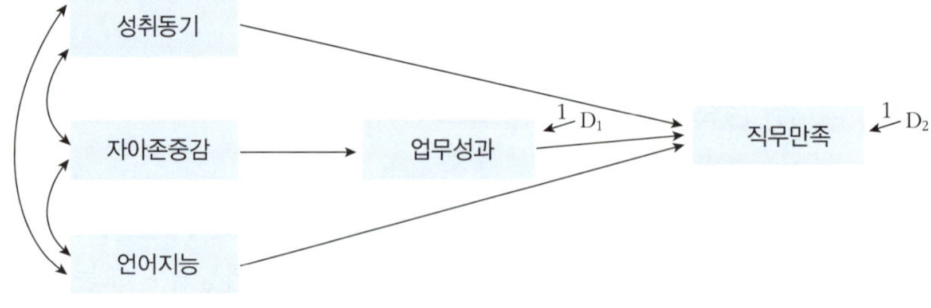

* 출처: Bryman & Cramer(1990).

그림 3-2 수용성 결정요인에 관한 경로모형

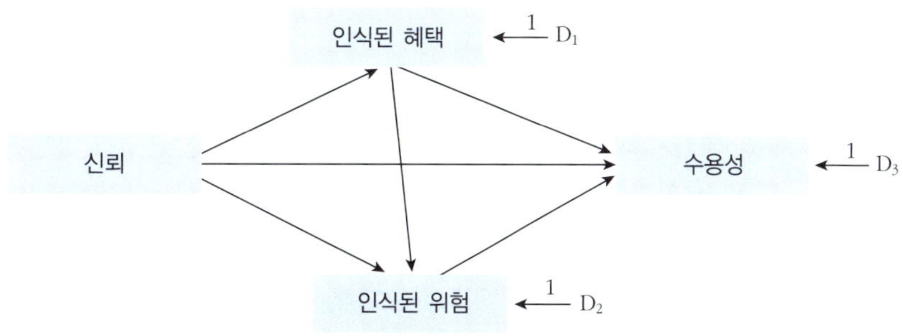

분석되지 않는 관계란 두 변수간의 연관성은 있지만 연관성의 원인을 알지 못하는 경우를 의미한다.

경로분석에서 설명오차는 외생변수로 다루어진다. 따라서 오차항들 간에 상관관계를 나타내는 화살표가 존재하지 않는 경우 측정되지 않는 원인들이 서로 독립적임을 의미한다. 물론 오차항들 간에도 연관관계가 존재할 수는 있다. 오차항들 산에 상관관계가 존재한다는 것은 모형에서 누락된 측정되지 않는 어떤 공통된 원인이 존재하고 있음을 의미한다.

2. 오차항의 척도 설정

외생잠재변수인 설명오차는 내생변수에 대해 직접효과를 미치는 변수이다. 따라서 잠재변수이기 때문에 오차항에는 척도가 부여되어야 한다. 경로모형에서는 오차항에 척도를 부여하기 위해 단위 적재치 식별제약(unit loading identification constraint) 방법이 이용된다. 이 방법은 오차항에서 내생변수로 향하는 효과에 대한 경로계수를 1로 고정하는 방법이다. 〈그림 3-2〉에서 내생변수인 인식된 혜택, 인식된 위험, 수용성에는 오차항으로부터의 효과를 나타내는 화살표가 붙어 있다. 이 잔차 경로계수(residual path coefficient)를 1로 고정함으로써 잠재변수인 설명오차의 척도를 부여할 수 있다. 이렇게 고정모수로 설정함으로써 오차항은 내생변수의 설명되지 않은 분산이 지닌 척도와 동일한 척도를 부여받게 된다. 또한 잔차 경로계수를 1로 고정함으로써 오차의 분산만 모수로서 추정되며 경로계수는 추정되지 않는다.

3. 재귀적 모형과 비재귀적 모형

앞에서도 살펴본 것처럼 경로모형은 재귀적 모형과 비재귀적 모형으로 구분된다. 재귀적 모형은 모형 내에서 변수들 간에 인과관계의 순환고리가 존재하지 않으며 오차항들 간에 상관관계가 존재하지 않는다. 따라서 재귀적 모형의 분석은 상대적으로 비재귀적 모형의 분석에 비해 용이하다. 재귀적 모형에서는 직접효과를 측정하기 위한 경로계수와 오차분산을 추정하는 데 다중회귀분석을 이용할 수 있다. 재귀적 모형은 이론적으로 반드시 식별이 가능하다(Bollen, 1989). 그러나 비재귀적 모형에서는 다중회귀분석을 이용한 경로계수의 계산이 불가능하다. 또한 비재귀적 모형은 식별의 문제를 유발할 수도 있다. 이러한 이유로 비재귀적 모형은 재귀적 모형에 비해 행태과학 연구에서 상대적으로 소수에 불과하다(Kline, 2005).

경로분석에서 경로계수를 추정하는 방법은 크게 다중회귀분석의 β(베타)를 이용하는 방법과 최대우도법(ML)을 이용하는 방법으로 구분될 수 있다. 구조방정식 모형 분석에서는 최대우도법이 초기값으로 지정되어 있다. 다중회귀분석을 이용하는 경우에는 내생변수마다 회귀분석을 시행하여 회귀계수들을 계산하고, 그 값들을 경로계수로 이용한다.

적정식별 상황에서는 다중회귀분석과 최대우도법이 동일한 모수 추정치를 산출한다. 다만 오차분산의 추정치가 다르게 계산될 수 있다. 과다식별 상황의 경우에는 두 방법에 의한 모수 추정치가 다소 다를 수 있지만, 표본이 커질수록 두 방법의 추정치들은 수렴한다(Kline, 2005).

Ⅲ 경로분석의 과정

1. 투입자료 행렬: 공분산행렬

〈그림 3-2〉의 모형에 대한 경로분석을 실시하기 위해 〈표 3-1〉과 같은 공분산 행렬이 투입자료로 이용되었다. 공분산 행렬에서 대각선에 위치한 값은 각 변수 자신의 분산을 나타낸다. 예컨대 위험의 분산은 1.35로 가장 크며, 신뢰의 분산이

표 3-1 경로분석용 투입자료(공분산행렬)

	혜택	수용성	위험	신뢰
혜택	1.22			
수용성	0.05	1.26		
위험	−0.31	−0.21	1.35	
신뢰	0.39	0.17	−0.22	1.09
평균	3.91	2.90	2.97	3.13

1.09으로 가장 작다. 대각선 이외의 값들은 두 변수간의 공분산을 나타낸다. 혜택과 신뢰의 공분산이 0.39로 가장 크다. 공분산들이 큰 차이를 보이지 않는 이유는 4개 변수들이 동일하게 5점 척도를 이용하여 측정되었기 때문이다. 이 공분산 행렬을 표준화하면 상관관계 행렬로 쉽게 변환될 수 있다.

경로분석을 위한 연구모형에는 4개의 측정변수들이 포함되어 있으며, 이들 간의 모든 경로들이 모수로서 추정된다. 신뢰는 외생변수이며, 인식된 혜택, 인식된 위험, 수용성은 내생변수이다. 내생측정변수들은 설명오차를 지니고 있으며, 설명오차는 각 변수의 설명되지 않는 분산의 비율을 나타낸다. 모형은 재귀모형으로 적정식별 또는 완전식별(fully identified) 상태이다.

이처럼 경로모형 속에 존재할 수 있는 모든 경로들이 포함되고 해당 경로계수들이 계산된다면, 이를 가지고 공분산 행렬을 정확하게 재생해 낼 수 있다. 이러한 경우가 완전히 식별된 모형이다. 반면, 이론적 근거를 토대로 특정 변수들 사이에 경로가 존재하지 않는 경로모형을 작성하고 경로들을 추정한다면, 추정된 경로계수를 가지고 재생한 공분산 행렬이 실제 표본 공분산 행렬과 일치하지 않게 된다.

2. 구조방정식의 작성

사례의 경로분석모형은 잠재변수를 포함하고 있지 않으며 외생관찰변수와 내생관찰변수간의 구조적 관계를 분석하는 모형이다. 따라서 LISREL의 부호 체계에 따라 외생변수는 x, 내생변수는 y, 내생변수의 오차는 ζ, 외생변수와 내생변수 간의 경로계수는 γ, 내생변수간 인과관계는 β로 표현할 수 있다.

〈그림 3-3〉의 경로모형에서 추정하려는 모수인 경로계수는 모두 5개이며, 5개 경로계수들을 계산하기 위해서는 다음과 같은 세 개의 구조방정식이 필요하다.

그림 3-3 경로분석모형

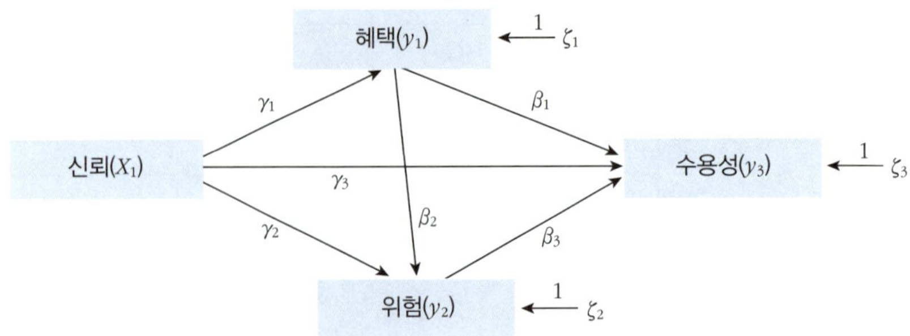

구조방정식 1: 인식된 혜택 = β_1신뢰 + e_1
구조방정식 2: 인식된 위험 = β_1신뢰 + β_2인식된 혜택 + e_2
구조방정식 3: 수용성 = β_1신뢰 + β_2인식된 혜택 + β_3인식된 위험 + e_3

LISREL의 부호 체계들을 활용하여 위 경로모형을 구조방정식 체계로 나타내면 다음과 같다.

$$y_1 = \gamma_1 x_1 + \zeta_1$$
$$y_2 = \gamma_2 x_1 + \beta_2 y_1 + \zeta_2$$
$$y_3 = \gamma_3 x_1 + \beta_1 y_1 + \beta_3 y_2 + \zeta_3$$

3. 경로계수의 계산

구조방정식모형에서는 일반적으로 공분산 행렬을 투입자료로 하여 최대우도법(ML)을 이용하여 모수 추정이 이루어진다. 경로분석의 핵심은 구조방정식 작성을 통한 모수 추정치의 계산에 있다. 그렇다면 경로계수의 계산은 어떻게 하는가?

이상의 3개의 구조방정식에서 e_i는 오차항(error term)으로 설명오차를 나타낸다. 즉 변수들의 선형결합에 의해 설명되지 않는 내생변수의 분산의 비율을 나타낸다. 이는 회귀분석의 원리와 동일하다. 실제 전통적인 경로분석은 이상의 3가지 회귀분석을 각각 실시하고 그 결과로 얻어진 표준화회귀계수(standardized regression coefficient=β값)를 경로계수로 이용한다. 따라서 경로모형 내에 하나의 변수에 대해 두개 또는 그 이상의 변수들이 효과를 미치는 경우, 경로계수는 다중회귀분석의 부분회귀계수(partial regression coefficient)와 동일하다. 즉, 경로계수는 나머지 변수들을 통제한 상태에서 한 독립변수가 경로상의 다른 변수(화살표가 향하는)에 대해 지니는 직접효과의 크기를 나타낸다.

경로계수의 계산 원리

1. 두 외생변 수간의 경로계수
   두 외생변 수간의 경로계수는 비표준화 추정치인 경우 공분산을 나타내고, 표준화 추정치인 경우 상관계수를 나타낸다. 외생변수 간의 공분산은 분석되지 않는 관계이다.

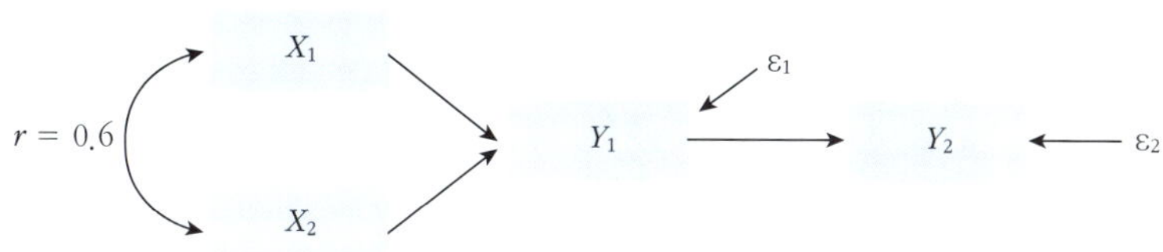

번호	X_1	X_2	Y_1	Y_2
X_1	1.0			
X_2	0.6	1.0		
Y_1	0.4	0.5	1.0	
Y_2	0.3	0.5	0.4	1.0

2. 두 변수가 하나의 인과적 경로로만 연결되는 경우는 직접효과를 나타내며, 각 경로계수는 표준화회귀계수(또는 비표준화 회귀계수)를 나타낸다. 이 경우 표준화회귀계수는 상관계수와 일치한다.

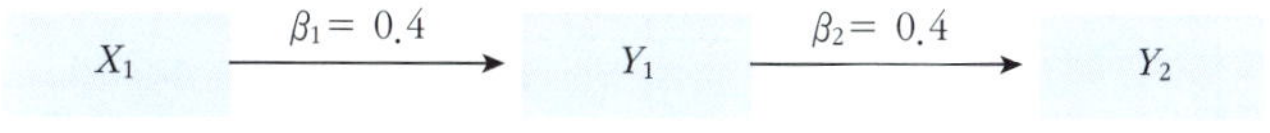

번호	X_1	X_2	Y_1	Y_2
X_1	1.0			
X_2	0.6	1.0		
Y_1	0.4	0.5	1.0	
Y_2	0.16	0.5	0.4	1.0

3. 두 변수가 둘 이상의 경로로 연결되는 경우, 매개변수를 통한 복합적인 경로의 강도는 간접효과를 나타내며, 간접 효과는 해당 경로에 포함된 경로계수들의 곱으로 계산된다.
   예컨대 위 그림에서 X_1과 Y_2의 경로의 강도는 $0.4 \times 0.4 = 0.16$이다. X_1에서 Y_2로의 직접적인 경로가 없기 때문에 간접효과가 총효과가 된다.

4. 두 변수가 둘 이상의 경로로 연결되는 경우, 복합적인 경로의 총효과는 두 변수 간 직접효과와 간접효과의 합으로 계산된다.

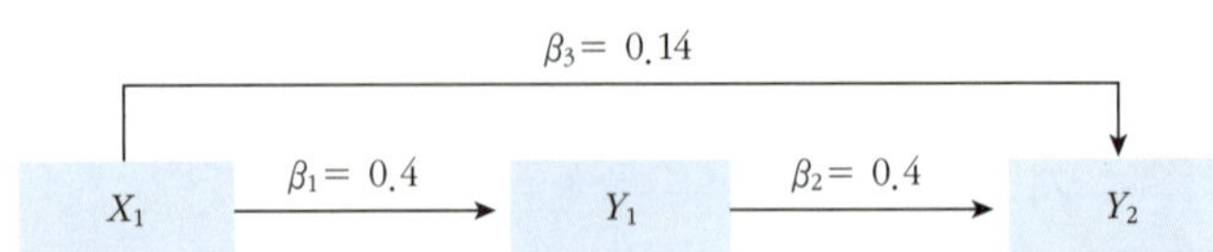

번호	X_1	X_2	Y_1	Y_2
X_1	1.0			
X_2	0.6	1.0		
Y_1	0.4	0.5	1.0	
Y_2	0.3	0.5	0.4	1.0

X_1과 Y_2 간의 총효과는 두 변수 간 직접효과와 간접효과의 합이다.

$$0.14 + (0.4 \times 0.4) = 0.3$$

5. 오차항으로부터의 경로는 잔차경로계수를 나타낸다. 설명오차는 $1-R^2$이며 설명오차의 표준화 경로계수는 $\sqrt{1-R^2}$이다.

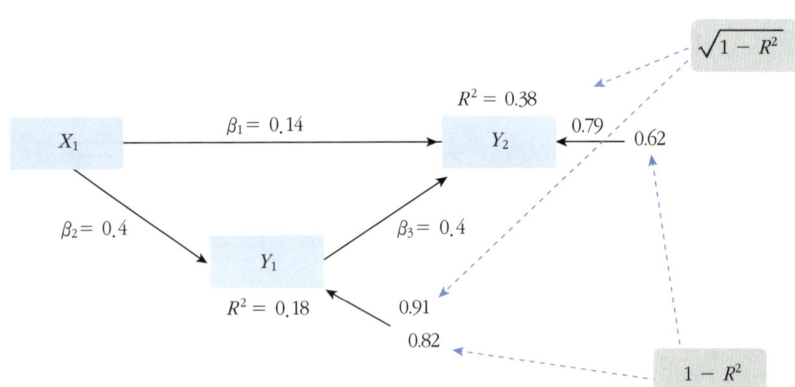

Y_1의 설명오차는 0.82이며, $1 - R^2 = 1 - 0.18$이다. 따라서 표준화 경로계수는 $\sqrt{0.821} = 0.91$이다.

> Y_2의 설명오차는 0.62이며, $1 - R^2 = 1 - 0.38$이다. 따라서 표준화 경로계수는 $\sqrt{0.62} = 0.79$이다.

위의 3개 방정식에서 제시된 것처럼 인식된 혜택, 인식된 위험, 수용성이 각각 구조방정식의 종속변수가 된다. 우선, 수용성을 종속변수로 하는 경우 수용성으로 향하는 화살표들(인과관계를 상정하는)을 모두 찾아보면 신뢰, 인식된 혜택, 인식된 위험의 세 가지 독립변수들이 존재한다. 다음으로, 인식된 위험을 종속변수로 하는 경우 인식된 위험으로 향하는 화살표를 모두 찾아보면 신뢰와 인식된 혜택이 있다. 마지막으로 인식된 혜택으로 향하는 화살표는 신뢰 하나 밖에 없다. 이처럼 독립변수가 하나인 경우는 단순회귀분석의 회귀계수와 동일하다. 따라서 상관계수와도 일치한다(단순회귀분석에서는 $\beta = r$).

이상의 3개의 구조방정식모형에서 추정되어야 할 모수들은 경로계수 6개, 설명오차 3개 등 총 9개이다. 여기에 외생변수인 신뢰의 분산 1개를 더하면 총 10개의 모수가 구조방정식모형 분석에서 추정된다.

4. 경로계수의 해석

경로계수의 해석은 경로분석이나 다중회귀분석 모두 동일하다. 두 방법 모두 다른 변수들의 영향력을 통제한 상태에서 한 변수가 다른 변수에 미치는 효과를 계산한 것이기 때문에 해석 역시 동일하게 이루어질 수 있다. 그러나 비표준화 추정치와 표준화 추정치의 해석은 다르다. 〈그림 3-4〉과 〈그림 3-5〉는 경로분석 결

그림 3-4 경로분석결과: 비표준화 추정치

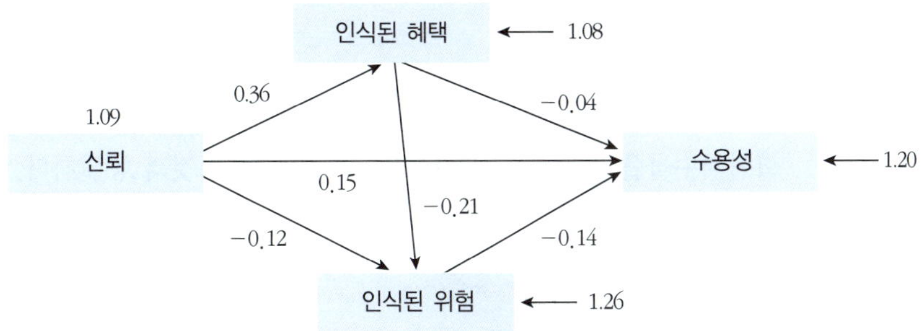

그림 3-5 **경로분석결과: 표준화 추정치**

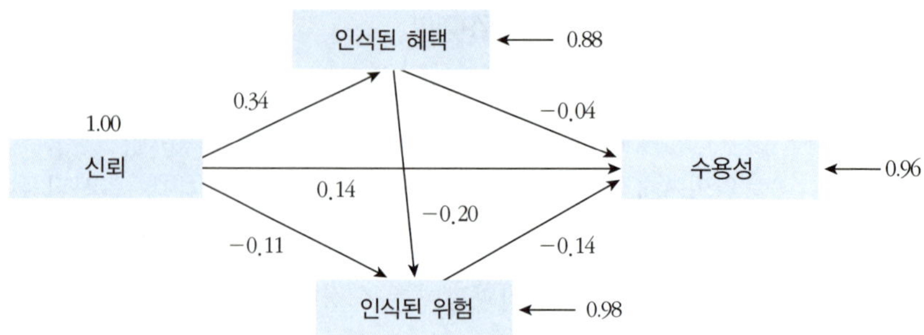

과를 경로도로 나타낸 것이다.

(1) 비표준화 추정치

인식된 혜택이 인식된 위험에 미치는 직접효과의 비표준화 추정치는 −0.21, 표준화 추정치는 −0.20이다. 이 값은 '신뢰를 통제한 상황에서 인식된 혜택이 한 단위 증가할 때 인식된 위험이 0.21 단위 감소함' 을 의미한다.

경로계수의 해석

1. 비표준화 경로계수
   다른 변수들의 효과를 통제한 상태에서 원인이 되는 변수가 1단위 증가할 때 증가 또는 감소하는 내생변수의 단위 변화량을 나타낸다.
2. 표준화 경로계수
   다른 변수들의 효과를 통제한 상태에서 원인이 변수가 1표준편차 증가할 때 증가 또는 감소하는 내생변수의 표준편차 변화량을 나타낸다.

비표준화 경로계수는 통계적 검증(t 검증)의 대상이 된다. 회귀분석에서 개별 회귀계수들을 검증하기 위해 t 검증을 이용했던 것과 동일하다. 즉, 비표준화 모수 추정치를 표준오차로 나눈 값이 검정 통계량이 된다.

$$t = \frac{b_i}{s.e}$$

$s.e$는 표준오차, b_i는 비표준화 경로계수를 나타낸다. 따라서 대략 $t \geq |1.96|$이면 경로계수는 $\alpha < 0.05$인 경우 통계적으로 유의하게 나타난다. 기본적으로 비표준화 추정치의 검증결과는 그대로 표준화 계수에도 적용된다.[1] 사례의 경우, 인식된 혜택에서 인식된 위험으로의 경로계수의 표준오차($s.e$)는 0.028로 나타났다. t 검정통계량은 $-0.21/0.028=-7.5$이며, 유의수준 $\alpha<0.05$인 경우 임계치인 1.96보다 큰 값이다. 따라서 인식된 혜택에서 인식된 위험으로의 경로계수는 통계적으로 유의하다.

한편 위에서도 설명한 것처럼 비표준화 계수의 경우 설명오차의 척도를 부여하기 위해 잔차 경로계수를 1로 고정하며, 따라서 오차항의 경로계수는 추정하려는 모수에서 제외된다. 〈그림 3-4〉의 비표준화 추정치들을 이용하면 분산-공분산 행렬을 재생할 수 있다.

(2) 표준화 추정치

회귀분석과 마찬가지로 비표준화 추정치는 척도를 그대로 반영한 값이기 때문에 비표준화 추정치들 간에 단순한 크기의 비교는 불가능하다. 따라서 모수 추정치들간의 효과의 상대적 크기를 비교하기 위해서는 표준화 추정치를 이용한다. 표준화 추정치는 모든 변수를 '평균은 0이고 표준편차가 1인 값' 으로 변환한 후 추정치를 계산한 것이다.

〈그림 3-5〉에서 인식된 혜택이 인식된 위험에 미치는 효과의 표준화 추정치는 -0.20이다. 이 값은 신뢰를 통제한 상황에서 인식된 혜택이 1 표준편차 증가할 때, 인식된 위험은 0.2 표준편차 감소함을 의미한다.

마찬가지로, 신뢰가 인식된 혜택에 미치는 효과는 비표준화 추정치가 0.36, 표준화 추정치가 0.34이다. 이는 신뢰가 한 단위 증가할 때 인식된 혜택은 0.36 단위 증가함을 의미한다. 표준화 추정치의 경우, 신뢰가 1 표준편차 증가할 때 인식된 혜택은 0.34 표준편차 증가함을 의미한다. 경로계수의 표준오차는 0.06이며, 따라서 t 검정통계량은 $0.36/0.06=6$이며 통계적으로 유의하다. 나머지 경로계수들에 대한 해석도 동일한 방법으로 진행된다.

---

1) Kline(2005)은 비표준화 추정치의 통계적 유의도를 표준화 추정치에 그대로 적용하는 것을 반대한다. 모수추정 과정에서 변수가 표준화될 때 표준오차가 부정확하게 산출될 수 있기 때문이다.

일반적으로 구조방정식모형 프로그램에서는 표준화 추정치에는 표준오차가 계산되지 않는다. 표준오차를 계산하기 위해서는 보통 부스트래핑(bootstrap-ping) 방법이 이용된다.

Q&A 모수 추정치가 얼마나 커야 의미가 있는가?

단순히 통계적으로 유의하다고 해서 해당 경로가 무조건 큰 효과를 지니고 있는 것은 아니다. 통계적 검증은 말 그대로 통계적인 검증일 뿐 실질적인 효과의 크기를 검증하는 것은 아니다. 일반적으로 통계기법들은 표본이 커질수록 표준오차가 적어지고 그 결과 계수들이 유의한 것으로 나타난다. 구조방정식모형의 경우 표본이 크다는(표본수>200) 점을 고려할 때 절대값이 작은 경로계수라도 유의하게 나타날 가능성이 크다. 일반적으로 '경로계수의 절대값<0.1' 이면 효과가 '작은' 수준이며, 03 정도면 '보통' 수준이며, >0.5이면 '큰' 수준으로 분류된다(Kline, 2005).

5. 분산, 공분산 및 설명오차의 해석

〈그림 3-4〉에서 외생변수인 신뢰의 분산은 1.09이며, 이를 표준화한 분산은 〈그림 3-5〉처럼 1이 된다. 신뢰는 외생측정변수로서 오차항이 없기 때문이 모형에서 추정된 분산이 실제 관찰된 분산과 동일한 값을 지닌다. 그러나 내생변수인 인식된 혜택, 인식된 위험, 수용성에는 각각 오차분산이 추정되어 있다. 이는 각 내생변수의 분산 중 설명되지 않는 분산을 나타낸다. 설명오차의 표준화 추정치는 설명되지 않는 내생변수의 분산의 비율을 나타낸다. 따라서 $1-R^2_{smc}$와 같다. $\sqrt{1-R^2_{smc}}$ 는 설명오차가 해당 내생변수에 미치는 직접효과에 대한 표준화 잔차 경로계수가 된다($r=\beta$이기 때문).

예를 들어 인식된 혜택의 설명오차에 대한 분산의 추정치는 1.08이며, 관측된 분산은 〈표 3-1〉의 공분산 행렬 상에서 1.22였다. 따라서 설명오차 분산/관측된 분산=1.08/1.22=0.88이다. 이 값은 〈그림 3-5〉의 표준화 추정치 모형에서 인식된 혜택의 설명오차 분산의 비율 0.88와 일치된다. 이는 인식된 혜택의 총 분산 중에서 신뢰에 의해서 설명되지 않는 인식된 혜택의 분산 비율이 88%임을 나타낸다. 따라서 신뢰에 의해 설명된 분산의 비율(=다중상관제곱: R^2_{smc})은 $1-0.88=0.12$로서 12%이다. 인식된 혜택의 표준화 잔차경로 계수는 $\sqrt{0.88}=0.938$이 된다. 비표준화 추정모형에서 설명오차의 척도를 부여하기 위해 잔차경로 계수를 1로 고정시키더라도 표준화된 잔차경로 계수의 값은 1이 아님을 알 수 있다.

마찬가지로 수용성의 오차분산은 1.20이며, 관측된 분산은 1.26이다. 따라서 관측된 수용성의 분산 중 설명오차의 분산은 $1.20/1.26=0.96$으로 표준화 추정치 모형에서 수용성의 설명오차의 비율과 일치한다. 따라서 수용성의 총분산 중에서 신뢰, 인식된 혜택, 인식된 위험에 의해 설명되는 분산의 비율을 $1-0.96=0.04$이다. 즉 단지 수용성 분산의 4%만이 3개의 변수들에 의해 설명되고 있다.

내생변수의 분산과 오차분산의 해석

1. 내생변수의 설명된 분산의 비율
   R^2_{SMC} = 1 − 내생변수 설명오차 분산의 비율
2. 내생변수 설명오차 분산의 표준화 추정치
   = 설명오차 분산의 비율 = 설명오차 비표준화 추정치(분산)/관측된 분산
3. 내생변수의 설명오차
   $1-R^2_{SMC}$ = 1 − 내생변수의 설명된 분산의 비율
4. $\sqrt{1-R^2_{SMC}}$는 설명오차가 내생변수에 미치는 효과에 대한 표준화 잔차경로 계수

6. 직접효과와 간접효과의 구분

변수들 간의 효과는 한 변수에서 해당 종속변수로 향하는 경로를 나타내는 직접효과와 다른 변수들을 매개하여 종속변수에 미치는 간접효과로 구분된다. 간접효과는 경로상의 추정치들을 모두 곱함으로써 계산된다. 그 이유는 간접효과는 앞선 경로의 일부분이 뒤 경로에 전달되는 조건부 효과를 나타내기 때문에 경로의 합이 아닌 경로의 곱으로 계산되는 것이다. 총효과는 직접효과와 간접효과의 합이다.

예를 들어 인식된 혜택이 수용성에 미치는 총효과의 비표준화 추정치는 인식

표 3-2 직접효과, 간접효과와 총효과

구 분	직접효과	간접효과	총효과
신뢰 → 인식된 혜택	γ_1	–	γ_1
신뢰 → 인식된 위험	γ_2	$\gamma_1\beta_2$	$\gamma_2+\gamma_1\beta_2$
신뢰 → 수용성	γ_3	$\gamma_1\beta_2\beta_3$, $\gamma_1\beta_1$, $\gamma_2\beta_3$	$\gamma_3+\gamma_1\beta_2\beta_3+\gamma_1\beta_1+\gamma_2\beta_3$
혜택 → 위험	β_2	–	β_2
혜택 → 수용성	β_1	$\beta_2\beta_3$	$\beta_1+\beta_2\beta_3$
인식된 위험 → 수용성	β_3	–	β_3

된 혜택에서 수용성으로의 직접효과 1개와 인식된 위험을 매개로 수용성에 미치는 간접효과 1개로 구성된다. 〈표 3-2〉는 〈그림 3-3〉을 토대로 직접효과, 간접효과 및 총효과를 계산한 것이다.

이번에는, 〈그림 3-5〉 표준화 추정치를 토대로 인식된 혜택이 수용성에 미치는 효과를 직접효과와 간접효과로 나누어 계산하면 〈표 3-3〉과 같다.

따라서 인식된 혜택이 수용성에 미치는 총효과의 비표준화 추정치는 약 -0.01이다. 이 값은 인식된 혜택이 1단위 증가할 때, 변수들 사이에 가정된 모든 인과경

표 3-3 인식된 혜택이 수용성에 미치는 효과

구 분	직접효과	간접효과	총효과
인식된 혜택 → 수용성	β_1 $= -0.04$	$\beta_2\beta_3$ $= -0.20\times -0.14$ $= 0.028$	$\beta_1+\beta_2\beta_3$ $= -0.04 + 0.028$ $= -0.012$

표 3-4 신뢰가 수용성에 미치는 효과

구 분	직접효과	간접효과
신뢰 → 수용성	$\gamma_3 = 0.15$	–
신뢰→인식된 혜택→수용성	–	$\gamma_1\beta_1$, $= 0.34\times -0.04 = -0.014$
신뢰→인식된 위험→수용성	–	$\gamma_2\beta_3$ $= -0.11\times -0.14 = 0.015$
신뢰→인식된 혜택→인식된 위험→수용성	–	$\gamma_1\beta_2\beta_3$ $= 0.34\times -0.20\times -0.14 = 0.009$
총효과	$\gamma_3+\gamma_1\beta_2\beta_3+\gamma_1\beta_1+\gamma_2\beta_3$ $= 0.15 - 0.014 + 0.015 + 0.009 = 0.16$	

로를 통하여 수용성은 0.01단위씩 감소함을 의미한다. 마찬가지로 신뢰가 수용성에 미치는 총효과의 표준화 추정치도 1개의 직접효과와 3개의 간접효과로 구분된다(〈표 3-4〉).

따라서 총효과의 표준화 추정치는 0.16이며, 이는 신뢰가 1 표준편차 증가할 때, 변수들 사이에 가정된 모든 직 · 간접 인과경로를 통하여 수용성은 0.16 표준편차씩 증가함을 의미한다. 이러한 신뢰와 수용성간의 총효과는 상관관계 분석의 두 변수간 상관계수(correlation coefficient)의 크기 $r = 0.16$과도 일치한다.

사례에서는 총효과가 상관계수와 일치하지만, 그렇지 않은 경우도 많다. 상관관계는 직접효과, 간접효과, 허위효과(spurious effects), 분석되지 않은 효과(unanalyzed effect)를 모두 포함하는 개념이다. 사례에서는 허위효과나 분석되지 않은 효과가 없기 때문에 총효과(=간접효과+직접효과의 합)가 상관계수와 일치한다. 그러나 〈그림 3-6〉의 경우를 살펴보자.

그림 3-6 총효과와 상관관계의 계산

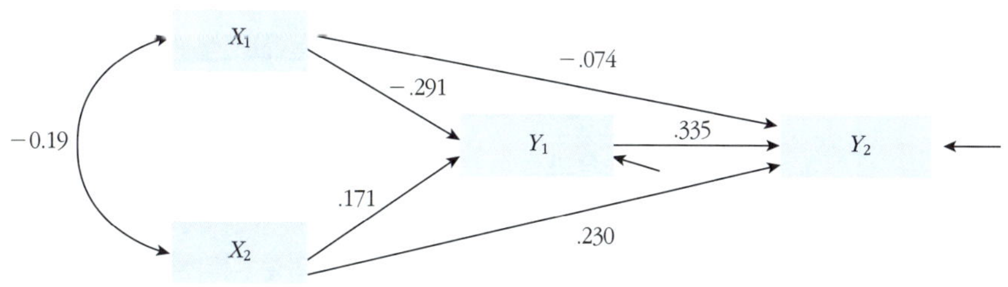

위 그림에서 모든 변수들 간의 총효과를 계산해보면 다음과 같다.

표 3-5 총효과의 계산

	X_1	X_2	Y_1
Y_1	.291	.171	–
Y_2	−.074 + (.291 × .336) = 0.02	.230 + (.171 + .336) = 0.74	.335

상관관계의 분해

1. 직접효과
   - 두 변수 간 하나의 화살표로만 연결되는 관계로서 경로계수
2. 간접효과
   - 두 변수 간에 매개변수가 개입된 경우로서 내생변수에서부터 거꾸로 화살표를 거슬러 올라 매개변수를 지나 외생변수에 이르는 경로를 간접효과라고 함
   - 간접효과는 하나 이상 존재하며, 매개변수를 지나는 각 경로가 하나의 간접효과를 구성함
   - 각 간접효과는 해당 경로상의 모든 경로계수의 곱으로 계산됨
   - 보통 총효과는 직접효과와 간접효과의 합을 의미하며, 허위효과나 분석되지 않은 효과는 제외
3. 허위효과(공통원인에 의한)
   - 내생변수(Y)로부터 시작하여 Y와 X에 직접적, 간접적 효과를 미치는 제3의 변수를 허위변수라고 함
   - X와 Y 간에 실제로는 상관관계가 없음에도 불구하고, 공통원인 Z로 인해 두 변수 간에 상관관계가 존재하는 경우
4. 분석되지 않는 효과
   - 외생변수 간의 상관관계(공분산)는 분석되지 않는 관계이며, 이러한 외생변수간 상관관계로 인해 발생되는 효과를 나타냄
   - 다중회귀분석에서 독립변수들 간의 상관관계는 분석에 포함되지 않는 경우와 마찬가지

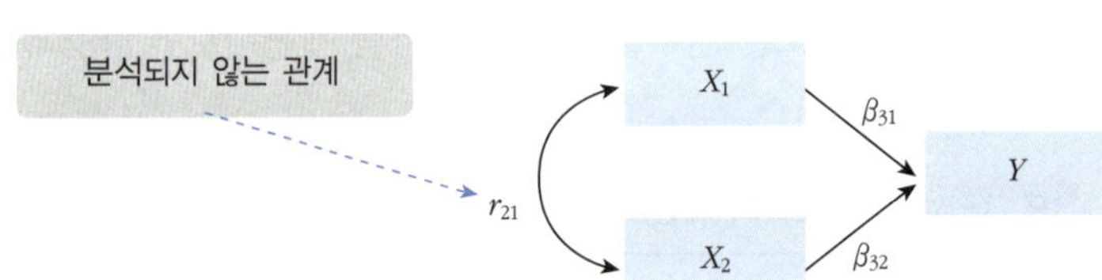

   - 분석되지 않는 효과는 총효과 계산에서 제외됨

이제, Y_1과 Y_2의 총효과와 상관관계를 계산해보자. 두 변수간의 모든 관계를 분해해보면 다음과 같다.

- Y_1의 Y_2에 대한 직접효과 = 0.335
- 공통원인 X_1에 의한 허위효과 = −0.291 × −0.074 = 0.021534
- 공통원인 X_2에 의한 허위효과 = 0.171 × 0.230 = 0.03933.
- 공통원인 X_1과 X_2 간의 상관관계로 인한 분석되지 않은 효과
  = −0.291 × −0.019 × 0.230 = 0.00127167
- 공통원인 X_2와 X_1 간의 상관관계로 인한 분석되지 않은 효과
  = 0.171 × −0.019 × −0.074 = 0.00074727
- Y_1의 Y_2의 상관관계
  = 0.335 + 0.021534 + 0.03933 + 0.00127167 + 0.00074727 = 0.039788294

Y_1과 Y_2간에는 직접효과(0.335)만 존재한다. 따라서 총효과는 직접효과인 0.335이다. 반면 Y_1과 Y_2의 상관관계는 허위효과와 분석되지 않은 효과를 모두 포함한 0.398이며, 총효과 0.335와 일치되지 않는다.

이번에는 X_1과 Y_2의 상관관계를 계산해보자. 두 변수간의 모든 관계를 분해해 보면 다음과 같다.

- X_1의 Y_2에 대한 직접효과 = −0.074
- Y_2을 통한 간접효과 = −0.291 × 0.335 = −0.097485
- X_2로 인한 분석되지 않은 효과 = −0.019 × 0.230 = −0.00437
- X_2와 Y_1으로 인한 분석되지 않은 효과 = −0.019 × 0.171 × 0.335
  = −0.001088415
- X_1과 Y_2의 상관관계
  = −0.074 + −0.097485 + −0.00437 + −0.001088415 = −0.176943415

Y_1과 Y_2의 관계와는 달리 X_1과 Y_2의 관계에서는 간접효과가 존재하지만, 허위효과는 존재하지 않는다. 이는 X_1과 Y_2의 관계에 영향을 미치는 제3의 변수가 존재하지 않기 때문이다.

LISREL에서는 직접효과와 마찬가지로 총효과와 간접효과에 대한 표준오차(*s.e*)가 계산되므로 유의도 검증이 가능하다[2] 예컨대 〈표 3-3〉에서 인식된 혜택이 수

2) 간접효과의 통계적 검증방법에 대해서는 Kline(2005)을 참고할 것

용성에 미치는 총효과(비표준화 추정치) −0.01의 표준오차는 0.06이다. 따라서 t 검정통계량은 −0.01/0.06 = −0.17로 유의하지 않다. 한편 두 변수간의 간접효과가 통계적으로 유의한 반면 직접효과는 유의하지 않다면, 이는 분명한 매개효과가 존재함을 의미한다.

억제효과(suppression effect)

- 제 3의 변수가 두 변수 간의 상관관계에 크게 영향을 미쳐 경로계수가 매우 다른 값 또는 반대 부호로 나타나도록 만드는 경우
- 아래 그림에서 X_1이 X_2와 Y_1간의 관계에서 억제효과를 발생시키는 억제변수로 작용

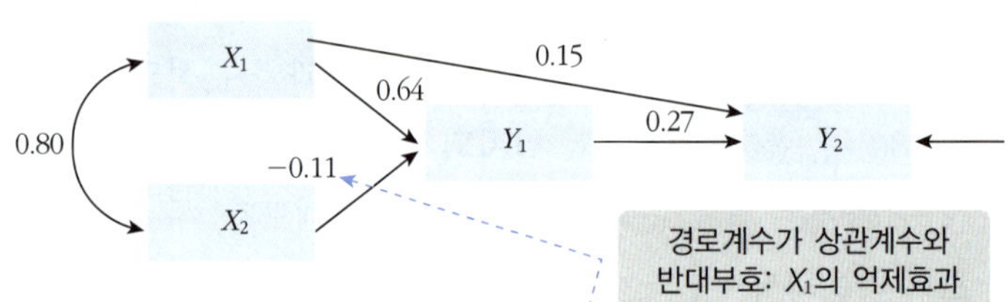

번호	X_1	X_2	Y_1	Y_2
X_1	1.0			
X_2	0.6	1.0		
Y_1	0.4	0.5	1.0	
Y_2	0.3	0.5	0.4	1.0

총효과와 상관관계의 관계

1. 외생변수 간 상관관계가 존재하는 경우: X_1, X_2가 외생변수이며 Y의 원인인 경우, X_1과 Y의 상관관계는?

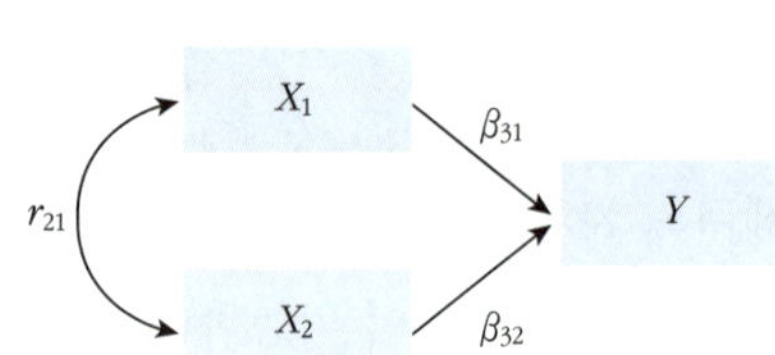

- β_{31}: X_1에서 Y으로의 직접효과를 일부분으로 포함
- $\beta_{31} \times r_{21}$: X_2 역시 Y에 영향을 미치기 때문에 X_1과 X_2 간의 상관관계가 일부분으로 포함됨
- 그러나 X_1과 X_2는 외생변수이므로 이들 간의 관계는 분석되지 않는 관계이며, 따라서 X_1과 X_2의 상관관계는 분석되지 않음
- 따라서 X_1과 Y의 총효과는 직접효과만 포함되며, 그 결과 X_1이 Y에 미치는 총효과는 상관관계 r_{31}과 일치하지 않음($\beta_{31} \neq \gamma_{31}$)

2. 외생변수가 독립적인 경우: X_1과 X_2가 독립적인 경우, X_1과 Y의 상관관계는?

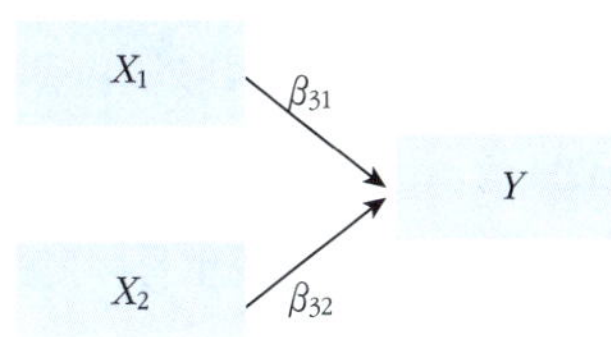

- β_{31}: X_1에서 Y으로의 직접효과만 존재함
- 따라서 직접효과를 나타내는 경로계수(β_{31})가 X_1과 Y의 상관관계와 일치

$$\beta_{31} = r_{31}$$

3. 외생변수가 하나인 경우: X_1만이 외생변수이며 X_2와 Y의 동시 원인인 경우, X_1과 Y의 상관관계는?

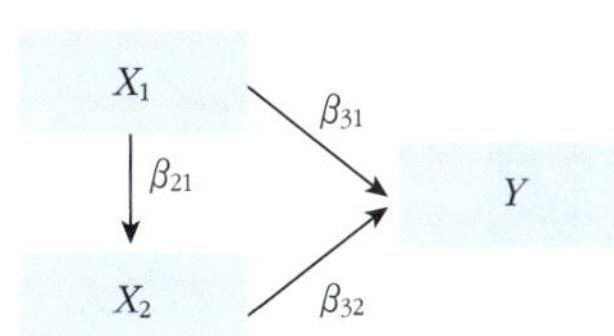

- β_{31}: X_1에서 Y으로의 직접효과를 일부분으로 포함
- $\beta_{21} \times \beta_{32}$: X_1은 X_2를 매개로 Y에 영향을 미치기 때문에 X_1이 X_2를 매개로 Y에 미치는 간접효과를 포함
- 따라서 X_1과 Y의 총효과는 직접효과와 간접효과를 모두 포함되며, 그 결과 X_1과 Y의 총효과는 r_{31}과 일치함

$$(\beta_{21} \times \beta_{32}) + \beta_{31} = r_{31}$$

7. 관측된 공분산 행렬과 재생된 공분산 행렬

구조방정식모형에서 모수 추정과정의 핵심은 모집단의 공분산행렬(Σ)과 모형에 의해 재현된 공분산 행렬($\hat{\Sigma}$)이 가능한 근접하도록 만드는 것이다. 다만 연구자가 모집단의 공분산행렬을 알 수 없기 때문에 표본으로부터 얻어진 표본 공분산 행렬(S)을 모집단 공분산행렬의 추정치로 활용한다. 따라서 구조방정식모형에서는 반복적인 추정을 통해 표본의 공분산행렬에 근접하는 모수의 해를 찾게 된다.

그 결과 모수 추정치들을 이용하여 모집단내 변수들 간의 공분산을 재생했을 때 얼마나 유사하게 재생되는가가 공분산 행렬의 적합도를 평가하는 기준이 된다. 재귀경로모형의 경우 수작업을 통해 공분산 행렬을 재생할 수 있다. 특히 위 사례와 같은 가능한 모든 경로들이 모수로 추정되는 포화모형의 경우 재생된 공분산 행렬과 표본 공분산 행렬은 정확히 일치한다. 즉, 변수들간의 경로들이 누락된 것이 없기 때문에 총효과의 표준화 추정치는 상관계수와 일치하게 된다. 물론 포화모형인 경우 재생된 상관행렬을 공분산 행렬로 변환하면 재생된 공분산행렬은 관측된 공분산행렬과 일치된다.

예컨대 〈그림 3-4〉의 비표준화 추정모형에서 신뢰와 인식된 위험의 관계는 직접효과와 간접효과로 구분된다. 제2장에서 설명한 공분산 계산 법칙에 따라 인식된 위험의 분산을 계산하면 다음과 같다. 우선 〈그림 3-3〉을 토대로 인식된 위험의 구조방정식을 계산해보자.

$$Y_2 = \gamma_2 X_1 + \beta_2 Y_1 + \zeta_2$$

공분산 계산 네 번째 원칙에 따라 Y_2의 분산은 자신과의 공분산으로 나타낼 수 있다.

$$Var(Y_2) = Cov(Y_2,\ Y_2)$$

이제 Y_2를 구조방정식으로 대체하여 분산을 계산하면 된다.

$$= Cov(\gamma_2 X_1 + \beta_2 Y_1 + \zeta_2,\ \gamma_2 X_1 + \beta_2 Y_1 + \zeta_2)$$
$$= Cov(\gamma_2 X_1,\ \gamma_2 X_1) + Cov(\gamma_2 X_1,\ \beta_2 Y_1) + Cov(\gamma_2 X_1,\ \zeta_2) + Cov(\beta_2 Y_1,\ \gamma_2 X_1)$$

$$+ Cov(\beta_2 Y_1, \beta_2 Y_1) + Cov(\beta_2 Y_1, \zeta_2) + Cov(\zeta_2, \gamma_2 X_1) + Cov(\zeta_2, \beta_2 Y_1)$$
$$+ Cov(\zeta_2, \zeta_2)$$
$$= Cov(\gamma_2 X_1, \gamma_2 X_1) + Cov(\gamma_2 X_1, \beta_2 Y_1) + Cov(\beta_2 Y_1, \gamma_2 X_1) + Cov(\beta_2 Y_1, \beta_2 Y_1)$$
$$+ Cov(\zeta_2, \zeta_2)$$
$$= \gamma_2^2 Var(X_1) + \gamma_2\beta_2 Cov(X_1, X_1) + \beta_2\gamma_2 Cov(Y_1, X_1) + \beta_2^2 Var(Y_1) + Var(\zeta_2)$$
$$= (-0.12^2 \times 1.09) + (-0.12 \times -0.21 \times 0.39) + (-0.21 \times -0.12 \times 0.39) + (-0.21^2 \times 1.22) + 1.26$$
$$= 1.35$$

다소 복잡한 계산을 통해 얻어지기는 했지만, 위험(Y_2)의 분산은 1.35로 나타났다. 이 값은 〈표 3-1〉의 표본 분산 1.35와 일치된다. 사례의 경로모형은 완전식별 모형이기 때문에 모든 변수들간의 분산-공분산 행렬의 완벽한 재생이 가능하다. 그러나 만일 〈그림 3-3〉의 경로모형에서 경로 하나를 삭제한다면 과다식별 모형으로 자유도(df) = 1이 되고 그 결과 분산-공분산 행렬의 완벽한 재생은 이루어지지 않는다.

과다식별(적정식별)의 경우 재생된 공분산 행렬은 관측된 공분산 행렬과 차이가 나기 마련이다. 이때 두 행렬상의 동일한 요소들 간의 차이를 잔차(residuals)라 부른다. 즉 측정된 공분산과 모형에 의해 예측된 공분산 간의 차이를 말한다. 회귀분석에서 종속변수의 관측치와 회귀모형에 의한 예측치의 차이와 비슷하다. 앞에서 설명한 것처럼 잔차 행렬의 크기를 이용하여 구조방정식모형의 적합도에 대한 평가가 이루어진다. 잔차들이 작을수록 모형의 적합도는 높게 나타난다. 그러나 얼마나 잔차들이 작아야 모형의 적합도가 높은가를 판단하는 것은 쉽지 않다. 이러한 이유로 인해 적합도를 판단하는 다양한 통계치들이 제시되었다.

표 3-6 재생된 공분산행렬

	혜택	수용성	위험	신뢰
혜택	1.22			
수용성	0.05	1.26		
위험	−0.31	−0.21	1.35	
신뢰	0.39	0.17	−0.22	1.09
평균	**3.91**	**2.90**	**2.97**	**3.13**

Q&A 측정변수들이 여러 개인 경우 어떻게 경로분석을 하는가?

잠재변수를 측정하기 위해 여러 개의 측정변수들을 이용하는 경우가 대부분이다. 예를 들어 만족도가 몰입도에 어떤 영향을 미치는가를 분석한다면 만족도를 측정하기 위해 여러 개의 설문문항들이 측정지표로 이용되고 몰입도를 측정하기 위해 또 다른 여러 개의 설문문항들이 측정지표로 이용된다. 그렇다면 만족도가 몰입도에 미치는 영향을 경로분석하기 위해 어떻게 해야 하는가?

몇 가지 방법이 가능하다. 우선 각 잠재변수를 가장 잘 나타낸다고 생각되는 측정변수를 골라서 이들 간의 경로분석을 하는 것이다. 또 다른 방법은 각 잠재변수 측정문항들의 평균이나 합계를 이용하는 방법이다. 전자의 경우 어떤 문항이 가장 타당도가 높은 문항인가를 찾아내는 것이 쉽지 않다. 후자의 경우는 특정 문항에 대한 응답치가 지나치게 높거나 낮은 극단치를 보이는 경우 분석결과가 왜곡되기 쉽다.

그 밖의 방법으로는 요인분석을 실시하고 각 요인점수를 측정변수처럼 이용하는 방법이다. 그러나 이 방법은 구조방정식모형의 시각에서 전혀 바람직하지 않다. 구조방정식모형이 측정모형과 구조모형을 동시에 분석에 포함하고 있는 상황에서 요인점수를 계산해서 경로분석을 하기 보다는 잠재변수 경로분석을 실시하는 것이 바람직하다.

연 · 습 · 문 · 제

01. 전통적인 경로분석은 구조방정식모형의 경로분석과 어떻게 다른가?

02. 다음은 Riggs & Knigh(1994)의 경로모형이다. 모수 추정치들은 표준화 추정치들이다. 〈표 1〉은 표본에 대한 기술통계분석 결과이고, 〈표 2〉는 상관관계 분석 결과이다.

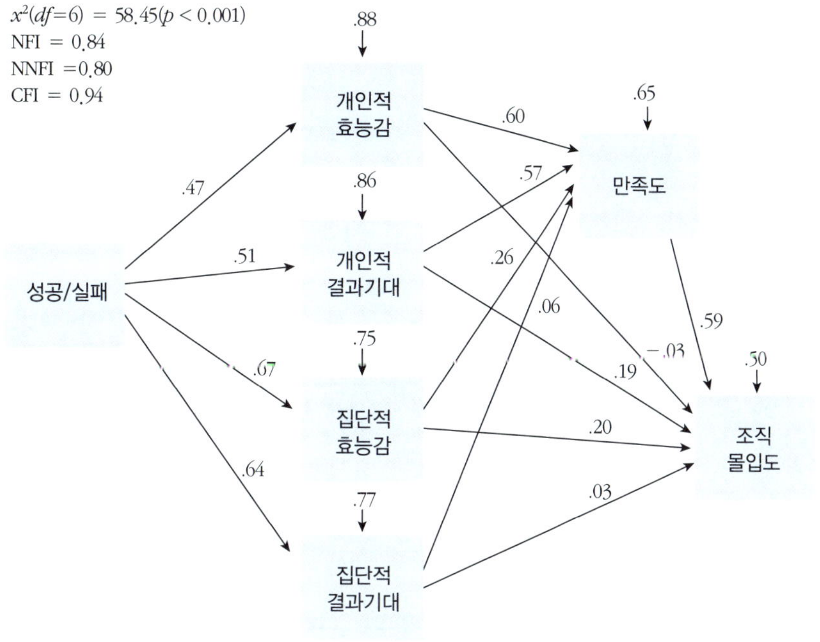

표 1 각 문항별 기술통계결과

문 항	평 균	표준편차	크론바흐 α
집단의 성공–실패	44.50	6.06	0.81
개인적 효능감	49.16	6.25	0.80
개인적 결과기대	31.77	7.23	0.82
집단적 효능감	32.98	6.13	0.84
집단적 결과기대	31.40	3.47	0.71
만족도	77.89	11.08	0.89
조직몰입도	76.57	15.13	0.87

표 2 상관관계

문항	1	2	3	4	5	6	7
1. 집단 성공/실패							
r	–	.33	.43	.54	.48	.46.	.63
n	300						
2. 개인적 효능감							
r	.38	–	.11	.10	.33	.22	.17
n	218	297					
3. 개인적 결과기대							
r	.41	.12	–	.30	.32	.60	.60
n	224	281	302				
4. 집단적 효능감							
r	.55	.18	.32	–	.41	.43	.49
n	230	281	286	306			
5. 집단적 결과기대							
r	*.49*	.32	.32	.41	–	.36	.37
n	*230*	287	292	301	312		
6. 만족도							
r	.54	.19	.60	.45	.36	–	.76
n	221	211	212	226	225	298	
7. 조직몰입도							
r	.61	.16	.58	.50	.37	.74	–
n	229	219	222	231	233	288	314
SD_{PW}	6.06	6.25	7.34	6.13	3.47	11.08	15.13
SD_{LW}	5.20	6.17	7.38	5.97	3.51	11.22	15.23

* 단, 전체 상관관계 값은 $P < 0.05$ 수준에서 유의미함(r = 상관계수, n = 사례 수)
* 출처: Riggs, M. L., & Knight, P. A. (1994). The impact of perceived group success-failure on motivational beliefs and attitudes: A causal model. *Journal of Applied Psychology*, 79(5), pp. 755–766.

1) 각 변수들 간의 인과관계를 구조방정식체계로 나타내라.
2) 개인적 효능감이 만족도에 미치는 효과를 나타내는 .06을 해석하라.
3) 조직몰입도의 오차가 .50으로 제시되어 있다. 이 값을 해석하라.
4) 개인적 효능감의 분산을 계산하라. 단 항목삭제 방법으로 계산된 상관관계를 적용하라.
5) 개인적 효능감과 만족의 공분산을 계산하라. 단 항목삭제 방법으로 계산된 상관관계를 적용하라.
6) 각 잠재변수의 *Cronbach α* 값들을 해석하라.

7) 개인적 효능감이 조직몰입도에 미치는 효과를 직접효과와 간접효과로 구분하여 설명하고, 총효과를 계산하라.
8) 조직몰입도의 오차항은 .50이다. 이 값은 무엇을 의미하는가?
9) 만족도의 오차항은 .65이다. 오차항의 경로계수는 얼마인가?
10) 경로모형의 전반적인 적합도를 평가하라.

제 4 장

확증적 요인분석

주요개념들

- 잠재변수 척도 설정
- 요인적재치
- 확증적 요인분석, 탐색적 요인분석
- 준거변수
- 요인 상관관계
- 비표준화 추정치, 표준화 추정치

구조방정식모형은 통일된 개념이기보다는 회귀분석, 경로분석, 확증적 요인분석, 잠재변수경로분석 등 다양한 분석모형들을 포괄하는 개념이다. 이번 장에서는 구조방정식모형의 하위 유형으로서 확증적 요인분석의 개념과 원리를 살펴보고자 한다. 확증적 요인분석은 잠재변수와 잠재변수를 측정하기 위해 이용된 측정변수들 간의 관계를 분석하는 데 초점을 맞춘다.

따라서 전 장의 경로분석과는 달리 잠재변수가 포함된 측정모형을 다루는 점이 특징이다. 이번 장의 확증적 요인분석에서는 요인적재치와 측정오차를 해석하고, 외생변수인 측정오차와 잠재변수에 대한 척도 설정을 이해하는 것이 중요하다. 또한 확증적 요인분석과 탐색적 요인분석 간의 차이점을 이해할 필요가 있다.

I 확증적 요인분석 모형의 이해

1. 개 념

확증적 요인분석은 이론적 변수인 잠재변수들과 이 변수들의 측정도구로서의 측정변수들 간의 관계의 패턴을 분석하는 데 목적이 있다. 따라서 확증적 요인분

그림 4-1 확증적 요인분석모형의 예시

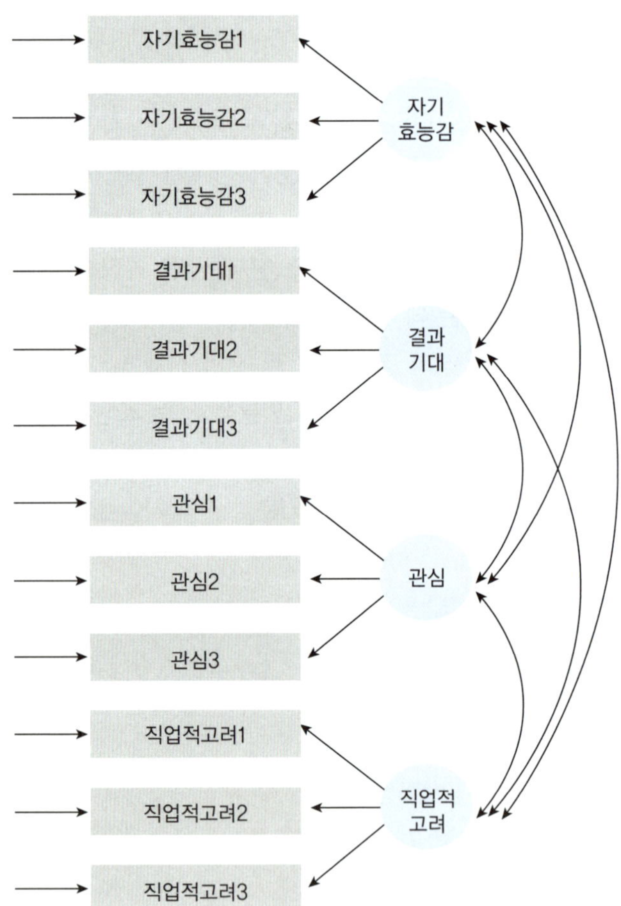

* 출처: Weston, R., & Gore, P. A. (2006). A brief guide to structural equation modeling. The Counseling Psychology, 34(5), 719-751.

석은 이론에 근거해 제시된 측정모형을 평가하는 것이 핵심이다. 확증적 요인분석을 통해 측정변수들과 잠재변수간의 특정한 관계구조에 대한 검증이 이루어진다.

확증적 요인분석모형을 이해하기 위해 〈그림 4-1〉처럼 4개의 잠재변수 요인과 각 요인이 3개의 측정지표들에 의해 간접적으로 측정되는 경우를 살펴보자. 구조방정식모형의 일반 규칙에 따라 잠재변수인 자기효능감, 결과기대, 관심, 직업적 고려는 원으로 표시되고 12개의 관측변수들은 사각형으로 표시된다.

측정변수 각각은 표본으로부터 얻어진 해당 항목의 측정치를 나타낸다. 각 잠재변수로부터 관찰변수로 향하는 경로는 잠재변수에 대한 관찰변수의 요인적재치를 나타낸다. 관찰변수 각각에는 오차항이 추가되어 있다. 오차항은 관찰변수의 분산 중에서 자신을 설명하고 있는 요인에 의해 설명되지 않는 측정오차를 나타낸다. 즉 모형에 포함되어 있는 인과관계로는 설명될 수 없는 측정변수의 고유한 변량을 의미한다. 설명되지 않은 분산은 각 측정지표의 분산 중에 나머지 다른 지표들과 공유되지 않는 고유분산이기도 하다. 잠재변수들 간에는 양방향 화살표가 모두 4개 그려져 있는데, 이는 잠재변수들간의 공분산(상관관계)을 나타낸다.

2. 확증적 요인분석의 목적

확증요인분석은 크게 두 가지 목적을 지닌다. 첫째, 모형의 모수들 즉 요인적재치, 요인의 분산과 공분산, 관찰변수의 오차분산 등을 추정하는 것이다. 둘째, 모형의 적합도, 즉 모형이 그 자체로 데이터에 적합한가를 평가하는 것이다. 특히 측정모형에 대한 평가를 통해 관찰변수들의 신뢰도와 타당도를 평가할 수 있다.

〈그림 4-1〉에서 보듯이 각 요인에서 관찰변수로 가는 화살표가 없는 경우는 해당되는 요인적재치가 0으로 고정되어 있음을 의미한다. 예컨대 자기 효능감에서 결과기대1 지표를 연결하는 화살표가 존재하지 않는데, 이는 결과기대1에 대한 자기효능감의 요인적재치가 0임을 의미한다. 즉, 각 관찰변수가 오직 하나의 요인에만 적재되고 있다. 이처럼 확증적 요인분석은 이론적 또는 가설적 구조를 그대로 설정하고, 그 구조가 적절한가를 검증한다.

3. 확증적 요인분석의 가정

확증요인분석을 위해서는 일정한 가정들이 충족되어야 한다. 구조방정식모형을 위해 오차항들 간에는 상관관계가 존재하지 않으며, 오차항과 잠재변수 간에도 상관관계가 존재하지 않는다고 가정한다. 또한 잠재변수들 간에는 상관관계가 존재하며, 관찰변수들은 정규분포를 이루고 있어야 한다. 또한 잠재변수와 측정오차의 평균은 0이다. 이처럼 회귀분석과 마찬가지로, 오차항의 정규성, 오차의 평균이 0, 오차항과 독립변수들 간에 상관관계가 존재하지 않아야 한다는 가정이 구조방정식모형에도 유사하게 적용된다.

II 확증적 요인분석과 탐색적 요인분석의 비교

1. 개념적 차이

전통적인 요인분석의 목적은 1) 측정변수들 간 상관관계 유형을 파악하여 변수들의 수를 줄이고, 2) 측정변수들 간의 관계의 구조를 찾아내는 것이다. 즉, 요인분석은 관찰된 많은 변수들이 요인 또는 잠재변수(latent variable)라 불리는 더 적은 수의 변수들에 의해 가장 잘 설명될 수 있는 구조를 찾는 과정이다.

요인분석은 크게 탐색적 요인분석과 확증적 요인분석으로 구분된다. 두 분석기법 모두 관찰되지 않는 잠재변수들이 지표라 불리는 관찰변수들에 의해 측정되는 양태를 분석하는 데 초점을 맞추고 있다.

확증적 요인분석은 이론이나 경험에 기초하여 사전에 알려진 잠재변수와 측정

표 4-1 확증적 요인분석과 탐색적 요인분석의 비교

구 분	탐색적 요인분석	확증적 요인분석
요인과 측정변수들간 관계에 대한 이론적 근거	이론적 근거가 약함: 요인구조에 대한 탐색	분명한 이론적 근거: 요인구조에 대한 가설의 검증
요인과 측정변수의 대응 관계	각 측정변수가 공통요인들에 모두 적재됨: 사전에 대응관계를 결정하지 않음	각 측정변수가 한 요인에만 적재됨: 사전에 정해진 대응관계만을 분석
요인구조	새로운 요인구조의 발견	특정한 요인구조의 확증

변수들 간의 관계를 분석한다. 따라서 한 잠재변수와 모든 측정변수들 간의 관계를 분석 대상으로 하지 않는다. 반면에 탐색적 요인분석은 잠재변수와 측정변수들 간의 관계를 미리 알지 못하는 경우이다. 따라서 요인적재량을 계산하여 측정변수들이 잠재변수에 어떻게 관계되는가를 모두 분석한 후 변수들 간의 공변량에 내재하는 최소한의 요인들을 확인하는 데 목적을 둔다. 측정변수가 의도한 요인을 제대로 측정하고 있는지를 사전에 알고 있지 못하기 때문에 탐색적인 접근법을 취하게 된다.

2. 구체적인 차이점

두 요인분석 방법 간에 가장 큰 차이점은 무엇보다 이론에 기초하여 잠재변수(요인)와 그 지표들에 대한 가설이 도출된 것인가 하는 점이다. 탐색적 요인분석에서는 얼마나 많은 요인들이 주어진 관찰변수들 간의 관계를 적절히 설명하는 데 필요한가를 결정한다. 따라서 어떤 측정변수가 어떤 요인에 적재되는가를 연구자가 통제할 수 없다. 반면 확증적 요인분석에서는 기존에 존재하는 측정지표들 간의 관계의 구조를 검증하거나 확인하는 데 목적을 둔다. 따라서 탐색적 요인분석과는 달리 확증적 요인분석은 새로운 요인구조를 발견하는 데는 관심이 없고, 이미 가정된 요인구조의 구체적인 내용을 확증하고 점검하는 데 관심이 있다. 그 결과 각 측정변수는 단지 한 요인에만 적재된다[1]. 반면 탐색적 요인분석에서는 각 측정변수들은 모든 잠재변수에 적재된다. 다만 적재되는 정도가 다를 뿐이다.

확증적 요인분석은 지표들에 대한 해석과 요인수가 사전에 주어진 상황에서 요인구조에 관한 가설을 검증하도록 고안된 방법론이다. 특정한 요인구조를 확증하기 위해서는 연구에 앞서 요인구조에 관한 구체적인 내용이 반드시 설정되어 있어야 한다. 따라서 확증적 요인분석에서는 1) 이론이 먼저 있고, 2) 이론으로부터 모형이 도출되고, 3) 관찰된 데이터를 가지고 그 모형을 검증한다. 확증적 요인분석과 탐색적 요인분석의 차이를 그림으로 나타내면 다음과 같다.

〈표 4-2〉는 탐색적 요인분석과 확증적 요인분석의 관계를 요인적재치의 관점에서 표현한 것이다. 탐색적 요인분석에서는 표본 데이터에 기초해서 측정변수들이 모든 요인에 어떻게 적재되는가를 살펴보고, 연구자는 요인구조에 대한 결정

1) 물론 한 측정변수가 하나 이상의 잠재변수의 지표가 될 수도 있다. Anderson & Gerbing(1988)은 측정변수가 하나의 요인만을 측정하는 경우를 일차원 측정으로, 측정변수가 2개 이상의 요인들에 동시에 적재되도록 가정하는 경우를 다차원 측정으로 구분한다.

을 내린다. 반면 확증적 요인분석에서는 이론적 근거에 기초해 사전에 요인과 잠재변수의 관계를 결정하므로 각 측정변수가 하나의 요인에만 적재된다.

그림 4-2 확증적 요인분석과 탐색적 요인분석

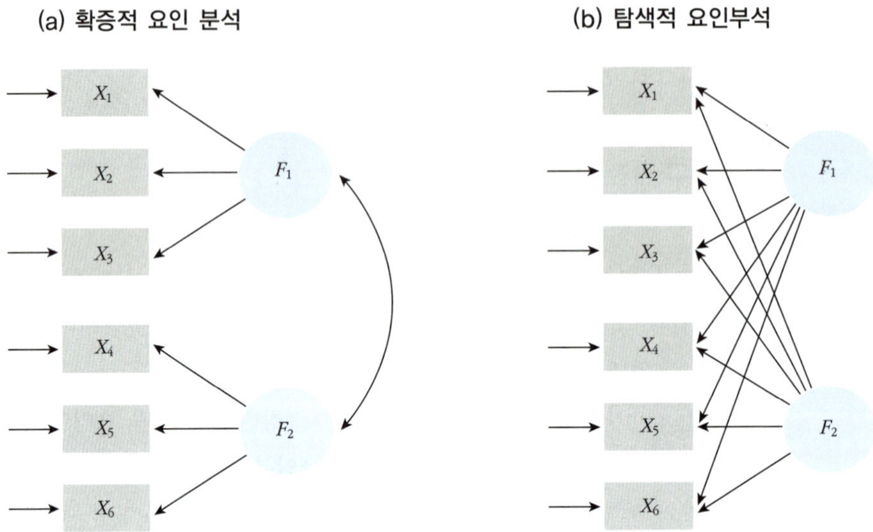

표 4-2 탐색적 요인분석과 확증적 요인분석의 비교

변수	탐색적 요인분석		확증적 요인분석	
	요인에 대한 적재치		잠재변수에 대한 적재치	
	요인 1	요인 2	잠재변수 1	잠재변수 2
X_1	L_{11}	L_{12}	L_1	
X_2	L_{21}	L_{22}	L_2	
X_3	L_{31}	L_{32}	L_3	
X_4	L_{41}	L_{42}		L_4
X_5	L_{51}	L_{52}		L_5
X_6	L_{61}	L_{62}		L_6

III 구조방정식의 작성

1. 잠재변수의 척도 설정

(1) 요인의 척도 설정

잠재변수인 요인의 분산과 공분산을 분석하기 위해서는 요인에 대해서 해석 가능한 척도를 부여해야 한다. 요인적재치는 잠재변수의 분산의 함수이며, 잠재변수의 분산은 적재치의 함수이므로 이 둘의 고유한 값을 동시에 추정하는 것은 불가능하기 때문이다. 앞에서도 설명한 것처럼 요인에 척도를 부여하는 방법은 두 가지가 있다.

첫 번째 방법은 요인이 측정변수에 미치는 효과 중 하나의 적재치를 1로 고정하는 것이다. 여기서 적재치가 1로 고정되는 측정변수를 참조변수(reference variable)라 부른다. 그 결과 각 요인은 참조변수의 설명된 분산이 지닌 척도를 그 내로 시니게 된다. 〈그림 4-1〉에서 '자기효능감' 요인에서 '자기효능감1' 으로 향하는 경로를 1로 고정하면, 자기효능감1이 참조변수가 되고, 이 변수의 공통분산에 따라 '자기효능감' 에 척도가 부여된다. 참조변수의 설정은 연구자의 선택에 달려있지만, 가장 신뢰도가 높은 측정변수를 참조변수로 설정하는 것이 바람직하다.

두 번째 방법은 요인 자신의 분산을 1로 고정하는 방법이다. 요인의 분산을 1로 고정함으로써 요인을 표준화시키는 것이다. 즉 요인의 분산을 고정하기 위해 요인의 척도를 표준점수(z-score)로 변환하는 것이다. 이 경우 각 요인의 분산을 고정한 상태에서 요인적재치들이 추정된다. 따라서 참조변수가 없기 때문에 모든 요인적재치들이 자유모수로서 추정된다. LISREL은 요인의 분산을 고정하는 것을 기본값으로 하고 있다.

요인을 표준화하기 위해 요인의 분산을 1로 고정하면 모형이 단순해진다는 장점이 있으나, 외생잠재변수들에 대해서만 적용가능한 단점이 있다. 내생잠재변수들의 경우 분산은 모수가 아니며, 자신들에게 영향을 미치는 외생 또는 내생변수들의 효과에 의해 결정되기 때문에 분산을 고정할 수 없다. 이러한 두 가지 요인 척도 설정 방법 중 어떤 것을 택하더라도 동일한 데이터에 대해 동일한 모형 적합도를 산출하게 된다.[2]

---

2) 다만 제약 상호작용(constraint interaction)이 존재하는 경우에는 요인 척도화 방법에 따라 전체 모형 적합도가 달라질 수 있다(Kline, 2005).

(2) 측정오차의 척도 설정

잠재변수 이외에 각 측정변수로 향하는 화살표가 존재하는데 이것은 측정오차를 나타낸다. 각 요인이 잠재변수들을 완전하게 설명하는 것은 불가능하며, 따라서 각 측정변수에 대해 관찰되지 않은 오차 요인을 설정하는 것이다. 측정오차의 척도를 설정하기 위해서는 측정오차에서 측정변수로 향하는 효과를 나타내는 비표준화 경로계수를 1로 고정한다. 그 결과 측정변수의 분산 중 잠재변수에 의해 설명되지 않는 분산의 척도를 측정오차의 척도로 쓰게 된다. AMOS는 측정오차를 원으로 표현하지만, LISREL에서는 원으로 표시하지 않고 단지 화살로만 표시한다.

2. 구조방정식의 작성

〈그림 4-1〉의 확증적 요인분석 모형을 LISREL의 기호체계를 사용하여 일반적인 확증적 요인분석모형으로 바꾸어 표현하면 〈그림 4-3〉과 같다. 단 외생측정모형(X 측정모형)과 내생측정모형(Y 측정모형) 중에서 외생측정모형을 선택한 경우이다. 물론 연구자는 어떤 모형을 선택해도 결과는 동일하다.

사례의 확증적 요인분석모형에는 총 16개의 외생변수들이 존재하는데 4개의 잠재변수(ξ)와 12개의 측정오차(δ)가 여기에 포함된다. 측정오차도 자신에게서 나가는 화살표만 존재하므로 외생변수이다. 반면 내생변수는 12개의 관찰변수들이다. 잠재변수들 간의 6개 상관관계(φ)도 모수에 포함된다. 확증적 요인분석에 필요한 12개의 구조방정식을 정리하면 다음과 같다.

$$
\begin{aligned}
X_1 &= \lambda_{11}\xi_1 + \delta_1 \\
X_2 &= \lambda_{21}\xi_1 + \delta_2 \\
X_3 &= \lambda_{31}\xi_1 + \delta_3 \\
X_4 &= \lambda_{42}\xi_2 + \delta_4 \\
X_5 &= \lambda_{52}\xi_2 + \delta_5 \\
X_6 &= \lambda_{62}\xi_2 + \delta_6 \\
X_7 &= \lambda_{73}\xi_3 + \delta_7 \\
X_8 &= \lambda_{83}\xi_3 + \delta_8 \\
X_9 &= \lambda_{93}\xi_3 + \delta_9 \\
X_{10} &= \lambda_{104}\xi_4 + \delta_{10} \\
X_{11} &= \lambda_{114}\xi_4 + \delta_{11} \\
X_{12} &= \lambda_{124}\xi_4 + \delta_{12}
\end{aligned}
$$

그림 4-3 LISREL의 확증요인분석모형

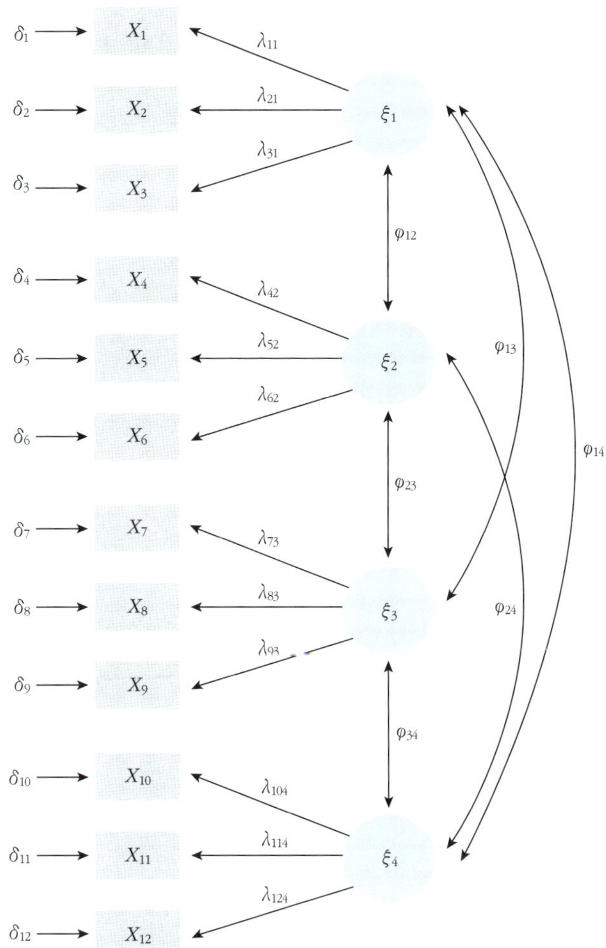

이상의 12개 방정식 모두는 확증적 요인분석의 대상이 되는 모형을 규정하기 위해 필요하며, 또한 관찰변수와 잠재변수간의 관계를 설명하고 있다. 이 방정식들은 모형에서 각 관찰변수가 잠재변수와 오차항의 관점에서 어떻게 설명되고 있는가를 보여준다. 이상의 방정식들을 LISREL 요인분석모형(*X*변수 측정모형)으로 나타내면 다음과 같다.

방정식을 LISREL의 행렬방정식으로 나타내는 방법은 〈부록 4-A〉에 제시되어 있다. 또한 〈그림 4-3〉은 외생측정모형의 관점에서 표현한 것이다. 반면 동일한 확증적 요인분석 모형을 내생측정모형의 관점에서 표현할 수 있다. 그 내용은 〈부록 4-B〉에 제시되어 있다.

$$\boldsymbol{X} = \Lambda \mathbf{x} \xi + \delta$$

$$X \quad = \quad \Lambda x \quad \xi \quad + \quad \delta$$

$$\begin{bmatrix} X_1 \\ X_2 \\ X_3 \\ X_4 \\ X_5 \\ X_6 \\ X_7 \\ X_8 \\ X_9 \\ X_{10} \\ X_{11} \\ X_{12} \end{bmatrix} = \begin{bmatrix} \lambda_{11} & 0 & 0 & 0 \\ \lambda_{21} & 0 & 0 & 0 \\ \lambda_{31} & 0 & 0 & 0 \\ 0 & \lambda_{42} & 0 & 0 \\ 0 & \lambda_{52} & 0 & 0 \\ 0 & \lambda_{62} & 0 & 0 \\ 0 & 0 & \lambda_{73} & 0 \\ 0 & 0 & \lambda_{83} & 0 \\ 0 & 0 & \lambda_{93} & 0 \\ 0 & 0 & 0 & \lambda_{104} \\ 0 & 0 & 0 & \lambda_{114} \\ 0 & 0 & 0 & \lambda_{124} \end{bmatrix} \begin{bmatrix} \xi_1 \\ \xi_2 \\ \xi_3 \\ \xi_4 \end{bmatrix} + \begin{bmatrix} \delta_1 \\ \delta_2 \\ \delta_3 \\ \delta_4 \\ \delta_5 \\ \delta_6 \\ \delta_7 \\ \delta_8 \\ \delta_9 \\ \delta_{10} \\ \delta_{11} \\ \delta_{12} \end{bmatrix}$$

3. 모형의 식별조건

연구자는 확증적 요인분석을 위한 자신의 연구모형이 식별가능한 모형인지에 대해 평가할 수 있어야 한다. 확증적 요인분석을 위한 모형이 식별되기 위해서는 기본적으로 '자유도 ≥ 0' 이어야 한다. 즉 추정하려는 모수의 수가 관측된 정보의 수보다 같거나 적어야 한다. 이러한 조건 외에도 확증적 요인분석 모형이 식별되기 위한 두 가지 필수조건이 추가적으로 충족되어야 한다. 첫째, 요인이 1개뿐인 확증적 요인분석모형의 경우 적어도 3개 이상의 측정변수를 지니고 있어야 한다. 둘째, 요인이 2개 이상인 확증적 요인분석 모형의 경우 각 요인별로 2개 이상의 측정변수를 지니고 있어야 한다. 각 요인별로 2개의 측정변수들을 가지고 있는 경우 특히 표본이 작을 때는 모수 추정 과정에서 문제가 발생되기 쉽다. 따라서 각 요인별로 적어도 3개의 측정변수들이 포함되는 것이 바람직하다(Kline, 2005).

Ⅳ 모수추정치의 해석

1. 해석의 원리

구조방정식모형 프로그램을 이용해 확증적 요인분석을 실시하고 나면 그 결과를 해석해야 한다. 확증적 요인분석에서는 요인적재치와 측정오차를 바르게 해석하는 것이 가장 중요하다. 모수 추정치는 비표준화 추정치와 표준화 추정치로 구분되기 때문에 둘 간의 차이를 정확히 이해해야 한다. 제1장에서도 상세히 설명한 것처럼 측정변수의 분산은 요인에 의해 설명되는 분산과 그렇지 않은 부분으로 나뉜다. 요인에 의해 설명되지 않는 부분은 고유분산(unique variance) 또는 오차분산(error variance)으로서 측정오차로 불린다.

확증적 요인분석에서 요인간의 공분산은 측정되지 않는 관계이다. 요인적재치는 요인이 측정변수에 미치는 직접효과에 대한 추정치를 나타낸다. 표준화된 추정치의 경우, 요인과 측정변수 간의 적재치는 상관관계를 나타낸다. 따라서 표준화 요인적재치를 제곱하면 측정변수의 설명된 분산 R^2_{smc}이 된다. 측정오차의 분산에 대한 추정치는 측정변수의 총 분산에서 설명된 분산을 뺀 값과 같다.

요인에 척도를 부여하기 위해 측정변수 하나를 참조변수로 이용하는 경우 참조변수로 이용된 측정변수의 적재치는 1로 고정되었기 때문에 표준오차가 존재하지 않는다. 따라서 참조변수의 요인적재치는 통계적 검증의 대상이 되지 않는다.

그림 4-4 측정변수의 분산의 구조

측정변수의 분산 = 요인에 의해 설명된 분산+측정오차의 분산

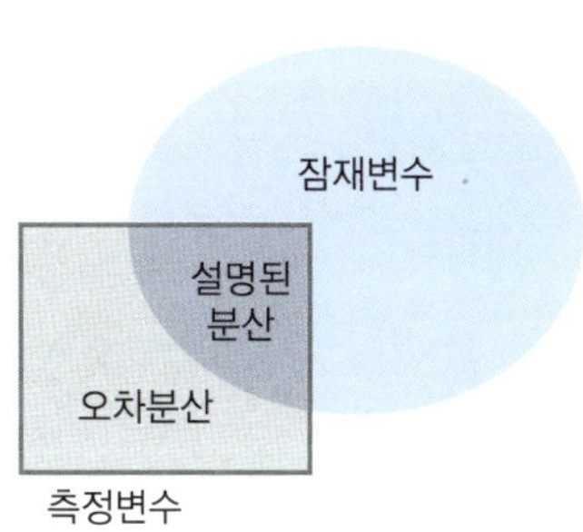

비표준화 추정치와 표준화 추정치의 구체적인 해석 방법은 다음과 같다.

모수 추정치의 해석 방법

1. 비표준화 추정치
   - 측정변수의 설명되지 않은 분산의 비율
     = (측정오차 분산의 추정치)/(측정변수의 분산)
   - 측정변수의 설명된 분산의 비율:
     R^2_{SMC} = 1 − 측정오차 분산의 비율
2. 표준화 추정치
   - 요인적재치는 변수와 요인의 상관관계 추정치
   - (요인적재치^2) = 측정변수의 설명된 분산의 비율 = R^2_{SMC}
   - 측정오차의 표준화 추정치
     = 측정오차 분산의 비율 = $1 - R^2_{SMC}$

2. 예 시

〈그림 4-5〉는 확증적 요인분석 모형을 예시한 것이며, 〈표 4-3〉은 이러한 모형에 대한 분석을 위해 투입자료로 이용된 공분산 행렬을 나타낸다. 공분산 행렬은 표본에서 얻어진 관측된 공분산 행렬을 의미한다.

그림 4-5 확증요인분석모형

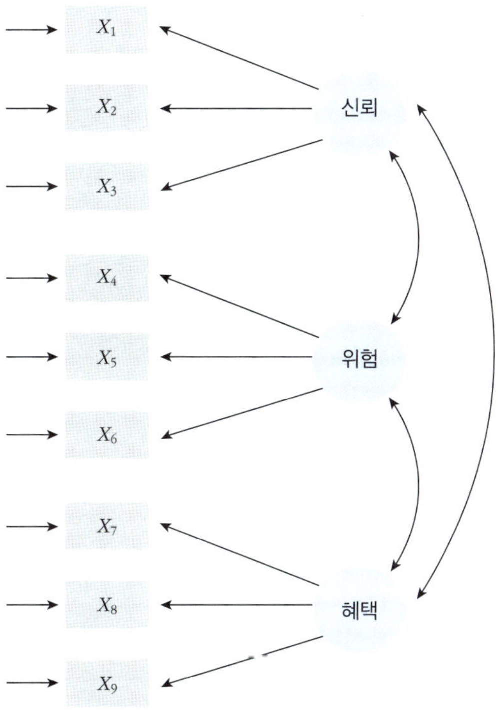

표 4-3 투입자료: 분산-공분산 행렬

Covariance Matrix

	X_1	X_2	X_3	X_4	X_5	X_6	X_7	X_8	X_9
X_1	0.81								
X_2	0.50	0.93							
X_3	0.48	0.59	1.09						
X_4	−0.15	−0.15	−0.13	1.29					
X_5	−0.25	−0.23	−0.22	0.65	1.35				
X_6	−0.12	0.01	−0.05	0.63	0.43	3.01			
X_7	0.35	0.39	0.38	−0.24	−0.22	−0.21	0.99		
X_8	0.16	0.17	0.21	−0.09	−0.40	0.13	0.34	4.38	
X_9	0.34	0.28	0.31	−0.32	−0.33	−0.16	0.51	0.35	1.03

그림 4-6 비표준화 추정치: 잠재변수의 분산을 1로 고정한 경우

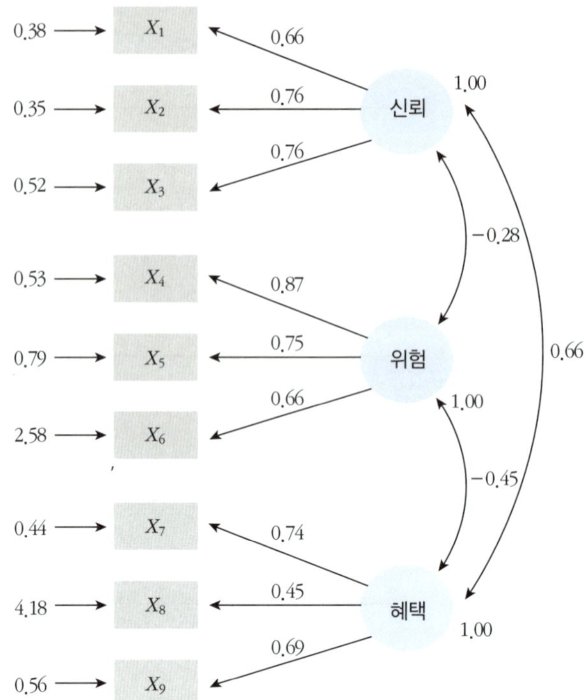

〈그림 4-6〉은 각 잠재변수의 분산을 1로 고정한 경우의 모수 추정치를 보여준다. 모수 추정치는 모두 비표준화 추정치를 나타낸다. 잠재변수의 분산을 고정하기 위해 요인마다 '1.00'이 표시되어 있음을 알 수 있다. 잠재변수의 분산이 1로 표준화되었기 때문에 요인들간의 관계는 상관관계를 나타낸다. 예컨대 신뢰와 위험의 상관관계는 $r = -0.28$이다.

반면, 〈그림 4-7〉은 잠재변수의 척도를 설정하기 위해 요인적재치 중 하나를 1로 고정한 경우의 모수추정치를 보여준다. 따라서 각 잠재변수의 분산은 자유모수로서 추정 모수에 해당된다. 예컨대 신뢰의 추정된 분산은 0.43이며, 신뢰와 위험 간의 공분산은 −0.16으로 추정되었다.

〈그림 4-6〉과 〈그림 4-7〉을 비교해 보면 각 요인에 대한 비표준화 적재치가 다름을 알 수 있다. 요인적재치 중 하나를 고정한 경우의 비표준화 적재치가 상대적으로 큰 값들을 보이고 있다. 그러나 잠재변수의 척도를 어떻게 고정하더라도 측정오차의 분산은 동일하다는 점을 확인할 수 있다. X_1의 측정오차 분산은 0.38

그림 4-7 비표준화 추정치: 요인적재치 하나를 1로 고정한 경우

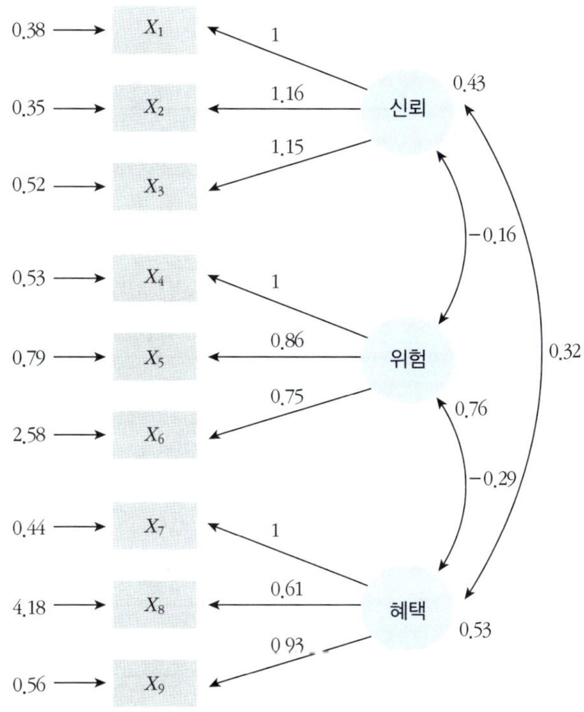

이며, 이를 X_1의 관측된 분산 0.81으로 나누면 0.38/0.81=0.47로서 이 값은 설명되지 않는 분산의 비율이 47%임을 의미한다(〈그림 4-8〉을 확인할 것). 따라서 설명된 분산의 비율 R^2_{smc}은 1−0.47로서 대략 53%이다.

〈그림 4-8〉은 동일한 분석결과를 표준화 추정치로 나타낸 것이다. 잠재변수의 분산을 고정하던지, 요인적재치 하나를 고정하든지 동일한 표준화 추정치를 산출한다. 요인들간의 공분산은 표준화되었기 때문에 〈그림 4-6〉과 동일하게 상관관계이다. 예컨대 신뢰와 위험 간의 상관관계는 −0.28이다. 각 표준화 요인적재치는 요인과 측정변수간의 상관관계를 나타내며, 이 값의 제곱은 측정변수의 설명된 분산 R^2_{smc}을 나타낸다. 예컨대 신뢰와 X_1간의 요인적재치는 0.73이며, $0.73^2=0.53$으로서 측정변수(X_1)의 대략 53%가 요인인 신뢰에 의해 설명되고 있음을 알 수 있다. 따라서 측정오차의 분산은 1−0.53=0.47임을 알 수 있다.

그림 4-8 표준화 추정치

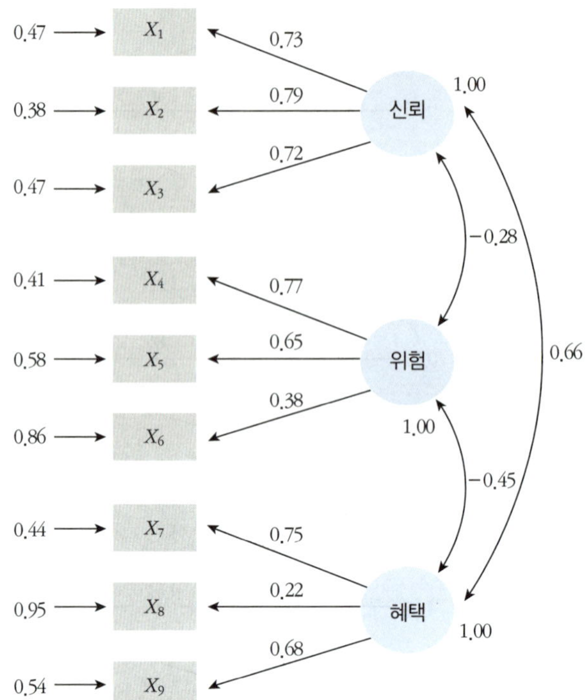

V 분산-공분산 행렬의 재생

1. 분산 공분산의 계산

〈그림 4-6〉이나 〈그림 4-7〉의 비표준화 추정모형을 토대로 분산-공분산 행렬을 재생할 수 있다. 〈그림 4-6〉에서 X_1의 분산은 '(비표준화 요인적재치^2×잠재변수의 분산)+오차분산' 으로 계산된다. X_1의 비표준화 요인적재치는 0.66이며, $0.66^2=0.436$이다. 따라서 $(0.436\times1)+0.38=0.81$로 〈표 4-3〉의 관측된 표본 공분산행렬의 X_1의 분산과 일치한다. 마찬가지로 X_6의 경우 $0.66^2\times1=0.436$이다. 따라서 $(0.436\times1)+2.58=3.02$ 로 관측된 표본 공분산 행렬의 X_6의 분산 3.01과 일치한다. 〈그림 4-7〉의 모형을 이용해 X_6의 분산을 계산해보자. 위험 요인의 분산은 0.76이

며, X_6의 요인적재치는 0.75이다. 따라서 $(0.75^2 \times 0.76) + 2.58 = 3.01$로 동일하다.

측정변수의 분산과 공분산 계산 방법

1. 측정변수의 분산
   =[(비표준화 요인적재치)^2 × 잠재변수의 분산]+오차분산
2. 두 측정변수(*X*, *Y*)간 공분산: 두 측정변수가 동일한 잠재변수에 적재되는 경우
   = 비표준화 요인적재치(*X*) × 비표준화 요인적재치(*Y*) × 잠재변수의 분산

공분산의 계산은 각 측정변수의 비표준화 요인적재치의 곱에 잠재변수의 분산을 곱함으로써 계산된다. 〈그림 4-6〉에서 예컨대 X_1과 X_2의 공분산은 $0.66 \times 1 \times 0.76$으로 0.50이다. 마찬가지로, X_5와 X_6의 공분산은 $0.75 \times 1 \times 0.66 = 0.50$이다. 〈표 4-4〉는 모수 추정치들을 이용해 재생된 분산-공분산 행렬을 보여준다.

표 4-4 재생된 분산-공분산 행렬

	X_1	X_2	X_3	X_4	X_5	X_6	X_7	X_8	X_9
X_1	0.81								
X_2	0.50	0.93							
X_3	0.50	0.58	1.09						
X_4	−0.16	−0.19	−0.18	1.29					
X_5	−0.14	−0.16	−0.16	0.66	1.35				
X_6	−0.12	−0.14	−0.14	0.58	0.50	3.01			
X_7	0.32	0.37	0.37	−0.29	−0.25	−0.22	0.99		
X_8	0.20	0.23	0.23	−0.18	−0.15	−0.13	0.34	4.38	
X_9	0.30	0.35	0.34	−0.27	−0.23	−0.20	0.51	0.31	1.03

2. 적합잔차 행렬의 계산

확증적 요인분석 모형의 적합도를 평가하기 위해서는 적합잔차 행렬의 계산이 필수적이다. 〈표 4-5〉는 관측된 표본 공분산 행렬과 재생된 공분산 행렬의 대응 요소들 간의 차이를 계산한 적합잔차 행렬을 보여준다. 예컨대 X_5와 X_8의 관측된 공분산은 −0.4이고, 재생된 공분산은 −0.15이다. 따라서 −0.4−(−0.15)=−0.25로 적합잔차 행렬의 −0.25와 같다.

표 4-5 적합 잔차행렬

	X_1	X_2	X_3	X_4	X_5	X_6	X_7	X_8	X_9
X_1	0.00								
X_2	0.00	0.00							
X_3	−0.01	0.02	0.00						
X_4	0.01	0.04	0.06	0.00					
X_5	−0.12	−0.07	−0.06	0.00	0.00				
X_6	0.00	0.15	0.09	0.05	−0.07	0.00			
X_7	0.03	0.02	0.01	0.05	0.03	0.01	0.00		
X_8	−0.03	−0.06	−0.01	0.09	**−0.25**	0.27	0.00	0.00	
X_9	0.04	−0.07	−0.04	−0.05	−0.09	0.04	0.00	0.03	0.00

〈부록 4-A〉

이 확증적 요인분석모형의 모수들은 Λx(람다엑스), Φ(파이), $\Theta\delta$(세타-델타) 행렬들이다. 〈표 4-6〉은 확증요인분석에 필요한 모수행렬들을 정리한 것이다. LISREL은 구조방정식모형의 분석결과를 행렬방정식으로 보여준다. 따라서 이해를 돕기 위해 이상의 방정식을 LISREL의 행렬방정식으로 표현하면 다음과 같다.

표 4-6 확증요인분석(x변수 측정모형)에 필요한 모수행렬

행렬	내 용
Λx	외생잠재변수와 x 사이의 경로계수의 행렬
Φ	n개의 내생잠재변수들 간의 $n \times n$의 대칭 분산/공분산 행렬
$\Theta\delta$	x에 대응된 오차변수들 간의 분산/공분산 행렬

행렬방정식에 나타난 것처럼 확증요인분석모형에서 추정해야할 모수의 총 수는 30개임을 알 수 있다. 외생잠재변수 4개의 분산과(φ_{11}, φ_{22}, φ_{33}, φ_{44}) 6개의 공분산(φ_{31}, φ_{32}, φ_{33}, φ_{32}, φ_{42}, φ_{41})이 추정모수에 포함된다. 요인 적재치 12개는 가장 중요한 추정모수이다. 이와 함께, 측정오차 12개도 추정모수에 포함된다. 내생변수인 x변수의 분산은 그 자체로 다른 변수(잠재변수)에 의해 설명되기 때문에 모형에서 추정해야 할 모수가 아니다. 이제 잠재변수의 척도를 결정하기 위해 측정변수 하나를 참조변수로 이용하든지 잠재변수의 분산을 고정하든지 4개는 척도부여를 위해 제외된다. 따라서 추정해야할 모수는 $34-4=30$개이다.

$$
\begin{array}{ccccccc}
X & = & \Lambda x & & \Phi & + & \Theta\delta
\end{array}
$$

$$
\begin{vmatrix} X_1 \\ X_2 \\ X_3 \\ X_4 \\ X_5 \\ X_6 \\ X_7 \\ X_8 \\ X_9 \\ X_{10} \\ X_{11} \\ X_{12} \end{vmatrix}
=
\begin{vmatrix}
\lambda_{11} & 0 & 0 & 0 \\
\lambda_{21} & 0 & 0 & 0 \\
\lambda_{31} & 0 & 0 & 0 \\
0 & \lambda_{42} & 0 & 0 \\
0 & \lambda_{52} & 0 & 0 \\
0 & \lambda_{62} & 0 & 0 \\
0 & 0 & \lambda_{73} & 0 \\
0 & 0 & \lambda_{83} & 0 \\
0 & 0 & \lambda_{93} & 0 \\
0 & 0 & 0 & \lambda_{104} \\
0 & 0 & 0 & \lambda_{114} \\
0 & 0 & 0 & \lambda_{124}
\end{vmatrix}
\begin{vmatrix}
\varphi_{11} & & & \\
\varphi_{21} & \varphi_{22} & & \\
\varphi_{31} & \varphi_{32} & \varphi_{33} & \\
\varphi_{41} & \varphi_{42} & \varphi_{43} & \varphi_{44}
\end{vmatrix}
+
\begin{vmatrix}
\theta_{11} & 0 & 0 & 0 & 0 & 0 & 0 & 0 & 0 & 0 & 0 & 0 \\
0 & \theta_{22} & 0 & 0 & 0 & 0 & 0 & 0 & 0 & 0 & 0 & 0 \\
0 & 0 & \theta_{33} & 0 & 0 & 0 & 0 & 0 & 0 & 0 & 0 & 0 \\
0 & 0 & 0 & \theta_{44} & 0 & 0 & 0 & 0 & 0 & 0 & 0 & 0 \\
0 & 0 & 0 & 0 & \theta_{55} & 0 & 0 & 0 & 0 & 0 & 0 & 0 \\
0 & 0 & 0 & 0 & 0 & \theta_{66} & 0 & 0 & 0 & 0 & 0 & 0 \\
0 & 0 & 0 & 0 & 0 & 0 & \theta_{77} & 0 & 0 & 0 & 0 & 0 \\
0 & 0 & 0 & 0 & 0 & 0 & 0 & \theta_{88} & 0 & 0 & 0 & 0 \\
0 & 0 & 0 & 0 & 0 & 0 & 0 & 0 & \theta_{99} & 0 & 0 & 0 \\
0 & 0 & 0 & 0 & 0 & 0 & 0 & 0 & 0 & \theta_{1010} & 0 & 0 \\
0 & 0 & 0 & 0 & 0 & 0 & 0 & 0 & 0 & 0 & \theta_{1111} & 0 \\
0 & 0 & 0 & 0 & 0 & 0 & 0 & 0 & 0 & 0 & 0 & \theta_{1212}
\end{vmatrix}
$$

〈부록 4-B〉

확증적 요인분석모형은 보통 〈그림 4-3〉처럼 외생변수의 측정모형으로 나타내지만, 〈그림 4-9〉처럼 *Y*변수의 측정모형으로도 나타낼 수 있다.

*X*변수 측정모형에 의한 확증적 요인분석과 같이 LISREL 요인분석모형(*Y*변수 측정모형)으로 나타내면 다음과 같다.

$$Y = \Lambda y \eta + \varepsilon$$

그림 4-9 LISREL의 확증요인분석모형: Y변수의 측정모형

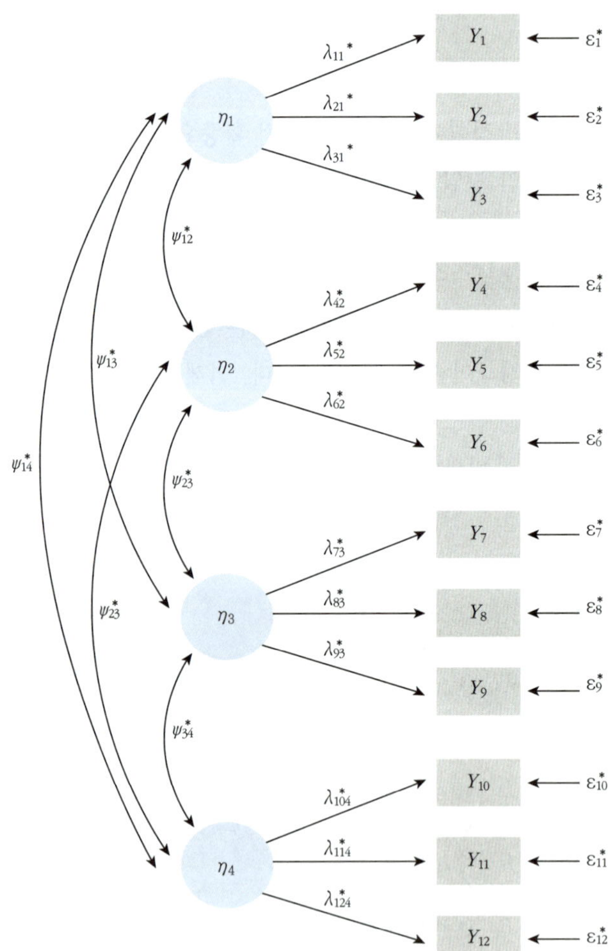

이 모형의 모수들은 Λy(람다와이), Ψ(프사이), $\Theta\varepsilon$(세타-엡실론) 행렬들이다. 〈표 4-7〉은 확증적 요인분석에 필요한 모수행렬들을 정리한 것이다.

표 4-7 확증요인분석(y변수 측정모형)에 필요한 모수행렬

행렬	내 용
Λy	내생잠재변수와 *y* 사이의 경로계수의 행렬
Ψ	*n*개의 내생잠재변수들에 대응된 *n* 오차간의 $n \times n$의 대칭 분산/공분산 행렬
$\Theta\varepsilon$	*y*에 대응된 오차변수들간의 분산/공분산 행렬

확증적 요인분석모형을 행렬방정식으로 표현하면 다음과 같다. LISREL 표기법에서 원래 Ψ(프사이)행렬은 내생잠재변수 오차항(ζ)의 분산/공분산 행렬을 나타내지만, 확증적 요인분석에서는 내생잠재변수(η)들의 분산과 공분산 행렬을 나타낸다. 확증적 요인분석모형에서는 오차항간의 공분산을 가정하지 않으므로 대각선 이외의 값들은 0으로 고정된다.

Y − Λy Ψ + $\Theta\varepsilon$

$$
\begin{vmatrix} Y_1 \\ Y_2 \\ Y_3 \\ Y_4 \\ Y_5 \\ Y_6 \\ Y_7 \\ Y_8 \\ Y_9 \\ Y_{10} \\ Y_{11} \\ Y_{12} \end{vmatrix}
=
\begin{vmatrix}
\lambda_{11} & 0 & 0 & 0 \\
\lambda_{21} & 0 & 0 & 0 \\
\lambda_{31} & 0 & 0 & 0 \\
0 & \lambda_{42} & 0 & 0 \\
0 & \lambda_{52} & 0 & 0 \\
0 & \lambda_{62} & 0 & 0 \\
0 & 0 & \lambda_{73} & 0 \\
0 & 0 & \lambda_{83} & 0 \\
0 & 0 & \lambda_{93} & 0 \\
0 & 0 & 0 & \lambda_{104} \\
0 & 0 & 0 & \lambda_{114} \\
0 & 0 & 0 & \lambda_{124}
\end{vmatrix}
\begin{vmatrix}
\Psi_{11} & & & \\
\Psi_{21} & \Psi_{22} & & \\
\Psi_{31} & \Psi_{32} & \Psi_{33} & \\
\Psi_{41} & \Psi_{42} & \Psi_{43} & \Psi_{44}
\end{vmatrix}
+
\begin{vmatrix}
\theta_{11} & 0 & 0 & 0 & 0 & 0 & 0 & 0 & 0 & 0 & 0 & 0 \\
0 & \theta_{22} & 0 & 0 & 0 & 0 & 0 & 0 & 0 & 0 & 0 & 0 \\
0 & 0 & \theta_{33} & 0 & 0 & 0 & 0 & 0 & 0 & 0 & 0 & 0 \\
0 & 0 & 0 & \theta_{44} & 0 & 0 & 0 & 0 & 0 & 0 & 0 & 0 \\
0 & 0 & 0 & 0 & \theta_{55} & 0 & 0 & 0 & 0 & 0 & 0 & 0 \\
0 & 0 & 0 & 0 & 0 & \theta_{66} & 0 & 0 & 0 & 0 & 0 & 0 \\
0 & 0 & 0 & 0 & 0 & 0 & \theta_{77} & 0 & 0 & 0 & 0 & 0 \\
0 & 0 & 0 & 0 & 0 & 0 & 0 & \theta_{88} & 0 & 0 & 0 & 0 \\
0 & 0 & 0 & 0 & 0 & 0 & 0 & 0 & \theta_{99} & 0 & 0 & 0 \\
0 & 0 & 0 & 0 & 0 & 0 & 0 & 0 & 0 & \theta_{1010} & 0 & 0 \\
0 & 0 & 0 & 0 & 0 & 0 & 0 & 0 & 0 & 0 & \theta_{1111} & 0 \\
0 & 0 & 0 & 0 & 0 & 0 & 0 & 0 & 0 & 0 & 0 & \theta_{1212}
\end{vmatrix}
$$

연 · 습 · 문 · 제

01. 확증적 요인분석은 탐색적 요인분석과 어떻게 다른가?

02. 다음은 Schreiber et al.(1999)의 확증적 요인분석 모형이다.

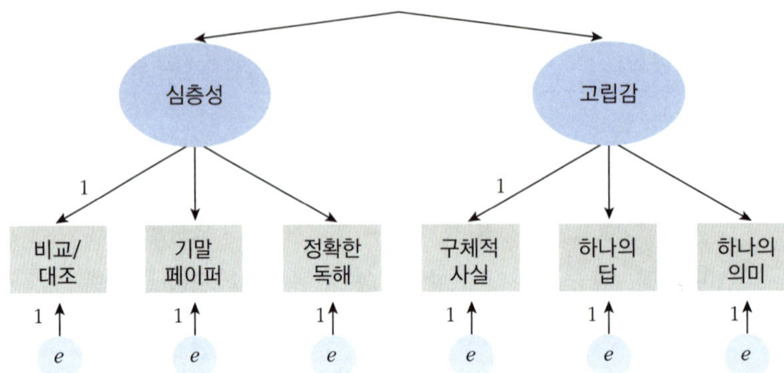

* 출처: Schreiber, J. B., Stage, F. K., King, J., Nora, A., & Barow, E. A. (2006). Reporting structural equation modeling and confirmatory factor analysis results: A review. The Journal of Educational Research, 99(6), pp. 323–337.

1) 심층성 요인에 대한 비교/대조 측정변수의 요인적재치가 1로 고정된 이유는 무엇인가?
2) 모든 측정오차들의 경로계수가 1로 표시된 이유는 무엇인가?
3) 모형의 자유도를 계산하라.

03. 다음은 Segars & Grover(1993)의 확증적 요인분석모형이다.

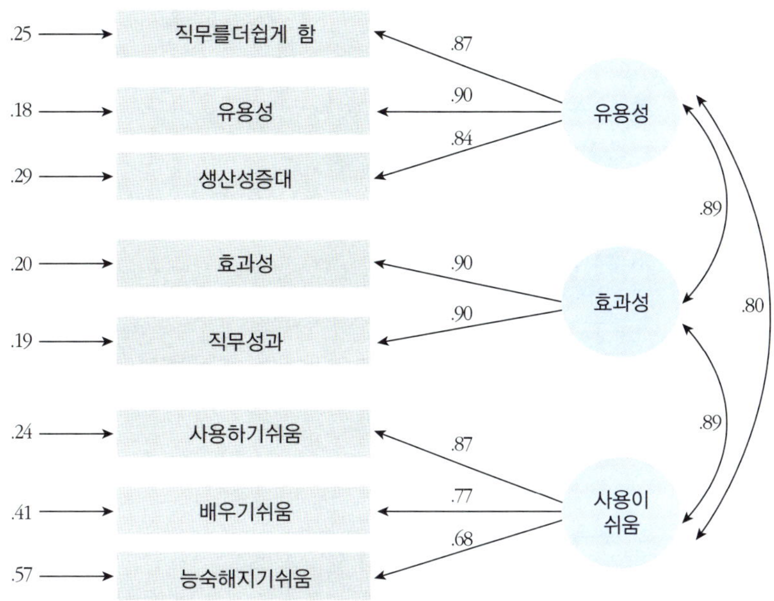

* 출처: Segars, A. H., & Grover, V. (1993). Re-Examining Perceived Ease of Use and Usefulness: A Confirmatory Factor Analysis. MIS Quarterly, 17(4), pp. 517-525.

1) 요인적재치들은 표준화 추정치인가? 아니면 비표준화 추정치인가?
2) 유용성의 측정오차는 .18이다. 이 값을 계산을 통해 증명하라. 또한 이 값은 무엇을 의미하는가?
3) 효과성에 대한 직무성과의 요인적재치는 .90이다. 이 값은 무엇을 의미하는가?
4) 잠재변수들 간의 공분산을 해석하라.
5) 어떤 변수들이 외생잠재변수들인가? 어떤 변수들이 내생잠재변수들인가?
6) 직무성과항목의 구조방정식을 작성하라.

04. 다음은 Kalliath et al.(1999)의 연구에 제시된 확증적 요인분석 결과이다.

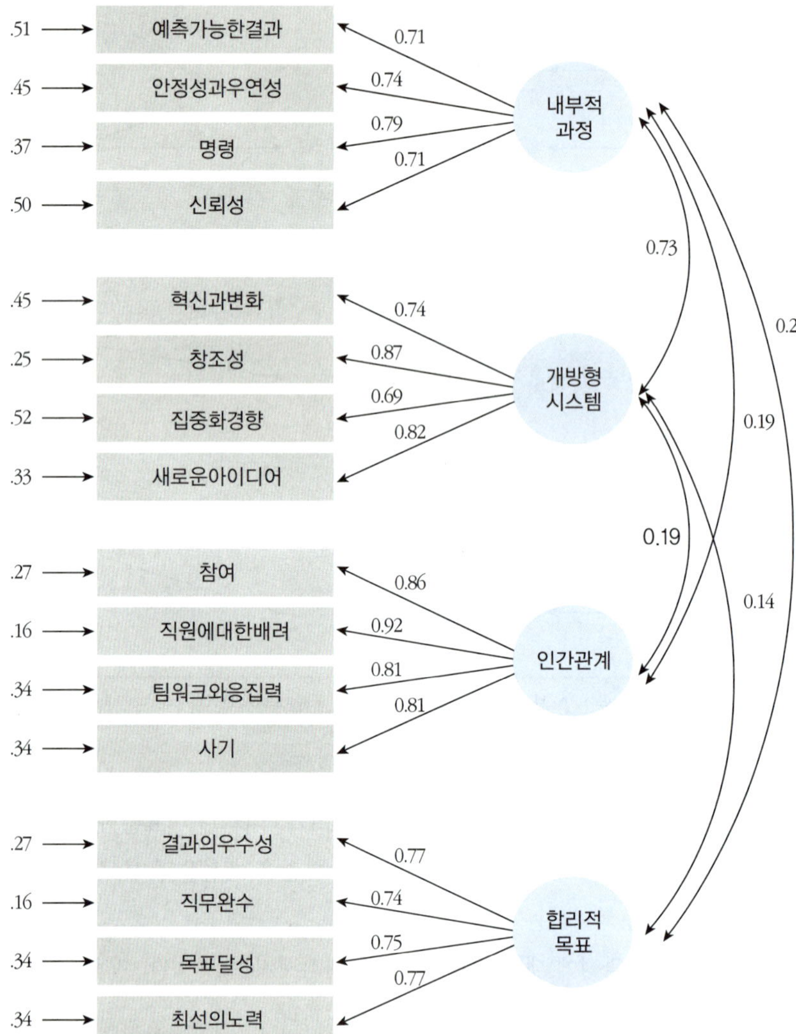

* 출처: Thomas J. Kalliath, Bluedorn, A. C., & Gillespie, D. F. (1999). A Confirmatory Factor Analysis of the Competing Values Instrument. Educational and Psychological Measurement, 59(1), pp. 143–158.

1) 모형의 자유도를 계산하라.

2) 잠재변수는 모두 몇 개인가?

3) 창조성 지표의 측정오차는 .25이다. 이 값을 계산을 통해 증명하라. 또한 이 값은 무엇을 의미하는가?

4) 인간관계에 대한 사기의 요인적재치는 .81이다. 이 값은 무엇을 의미하는가?

5) 잠재변수들 간의 공분산을 설명하라.

6) 요인적재치의 관점에서 측정변수들의 타당도를 평가하라.

제 5 장

잠재변수 경로분석

주요개념들

- 잠재변수 척도 설정
- 경로계수
- 단일지표의 문제
- 설명오차의 척도부여

이번 장에서는 구조방정식모형의 가장 복잡한 형태로서 잠재변수 경로모형의 개념과 원리를 살펴보고자 한다. 잠재변수 경로모형은 지금까지 앞 장들에서 다룬 경로분석과 확증적 요인분석을 결합한 모형이다. 따라서 잠재변수와 측정변수의 관계를 나타내는 측정모형과 잠재변수들 간의 상호 의존석 관계를 나타내는 구조모형이 결합된 형태이다. 잠재변수 경로모형에 대한 평가는 측정모형에 대한 평가와 구조모형에 대한 평가의 2단계로 진행된다.

I 잠재변수 경로분석의 개념과 원리

1. 개 념

확증적 요인분석에서는 잠재변수들 간에 어떤 인과관계도 가정하지 않고 상관관계(공분산)만을 가정하였다. 또한 경로분석 모형에서는 측정변수들 간의 인과관계만을 분석함으로써 잠재변수는 분석대상에서 제외되었다. 이하에서는 확증적 요인분석과 경로분석을 결합한 형태로서 잠재변수들 간의 인과관계를 포함하는 구조방정식 모형을 설명하고자 한다.

구조적 회귀모형(structural regression model), 잠재변수 경로분석(latent variable path analysis), 동시모형(simultaneous model), 또는 잠재변수 구조방정식 모형은 측정모형과 구조모형을 동시에 포함하는 모형이다. 이 모형에는 잠재변수들간의 인과관계를 규정한 구조모형과 잠재변수와 측정변수들 간의 관계를 규정한 측정모형이 모두 포함된다. 따라서 적어도 하나 이상의 외생잠재변수로부터 다른 잠재변수로 향하는 인과관계가 포함된 모형이다. 또한 각 잠재변수는 측정변수들에 의해 간접적으로 측정된다. 잠재변수 경로모형은 다양한 잠재변수들 간의 설명적 관계에 관한 이론들을 검증하기 위해 이용된다.

2. 원 리

잠재변수 경로모형은 경로분석과 확증적 요인분석을 동시에 포함하고 있으며, 따라서 모형에 대한 이해 역시 확증적 요인분석과 관련된 측정모형과 경로분석과 관련된 구조모형으로 구분할 수 있다. 그 결과 잠재변수 경로모형에는 경로분석의 원리와 확증적 요인분석의 원리가 동시에 적용된다. 측정모형과 관련된 부분은 확증적 요인분석과 동일한 이론적 근거를 따른다. 구조모형과 관련된 부분은 경로분석과 동일한 이론적 근거를 따른다. 〈그림 5-1〉은 Schreiber et al.(2006)의 잠재변수 경로분석모형이다.

그림에서 보듯이 두 개의 측정모형과 한 개의 구조모형으로 구분해 볼 수 있다. 외생잠재변수인 고립감은 또 다른 잠재변수인 심층성을 매개로 측정변수인 수업 성취도에 영향을 미친다. 따라서 두 개의 잠재변수가 하나의 측정변수에 미

그림 5-1 Schreiber et al.(2006)의 연구모형

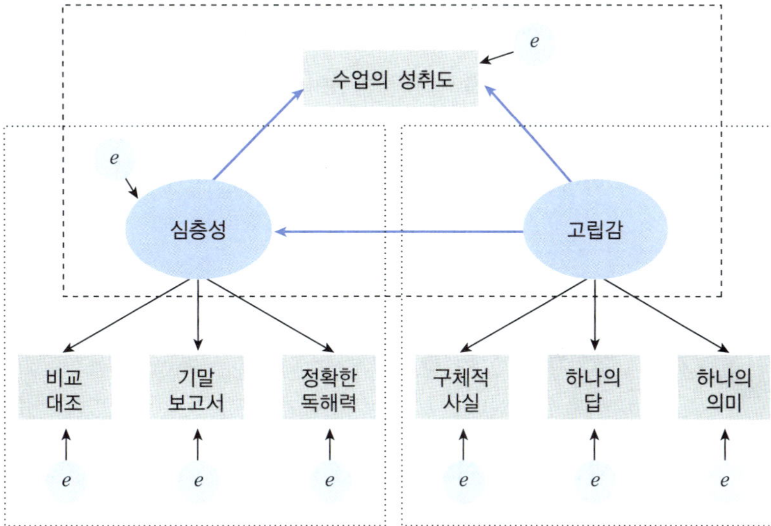

주: 회색 화살표는 요인간 관계

치는 영향을 분석하고 있다. 두 잠재변수는 각각 3개의 측정변수들에 의해 측정되고 있다. 내생변수인 심층성과 수업 성취도는 각각 설명오차가 추가되어 있다. 또한 두 잠재변수의 측정변수 6개는 각각 측정오차를 지니고 있다.

그림 5-2 잠재변수 경로모형

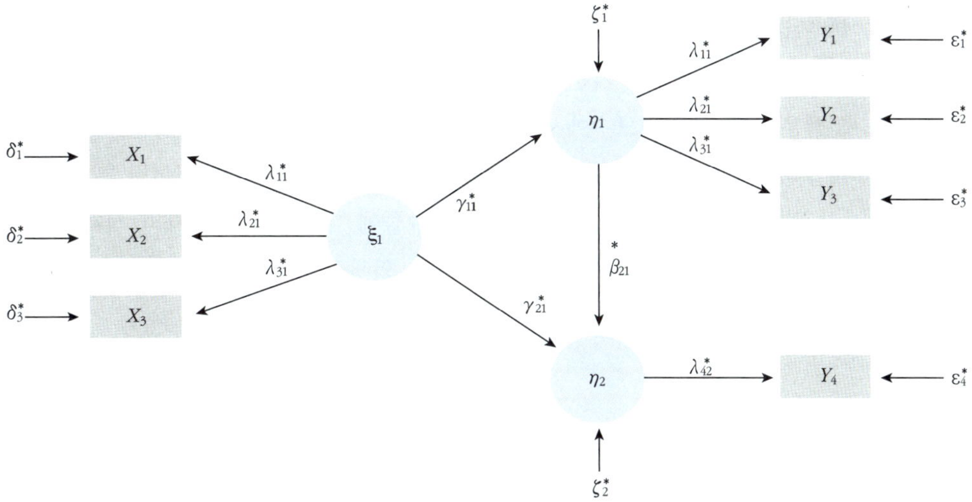

〈그림 5-2〉는 〈그림 5-1〉의 잠재변수 경로모형을 LISREL 부호체계를 적용하여 표현한 것이다. *X*변수와 *Y*변수는 관찰변수이며 각각 δ와 ε의 오차항이 관련된다. η_i는 내생잠재변수를 나타내며, ζ의 잔차항이 관련된다. 〈그림 5-1〉에서 수업성취도는 내생변수로서 측정변수이다. 따라서 측정변수가 하나인 경우에는 〈그림 5-2〉처럼 잠재변수를 더미변수로 설정하여 잠재변수 경로분석을 수행한다. 잠재변수가 하나인 경우의 모형설정에 대해서는 아래에서 다루어진다.

Ⅱ 모형의 설정

1. 잠재변수의 척도 설정

잠재변수 경로모형이 식별되기 위해서는 모든 잠재변수에 척도가 부여되어야 한다. 〈그림 5-1〉과 같은 모형의 경우 측정오차와 설명오차를 제외한 외생잠재변수는 고립감 하나이다. 따라서 '고립감'에 척도를 부여하기 위해서 '고립감'의 분산을 1로 고정하거나, '고립감'과 측정변수 하나를 참조변수로 선택하여 요인적재치를 1로 고정할 수 있다. 마찬가지로 잠재변수 경로모형에서 측정오차와 설명오차도 외생잠재변수들로서 척도가 설정되어야 하는 변수들이다. 측정오차와 설명오차의 분산을 추정하기 위해 잔차 경로계수를 1로 고정한다.

또한 내생잠재변수인 심층성에 척도를 부여해야 한다. 대부분의 구조방정식모형 프로그램에서 내생변수의 척도 부여를 위해 요인과 하나의 측정변수와의 적재치를 1로 고정하도록 기준값으로 설정하고 있다. 그러나 내생변수인 '심층성'의 분산은 추정하려는 모수에서 제외된다. 내생변수인 '심층성'의 분산은 자신에게 직접적인 영향을 미치는 외생잠재변인 '고립감'에 의해 설명되어질 뿐이다.

잠재변수 경로모형에서 내생잠재변수들에 대해 측정변수와의 적재치 하나를 고정하는 방법으로 척도를 부여할 경우, 외생잠재변수의 척도를 어떤 방법으로 부여하더라도 분석결과는 동일하다.

2. 잠재변수의 측정지표가 하나밖에 없는 경우

〈그림 5-1〉의 경우 내생변수인 수업성취도는 측정변수이다. 실제로도 LISREL에서는 외생잠재변수와 내생측정변수간에 또는 외생측정변수와 내생잠재변수 간에 직접적인 경로를 설정할 수 없다. 그렇다면 어떻게 문제를 해결해야 하는가?

단일 측정변수만으로는 신뢰도와 타당도의 문제로 인해 잠재변수를 적절히 나타낼 수 없는 경우가 일반적이다. 잠재변수를 하나의 관찰변수로 측정하는 경우에 발생되는 문제를 단일지표(single indicator) 문제라고 부른다. 따라서 단일지표의 문제를 해결해야만 한다. 단일지표의 문제는 측정변수가 외생변수인 경우와 내생변수인 경우로 구분해 볼 수 있다.

우선 외생변수가 측정변수인 경우, 단일 측정변수를 이용하기 위해서는 하나의 측정변수가 잠재변수의 완벽한 재현이라는 가정이 전제되어야만 한다. 따라서 단일 지표를 이용하는 경우에는 해당 지표에 측정오차가 없다고 가정해야만 한다. 이러한 가정을 전제로 〈그림 5-3〉과 같이 더미잠재변수(dummy latent variable)를 만드는 약간의 트릭을 이용하면 된나. 하나의 지표를 갖는 더미 잠재변수를 설정하여, 이 더미잠재변수가 종속변수를 예측하도록 만드는 방법이다. 이때 잠재변수에서 원래의 측정변수로의 경로계수는 1로 고정하며, 이 측정변수의 오차분산을 0으로 고정한다. 이렇게 함으로써 '독립변수=더미잠재변수+0'의 방정식이 만들어지고, 동일한 결과를 얻을 수 있다. 관찰변수와 잠재변수가 실제 동일한 것으로 다루어지는 것이다.

마찬가지로 〈그림 5-1〉처럼 측정변수가 내생변수인 경우에는 〈그림 5-4〉에 제시된 것처럼 더미잠재변수를 설정해서 분석한다. 잠재변수와 측정변수간의 경로를 1로 고정하고, 측정오차의 분산을 0으로 고정한다. 그 결과 더미 잠재변수의 설명오차(D)가 계산될 수 있다.

그림 5-3 단일지표의 규정: 외생변수인 경우

그림 5-4 단일지표의 규정: 내생변수인 경우

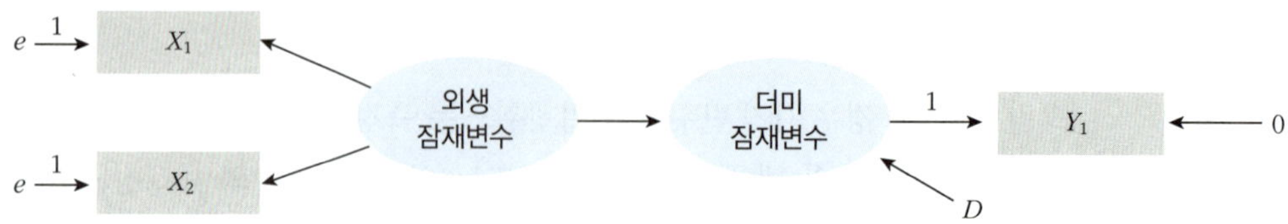

Ⅲ 구조방정식의 작성과 모형의 식별

1. 구조방정식의 작성

앞의 두 장에서 경로분석과 확증적 요인분석을 위한 구조방정식 체계를 작성했던 것처럼 〈그림 5-1〉의 잠재변수 경로모형에 대한 방정식체계를 작성하면 〈표 5-1〉과 같다.

방정식 체계에서 확증적 요인분석과 다른 점은 구조모형에 대한 두 개의 방정식이 추가되었다는 점이다. 수업성취도의 경우 측정변수가 바로 잠재변수가 되도록 더미 잠재변수를 이용하였기 때문에 측정모형을 위한 방정식과 구조모형을 위한 방정식이 각각 작성되었다.

표 5-1 잠재변수 경로모형의 구조방정식 체계

구 분	구조방정식 체계
외생잠재변수에 대한 측정모형	$X_1 = \lambda_{11}\xi_1 + \delta_1$ $X_2 = \lambda_{21}\xi_1 + \delta_2$ $X_3 = \lambda_{31}\xi_1 + \delta_3$
내생잠재변수에 대한 측정모형	$Y_1 = \lambda_{11}\eta_1 + \varepsilon_1$ $Y_2 = \lambda_{21}\eta_1 + \varepsilon_2$ $Y_3 = \lambda_{31}\eta_1 + \varepsilon_3$ $Y_4 = \lambda_{42}\eta_2 + \varepsilon_4$
잠재변수들 간의 구조모형	$\eta_1 = \gamma_{11}\xi_1 + \zeta_1$
잠재변수와 측정변수 간의 구조모형	$\eta_2 = \gamma_{21}\xi_1 + \beta_{21}\eta_1 + \zeta_2$

측정모형: $y_4 = \lambda_{42}\eta_2 + \varepsilon_4$
구조모형: $\eta_2 = \gamma_{21}\xi_1 + \beta_{21}\eta_1 + \zeta_2$

2. 모형의 식별

경로분석이나 확증적 요인분석과 마찬가지로 잠재변수 경로모형의 분석이 가능하기 위해서는 모형이 식별되어야 한다. 모형이 식별되기 위해서는 투입자료로 이용된 공분산 행렬 상에서의 관측된 정보의 수가 추정하려는 모수의 수보다 같거나 많아야 한다. 즉 자유도가 0보다 크거나 같아야 한다. 이와 함께 외생변수는 내생변수의 설명오차와 상관관계를 지니지 않으며, 외생 및 내생잠재 변수들과 측정오차는 독립적이라고 가정한다. 〈그림 5-1〉과 같은 잠재변수 경로모형의 추정모수의 수는 16개가 된다. 구체적으로 모형에서 추정해야 할 모수를 계산하면, 외생잠재변수(ξ_1)의 분산 1개, 7개의 측정오차 분산, 7개의 요인적재치(경로계수), 내생잠재변수의 설명오차(ζ_1, ζ_2) 분산 2개, 잠재변수들과 내생측정변수 간의 경로계수(γ_{11}, γ_{21}, β_{21}) 3개 등 총 20개이다. 그런데 이 상황에서, 잠재변수의 척도를 고정하기 위한 잠재외생변수(ξ_1) 자신의 분산 1개와 두 개의 내생잠재변수의 요인적재치(λ_{11}, λ_{42}) 2개, y_4의 측정오차의 분산(ε_4) 1개 등 총 4개의 모수를 고정해야 한다. 그 결과 총 16개의 모수가 자유모수로 추정되게 된다.[1)]

IV 모형의 평가

1. 측정모형의 평가

측정모형의 평가는 전 장에서 다룬 확증적 요인분석을 통해 이루어진다. 측정변수와 잠재변수간의 관계를 나타내는 요인적재치를 중심으로 측정지표들의 신뢰도와 타당도를 검증하는 데 초점을 맞춘다.

측정모형과 관련하여, 요인과 측정변수와의 관계를 나타내는 요인적재치는 요

1) 외생잠재변수의 경우 요인적재치 하나를 고정하든, 잠재변수 자신의 분산을 고정하든 잠재변수의 수만큼 추정모수의 수가 감소된다. 그러나 내생잠재변수는 그 자체로 추정모수가 아닐 뿐만 아니라, 요인적재치 하나를 고정하는 경우 추정모수 수가 잠재변수 수만큼 감소하게 된다.

인이 측정변수에 미치는 직접효과의 크기를 나타낸다. 〈그림 5-5〉의 표준화 추정치 모형에서 각 측정변수의 설명된 분산(R^2_{smc})은 '요인적재치의 제곱'으로 계산된다. 예컨대 측정변수 '하나의 의미'의 '고립감'에 대한 요인적재치는 0.15이다. 따라서 $0.15^2=0.023$은 설명된 분산을 나타내며, $1-0.15^2=0.97$은 측정오차의 분산을 나타낸다.

2. 구조모형의 평가

경로분석의 경우와 마찬가지로 잠재변수 경로분석에서 경로계수는 외생 또는 내생변수가 또 다른 내생변수에 대해 지니는 직접효과의 크기를 나타낸다. 또한 잠재변수들 간의 효과는 직접효과와 간접효과로 구분될 수 있다. 〈그림 5-5〉는 Schreiber et al.(2006)의 잠재변수 경로분석 결과이다.

잠재변수 경로분석 결과를 보면 '심층성'의 $R^2=0.06$이다. 이는 '심층성'의 분산의 6%가 설명된 부분임을 나타낸다. 따라서 '심층성'의 분산의 94%는 설명되

그림 5-5 잠재변수 경로분석 결과: 표준화 추정치

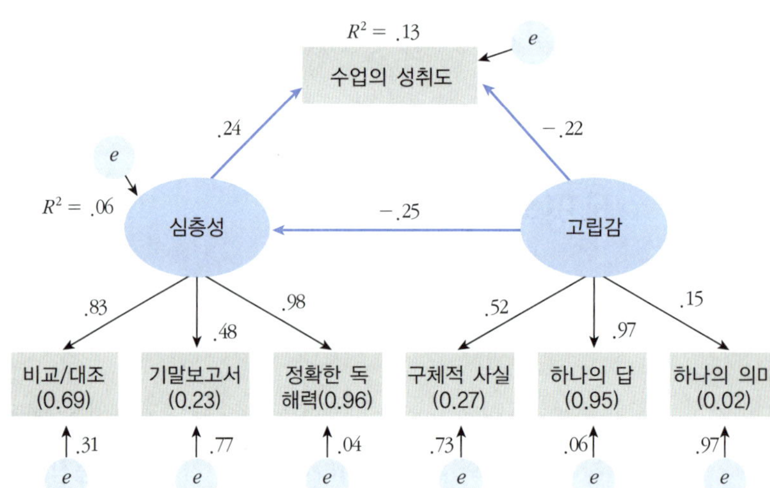

주) NNFI: 0.98, CFI: 0.99, RMSEA: 0.38, χ^2 = 15.49, df = 12

*출처: Schreiber, J. B., Stage, F. K., King, J., Nora, A., & Barow, E. A. (2006). Reporting structural equation modeling and confirmatory factor analysis results: A review. The Journal of Educational Research, 99(6), 323–337.

지 않은 부분임을 나타낸다. 측정변수인 '수업성취도'의 분산 중 13%는 설명된 분산의 비율을 나타낸다.

측정변수마다 값들이 사각형 내에 표시되어 있는데, 이 값들은 각 측정변수의 설명된 분산의 비율을 나타낸다. 예컨대 '비교/대조'의 설명된 분산의 비율은 .69로서 요인적재치의 제곱과 같다. 즉, $0.83^2=0.69$이다. 또한 오차분산은 $1-0.69=0.31$이다.

모형의 하단에는 적합도 지수들이 제시되어 있다. $\chi^2=15.49(df=12)$, NNFI=0.98, CFI=0.99, RMSEA=0.038로 모든 지수들이 우수한 것으로 나타났다. $\chi^2=15.49$ $(df=12)$의 관측된 유의확률 $p=0.22$로서 유의하지 않은 것으로 나타났다. 이는 재생된 공분산 행렬과 관측된 공분산 행렬 간에 유의한 차이가 없음을 의미한다.

> 측정변수의 설명된 분산(R^2_{SMC}) = 1 − (측정오차의 분산/측정변수의 관찰된 분산)
> 내생변수의 설명된 분산(R^2_{SMC}) = 1 − (설명오차의 분산/내생변수의 예측된 분산)

연 · 습 · 문 · 제

※ 다음은 김효기 · 심준섭(2012)의 잠재변수 경로모형이다. 각 모수는 표준화된 모수 추정치를 나타낸다. 모형을 토대로 아래 질문들에 답하라.

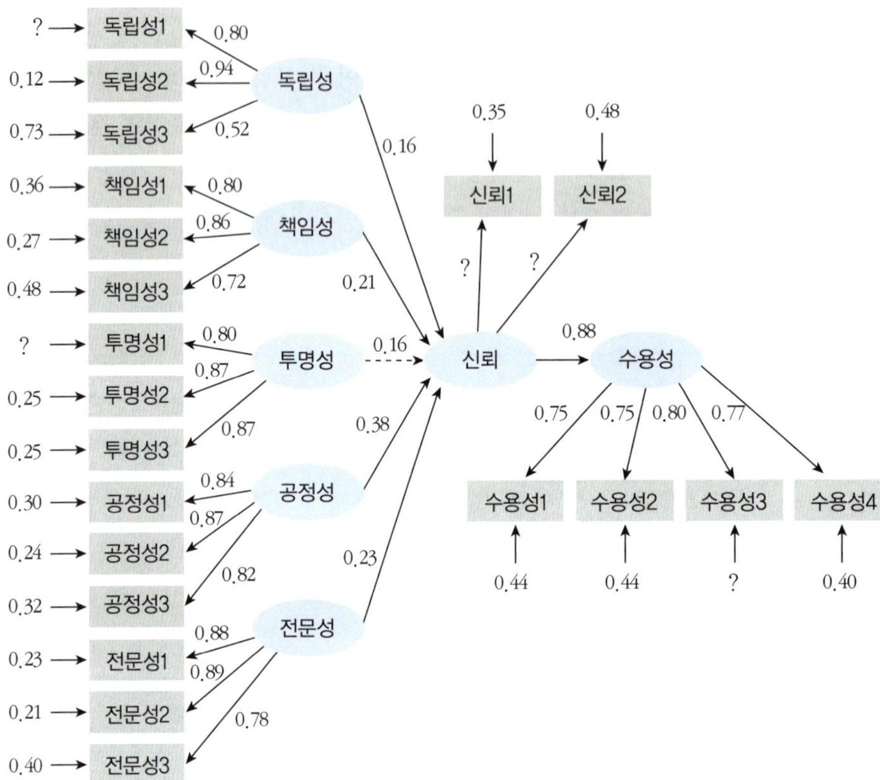

표 1 모형적합도 지수

적합도 지수	$\chi^2(df)$	RMSEA	NNFI	CFI	GFI
통계치	289.66(173), $p=0.00$	0.049	0.99	0.99	0.90

01. 모형의 자유도를 계산하라.

02. 독립성1과 수용성3의 측정오차의 표준화된 추정치를 계산하라.

03. 신뢰 1과 신뢰 2의 신뢰에 대한 표준화된 요인적재치를 계산하라.

04. 독립성이 신뢰를 매개로 수용성에 미치는 간접효과의 크기는 얼마인가? 또한 독립성과 수용성간의 총효과는 무엇을 나타내는가?

05. 어떤 변수들이 외생잠재변수들인가? 어떤 변수들이 내생잠재변수들인가?

06. 수용성의 설명오차의 분산은 0.23이다. 이 값이 무엇을 의미하는가?

07. 신뢰의 구조방정식을 작성하라.

08. 〈표 1〉의 모형의 적합도 지수들을 검토하여, 모형의 적합도를 평가하라.

09. 모형의 적합도는 어떤 원리로 계산되는가?

10. 선분성 1의 표준화 요인적재치는 0.88이다. 이 값이 무엇을 나타내는가?

제 6 장
구조방정식모형의 적합도 지수

주요개념들

- 절대적 적합도 지수
- 상대적 적합도 지수
- 간결성 적합도 지수
- 정보이론 기반 적합도 지수

구조방정식모형을 통해 재생된 공분산 행렬이 표본에서 관측된 공분산 행렬에 근접할수록 모형의 적합도는 높아진다. 구조방정식모형의 적합도 평가는 측정모형에 대한 평가와 구조모형에 대한 평가로 진행된다. 측정모형에 대한 평가는 측정변수들의 신뢰도와 타당도 평가가 중심이 되며, 구조모형에 대한 평가는 모형의 전반적인 적합도와 개별 모수 추정치의 적합도에 대한 평가로 이루어진다.

지금까지 전체 모형의 적합도를 평가하기 위한 다양한 지수들이 개발되어 왔다. 모형적합도 지수들은 절대적 적합도 지수, 상대적 적합도 지수, 간결성 적합도 지수로 구분된다. 이번 장에서는 대표적인 적합도 지수들을 상세히 살펴본다.

I 모형 적합도 지수

1. 적합도 지수의 이해

적정식별모형은 관측된 데이터에 완벽하게 합치되는 모수 추정치를 산출한다. 그러나 과다식별 모형은 자유모수의 수보다 고유한 요소의 수가 많기 때문에 재생된 공분산 행렬과 표본 공분산 행렬이 완벽하게 일치되기 어렵다. 더욱이 두 행렬의 차이가 어느 정도나 커야 유의하다고 할 수 있는가를 연구자가 결정하기는 매우 어렵다. 이러한 문제를 해결하기 위해 지금까지 모형의 적합도를 평가하기 위한 다양한 지수들이 개발되었다. 개별적인 적합도 지수들을 살펴보기에 앞서 적합도 지수와 관련해서 주의할 점들은 다음과 같다.

첫째, 적합도 지수는 검증대상 모형이 채택될 것인가 또는 기각될 것인가를 결정하기 위해 이용된다는 점이다. 적합도 지수는 모형 전체에 대한 검증을 하기 위한 것이며, 모형 내의 개별 계수들의 유의도를 검증하는데 이용되는 것은 아니다. 모형이 적합한 것으로 평가되면, 연구자는 모형 내의 개별 모수 추정치들을 평가하고 해석한다. 따라서 전반적인 적합도가 낮은 모형에서는 통계적으로 유의미한 경로계수들도 실질적인 의미를 지니지 못한다.

둘째, 적합도 지수들은 적합도를 평가하기 위해 각각 분석의 상이한 측면에 초점을 맞추기 때문에, 어느 한 적합도 지수가 높다고 해서 모형의 적합도가 보장되지는 않는다는 점이다. 따라서 가능한 다양한 적합도 지수들을 동시에 검토하는 것이 바람직하다.

셋째, 적합도 지수들은 분석결과의 이론적 중요성에 대해서는 보장해 주지 않는다는 점이다(Kline, 2005). 예컨대 적합도 지수가 높게 나왔다 하더라도 개별 경로계수의 부호가 이론과 반대로 나온다면 분명한 이론적, 논리적 근거를 제시해야 한다.

넷째, 모형의 전반적인 적합도 검증을 위한 통계치들이 지닌 공통적인 문제점은 검정력(power)이 표본의 크기에 따라 달라진다는 점이다. 표본의 크기가 매우 큰 경우 통계적 검증은 대부분 유의한 결과를 산출하게 된다. 따라서 표본이 큰 경우 실제로 데이터를 매우 잘 설명하고 있음에도 불구하고 모형을 기각하기 쉽다. 반대로 표본이 작은 경우 적합도가 좋지 않음에도 불구하고 모형은 채택되기 쉬운 문제가 있다.

다섯째, 적합도 지수별로 적정한 크기에 대한 논쟁이 여전히 존재한다는 점이다. 학자들 간에 특정한 적합도 지수의 값이 얼마여야 모형이 적합하다고 판단할 수 있는지에 대해 상당한 이견이 존재하고 있다.

2. 적합도 지수의 구분

모형의 적합도를 평가하는 지수들이 매우 다양함에도 불구하고, 크게 데이터에 대한 모형의 절대적 적합도를 측정하는 지수, 다른 모형과 연구모형을 비교하는 상대적 적합도를 측정하는 지수, 다른 모형과 비교하여 모형의 간결성을 고려하는 간결성 적합도 지수 등의 세 가지로 구분된다.

Ⅱ 절대적 적합도 지수

절대적 적합도 지수들은 단지 모형의 전체적인 적합도를 평가하며, 과다적합에 대한 조정을 하지 못하는 적합도 지수들이다. 모형 χ^2, 상대 χ^2, FMIN, GFI, AGFI, RMS, RMSR, RMR, SRMR, Hoelter's N 등이 이러한 유형에 속하는 지수들이다.

절대적 적합도 지수들은 검증되는 모형이 진실된 것이라는 가정 하에서 관찰된 공분산 행렬을 재생된 공분산 행렬과 단순히 비교하는 방식을 취한다. 절대적 적합도는 공분산/상관관계 행렬을 얼마나 잘 재생하는가에 대한 평가가 적합도 검증의 핵심이다. 즉, 분석결과로 도출된 모수 추정치를 이용해서 거꾸로 공분산 행렬을 재생하고 그 값들을 데이터로부터 관찰된 공분산 행렬과 비교하는 것이다. 따라서 이러한 지표들은 전통적인 불일치함수(discrepancy function)를 사용한다.

1. 모형 카이제곱(χ^2)

(1) 개 요

모형 χ^2 또는 단순히 χ^2 검증은 구조방정식모형의 초기 연구들에서 가장 빈번하게 이용된 적합도 검증방법이다. 모형 χ^2 검증은 불일치(discrepancy), 불일치함수(discrepancy function), 우도비 카이제곱(likelihood ratio chi-square), 카이제곱

적합도지수(chi-square fit index), 카이제곱 적합지수(chi-square goodness of fit) 또는 단순히 카이제곱(chi-square)으로도 불리는 가장 대표적인 적합도 지수이다. AMOS는 χ^2 검증을 CMIN으로 보고한다. 앞에서도 설명한 것처럼 구조방정식모형을 위한 기본 가설은 다음과 같이 설정할 수 있다.

$$S = \hat{\Sigma}$$

S는 표본을 통해 관찰된 모집단의 공분산 행렬이고, $\hat{\Sigma}$는 모형에 의해 재현된 공분산 행렬이다. 가설이 의미하는 것처럼 모형이 데이터에 일치한다는 것이다. 즉 설정된 모형이 실제 데이터에 얼마나 일치되는가를 χ^2 검증하게 되는 것이다. χ^2 값의 계산은 다음과 같다.

$$\chi^2(df) = (N-1)F[s, (\hat{\Sigma})]$$
$$df = \frac{p(p+1)}{2} - k$$

N은 표본의 크기를 나타내고, 적합함수(F)를 계산하기 위한 S는 관측된 공분산 행렬을 나타내며, $\hat{\Sigma}$는 모형에 의해 추정된 공분산 행렬을 나타낸다. 자유도는 p= 관측변수의 수, k는 추정 모수의 수를 나타낸다. χ^2 검증을 위한 자유도(df)는 모형의 식별에서 계산한 것과 동일한 모형의 자유도로 계산된다. 적정식별모형의 χ^2은 0이고 자유도도 0이 되며, 모형은 데이터에 완벽하게 적합한다. 이 경우 예측된 공분산 행렬은 관측된 공분산 행렬과 완벽하게 일치된다.

χ^2 값은 유의하지 않아야만 모형에 의해 재생된 공분한 행렬과 모집단 공분산 행렬 간에 유의한 불일치가 없으며, 따라서 모형이 적합함을 의미한다. 유의한 χ^2은 모형의 적합도 부족을 의미하는데, 이는 χ^2 값이 적합도가 아닌 부적합도(badness of fit)를 측정하는 지표이기 때문이다. 모형 χ^2이 < 0.05이면 연구모형은 기각되며, 주어진 모형의 공분산 행렬이 관찰된 공분산 행렬과 유의한 차이가 존재함을 나타낸다. 즉 연구모형이 실제 데이터와는 거리가 먼 부적합한 모형으로 평가되는 것이다.

적합도 평가지표로서 χ^2 검증이 대중적이기는 하지만, 이 방법의 가장 큰 문제점은 지나치게 보수적이라 Type I 오류에 취약하다는 점이다. 즉 재생된 행렬과 관측된 행렬간의 실질적인 차이가 적음에도 불구하고 두 차이가 통계적으로 유의한 것으로 나타나는 경우가 많다는 점이다. 따라서 표본크기가 충분히 크고(즉,

n〉200의 경우) 다른 모형 적합도 지수들이 연구모형을 지지하는 경우 χ^2를 중요하게 고려하지 않는 것이 일반적인 추세이다.

(2) 문제점

χ^2 검증의 구체적인 문제점들은 다음과 같다. 첫째, 모형이 복잡해질수록, 모형의 적합도는 증대된다. 포화모형(just-identified model)의 경우 최대 가능한 모수들이 추정되며, 따라서 완전 적합도를 달성하게 된다. χ^2 검증은 연구모형과 포화모형간의 차이를 검증함으로서, 연구자의 모형이 포화모형에 근접할수록 모형의 적합도는 높아지게 된다. 그러나 복잡한 모형이 될수록 모형의 자유도는 감소되고 모형 설정의 간결성 원칙으로부터는 멀어지게 된다. 동일한 데이터에 대해 비슷한 설명력을 지닌 두 개 모형이 있을 경우, 보다 단순한 모형이 더 선호되는 것이 간결성의 원칙이다.

둘째, 표본의 크기가 큰 경우($n > 200$)에만 χ^2 분포에 다가간다. 그런데 χ^2 검증은 표본의 크기에 매우 민감하여, 표본이 큰 경우 표본 공분산 행렬과 추정된 공분산 행렬간의 작은 차이도 유의한 결과를 산출할 가능성이 크다. 따라서 표본의 크기가 클수록($n > 200$인 경우) 연구모형은 기각되기 쉬우며, Type I 오류 가능성은 증대된다. 표본이 매우 큰 경우 대부분 χ^2 검증결과는 유의한 것으로 나타난다(Bentler & Bonnet, 1980; Jöreskog & Sörbom, 1993). 표본이 $n > 400$인 경우 거의 대부분 통계적으로 유의한 것으로 나타난다. 반대로 표본크기가 작은 경우 χ^2 통계치는 통계적 검정력이 부족하게 되며, 그 결과 적합도가 좋은 모형과 적합도가 낮은 모형을 구분하지 못하는 경우가 많다(Kenny & McCoach, 2003). 표본크기가 100–200인 경우 χ^2 검증은 적합도가 우수한 것으로 나타나기 쉽다. χ^2 검증에서 표본크기에 의한 영향력을 최소화하기 위한 대안으로서 아래에서 설명될 Wheaton et al.(1977)의 상대 χ^2 (relative/normed χ^2)이 이용될 수 있다.

셋째, χ^2 적합도 지수는 다변량 정규성을 전제로 한다. 다변량 정규성 가정에 위배되는 경우 유의확률이 부정확하게 되며, 그 결과 모형이 적절하게 설정되었음에도 불구하고 기각되는 결과가 초래될 수 있다(McIntosh, 2006). 다변량 정규성의 가정이 심각하게 위배되는 경우 비정규성에 맞도록 카이제곱을 조정한 Satorra–Bentler(1994)의 scaled χ^2을 이용하는 것이 바람직하다.

2. 상대 카이제곱(relative χ^2)

상대 카이제곱은 정규화 카이제곱(normed chi-square)으로도 불리며, 표본의 크기에 덜 의존하도록 만들기 위해 카이제곱 값을 자유도로 나눈 값이다.

$$상대\ \chi^2 = \frac{\chi^2}{df}$$

상대 카이제곱은 표본크기에 대한 민감도를 고려한 점 때문에 많은 구조방정식모형 분석결과에서 보고되는 적합도 지수이기도 하다. 그러나 이 값은 객관적인 기준이 없기 때문에 해석과 관련해서는 논란이 많은 상황이다. Carmines & McIver(1981)에 따르면, 상대 카이제곱은 2:1~3:1 사이에 있어야 모형이 수용 가능하다. Kelloway(1998)는 2:1~5:1 사이에 존재하는 경우 모형이 적합한 것으로 해석하고 있다. Ullman(2001)에 따르면 2보다 작아야 적합하다고 하지만, Kline(1998)은 3 이하면 수용가능하다고 본다. 이 밖에도 2(Tabachnick & Fidell, 2007)부터 5(Schumacker & Lomax, 2004; Wheaton et al., 1997) 사이의 값들이 제시되기도 한다. 그러나 공통적으로 1보다 작은 경우는 모형이 부적합함을 나타낸다.

3. Satorra-Bentler scaled χ^2

이 값은 데이터의 첨도(kurtosis)를 고려하여 카이제곱 값을 조정한 값이다. 즉 데이터가 상당히 정규분포를 이루지 못하는 경우에 오류를 보정하기 위한 조정 카이제곱 통계치이다. EQS 프로그램만이 이 값을 산출한다.

4. GFI(goodness-of-fit)

GFI는 Jöreskog-Sörbom GFI로도 불리며, χ^2 검증의 대안으로 제시된 최초의 표준화 적합도 지수이다. GFI는 모형에 의해 재생된 공분산에 의해 설명되는 관찰된 공분산의 비율을 나타내며, 회귀분석의 R^2와 유사하다. 회귀분석의 결정계수가 오차분산을 다루는 반면, GFI는 분산-공분산 행렬을 재생하는데 있어서의 오차를 다루는 차이가 있다. 모형에 의해 예측된 공분산을 검토함으로써 GFI는 모형이 관찰된 공분산 행렬을 얼마나 근접하게 재생하는가를 평가한다. GFI는 모수추정방법(즉, ML, GLS 등)에 따라 다르며, 최대우도법의 경우 다음과 같이 계산된다.

$$\text{GFI}_{\text{ML}} = 1 - \frac{tr(\hat{\Sigma}^{-1}S - I)^2}{tr(\hat{\Sigma}^{-1}S)^2}$$

여기서, 분모는 표본 공분산 행렬의 분산의 가중합을 의미하며, 분자는 적합잔차 행렬의 분산의 가중합을 의미한다. GFI는 0에서 1 사이 값을 지니며, 이론적으로는 의미는 없는 '−' 값을 산출할 수 있다. 표본의 크기가 커질수록 GFI 값은 커지게 된다. 전통적으로 GFI 값이 0.9 이상이면 모형이 적합한 것으로 본다. 그러나 Schumacker & Lomax(2004)는 0.95를 적합도 판정기준으로 제시하고 있다. 측정과 관련된 문제로 인해 GFI는 더 이상 연구자들에 의해 선호되는 적합도 지수는 아니다. 즉 표본 크기에 비해 자유도가 큰 경우, GFI는 작게 계산되는 오류가 발생된다(Sharma et al., 2005). 또한 적정식별모형에서 1보다 큰 값을 산출하는 경우도 있다(Kline, 2005).

5. AGFI(adjusted goodness-of-fit index)

AGFI는 GFI의 변형으로서 GFI를 자유도에 맞춰 조정한 값이다. 따라서 AGFI는 간결성 적합도 지수로도 분류된다. 즉 모형의 복잡성을 고려한 적합도 지수이다. AGFI의 계산은 다음과 같다.

$$\text{AGFI} = 1 - \frac{p(p+1)}{2 \cdot df}(1 - GFI)$$

p는 측정변수의 수를 나타낸다. AGFI는 0~1 사이에 분포하며, 의미 없는 음수 값을 산출할 수도 있다. AGFI=1.0은 적정식별 모형과 관련이 있으며 완전적합을 의미한다. AGFI=0은 완전히 비적합 모형과 관련되거나 표본크기가 매우 작은 경우에 나타난다. AGFI는 적어도 0.9 이상이어야 한다. 그러나 최근에 Schumacker & Lomax(2004) 등 다수의 학자들이 0.95를 기준으로 제시하고 있다. GFI처럼 AGFI 역시 표본크기에 비해 자유도가 큰 경우 과소 계산되는 오류가 있다. 또한 표본이 커질수록 적합도를 과다 추정하는 경향이 있다(Bollen, 1990). AGFI는 점차 적합도 지수로서의 선호도가 떨어지고 있다.

6. RMSR 또는 RMR(root mean square residual)

RMR은 모형에 의해 예측된 공분산 행렬과 관찰된 공분산 행렬 간의 불일치의 제곱의 평균의 제곱근으로, 간단하게는 적합잔차의 제곱들의 평균에 제곱근을 취한 값이다. 적합잔차(fitted residuals)는 '재생된 공분산 행렬-표본 공분산 행렬' 로 계산된다.

$$\text{RMR} = \left[2\sum_{i=1}^{p}\sum_{j=1}^{i} \frac{(s_{ij} - \widehat{\Sigma}_{ij})^2}{p(p+1)} \right]^{1/2}$$

RMR의 최소치는 0이다. 그러나 최고치는 존재하지 않는데 이는 측정변수의 척도에 따라 달라지기 때문이다. RMR이 0에 가까워질수록 모형적합도가 높아진다. RMR은 0.1보다 작아야 한다는 것이 일반적인 기준이지만, 연구자들마다 0.1~0.05에 이르기까지 기준들을 제시하고 있다. RMR은 최고치가 존재하지 않기 때문에 이러한 기준을 넘는 비표준화 RMR이 반드시 적합도의 부족을 의미하지는 않는다. 예컨대 일부 관찰변수들이 5점 척도를 쓰고 나머지 변수들이 7점 척도를 쓰는 경우 RMR을 해석하기는 어려워진다. 따라서 RMR은 공분산 행렬에 비해 상관관계 행렬을 투입자료로 이용하는 경우에 적합하다. 이처럼 관찰변수들의 척도에 민감한 RMR은 해석하기 어렵기 때문에 SRMR(standradized RMR)이 대신 쓰이기도 한다.

7. SRMR(standardized root mean square residual)

SRMR은 RMR이 지닌 측정단위의 문제를 보정하기 위해 표준화한 값이다. SRMR은 표준오차의 안정성을 가정하므로 표본의 크기가 충분히 클 것을 전제로 한다. 표본크기가 커질수록, 추정모수의 수가 커질수록 SRMR 값은 작아진다. SRMR의 계산은 다음과 같다.

$$\text{SRMR} = \sqrt{\frac{\Sigma(\text{모형기반표준화잔차})^2}{u}}$$

u는 분산-공분산 행렬 내의 고유한 요소의 수를 나타낸다. SRMR은 0에서 1사이에 분포하며, SRMR이 작을수록 모형의 적합도는 높아진다. 즉 모형이 이상적이

라면 모든 잔차들이 0에 가까워질 것이며, 따라서 SRMR은 0으로 다가갈 것이다. SRMR=0이면 완전 적합을 나타내며, 값이 커질수록 비적합을 의미하는 비적합 지수이다. SRMR < 0.05이면 모형의 적합도가 높은 것으로 여겨지며(Bryne, 1998), SRMR이 0.08이면 수용 가능한 모형으로 여겨진다(Hu & Bentler, 1999). Kline(2005)은 0.1보다 작으면 적합하다고 본다. SRMR은 표본의 크기가 커질수록 또는 모형 내에 모수가 많아질수록 작아지는 경향이 있다.

8. Hoelter's critical N

이 지수는 표본의 크기가 충분한가를 판단하기 위해 만들어진 지수다. 만일 Hoelter's N > 200이면 표본크기가 충분한 것으로 받아들여진다. 카이제곱에 의한 모형을 검증하는 경우 Hoelter's N < 70은 모형이 수용하기 어려울 만큼 낮은 값으로 여겨진다. 이 값은 χ^2 적합지수의 표본크기 고려 문제에 대한 대안이라 할 수 있다. Hoelter's critical N은 유의수준 0.05와 0.01 두 가지로 계산된다. 유의수준이 0.05인 경우, Hoelter's N을 계산하는 공식은 다음과 같다. LISREL과 AMOS 모두 Hoelter's N을 산출한다.

$$CN = \frac{\chi^2_{crit}}{F} + 1$$

χ^2_{crit}는 자유도(df)가 주어진 상황에서 χ^2의 임계치이며, F는 추정 기준(최소화 함수) 값이다. Hu & Bentler(1998)는 이 지수를 사용하지 말 것을 주장한다.

Ⅲ 상대적 적합도 지수

절대적 적합도 지수들의 문제점이 대두되면서 상대적 적합도 지수에 대한 관심이 증대되고 있다. 상대적 적합도 지수로서 CFI, IFI, NFI, BBI, TLI, RFI, NNFI 등은 연구자의 모형과 또 다른 모형의 적합도를 비교하는 방식으로 적합도를 평가한다. 상대적 적합도 지수는 점증 적합지수(incremental fit measures)로도 불린다. 상대적 적합도 지수들은 연구모형을 데이터에 완전 적합한 모형과 비교하는 것이 아니라 데이터에 적합도가 미흡한 기본 모형과 비교하는 방식이다.

그림 6-1 독립모형

가장 많이 이용되는 기본 모형은 독립모형(independence model) 또는 영모형(null model)이다. 〈그림 6-1〉처럼 영모형은 모형을 구성하는 변수들 간에 어떤 경로도 규정하지 않은 모형이다. 따라서 영모형은 적합도가 최악인 모형이라고 할 수 있다. 독립모형의 적합도는 최악의 상황을 가정하므로 연구모형을 비교하면 연구자의 모형이 적절한 것으로 확인되지만 연구목적에 부합하지 않을 수도 있다.[1] 또한 상대적 적합도 지수들은 모형의 간결성(parsimony)을 고려하지는 못하는 한계가 있다.

1. IFI(incremental fit index)

IFI는 Bollen's IFI, BL89. 또는 Delta 2($\Delta 2$)로도 불린다. IFI의 계산식은 다음과 같다.

$$\mathrm{IFI} = \frac{\chi^2_{영모형} - \chi^2_{연구모형}}{\chi^2_{영모형} - df_{연구모형}}$$

IFI는 0에서 1 사이 분포하며, 일반적으로 IFI > 0.9이면 적합한 모형으로 여겨지며 일부 상황에서는 1보다 큰 값이 산출되기도 한다. IFI는 표본크기에 독립적인 이유로 선호되는 지수이다(Bollen, 1990).

2. NFI(normed fit index)

Bentler-Bonett NFI 또는 Delta 1으로도 불리는 NFI는 CFI의 대안으로 제시되었지만(Bentler & Bonnet, 1980), χ^2 검증에서와 같은 가정들을 필요로 하지는 않

1) 엄밀한 의미로는 모든 적합도 지수들이 모형간의 비교에 기초하고 있다고 할 수 있다. 절대적 적합도 지수들의 경우 암묵적으로 완전적합 모형과 이론 모형을 비교한다. 완전적합 모형은 변수들 간의 모든 가능한 재귀적 경로들로 구성되어 있으며 따라서 자유도는 0이다. 추정된 경로의 수가 공분산 행렬 내의 요소의 수와 정확히 일치하기 때문이다. 그 결과 항상 데이터에 완전 적합하게 된다.

는다. NFI는 영모형(χ^2이 최대인 모형)과 비교하여 연구자의 모형에 의해 개선된 적합도의 비율을 반영한다. NFI는 NNFI가 0~1의 범위를 벗어날 수 있다는 점을 수정하여 개발되었다. 정규화(normed)를 통해 NFI 값은 0에서 1 사이에 존재하며, 1인 경우 완전적합을 의미한다. NFI의 계산식은 다음과 같다.

$$NFI = \frac{\chi^2_{영모형} - \chi^2_{연구모형}}{\chi^2_{영모형}}$$

예컨대 NFI=0.5인 경우 연구자의 모형은 영모형에 비해 적합도를 50% 개선함을 의미한다. NFI > 0.95이면 적합한 모형으로 간주되며, 0.90~0.95이면 수용할 만한 모형으로, NFI < 0.90이면 수용하기 어려운 모형으로 간주된다. Byrne(1994)은 NFI>0.9을 기준으로, Schumacker & Lomax(2004)는 NFI > 0.95를 기준으로 제시한다. NFI의 문제점은 표본의 크기에 민감하다는 점으로 표본이 작은 경우 (n<200) 적합도를 과소추정하는 문제가 있다(Ullman, 2001; Bentler, 1990). 또한 NFI는 모형의 간결성을 고려하지 않아 모수가 많을수록 NFI 계수가 커지는 문제를 보인다. 즉 복잡한 모형이 적합도가 더 우수한 모형으로 나타나는 문제가 있다. Gerbing & Anderson(1993)은 NFI를 사용하지 말 것을 주장한다.

3. NNFI(non-normed fit index: TLI)

NNFI는 TLI(Tucker-Lewis Index)로도 불리며, NFI와 비슷하지만 모형 간결성을 조정한(즉, 모형의 자유도를 고려한) 지수이다. 따라서 NNFI는 상대적 적합도 지수이며 동시에 간결성 적합도지수이다. NNFI의 계산식은 다음과 같다.

$$NNFI = \frac{(\chi^2_{영모형} / df_{영모형}) - (\chi^2_{연구모형} / df_{연구모형})}{(\chi^2_{영모형} / df_{영모형}) - 1}$$

NNFI는 정규화(normed)되지 않은 속성으로 인해 반드시 0과 1 사이에만 존재하지는 않는다. 따라서 0~1을 벗어난 값이 존재할 수 있으나, 이 경우 해석이 곤란하다. NNFI > 1인 경우 1로 보고한다. NNFI가 음수인 경우는 $\chi^2_{영모형}/df$ 값이 연구모형에 비해 작음을 의미하는데, 이는 연구모형의 자유도가 매우 낮고 상관관계가 매우 낮은 경우에 발생 될 수 있다. NNFI가 1에 가까울수록 적합도가 우수함을 나타낸다. Hu & Bentler(1999)는 NNFI ≥0.95를 적합모형의 기준으로 제시하였다. NNFI < 0.9인 경우에는 모형을 재설정할 필요가 있다. 표본의 크기가 작은 경

우 다른 적합도 지수들이 모형의 적합성을 지지함에도 NNFI는 모형의 적합도를 낮게 평가하는 경향이 있다(Kline, 2005; Tabachnick & Fidell, 2007).

4. CFI(comparative fit index)

CFI는 Bentler CFI로도 불리며(Bentler, 1990), 가장 많이 이용되고 있는 상대적 적합도 지수 가운데 하나이다. CFI는 기존모형의 적합도를 잠재변수들 간에 상관관계가 전혀 존재하지 않는다고 가정하는 영모형(즉 독립모형)과 비교한다. 연구모형의 적합도가 영모형에 비해 상대적으로 얼마나 증가하였는가를 평가한다. CFI의 계산식은 다음과 같다.

$$\text{CFI} = \frac{\lambda_{\text{영모형}} - \lambda_{\text{연구모형}}}{\lambda_{\text{영모형}}}$$

$\lambda = \chi^2 - df$이다. CFI는 NFI와 비슷한 특성을 지니고 있지만, 표본의 크기를 보정하는 지수이다. 실제로 CFI와 RMSEA는 표본의 크기에 가장 적게 영향을 받는 지수이기도 하다. CFI는 독립모형을 영모형으로 설정하고 있다는 점이 한계로 지적되기도 한다. 변수들간의 공분산이 0이라는 가정이 지닌 비현실성에 대한 비판으로부터 자유롭지 못하다. 또한 모형의 간결성을 고려하지 못하기 때문에 복잡한 모형에 대해서 CFI가 높게 나타날 수 있다. 따라서 CFI는 간결성 지수들(예, NNFI, RMSEA)과 함께 고려되어야 한다(홍세희, 2000).

CFI는 표본의 크기가 작은 경우에 적절하다(Tabachnick & Fidell, 2007). CFI는 0에서 1 사이에 존재하며, 1로 다가갈수록 적합도가 높음을 의미한다. 전통적으로 CFI $\geq$ 0.9이면(즉, 데이터의 공분산의 90%가 연구모형에 의해 재생될 수 있으면) 적합한 모형으로 간주된다. Hu & Bentler(1995)는 CFI $\geq$ 0.95를 적합도의 기준으로 제시하고 있다. CFI < 1인 경우 CFI는 항상 TLI보다 큰 값을 지닌다. TLI와 CFI는 높은 상관관계를 지니고 있기 때문에 둘 중 하나만 보고하는 것이 보통이다.

5. RFI(relative fit index)

RFI는 RHO1으로도 불리며 0과 1 사이에 존재하며 값이 1로 다가갈수록 적합도가 좋음을 나타낸다. RFI는 다음과 같이 계산된다. 흔히 RFI > 0.9을 적합도의 기준으로 고려한다.

$$\text{RFI} = \frac{(\chi^2_{\text{영모형}} - \chi^2_{\text{연구모형}}) - [df_{\text{영모형}} - (df_{\text{연구모형}} / n)]}{\chi^2_{\text{영모형}} - (df_{\text{영모형}} / n)}$$

IV 간결성 문제를 고려한 적합도 지수

모형의 적합도와 간결성 간에는 교환관계(trade-offs)가 존재한다. 포화모형에 가까워질수록 복잡한 모형의 적합도는 높게 나타난다. 그 결과 이론적으로 덜 엄격한 모형이 오히려 높은 적합도를 보이는 역설적인 상황이 초래된다.

RMSEA, PRATIO, PNFI, PCFI, PGFI 등은 더 복잡한 모형이 덜 복잡한 모형에 비해 적합도가 높을 수밖에 없다는 사실에 기초하여 모형의 간결성을 보정하기 위한 적합도 지수들이다. 간결성 지수들은 NFI, CFI, GFI 등의 비교대상 지수들과 동일한 기준을 사용하지 않는다. 모형을 비교함에 있어서 간결성 지수가 높을수록 적합도가 우수함을 나타낸다. 간결성의 기준을 사용하는 것과 관련하여 더 많은 모수가 있다고 해서 이를 반드시 조정할 필요가 있느냐는 비판을 제기하는 학자들도 있다. 또한 간결성 지수들은 대부분 적합도를 평가하는 객관적인 절대기준이 존재하지 않아 해석이 쉽지 않다는 문제점이 있다.

1. RMSEA(root mean square error of approximation)[2]

최근 들어 구조방정식모형에서 가장 많이 보고되는 RMSEA는 RMR처럼 적합잔차 분석에 기초한다. RMSEA는 RMS, RMSE, 또는 불일치/자유도(discrepancy per degree of freedom)로도 불린다. RMSEA는 영 모형과의 비교를 전제로 하지 않으며, 모형의 간결성을 고려하고, 표본크기에 덜 영향을 받기 때문에, 연구자들에 의해 상당히 선호되는 적합도 지수이다. RMSEA는 다음과 같이 계산된다.

$$\text{RMSEA} = \sqrt{max\left(\frac{\chi^2 - df}{(n-1)df}, 0\right)}$$

위 계산식에서도 볼 수 있듯이 RMSEA는 분모의 자유도를 통해 모형의 복잡성

2) RMSEA는 절대적 적합도 지수의 하나이기도 하다.

을 보정한다. 즉 RMSEA는 모형에서 추정되는 모수의 수에 민감하며, 자유도 하나마다 평균적인 적합도의 부족을 계산하기 때문에 모형의 간결성을 고려한 지표이다. RMSEA는 간결성을 선호하므로 모수의 수가 적은 모형을 선택하게 한다. 즉 설명력이 동일한 두 개 모형이 있을 때, 보다 단순한 모형이 낮은 RMSEA 값을 산출한다.

RMSEA는 0일때 최대 적합도를 나타내며, 값이 커질수록 적합도가 낮아진다. 따라서 비적합도 지수로도 분류될 수 있다. 보통 RMSEA < 0.05이면 매우 적합한 모형으로 간주된다. 0.5 < RMSEA < 0.08이면 보통 수준으로 여겨진다. 최근에 Hu & Bentler(1999)는 RMSEA ≤ 0.06, Steiger는 RMSEA ≤ 0.07을 적합도 판정기준으로 제시하였다. Browne & Cudeck(1993)은 RMSEA<0.08을 타당한(reasonable) 수준으로 보고 있다. 이러한 견해차에도 불구하고 공통적으로 RMSEA > 0.1은 적합도 부족으로 간주된다. RMSEA는 흔히 신뢰구간과 함께 보고되는 장점이 있다. 이것이 가능한 이유는 RMSEA 통계치의 분포를 알기 때문이며, 신뢰구간을 통해 영가설(즉, 적합도 부족)을 좀 더 정확하게 검증할 수 있다.

2. PNFI(parsimonious normed fit index)

PNFI는 PNFI1로도 불리며, NFI에서 모형의 간결성을 조정한 것이다. 계산식은 PRATIO × NFI와 같다.

$$\text{PNFI} = \frac{df_{\text{연구모형}}}{df_{\text{영모형}}} \cdot NFI$$

이 식에서 볼 수 있듯이 연구모형이 포화모형에 근접할수록, NFI에 대한 보정이 강하게 이루어진다. PNFI는 0에서 1 사이에 존재한다. 일반적으로 모형의 적합도를 판정하기 위한 PNFI의 객관적인 기준은 존재하지 않는다. 다만 PNFI>0.6이면 간결성이 우수한 것으로 평가된다. 내재모형을 비교하는 경우, PNFI값이 클수록 좋은 모형이다.

3. PCFI(parsimony comparative fit index)

PNFI처럼 PCFI는 PRATIO × CFI로 계산된다. 연구모형이 포화모형에 근접할수록 CFI에 대한 보정이 강하게 이루어진다. 모형의 적합도를 판정하기 위한 공통된 기준은 없으며, 내재모형을 비교하는 경우, PCFI 값이 낮을수록 좋은 모형이다.

4. PGFI(parsimony goodness of fit index)

PGFI 역시 GFI의 변형으로서 자유도의 손실을 보정한다. 0에서 1 사이에 분포하며, 값이 클수록 간결함을 나타낸다. PGFI > 0.6이면 간결성이 우수한 것으로 평가된다.

$$\text{PGFI} = \frac{2df}{p(p+1)} \times GFI$$

p = 측정변수의 수

PGFI는 PNFI 처럼 두 개의 경쟁적인 이론모형을 비교하는데 적합하다. 즉, 각 모형의 간결성 지수를 계산해서 간결성이 높은 모형을 선택한다.

5. PRATIO(parsimony ratio)

PRATIO는 연구모형의 자유도와 영모형의 자유도의 비율을 나타낸다. PRATIO는 그 자체로 적합도 측정 지표는 아니며, PNFI와 PCFI와 같은 적합도 지표들 속에서 계산에 이용된다.

V 정보이론에 기초한 적합도 지수

AIC, BIC, CAIC, BCC, ECVI, MECVI, CVI 등은 정보이론으로부터 고안된 지수들로서 절대적 적합도 지수이며 동시에 간결성 지수이기도 하다. 이러한 지수들은 동일한 데이터를 가지고 ML 추정법에 의해 추정된 비내재적(non-nested) 또는 비계층적(non-hierarchical) 모형들 간의 비교를 실시하는 경우 어떤 모형이 가장 간결한 모형인가를 알려준다. 따라서 단일모형에 대한 적합도 평가를 위해서는 사용되지 않는다. 이 지수들은 상대적으로 덜 알려져 있으며, 비정규화(non-normed) 속성으로 인해 0~1의 척도를 가지고 있지 않아 판단의 절대 기준이 존재하지 않는다. 그러나 모형들을 비교함에 있어서 지수 값이 작을수록 적합도가 높음을 나타낸다.

1. AIC(Akaike information criterion)[3)]

AIC는 모형 χ^2을 모형의 복잡성에 맞춰 조정한 적합도 지수이다. 즉 복잡한 모형에서 발생되는 모형의 간결성 부족과 과다모수화의 문제를 고려한 지수이다. 따라서 AIC는 모형과 관찰된 공분산 행렬간의 불일치를 반영한다. AIC는 동일한 데이터를 가지고 추정되는 비계층적 경쟁모형들 간의 비교를 위해 이용되며 단일 모형을 위해 이용되지는 않는다. 따라서 내재모형뿐만 아니라 잠재변수의 수가 다른 이질적인 모형들을 비교하는데 이용된다. AIC의 절대값은 다른 AIC 값과 비교되지 않는 경우 아무런 직관적 의미도 지니지 않는다. 다만 상대적으로 AIC가 낮을수록 모형의 적합도가 높음을 나타낸다. χ^2과는 달리 AIC값이 0에 가까울수록 적합도가 높으며, 두 개를 비교하는 경우 더 낮은 값이 높은 적합도를 의미한다. AIC의 계산은 다음 두 가지 방식이 있다.

$$\text{AIC} = \chi^2_{\text{연구모형}} - 2q_{\text{연구모형}}$$
$$\text{AIC} = \chi^2_{\text{연구모형}} - 2df_{\text{연구모형}}$$

위 공식은 LISREL에서 보고되는 AIC지수이며 q는 자유모수의 수를 나타낸다. 반면, 아래 공식은 EQS에서의 AIC지수로서 df는 모형의 자유도를 나타낸다. CAIC(Consistent Version of AIC)는 표본크기가 작은 경우에 맞춰 AIC를 조정한 지수이다. AIC처럼 CAIC값이 작을수록 모형의 적합도는 높아진다.

2. BIC(Bayesian information criterion)

BIC는 Akaike's Bayesian Information Criterion(ABIC), Schwarz Bayesian Criterion(SBC)로도 불린다. CAIC처럼 BIC는 표본의 크기와 모형의 복잡성을 고려한 지수이다. 특히 BIC는 AIC나 CAIC에 비해 훨씬 강하게 모수의 추가 부분을 조정한다. 따라서 AIC, BCC, CAIC와 비교하여 BIC는 모수의 수가 적은 간결한 모형을 매우 선호하는 측도이다. BIC는 포화모형(saturated model)과 비교한 관심모형

3) AIC는 간결성 적합도 지수로도 분류된다.

의 베이즈 요인 로그값(log of a Bayes Factor)을 나타낸다. BIC의 계산공식은 다음과 같다.

$$\text{BIC} = L^2 - df \cdot \log_e nN$$

L^2은 우도비 카이제곱을 나타낸다. BIC는 표본의 크기가 크고 모형 내에 모수의 수가 적은 경우에 적합하다. BIC의 문제점으로는 표본은 크지만 변수들의 분산이 작고 독립변수들 간의 다중공선성이 높은 모형의 BIC 값은 신뢰하기 어렵다는 점이다. 또한 BIC는 Type II 오류의 경향을 많이 보인다.

3. ECVI(expected cross-validation index)

ECVI는 비내재적모형을 비교하는 데 적절하다. 예컨대 표본을 달리하여 얻어진 두 개의 동일한 모형을 비교하는 데 적합하다. AIC처럼 ECVI는 모형과 표본 공분산 행렬간의 불일치의 크기를 고려하며, 그 값이 낮을수록 적합도가 높음을 의미한다. ECVI는 최저값이 0이지만 최고값은 없다.

$$\text{ECVI} = \frac{\chi^2}{(n-1)} + 2\frac{k}{(n-1)}$$

K = 추정모수의 수

내재적 모형(nested model)을 비교하는 경우에는 보통 χ^2 차이가 이용된다. ECVI를 내재적 모형 간의 차이 비교에 이용하는 경우, 자유도를 고려하는 점이 χ^2 비교와는 다른 점이다. MECVI(modified expected cross-validation index)는 BCC의 변형으로서 ECVI와 비교할 때 모형의 복잡성을 더 강하게 조정한다.

VI 비중심성(non-centrality) 기반 적합도 지수

비중심성기반 적합도 지수들은 카이제곱이 0이라는 비현실적인 영가설보다는 카이제곱이 0보다 크다는 가설을 검증하기 위한 지수들이다. 카이제곱 분포보다는 비중앙집중적 카이제곱 분포를 이용하고 독립모형보다는 완전포화모형(perfect saturated model)의 자유도를 이용한다. 비중심성 적합도 지수들은 표본의 크기에 민감하다. 따라서 표본이 큰 경우 동일한 모형에 대해서 높은 적합도 지수를 산출하게 된다.

1. RNI(relative non-centrality index)

RNI는 모형의 복잡성과 표본의 크기를 조정한 값이다. 적합한 모형이 되기 위해서는 RNI > 0.9이어야 한다. 계산공식은 다음과 같다.

$$\text{RNI} = \frac{(\chi^2_{\text{영모형}} - df_{\text{영모형}}) - (\chi^2_{\text{연구모형}} - df_{\text{연구모형}})}{\chi^2_{\text{영모형}} - df_{\text{영모형}}}$$

Raykov(2000, 2005)와 Curran et al.(2002)은 RNI가 모형적합도 지수로서는 오류가 있다고 지적하고 있다. Kline(2005) 역시 RNI는 음수 값을 지닐 수 있다는 문제점을 지적하면서, RNI와 비슷하면서도 이러한 문제가 없는 CFI를 사용할 것을 주장한다.

2. CI(centrality index)

CI는 모형카이제곱, 자유도 및 표본크기의 함수이다. CI > 0.90이면 모형이 적합한 것으로 여겨진다.

VII 적합도 지수의 선택

1. 기 준

이상에서 살펴본 것처럼 다양한 이론적 또는 실제적 근거 위에서 많은 적합도 지수들이 개발되어왔다. 상이한 지수들은 모형 적합도의 상이한 측면들을 반영하고 있다. 그렇다면 연구자는 어떤 지수들을 연구결과에서 제시해야 하는가? 간단하게 생각하더라도 모든 지수들을 보고하는 일은 바람직하지 않을 것이다. 적합도 지수의 선택과 평가기준에 대해서는 의견이 분분한 상황이다. 사실 구조방정식모형 연구는 적합도 지수의 선정과 해석에 관한 보다 분명한 가이드라인이 필요한 시점이다.

Marsh, Balla & McDonald(1988)는 적합도 지수의 바람직한 기준으로, 표본크기로부터의 독립성, 서로 다른 모형들을 평가함에 있어서의 정확성과 일관성, 해석의 편의성 등 세 가지를 제시하고 있다. Gerbing & Anderson(1993)은 적합도 지수는 표본크기에 민감하게 영향을 받지 않아야 하며, 자료에 적합한 모형의 적합도를 높게 평가하면서도, 동시에 모형의 간결성도 고려할 수 있어야 한다고 주장한다.

McDonald & Ho(2002)의 연구에 따르면 가장 빈번하게 보고되는 적합도 지수

표 6-1 주요 적합도 지수의 비교

구 분	적합도 지수	적합기준	특 징
절대적 적합도 지수	χ^2	χ^2 통계치가 주어진 자유도에서 유의하지 않아야 함 ($p > 0.05$)	표본의 크기에 지나치게 민감
	상대 χ^2	2.0~3.0이면 적합	χ^2의 표본 크기를 보정
	GFI	0.90 이상이면 적합	• 0~1 사이에 분포 • 회귀분석의 R^2과 유사
	AGFI	0.90 이상이면 적합	• 모수의 수를 고려하여 GFI를 보정
	RMR	작을수록 적합도 우수	• 적합잔차에 기초 • 잔차행렬의 평균
	SRMR	0.05 이하이면 적합도 우수	• RMR을 표준화 한 값 • RMR에 비해 해석이 용이
상대적 적합도 지수	NNFI (TLI)	0(부적합) ~ 1(완전 적합) 0.95 이상이면 적합	• 간결한 모형을 선호 • 0~1 사이의 값을 넘을 수도 있음
	NFI	0.95 이상이면 적합	• 기준모형과 비교 • 0~1 사이에 분포
	CFI	0.95 이상이면 적합	• 0~1 사이에 분포
간결성	RMSEA	0.05 이하이면 적합도 우수	• 간결한 모형을 선호 • 분포가 알려져 있음
적합도 지수	PNFI	값이 클수록 적합도 우수	NFI에서 모형의 간결성을 조정
	PGFI	값이 클수록 적합도 우수	GFI에서 자유도의 손실을 조정
	AIC	0(완전 적합) ~ 양의 값	대안 모형의 비교
	CAIC	–	작을수록 간결한 모형

들은 CFI, GFI, NFI와 NNFI인 것으로 나타났다. 홍세희(2000) 역시 RMSEA, NFI, NNFI, CFI, GFI, AGFI 등이 많이 이용된다고 주장한다. 반면 RFI, IFI, Hoelter 지수는 상대적으로 이용도가 매우 낮은 지수들이다. 그런데 이처럼 단순히 많이 이용되는 지수들만을 중심으로 보고하는 것 역시 바람직하지 않다. 대표적으로 GFI의 경우 역사적으로 오래되기는 하였으나 최근에 점점 이용이 감소되고 있는 추세이며, Sharma et al.(2005) 같은 학자들은 GFI를 보고하지 말 것을 주장한다. 또한 가지 주의할 점은 적합도가 우수하게 나온 지수들만을 보고하려는 시도이다. 이러한 경우는 분석결과를 왜곡할 수도 있으며, 따라서 전혀 바람직하지 않다. 〈표 6-1〉은 주요 적합도 지수들을 비교한 것이다.

Jaccard & Wan(1996)은 적어도 차원이 다른 세 개의 범주로부터 각각 하나 이상의 총 3개 이상의 적합도 지수를 사용할 것을 제시하고 있다. 반면 Kline(1998)은 적어도 χ^2, (GFI, NFI 또는 CFI 중의 하나), NNFI, SRMR 등 네 가지 지수를 이용할 것을 주장한다. Garver & Mentzer(1999)는 NNFI, CFI, RMSEA 등 세 가지 지수를 보고할 것을 주장한다. 그러나 최근에 Kline(2005)은 χ^2, RMSEA, CFI, SRMR을 보고할 것을 주장한다. Hu & Bentler(1998)는 두 지표를 보고하되 SRMR을 필수로 하고 NNFI, RMSEA 또는 CFI 중 하나를 포함시킬 것을 주장한다. 이들은 구조방정식모형에서 대중적인 지표인 GFI, AGFI를 이용하지 말 것을 주장한다. 이 두 지표들은 모형의 잘못된 규정에 민감하지 못하며, 표본크기에 크게 영향을 받는 것으로 나타났다(Marsh et al., 1988). 그 밖에 χ^2, RMSEA와 NFI, RFI, IFI, TLI, CFI 중의 하나를 보고하자는 의견도 있다. MacCllum & Austin(2000)은 Hu & Bentler(1998)의 주장에 덧붙여, RMSEA의 사용을 강력히 주장하는데, 그 근거로 모형의 잘못된 규정에 민감하여, 해석 시 0.05 미만의 기준을 적용하는 경우 모형의 품질에 대해 타당한 결론을 내릴 수 있으며, 신뢰구간을 구할 수 있기 때문이라는 것이다. 홍세희(2000)는 NNFI, CFI, RMSEA를 상대적으로 우수한 적합도 지수로 제시하고 있다.

이러한 주장들을 종합하면, 우선 χ^2은 반드시 보고되어야 함을 알 수 있다. 비록 χ^2이 문제를 지니고는 있으나, 여전히 핵심적인 지표이며, 따라서 자유도, 유의확률 등과 함께 보고되는 것이 바람직하다(Kline, 2005). 다음으로 RMSEA, SRMR, CFI 그리고 NNFI와 같은 비교적합도 지수 하나를 보고하는 것이 바람직하다. 이러한 지수들이 여타 지수들에 비해 선호되는 이유는 표본의 크기와 모수의 수에 덜 민감한 지표들이기 때문이다. 또한 GFI나 AGFI는 선택하지 말자는 의견이 많아지고 있다.

모형 비교가 목적인 경우에는 간결성 지표인 PNFI, PCFI와 정보이론 지수인 AIC, BIC, CAIC, BCC, ECVI, MECVI 가운데 하나를 보고하는 것이 바람직하다. 정보이론 지수들은 단일 모형에 대한 평가에는 상대적으로 이용도가 매우 낮은 지수들이다.

또 한 가지 주의할 점은 적합하다(good fit)는 것이 관계의 강도를 의미하는 것은 아니라는 점이다. 적합도가 우수한 상황에서 개별 경로계수들이 유의하지 않은 경우도 있다. 따라서 연구자들은 적합도 지수뿐만 아니라 모형내의 경로의 강도를 평가하기 위해 경로계수들도 보고하는 것이 바람직하다. 단순히 적합도가 높다고 해시 모형이 우수하다는 것은 아니다.

2. 적합도 지수들이 상충되는 경우

한 가지 어려움은 모형 적합도 지수들이 서로 상충되는 경우가 종종 있다는 점이이다. 즉 일부 지수는 적합도가 우수한 것으로 나타난 반면, 다른 지수들은 적합도가 좋지 않은 경우이다. 이러한 상황에서 어떤 적합도 지수를 적용할 것인가를 결정하기는 매우 어려운 일이다. 또한 연구 논문에 어떤 적합도 지수들을 보고할 것인지도 역시 고민거리이다.

적합도 지수들이 상충되는 경우에는 비일관적인 상황을 그대로 보고하는 것이 바람직하다. 적합도 지수의 선택에서 '체리 따기(cherry picking)'로 불리는 선별작업이 있어서는 안된다. 의도적으로 많은 지수들 중에서 자신에게 유리한 적합도 지수들만을 선택적으로 보고하는 일은 전혀 바람직하지 않다. 따라서 대중적인 적합도 지수들을 선택하지 않는 경우 충분한 근거가 있어야 한다.

또 한 가지 분명한 점은 각각의 적합도 지수들은 서로 다른 측면에서 모형의 적합도를 평가하고 있다는 것이다. 따라서 각 지수의 용도와 이론적 근거를 정확히 이해한다면 어떤 상황에서 어떤 지수를 사용하는 것이 바람직한지 결정하기는 보다 쉬워질 것이다.

연·습·문·제

01. 구조방정식모형의 결과를 검토하기 위한 적합도 지수의 선정 기준은 무엇인가?

02. 간결성 적합도 지수는 무엇인가?

03. 적합도 지수들을 주요한 특징에 따라 분류한다면 어떻게 분류될 수 있는가?

04. 적합도 지수들이 상충되는 경우 어떻게 할 것인가?

제 7 장

구조방정식모형의 주요 이슈들

주요개념들

- 내재적 모형 비교
- 대안모형 비교
- 집단 간 동일성 제약
- 교차타당도 검증
- 다집단 구조방정식모형
- 측정모형 불변성
- 부분 동등성

지금까지는 하나의 모형을 설정하고 제안된 모형을 단일표본을 이용하여 검증하는 경우들을 소개하였다. 이를 위해 경로분석, 확증적 요인분석, 잠재변수 경로분석을 살펴보았다. 일반적으로 연구자는 하나의 연구모형을 표본 데이터에 적합시키고 적합도를 평가하는 방식으로 구조방정식모형 분석을 진행한다. 그러나 이러한 유형의 연구가 전부는 아니다.

본 장에서는 논의를 확장하여 둘 이상의 복수의 모형을 단일표본에 적용하는 경우를 다루고자 한다. 이 경우는 주로 모형들 간의 비교가 주목적이다. 연구의 목적이 대안모형들을 비교하거나 내재적 모형을 비교하는 경우에 어떻게 모형 간 비교를 실행할 것인지를 다룬다. 다음으로, 동일한 모형을 복수의 집단들에 대해 적용하는 경우이다. 동일한 연구모형을 집단을 달리해서 비교하고자 하는 경우이다. 이러한 경우 다집단 구조방정식모형 분석을 통해 비교가 이루어진다.

또한, 이번 장에서는 구조방정식모형 분석 과정에서의 다양한 이슈들을 살펴보고자 한다. 구조방정식모형을 어느 정도 이해하고 나면 오히려 여러 가지 궁금한 사항들에 직면하게 된다. 이번 장에서는 구조방정식모형을 적용한 연구를 진행하면서 부딪치는 고민거리들을 살펴보고자 한다. 이를 위해 자료의 분석, 분석 결과의 해석, 결과의 제시 등의 과정에서 고민해 보아야 할 이슈들을 다룬다.

I 구조방정식 모형의 구분

대부분의 구조방정식모형 연구들이 연구모형을 표본 데이터에 적합시키고 나서 적합도를 평가하는 방식으로 연구를 진행하고 있다. 그러나 이러한 유형의 연구가 전부는 아니다. 보다 구체적으로 구조방정식모형의 연구들은 다음과 같이 구분될 수 있다.

표 7-1 구조방정식모형의 구분

		모형	
		하나	둘이상
표 본	하나	I	II
	둘 이상	III	IV

지금까지는 하나의 모형을 설정하고 설정된 모형을 단일표본으로 검증하는 I 유형의 연구들을 소개하였다. 본 장에서는 논의를 확장하여 둘 이상의 복수의 모형을 단일표본에 적용하는 경우인 II 유형을 다루고자 한다. 이 경우는 주로 모형들 간의 비교가 주목적이다. 연구의 목적이 대안 모형들을 비교하거나(alternative models comparison) 내재적 모형을 비교하는(nested model comparison) 경우에는 어떻게 모형 간 비교를 실행할 것인지를 다룬다.

다음은 III 유형으로서 동일한 모형을 복수의 집단들에 대해 적용하는 경우이다. 동일한 연구모형을 집단을 달리해서 비교하고자 하는 경우이다. 이러한 경우 다집단 구조방정식모형(multi-group SEM) 분석을 통해 비교가 이루어진다. 마지막으로 둘 이상의 모형을 둘 이상의 표본에 적용하는 IV 유형의 연구는 찾아보기 어려우며, 현실적으로 하나의 연구 안에 담기에는 무리가 있다. 따라서 IV 유형은 본 장의 논의에서 제외하고자 한다.

Ⅱ 내재적 모형의 비교

1. 개 념

동일한 현상을 설명하는 경쟁모형들이 내재적인 경우 어떤 모형이 더 나은 모형인가를 비교할 필요가 있다. 예컨대 〈그림 7-1〉처럼 기존의 경쟁적인 두 이론들이 이직의도를 설명하기 위한 두 개의 경쟁적인 이론모형을 제시하였다고 가정해보자. 두 모형은 잠재변수와 측정변수의 구성에서 동일하지만, 상사에서 이직

그림 7-1 계층적 모형의 비교

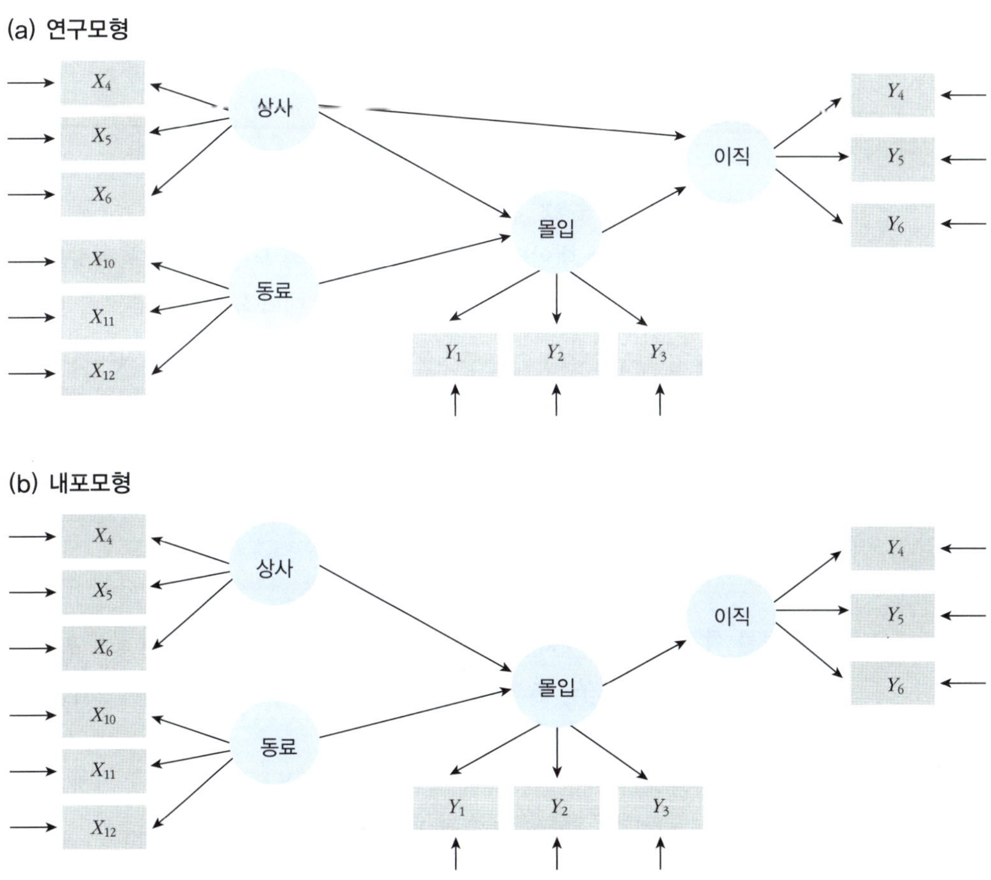

으로의 경로가 없는 모형과 있는 모형이라는 차이점이 있다. 즉 위의 모형은 상사에서 이직으로의 0으로 고정되었던 경로를 자유모수로 변경한 경우이다. 이러한 경우 아래 모형은 위 모형의 부분집합 또는 내포모형(nested model)이라 한다. 또는 두 모형은 위계적(hierarchical) 관계를 지니고 있다고 한다. 이처럼 (b) 모형이 (a) 모형에 내포(nested)되었다고 하면, 이것은 (a) 모형에서 모수 중 하나 또는 그 이상에 대해 0 또는 그 밖의 제약을 가함으로써 (b) 모형을 얻을 수 있는 경우를 말한다.

따라서 (b) 모형이 (a)의 모형에 비해 단순하다. 자유도도 1이 크며 따라서 간결성 측면에서 위의 모형에 비해 우수하다. 그러나 적합도의 측면에서는 (a) 모형이 경로가 하나 더 추가됨으로써 적합도는 더 높아진 상황이다. 그렇다면 두 경쟁모형 간에 어떤 모형이 더 우수하다고 할 수 있을까?

내재적 모형의 비교는 모형의 수정과도 직접적으로 관련된다. 모형 다듬기(model trimming)를 통해 경로를 하나씩 제거하거나, 반대로 수정지수를 근거로 새롭게 경로를 추가하는 경우 모형수정이 이루어지게 된다.

2. 비교방법

두 내포모형간의 비교는 χ^2 차이(chi-square difference) 통계량(χ^2_D) 검증 방법이 이용된다. χ^2_D은 동일한 데이터로 추정된 두 대안적 모형간의 χ^2 통계량의 차이를 나타낸다. 표본이 큰 경우 내포모형의 χ^2 차이는 대략적으로 χ^2 분포를 따른다. 여기서 자유도는 두 모형간의 자유도의 차이로 계산된다. 이는 로지스틱 회귀분석에서 −2LL의 차이를 이용하여 기준모형과 연구모형을 비교하는 방법과 동일한 원리이다. 경로를 일부 삭제함으로써 발생되는 적합도의 감소분이나, 또는 경로를 일부 추가함으로써 발생되는 적합도의 증가분에 대한 통계적 유의도를 검증하는 방법이다.

경로를 삭제하는 경우: $\chi^2_D = \chi^2_{간결모형} - \chi^2_{연구모형}$ (자유도: $df_{간결모형} - df_{연구모형}$)

경로를 추가하는 경우: $\chi^2_D = \chi^2_{연구모형} - \chi^2_{추가모형}$ (자유도: $df_{연구모형} - df_{추가모형}$)

또한 이러한 비교방법은 전통적인 회귀분석에서 독립변수들을 추가하거나 또는 제거함으로써 변화되는 R^2의 변화에 대한 검증과도 동일한 원리다.

내포모형의 비교

1. 경로를 삭제하는 경우
   $\chi^2_D = \chi^2_{간결모형} - \chi^2_{연구모형}$ (자유도: $df_{간결모형} - df_{연구모형}$)
2. 경로를 추가하는 경우
   $\chi^2_D = \chi^2_{연구모형} - \chi^2_{추가모형}$ (자유도: $df_{연구모형} - df_{추가모형}$)

χ^2_D 값이 작으면 두 모형간의 적합도의 차이가 없다는 것이다. 따라서 두 모형의 적합도가 동일하다는 영가설이 기각되지 않는다. 반대로 χ^2_D 값이 크다면 두 모형간의 적합도의 차이가 크다는 것이다. 따라서 두 모형의 적합도가 동일하다는 가설은 기각된다. 영가설이 기각된다면 두 모형 간에 적합도에서 차이가 존재함을 의미한다. 이는 경로를 삭제하는 경우에는 적합도가 크게 나빠졌음을 의미하는 것이고, 반대로 경로를 추가하는 경우에는 적합도가 크게 개선되었음을 나타낸다. 그러나 경로를 추가하는 경우 단순히 적합도가 크게 좋아졌다는 것만으로는 부족하며, 모형의 전반적인 적합도가 수용 가능한 상황이어야만 한다.

Ⅲ 비내재적 모형의 비교

1. 개 념

구조방정식모형 분석에서 내재적 관계의 모형들을 비교하는 경우뿐만 아니라 비내재적인 경쟁모형들을 비교하는 경우가 있다. 예컨대 〈그림 7-2〉처럼 두 모형은 내재적인 모형이 아니라 독립적인 경쟁적 모형이다. (a) 모형은 상사, 동료가 몰입을 매개로 이직에 영향을 미친다고 가정한다. 반면 (b) 모형은 몰입에 의한 매개효과를 부정하고, 상사, 동료, 몰입을 외생변수로 취급하여 이직에 직접적인 효과만을 미친다고 가정한다. 따라서 두 모형은 한 모형이 또 다른 모형에 내포되는 모형은 아니다.

그림 7-2 비내재적 경쟁모형

(a) 모형 1

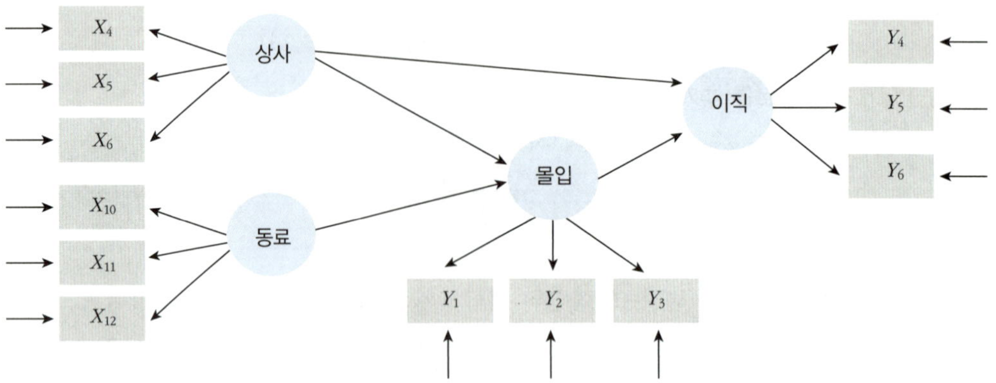

(b) 모형 2

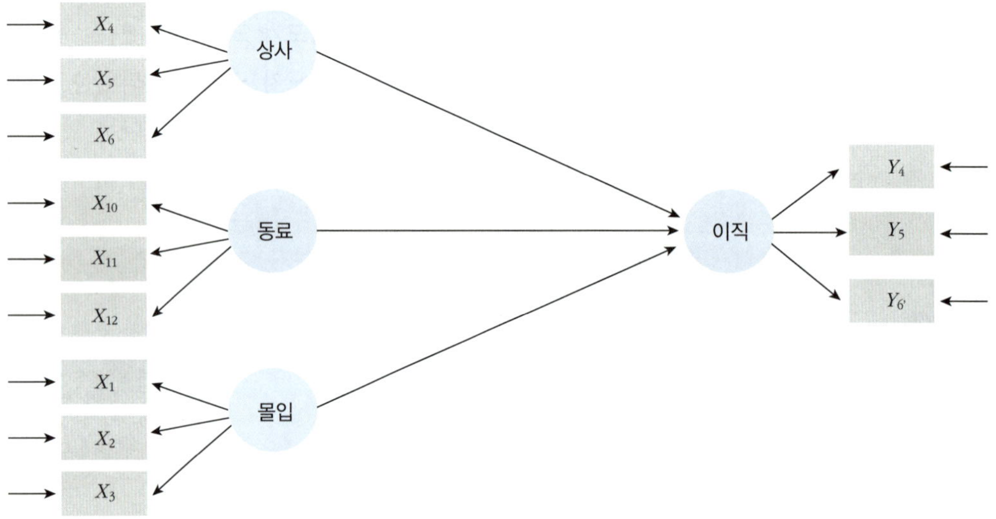

2. 비교방법

비내재적인 두 모형간의 비교를 하는 경우 χ^2 차이 통계량(χ^2_D) 검증 방법을 이용하는 것이 불가능하지는 않지만 사실상 해석을 해도 의미가 없다(Kline, 2005). 이러한 경우에는 AIC나 CAIC와 같은 예측적합도 지수를 이용하는 것이 바람직하다. 비교를 통해 비내재적 경쟁모형들 중 AIC 지수가 가장 낮은 모형을 선택하는 것이다.

Ⅳ 동일모형의 집단 간 비교

1. 개 념

내재적 모형 간 비교와 비내재적 경쟁모형간 비교에서는 모두 단일 표본으로부터 얻어진 데이터가 이용되었다. 그러나 동일한 모형이 집단 간에 어떤 차이를 보이는가를 비교하려는 연구도 흔히 있다.

동일한 연구모형에 대한 추정 모수 값이 집단별로 다른가? 예컨대 여성 공무원들과 남성 공무원들 간에 만족도 결정모형에서 변수들 간의 관계가 차이가 나는가? 이처럼 동일한 연구모형을 가지고 집단을 달리해서 어떤 차이가 존재하는가를 연구하고자 할 때가 있다. 이러한 경우에 다집단 구조방정식모형(multi-group structural equation modeling) 분석이 이루어진다. 흔히 응답자들을 성별이나 지역과 같은 의미 있는 특성에 따라 나눔으로써 집단의 구분이 이루어진다. 모집단 자체가 다른 경우이다. 서로 다른 모집단에서 표본이 추출되고 두 집단에 대한 비교가 이루어지는 경우 모집단의 차이가 존재하는가를 검증하는 상황이 된다. 예컨대 미국 공무원과 한국 공무원을 대상으로 비교 분석을 하는 경우이다. 따라서 동일한 표본 집단에 대해 상이한 모형을 비교하는 경우와는 다르며 비교 절차 역시 상당히 다르다.

또한 표본 집단이 상당히 큰 경우에 교차타당도 검증을 목적으로 두 하위집단으로 나누고 집단 간 비교를 할 수도 있다. 이른 모형이 표본을 달리해서도 동일한 결과가 얻어지는가를 검토하는 방법이다. 다른 표본에서도 동일한 결과가 얻어진다면 모형은 경험적으로 더욱 굳건한 모형이 되는 것이다.

집단 간 비교에서 주의할 점은 비교 대상 집단들이 상호 배타적인 집단이어야 한다는 점이다. 예컨대 500쌍의 부부를 남편과 아내로 구분하여 집단 간 비교를 하는 것은 바람직하지 않다. 또한 앞에서 제시된 구조방정식모형의 원리를 그대로 적용하면 적어도 집단별 표본은 200개 이상은 되어야 한다.

2. 비교의 원리

(1) 집단 간 동일성 제약

집단 간 비교의 대표적인 방법은 집단 간 동일성 제약(cross-group equality constraints)을 이용하는 것이다. 집단 간 동일성 제약은 모든 비교대상 집단에 걸쳐 모수들의 추정치가 동일하도록 제약을 가하는 것이다. 이후 제약을 한 모형의 적합도와 제약을 하지 않은 모형의 적합도의 χ^2 차이에 대한 통계적 검증을 한다. 만일 제약을 한 모형의 χ^2가 제약을 하지 않은 모형의 χ^2보다 상당히 증가하지 않는다면(즉, 적합도가 유의하게 나빠지지 않는다면), 표본이 추출된 모집단에서 해당 모수들이 동일하다고 결론을 내릴 수 있다.

(2) 집단 간 측정불변성

집단 간 비교의 핵심은 집단 간 측정불변성(measurement invariance)의 개념이다. 측정불변성은 측정동등성(measurement equivalence) 또는 요인불변성(factorial invariance)으로도 불리며, 복수의 집단들에 걸쳐 측정의 일관성이 유지됨을 말한다. 한 마디로 집단에 상관없이 동일한 잠재변수는 동일한 측정변수들에 의해 측정되어야 한다는 것이다. 측정변수의 관찰치가 잠재변수에 따라서만 달라져야지 집단소속에 따라서 달라져서는 안 된다는 것이다. 예컨대 남녀 집단 간의 관찰된 만족도 차이가 잠재변수의 변량의 실제 차이에 의한 것이어야지, 남녀가 설문문항을 다르게 해석해서 발생된 차이어서는 안 된다는 것이다. 만일 남녀간에 만족도 지수에서 차이가 난다면 성별이 만족도 측정문항들과 잠재변수간의 관계에 대해 조절효과(즉, 상호작용 효과)를 지닌다고 할 수 있다.

불변성은 측정모형 불변성(measurement model invariance)과 구조적 불변성(structural invariance)으로 구분된다. 측정모형 불변성은 집단 간에 요인 적재치, 문항 평균, 측정오차 분산, 요인 분산과 공분산이 동일함을 의미한다. 이러한 측정모형 불변성은 집단 간 비교의 핵심 전제가 된다. 구조적 불변성은 요인간 경로계수, 설명오차가 동일함을 의미한다. 구조적 불변성은 집단비교에서 실제 집단 간 차이를 확인하고자 하는 부분이다. 측정모형 불변성이 확보된 상황에서 이러한 구조적 불변성이 결여되어 있다는 것은 집단 간에 진실된 차이가 존재함을 나타낸다.

3. 비교의 절차

구조방정식모형의 검증은 측정모형에 대한 검증과 구조모형에 대한 검증으로 2단계로 진행된다(Anderson & Gerbing, 1988; Bentler, 2000). 마찬가지로 집단 간 비교 역시 측정모형불변성 검증을 통해 측정모형을 비교하고 구조적불변성을 통해 구조모형을 비교하는 순서로 진행된다.

측정모형의 비교는 측정모형의 다양한 측면들이 집단 간에 차이가 있는가를 순차적으로 비교하는 것이다. 이는 집단 간에 확증적 요인분석모형을 비교하는 절차와 동일하기 때문에 다집단 확증적 요인분석(multi-sample confirmatory factors analysis)으로도 불린다(Hair et al., 2010).

그림 7-3 다집단 구조방정식모형의 절차

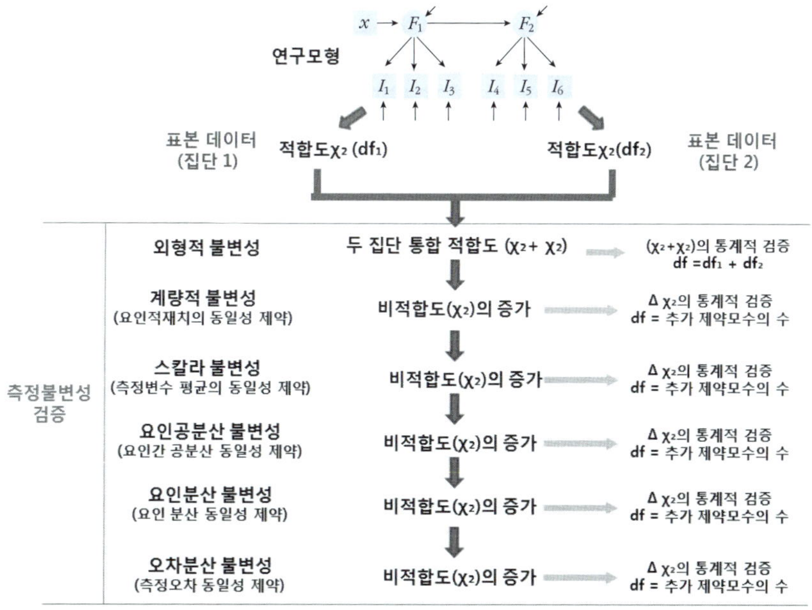

그림 7-4 만족도가 몰입도에 미치는 영향

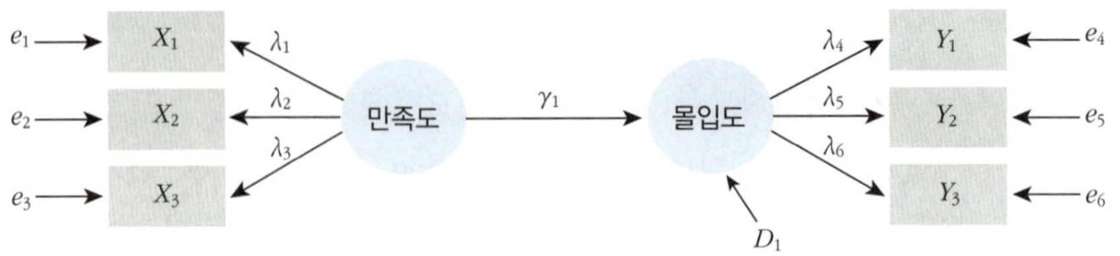

예컨대 남녀 공무원간에 만족도가 몰입도에 미치는 영향에서 차이가 나는가를 연구하기 위해 〈그림 7-4〉와 같은 연구모형을 설정하였다. 잠재변수인 몰입도와 만족도 각각 3개의 측정변수들에 의해 측정되었다. 이러한 상황에서 집단 간 측정모형 비교를 위해 〈그림 7-5〉의 (a)처럼 다집단 확증적 요인분석을 실시하고, 측정불변성을 검증한다.

그림 7-5 다집단 비교의 절차

(a) 측정모형 비교: 측정모형 불변성 검증

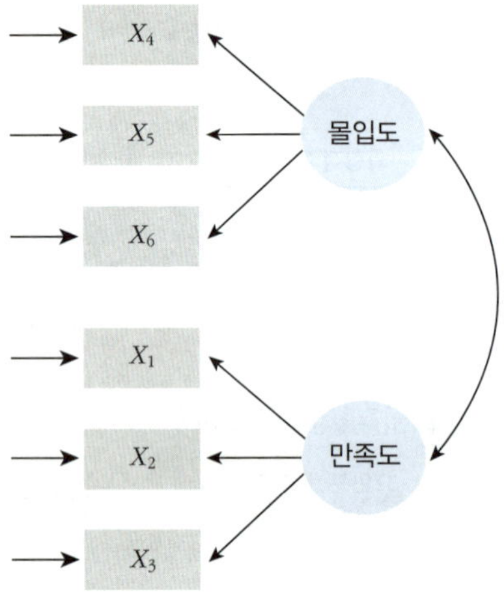

(b) 구조모형 비교: 구조적 불변성 검증

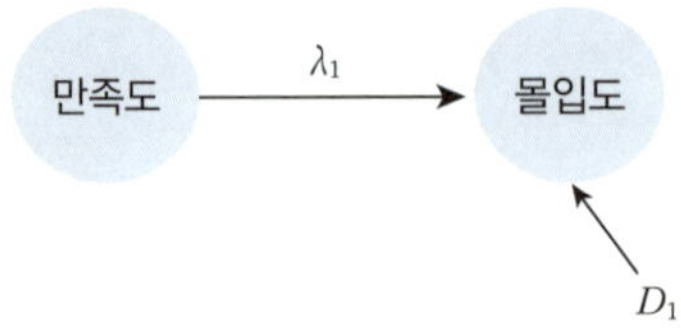

그런데 주의할 점은 측정모형을 한꺼번에 비교하는 것이 아니라 부분 부분으로 나누어 순차적으로 비교를 한다는 점이다. 예를 들어 남녀 간에 측정모형 (a)를 통째로 비교하는 경우 만일 다르다는 결과가 나온다면 이것이 요인적재치가 달라서 그런 것인지, 측정오차가 달라서 그런 것인지 확인할 방법이 없다. 따라서 우선 두 집단 간에 요인적재치들이 동일하다고 가정하고 비교하여 동등한 것으로 나타나면 다음 단계로서 측정오차가 동일하다고 가정하여 비교하는 방식으로 진행함으로써 집단 간 차이가 나는 경우 그 원인이 어디에 있는지 확인할 수 있다. 이처럼 측정모형을 부분 부분으로 나누어 한 부분에 집단 간 동일성 제약을 가하여 집단 간 동일성을 검증한 후, 동등하다고 평가되면 다음 부분에 다시 동일성 제약을 가하고 집단 간 동등성을 검증하는 방식으로 비교가 이루어진다. 따라서 〈그림 7-3〉처럼 요인공분산의 불변성을 검증한다면, 전 단계의 '외형적불변성+계량적 불변성+스칼라불변성' 에 요인공분산의 불변성이 추가되어 '외형적불변성+계량적 불변성+스칼라불변성+요인공분산 불변성' 을 검증하게 된다.

측정모형 동등성에 대한 검증이 이루어지면, 다음으로 (b)처럼 구조적 불변성을 검증한다. 구조적 불변성은 남녀 집단 간에 만족도에서 몰입도로 향하는 경로계수가 동등한가를 검증하는 단계로서, 실제로 만족도가 몰입도에 미치는 효과의

표 7-2 집단 간 비교: 측정불변성과 구조적불변성의 검증

단 계	구 분	내 용
측정 불변성	구조적불변성	• 집단마다 잠재변수의 수가 동일하고, 잠재변수마다 측정변수들이 동일한가?
	계량불변성	• 각 집단의 요인적재치들이 동일한가? • 집단 간 λ_i의 동등성 검증
	스칼라불변성	• 잠재변수마다 측정변수의 절편(즉, 평균)이 동일한가? • 집단 간 M_{xi}의 동등성 검증
	측정오차 불변성	• 측정변수들의 측정오차의 크기가 집단 간에 동일한가? • 집단 간 e_i의 동등성 검증
	요인 분산 불변성	• 집단마다 잠재변수들의 분산이 동일한가? • 집단 간 Var_{Fi} 동등성 검증
	요인공분산 불변성	• 집단마다 잠재변수들 간의 공분산이 동일한가? • 집단 간 Cov_{Fi} 동등성 검증
구조적 불변성	경로계수의 동일성	• 집단마다 잠재변수와 잠재변수간 경로계수가 동일한가? • 집단 간 γ_i와 β_i 동등성 검증
	설명오차의 동일성	• 집단마다 설명오차의 분산이 동일한가? • 집단 간 D_i의 동등성 검증

크기가 남녀 공무원 집단 간에 차이가 나는가를 검증한다. 또한 몰입도의 설명오차가 남녀 집단 간에 차이가 나는가도 검증한다.

이처럼 측정모형부터 시작해서 구조모형까지 순차적으로 집단 간 동일성 제약을 추가하고 검증하는 과정을 반복적으로 진행함으로써 집단 간 비교가 이루어진다. 물론 제약이 가해지는 순서는 검증하는 모형에 따라 다르다. 예컨대 경로모형을 비교하는 경우에는 측정모형이 없기 때문에 요인적재치들이 동일하다고 가정하고 동일성 제약을 할 필요가 없다. 측정불변성의 검증은 이론적으로 8단계로 진행된다(Vandenberg & Lance, 2000). 그러나 실제적으로 〈표 7-2〉처럼 6단계로 진행되는 것이 보통이다(Hair et al., 2010). 측정불변성 검증이 이루어지고 나면, 연구목적에 따라 구조적 불변성을 검증한다.

4. 비교 방법

집단 간 비교의 출발은 전혀 제약이 없는 모형 즉, 각 집단마다 고유한 확증적 요인분석 모형이 추정되는 상황으로부터 출발한다. 이후 측정모형 비교를 위해 집단 간 동일성 제약이 순차적으로 가해진다. 집단 간 동일성 제약을 통해 각 집단마다 고유한 모수를 추정하는 대신 하나의 동일한 모수로 추정된다. 따라서 집단 간에 추정하려는 모수들이 동일하다는 즉 불변(invariant)하다는 가정이 만들어진다. 만일 이러한 제약이 원래 모형의 적합도를 유의하게 떨어뜨리지 않으면, 해당 모수의 동등성 가정이 기각되지 않는다.

〈그림 7-3〉처럼 모든 적합도 지수들은 집합적 모형에 대해 계산된다. 따라서 모든 집단을 합쳐 χ^2값이 계산되고 CFI, RMSEA와 기타 적합도 지수들도 하나씩만 계산된다. 그 결과 순차적으로 제약을 달리한 모형들 간에 비교가 가능해진다. 기본적으로 차이를 비교하는 지표로 χ^2 차이($\Delta\chi^2$)가 이용된다. 즉 χ^2 차이를 이용해 제약모형과 비제약 모형간의 통계적 차이 검증이 이루어진다. 자유도(df)는 단계별로 추가되는 제약모수의 수로 계산된다. 만일 추가된 동일성 제약에 대한 $\Delta\chi^2$ 검증이 유의하지 않다면, 추가 제약모형과 덜 제약된 모형이 동등함(invariance)을 나타낸다. 즉 두 집단 간에 차이가 없다는 것이다. 이것은 추가로 모수를 동일하다고 제약하는 것이 의미가 없으며, 제약된 모수들이 집단 간에 다르지 않음을 나타낸다. 반대로, 만일 추가된 동일성 제약에 대한 $\Delta\chi^2$ 검증이 유의하다면, 추가 제약모형과 덜 제약된 모형 간에 차이가 있음을 나타내고, 이것은 제약된 모수들이 집단 간에 다름을 의미한다.

다집단 비교: 동일성 제약의 추가 방법

$$\Delta\chi^2 = \chi^2_{추가제약모형} - \chi^2_{제약모형} \ (df=\text{추가된 제약모수의 수})$$

만일, $\Delta\chi^2$가 유의하면 집단 간에 제약된 모수들이 다름을 나타낸다. 반대로 $\Delta\chi^2$가 유의하지 않으면 집단 간에 제약된 모수들이 다르지 않음을 나타낸다.

또한 기억할 점은 비교집단 간에 분산의 차이가 존재할 때는 표준화 추정치 대신 비표준화 추정치를 비교해야 한다. 표준화된 추정치는 집단 긴 비교가 아닌 각 집단 내에서 서로 다른 변수들을 비교할 때만 이용된다(Kline, 2005).

5. 측정모형의 비교: 측정모형 불변성 검증

(1) 단계 1: 외형적 불변성(configural invariance)

1단계는 외형적 불변성을 확인하는 단계이다. 즉 모든 비교대상 집단에서 동일한 요인구조를 지니고 있는지 확인하는 것이다. 한 마디로, 집단마다 모형이 동일한 형태인가를 검토하는 것이다. 〈그림 7-5〉의 (a)에서 제시된 두 요인과 측정

그림 7-6 외형적 불변성의 검증

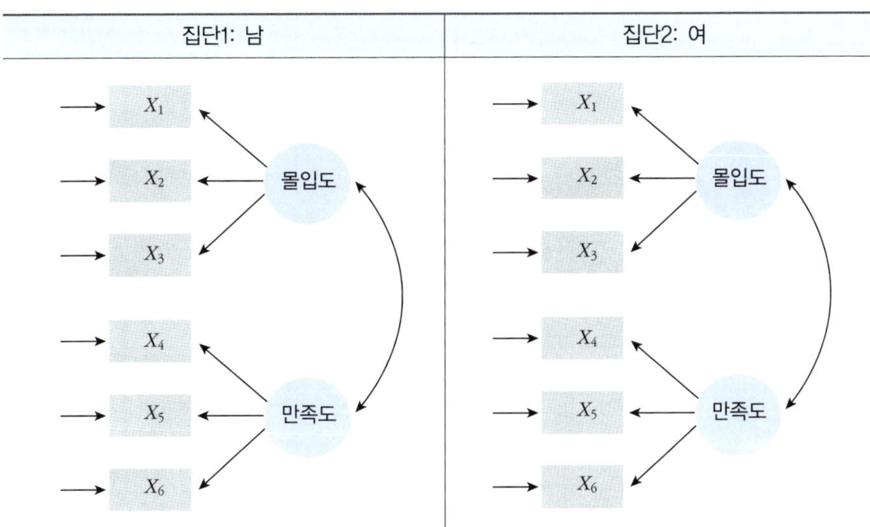

변수들이 두 집단 모두에서 확인되는가를 검증한다. 각 집단의 확증적 요인분석 모형이 동일한 수의 잠재변수와 각 잠재변수와 관련된 측정변수들을 가지고 있는지 확인해야 한다. 또한 각 집단별 모형은 모형적합도 수준을 충족시키고 있는지 검토한다.

외형적 불변성 검증을 위해 각 집단의 모형은 완전히 자유로운 모형으로서 모든 자유모수들이 집단별로 추정되고 따라서 각 집단마다 상이한 자유모수들이 추정된다. 〈그림 7-6〉처럼 모든 모수들이 남녀 공무원 집단에 대해 각각 추정된다. 이제 이 두 모형을 합쳐 집합적인 수준에서 전체 데이터에 대해 연구모형의 적합도를 평가한다. 어떤 동등성 제약도 가하지 않는다. 적합도 검증을 위한 전체 모형 χ^2은 $\chi^2_1+\chi^2_2$로 계산되고, 자유도$(df)=df_1+df_2$로 계산된다.

(2) 단계 2: 계량적 불변성(metric invariance)

계량적 불변성 검증은 확증적 요인분석 모형에서 요인적재치들이 두 집단 간에 동등하다고 가정하는 것이다. 따라서 계량적 불변성은 잠재변수의 동등성을 가정하는 것이다. 이를 위해 집단 간에 동일한 측정변수들의 적재치들에 제약을 가함으로써 집단 간 계량적 불변성에 대한 검증이 이루어진다. 예컨대 〈그림 7-7〉처럼 남녀집단의 요인적재치들이 동일하도록 제약을 가한다.

이후, 1단계의 기준모형과 2단계의 제약모형간의 모형 적합도의 차이($\Delta\chi^2$,

그림 7-7 계량적 불변성의 검증

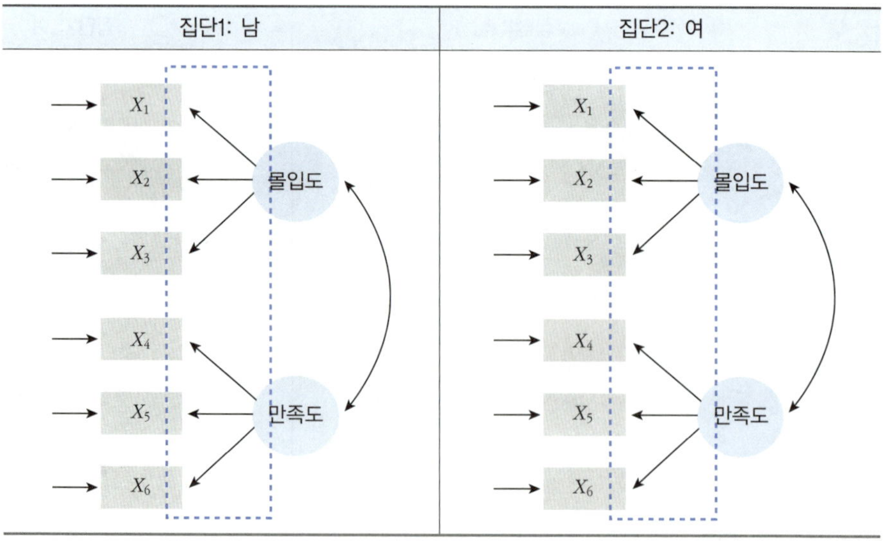

단, 자유도는 제약된 적재치 수)를 검증하여 유의하지 않으면, 모든 집단에 대해 요인적재치들이 동일하다고 할 수 있다.

(3) 단계 3: 스칼라 불변성(scalar invariance)

3단계는 스칼라 불변성을 검증하는 단계로서 모든 집단에서 측정변수들의 절편(즉, 평균)이 동등한가를 검증하는 것이다. 즉, 측정변수들에 대한 집단 간 평균을 비교하는 것이다. 이를 위해 〈그림 7-8〉처럼 남녀 공무원집단의 몰입도와 만족도를 측정하기 위해 이용된 측정문항들의 평균이 동일하도록 제약을 한다. 단 2단계의 계량적 불변성 제약에 스칼라 불변성 제약이 추가되는 것이다.

2 단계의 모형과 3 단계의 제약 모형간의 모형적합도의 차이($\Delta\chi^2$, 단, 자유도는 제약된 적재치 수)를 검토하여 유의하지 않으면, 모든 집단에 대해 측정변수들의 평균이 동일하다고 결론을 내릴수 있다.

그림 7-8 스칼라 불변성의 검증

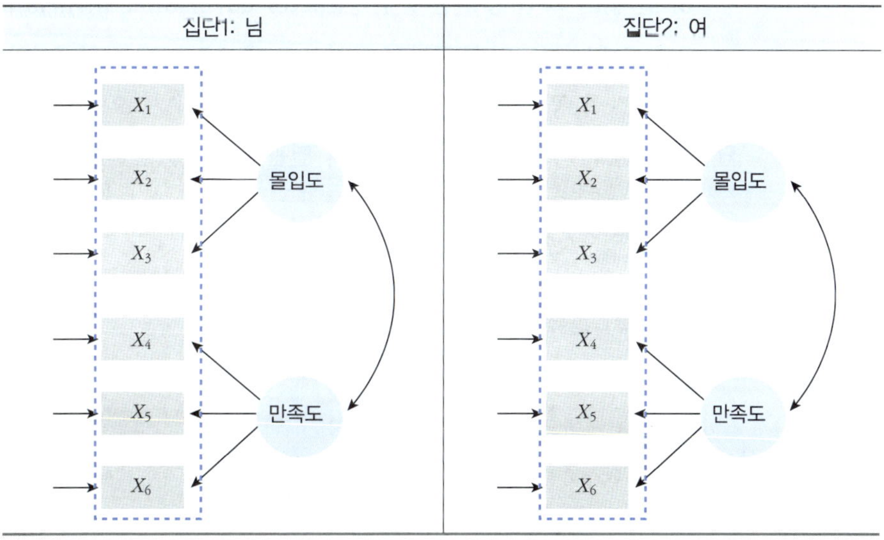

(4) 단계 4: 오차분산 불변성(error variance invariance)

다음 단계는 집단 간에 오차항의 불변성을 검증하는 단계이다. 측정변수들의 측정오차의 크기가 집단 간에 동등한가를 검증하는 것이다. 이를 위해 〈그림 7-9〉처럼 전단계의 '계량불변성+스칼라불변성' 제약에 오차분산 불변성 제약이 새로이 추가된다.

그림 7-9 오차분산 불변성의 검증

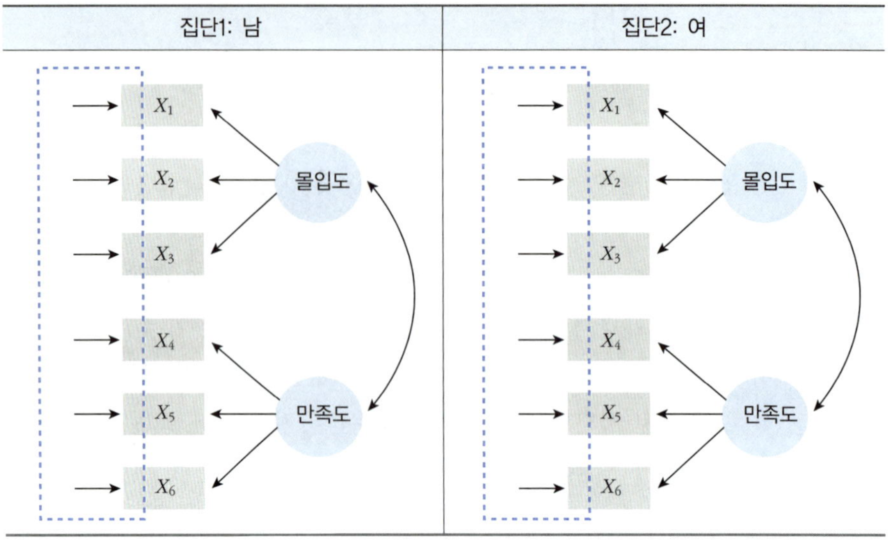

(5) 단계 5: 요인 공분산 불변성(factor covariance invariance)

이번 단계는 잠재변수들 간의 공분산에 제약을 가하는 단계이다. 집단마다 잠재변수들 간의 공분산이 동일하다고 가정하는 것이다. 요인 공분산 불변성은 집단 간에 잠재변수들이 서로 비슷하게 연관되는가를 검증한다. 이를 위해 〈그림

그림 7-10 요인 공분산 불변성의 검증

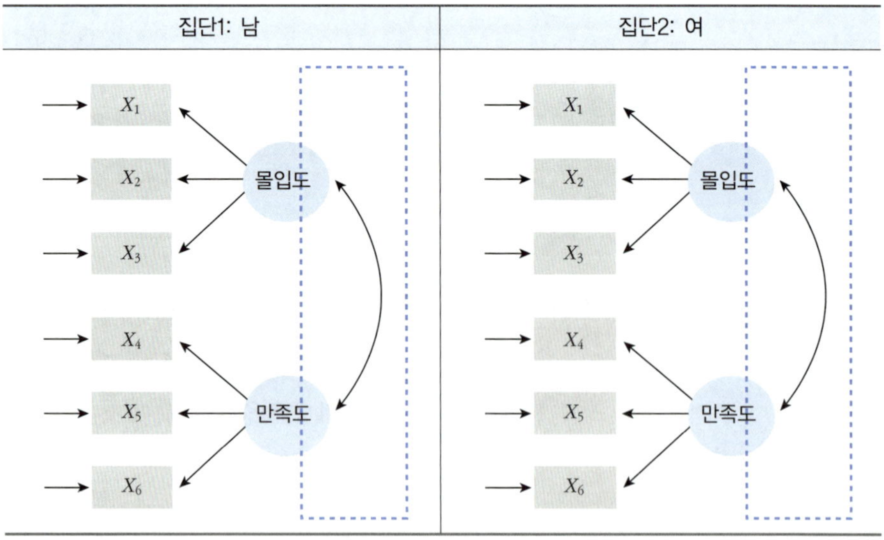

7-10〉처럼 전 단계의 '계량적불변성+스칼라불변성+오차분산불변성' 제약에 요인 공분산 불변성 제약이 새로이 추가된다. $\Delta\chi^2$ 검증에서 자유도는 제약된 요인 공분산의 수로 계산된다.

(6) 단계 6: 요인 분산 불변성(factor variance invariance)

요인 분산 불변성은 집단 간에 잠재변수 분산의 동등성을 검증하는 것이다. 이를 위해 〈그림 7-11〉처럼 전단계의 '계량적불변성+스칼라불변성+오차분산불변성제약+요인공분산불변성' 제약에 요인 분산 불변성 제약이 새로이 추가된다.

그림 7-11 요인분산 불변성의 검증

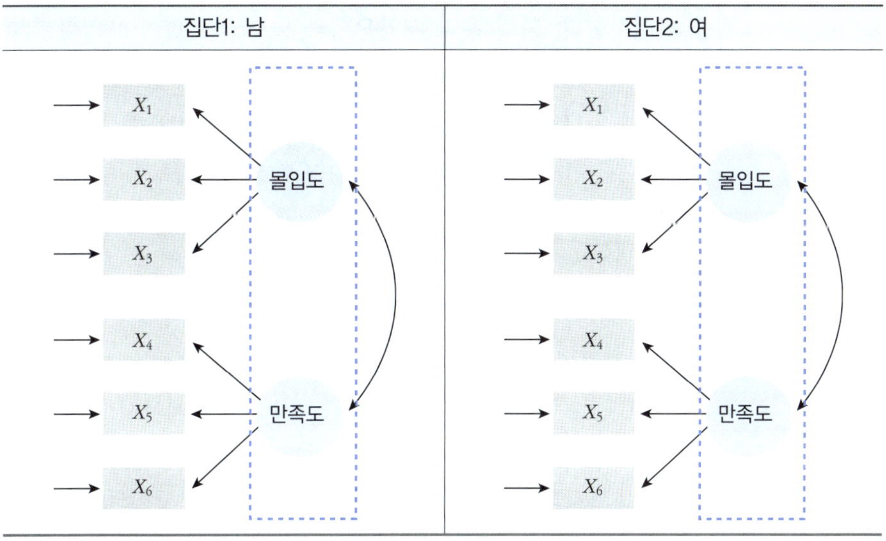

6. 구조모형의 비교: 구조적 불변성 검증

이상과 같이 측정모형에 대한 비교가 끝나면, 구조모형에 대한 집단 간 비교가 이루어진다. 집단 간에 측정모형의 불변성을 검증하는 것이 보다 일반적이기는 하지만, 집단 간에 구조적 불변성도 검증이 가능하다. 〈그림 7-12〉처럼 구조적 불변성의 검증은 잠재변수들 간의 구조적 관계를 검증한다. 즉, 잠재변수 간 경로계수가 집단 간에 동일한가를 검증하는 데 초점이 맞추어지며, 이 과정은 측정불변성의 검증과정과 유사하다. 또한 설명오차의 분산이 동일한가에 대한 검증도 추가된다.

따라서 경로계수들이 집단 간에 동일하도록 제약한 후 χ^2 증가분($\Delta\chi^2$)에 대한 검증을 실시한다. 만일 추가 제약모형과 덜 제약모형이 유의한 차이를 보이지 않으면, 구조적 모형은 집단 간에 동등하다고 할 수 있다. 만일 두 모형 간에 유의한 차이가 존재한다면, 모형에서 집단 구분변수(사례의 경우, 성별)의 조절효과가 존재한다고 추정할 수 있다(Kline, 2005). 또한 어떤 경로계수가 집단 간 차이를 유발한 것인지 구체적으로 확인할 수도 있다. 이 과정이 부분 동등성(partial invariance)의 검증이다. 즉 경로계수 전체를 동일하도록 제약한 후 유의한 것으로 나타나면, 개별 경로계수를 하나씩 부분적으로 제약해 가면서 어떤 경로계수가 집단 간에 다른가를 검증할 수 있다.

부분 동등성의 검증은 위의 측정 불변성 검증단계에서도 이용될 수 있다. 예컨대 2 단계의 계량적 불변성 검증에서 1단계의 모형과 $\Delta\chi^2$가 유의한 차이를 보인다면 이것은 집단 간에 요인적재치 들에서 차이가 남을 의미한다. 그렇다면, 모든 요인적재치들이 집단 간에 다른 것인가? 아니면 일부가 다른 것인가? 만일 일부 모수들만이 동등하다면, 부분 동등성 검증을 할 수 있다. 예컨대, 〈그림 7-7〉에서

그림 7-12 구조적 불변성의 검증

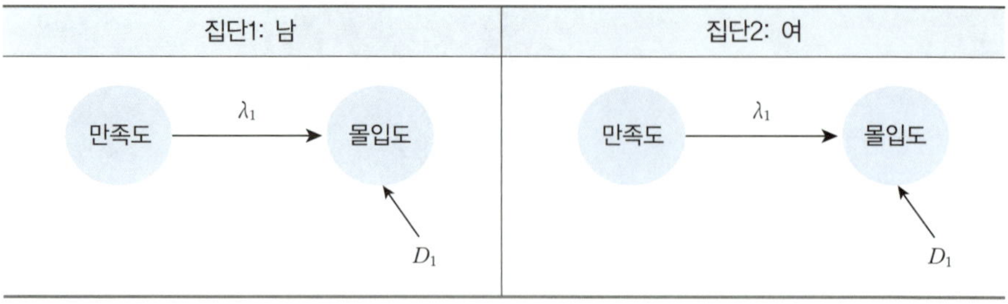

X_3와 X_4의 적재치만 다르고 나머지 적재치들은 동등하다면 부분 동등성 검증을 하게 된다. 부분동등성 검증을 보다 쉽게 하는 방법은 수정지수를 검토해서 추정치의 변화가 가장 클 것으로 기대되는 모수를 이용하는 방법이다.

7. 다집단 구조방정식모형 예시

Koufteros & Marcoulides(2006)은 물품 개발 실무들 변수들인 중량 상품 개발 관리자, 정보기술 활용, 동시적 엔지니어링과 상품 혁신과, 품질로 측정되는 성과 간의 관계를 이론직 모형을 예로 들어 다집단 구조방정식모형을 설명하였다. 이들은 핸드폰 제조공장의 214명의 생산 책임자와 관리자들로 표본을 구성하였다. 이들은 매우 세포화된 생산방식(n=110)을 적용하는 공정과 덜 세포화된 생산방식(n=104)을 적용하는 공정간에 연구모형이 동등한가를 검증하였다. 이들의 연구모형은 〈그림 7-13〉과 같다.

Koufteros & Marcoulides(2006)은 〈표 7-3〉에서 제시된 것처럼 순차적으로 측

그림 7-13 Koufteros & Marcoulides의 **연구모형**

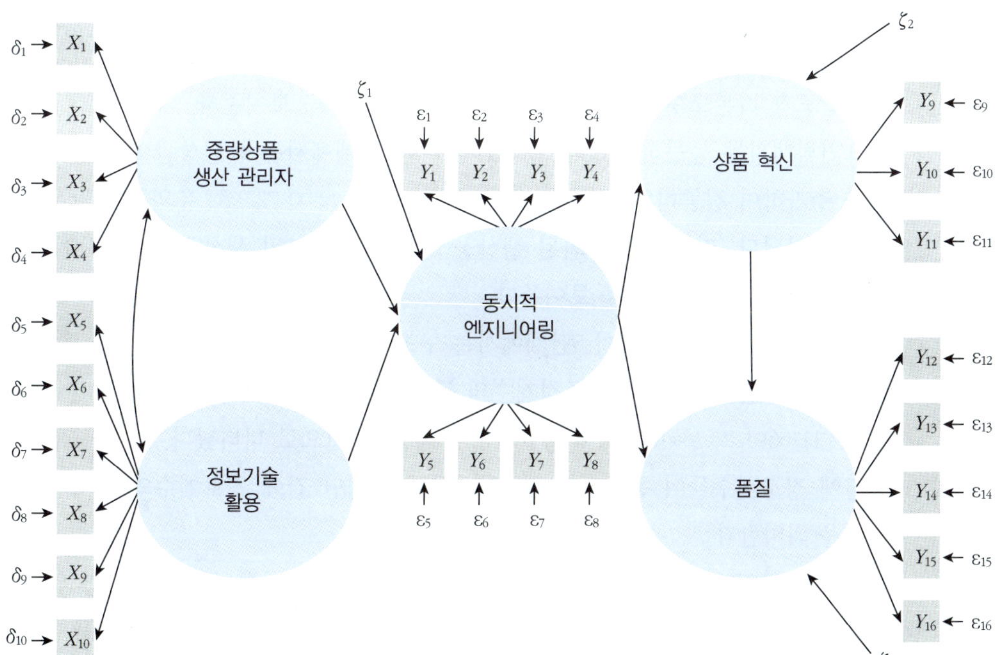

표 7-3 핸드폰 제조공장 간의 동등성 검증과정

단 계	χ^2	*df*	*NNFI*	*CFI*	$\Delta\chi^2$	p
1. 기본모형	836.56	586	0.93	0.93		
2. 요인적재치의 동일성	861.12	607	0.93	0.93	24.56	0.27
3. 요인적재치, 요인상관 동일성	862.44	610	0.93	0.93	1.32	0.72
4. 요인적재치, 요인상관, 측정오차 동일성	905.89	636	0.93	0.93	43.45	0.02
5. 요인적재치, 요인상관, 측정오차, 구조적계수 동일성	917.55	641	0.92	0.93	11.66	0.04
6-a. 중량 상품생산관리자→동시적 엔지니어링	905.95	637	0.93	0.93	0.06	0.81
6-b. 정보기술활용→동시적 엔지니어링	908.40	637	0.93	0.93	2.51	0.11
6-c. 동시적 엔지니어링→상품 혁신	905.89	637	0.93	0.93	0.00	1.00
6-d. 동시적 엔지니어링→품질	910.06	637	0.93	0.93	4.17	0.04
6-e. 상품혁신→품질	913.09	637	0.92	0.93	7.20	0.01

* 출처: Koufteros & Marcoulides(2006).

정 동등성과 구조적 동등성을 검증하였다. 첫 번째 단계는 기본모형을 요인적재치의 동등성을 가정한 모형과 비교하였다. $\Delta\chi^2=861.12-836.56=24.56$이고, $p=0.27$로 통계적으로 유의하지 않았다. 이는 요인적재치의 동등성을 가정한 모형의 적합도가 기본모형에 비해 크게 나빠지지 않았음을 보여준다. 따라서 두 집단의 요인적재치는 동등하다고 할 수 있다. 다음 단계에서는 요인상관 동등성의 가정을 추가하여 검증하였다. $\Delta\chi^2(df=3)=1.32$이고, $p=0.72$으로 유의하지 않은 것으로 나타났다. 따라서 세포화된 생산공정과 덜 세포화된 생산공정 간에 요인상관에서 차이가 나지 않음을 보여준다.

이러한 단계들을 거쳐 5단계에서는 구조적 계수(경로계수들)에 대한 동등성을 검증하였다. 4단계에다 구조적계수의 동등성을 추가한 것이 5단계로서, $\Delta\chi^2(df=5)=11.66$이고, $p=0.04$로서 통계적으로 유의한 것으로 나타났다. 이것은 두 집단 간에 경로계수들이 동등하지 않으며, 따라서 집단 간에 경로계수의 차이가 존재함을 의미한다.

6-a부터 6-e까지는 어떤 경로계수가 집단 간에 다른가를 검증하기 위한 부분 동등성 검증과정을 보여준다. 즉 4단계의 모형을 기준으로 경로계수를 하나씩 순차적으로 동등성 제약을 가하면서 검증을 실시하였다. 예컨대 4단계 모형에다

중량 상품생산관리자에서 동시적 엔지니어링으로의 경로계수 하나만 동등하다는 가정을 추가하고 동등성 검증을 하였다. $\Delta\chi^2(df=1)=905.95-905.89=0.06$이고, $p=0.81$로 통계적으로 유의하지 않은 것으로 나타났다. 따라서 두 집단 간에 중량 상품생산관리자에서 동시적 엔지니어링으로의 경로계수는 동등함을 의미한다. 마찬가지로 '정보기술 활용 → 동시적 엔지니어링'과 '동시적 엔지니어링 → 생산혁신'으로의 경로도 두 집단에서 동등한 것으로 나타났다. 그러나 동시적 '엔지니어링 → 품질'로의 경로계수의 동등성 가정에 대한 $\Delta\chi^2(df=1)$는 $910.06-905.89=4.17$이고, $p=0.04$로 통계적으로 유의한 것으로 나타났다. 따라서 두 집단 간에 '동시적 엔지니어링 → 품질'로의 경로계수는 다른 것으로 나타났다. 마지막으로 '상품 혁신 → 품질'로의 경로의 동등성 가정 역시 기각되었다($\Delta\chi^2(df=1)$는 $913.09-905.89=7.20$, $p=0.01$). 따라서 두 집단 간에 '상품 혁신 → 품질'로의 경로계수는 다른 것으로 나타났다.

V 구조방정식모형의 기타 주요 이슈들

1. 단일 표본으로부터 얻어진 결과에 대한 일반화의 문제

결과의 일반화(generalizability)는 제한된 소수의 표본을 가지고 진행된 연구에서 발견된 사실들을 모집단에 적용할 수 있는 정도를 나타낸다. 하나의 연구에서 얻어진 결과는 표본추출 효과(sampling effect)로 인해 한계를 지닐 수밖에 없다. 통계분석을 이용한 다른 모든 연구들과 마찬가지로 구조방정식모형 역시 단일 표본에 따른 일반화의 한계를 분명히 언급할 필요가 있다. 아무리 연구가 정교하게 설계되고 분석이 적절하게 이루어진 경우에도, 연구의 결론은 특정한 표본, 변수, 시간적 범위에 국한될 수밖에 없다. 구조방정식모형은 특정한 모집단 내에서 변수들 간의 관계의 구조에 관한 가설을 나타낸다. 따라서 연구에 앞서 모집단이 분명하게 제시되어야 한다. 그러나 대부분의 구조방정식모형 연구들이 이러한 일반화의 한계를 중요한 이슈로 고려하고 있지 않다. 오히려 연구결과가 상당한 일반화 가능성을 지니고 있는 것으로 해석되는 경우가 빈번하다.

보다 구체적으로 살펴보면, 구조방정식모형의 연구 결과는 개인, 척도, 기회의 세 측면에서 어떤 표본을 이용하는가에 크게 좌우될 수 있다(MacCallum & Austin,

2000). 우선 개인 측면에서 표본추출 효과가 존재한다. 어떤 개인들이 표본으로 선택되는가에 따라 연구 결과가 달라질 수 있다. 일반적으로 이러한 효과를 줄이기 위해 연구자는 모집단을 특정하고 연구목적에 부합하는 정교한 표본추출 절차를 적용한다.

일반화의 또 다른 측면은 동일한 모집단에서 상이한 표본들이 추출되는 경우에도 연구의 결과가 그대로 재생될 수 있어야 한다는 점이다. 이러한 결과의 재생가능성(replicability)을 검토하기 위해 교차타당도 검증을 실시할 수 있다. 연구자들은 단일표본으로부터 계산된 기대교차 타당지수(expected cross-validation index: ECVI)를 가지고 단일표본으로부터 얻어진 결과가 동일한 모집단 내의 또 다른 독립표본에 대해서도 얼마나 일치될 수 있을지를 평가할 수 있다(Shah & Goldstein, 2006; Browne & Cudeck, 1989, 1993).

표본효과의 또 다른 측면은 모집단과 관계된다. 구조방정식모형은 특정한 목표 모집단(target population) 내에서 변수들 간의 관계의 구조에 대한 가정을 나타낸다. 따라서 연구자는 목표 모집단을 분명히 하고, 이 모집단을 넘어 모형을 일반화하는 데는 한계가 있음을 분명히 해야 한다.

또한, 표본추출 효과는 주어진 연구에 이용된 측정변수들의 선택 과정에서도 발생된다. 구조방정식모형의 경우 특히 잠재변수를 측정하기 위한 측정변수들이 얼마나 타당한 것인가가 중요한 이슈가 된다. 구성개념의 속성은 지표들의 선택에 따라 변하게 되며, 따라서 결과와 해석에 영향을 미칠 수 있다. 행정학의 경우 상대적으로 잠재변수들에 대한 표준화된 측정지표나 지수들이 많지 않다. 잠재변수를 얼마나 제대로 조작화 하느냐 하는 점은 측정변수들의 타당도와 신뢰도를 결정한다. 따라서 기존 연구들을 통해 검증된 척도를 사용하는 것이 바람직하다. 그러나 기존 연구들로부터 척도를 차용하지만 척도에 대한 검증이 이루어지지 않은 경우가 빈번하다. 이런 경우 비록 제한적이지만 두 가지 대안이 가능하다. 첫째, 연구자는 기존 연구의 척도 개발과정에서 제기되었던 가정들을 검토하고, 그것이 자신의 연구에 미칠 효과를 언급해야 한다. 둘째, 또 다른 독립 표본을 이용한 미래의 연구에서 재생가능성에 대한 교차검증이 이루어져야 함을 명시한다.

2. 횡단적인 데이터에서 인과관계 추론의 문제

사회과학 연구에서 종단적인 연구 설계도 많이 있지만, 그보다 일반적인 연구 설계는 횡단적인 설계이다. 횡단적인 설계에서는 단일 시점에서 연구 대상 변수들이 동시에 측정되며, 따라서 연구에 필요한 데이터가 한꺼번에 얻어지고 분석이 이루어진다. 구조방정식모형의 경우에도 대부분 횡단적인 데이터를 이용하고 있다. 그런데 이러한 횡단적 데이터를 가지고 변수들 간의 인과적 영향력을 평가할 수 있는가는 상당한 고민거리가 아닐 수 없다.

두 변수 간에 엄격한 인과관계가 성립되기 위해서는 독립변수의 시간적 선행, 공동변화의 원칙, 경쟁가설의 배제라는 세 가지 조건이 충족되어야 한다. 첫 번째 조건이 독립변수와 종속변수간의 시간적 차이이다. 즉, 독립변수가 종속변수에 미치는 영향력을 평가하기 위해서는 독립변수가 시간적으로 반드시 선행해야 한다. 그런데 횡단적 연구는 변수들에 대한 동시측정에 의존하므로 특정 시점에서의 변수들 간의 관계를 평가할 수 있을 뿐이다. 따라서 횡단적 연구에서 변수들 간의 영향의 크기나 인과성을 추론하는 데 문제가 생길 수 있다.

횡단적인 연구에서 변수들 간의 인과관계가 어떻게 추정 가능한가에 대한 논리는 변수들 간의 관계에 대한 가정에 초점을 맞추는 입장(MacCallum & Austin, 2000)과 이론적 근거에 초점을 맞추는 입장으로(Pearl, 2000) 나뉜다.

전자의 입장은 다시 두 가지로 세분화된다. 첫째, 변수들 간에 인과적 영향력이 발생하는 시간 차이가 거의 없어 횡단적 연구를 통한 변수들 간의 동시적 측정이 가능하다는 입장이다. 실제 이러한 주장을 펼치는 연구들도 종종 발견된다. 둘째, 만일 변수들간에 분명한 시간차가 존재한다면, 횡단적 연구에서 방향적 영향력에 대한 연구를 정당화하기 위해서는 인과적 효과가 발생하는 시간과 인과변수가 측정되는 시간 간에 변화가 발생되지 않는다고 가정하는 것이다. 즉 동시에 측정되더라도 동시 측정 자체가 변수들 간에 존재하는 인과관계에는 영향을 미치지는 않는다는 것이다. 일부 학자들은 방향적 영향력을 포함하는 횡단적 연구에서는 반드시 둘 중 하나의 정당화 논리를 분명히 밝혀야 한다고 주장한다(MacCallum & Austin, 2000).

반면, 후자의 입장은 변수들 간의 인과관계가 이론적 근거에 토대를 두고 있거나 경험적으로 뒷받침되었다면 그 자체로 충분하다는 것이다. 이러한 시각은 구조방정식모형이 확증적 목적으로 이용되어야 한다는 주장과도 맥락을 같이 한다. 연구자가 연구모형에서 변수들 간의 인과관계를 설정하기 위해서는 분명한 이론적 근거가 있어야 하며 또한 분석을 통해 예상되는 결과에 대해서도 분명한 입장을 취해야 한다는 것이다. 따라서 변수들 간의 관계에 대한 가설이 이론적 근거나 경험적 자료에 의해 뒷받침되어야 하며, 단순히 연구자의 주관적 예측이나 기대만으로는 정당화될 수 없다는 시각이다.

3. 연구자의 확증 편향의 문제

구조방정식모형 연구자들은 확증편향(confirmation bias)에 취약한 것이 보통이다. 즉 모형을 평가함에 있어서 자신의 가설이나 선입관을 확증하는 정보를 더 선호하는 경향을 보인다. 이러한 편향성은 두 가지 형태를 띠는데, 연구자는 자신이 선택한 모형의 (1) 모형 적합도를 지나치게 긍정적으로 평가하거나, (2) 또 다른 대안모형의 가능성을 적극적으로 고려하지 않는 경우가 그것이다(MacCallum & Austin, 2000). 연구자들은 흔히 모형에 대한 판단에서 취약함을 드러내는데, 데이터에 잘 적합하는 모형을 더 잘 받아들이고, 다른 대안적 설명들을 고려하려고 하지 않는 경향이 있다.

구조방정식모형의 경우 이러한 편향성은 특히 더 문제가 된다. 특정한 모형이 지지되는 경우, 데이터에 동등하게 잘 적합하는 또 다른 대안모형들이 존재하는 것이 보통이다. 따라서 이러한 가능성을 고려하여 대안 모형들에 대한 적극적인 고려가 필요하다. 한 가지 방법은 기존의 여러 모형들을 평가해 보는 것이다. 기존의 모형이 내재적 모형인 경우와 질적으로 차이가 나는 대등한 모형인 경우로 구분되는데 두 경우 모두 검토할 필요가 있다. 특히 후자의 경우는 대안모형으로서 데이터에 비슷한 수준으로 적합하는 경우도 존재한다. 이러한 대안 모형의 실질적 의미를 평가절하해서는 안 된다.

4. 구조방정식모형을 어떤 목적으로 이용할 것인가의 문제

구조방정식모형을 설정하고 평가하기 위한 세 가지 전략이 존재한다(Jöreskog & sorbom, 1996). 첫째, 완전히 확증적 목적으로 구조방정식모형을 이용하는 경우이다. 이론적 배경에 근거하여 연구에 앞서 하나의 연구모형이 설정되고, 그 모형에 대한 검증이 이루어지는 경우이다. 둘째, 모형 개발(model generation)로서, 초기 모형을 데이터에 적합시키고 적합도가 높아질 때까지 모형을 수정하는 것이다. 이를 위해 수정지수를 기초로 '이론 다듬기' 방법을 이용하여 유의하지 않은 경로들을 제거하거나, 새로운 경로들을 추가하는 경우이다. 셋째, 대안모형들을 비교하는 경우로서 사전에 수립된 여러 모형들에 대한 비교평가를 실시하는 경우이다.

첫 번째 전략의 경우, 연구자가 하나의 모형에 대해서만 평가를 하기 때문에 해당모형이 적합하지 않는 경우 별다른 대안이 없게 된다. 이 경우 사실상 연구를 포기하는 상황이 대부분이다. 두 번째의 모형개발 전략은 잘못 진행될 가능성이 있으며, 더 큰 문제는 함부로 남용되기 쉽다는 점이다. 데이터에 기반한 모형수정은 타당도가 떨어지기 쉬우며 기회에 편승할 가능성이 크다. 따라서 모형개발 목적으로 구조방정식모형 분석이 이루어지는 경우에는 결과로서 제시된 모형이 표본에 기반한 것임을 분명하게 밝혀야 한다. 또 다른 독립적인 표본을 통해 모형의 재생가능성이 검증되어야만 한다. 또한 모형을 수정하는 경우에도 실질적으로 의미 있는 수정이어야 한다. 흔히 수정지수들을 토대로 오차항들간의 공분산 관계를 설정하는 경우가 있는데, 오차항 그 자체는 설명되지 않는 부분이라는 점을 고려할 때 설명되지 않는 부분들 간의 공분산 관계를 설정하는 것은 바람직하지 않다. 오차항간의 공변 관계는 단순히 모형 적합도를 개선하는 데만 도움이 될 뿐이며, 어떤 이론적 근거가 제시되지 않는다면 무의미한 모형에 불과할 뿐이다. 세 번째의 대안모형 전략은 데이터에 대한 대안적 설명들에 관해 비교 가능한 정보를 제공하며, 따라서 어느 모형의 적합도가 더 우수한가를 평가할 수 있다. 그러나 현실적으로 복수의 훌륭한 대안 모형들이 존재하는 경우를 찾아보기는 쉽지 않다.

5. 모형 적합도와 모수 추정치에 대한 해석의 문제

모수 추정치의 해석과 모형의 적합도 평가는 구조방정식모형에서 가장 논란이 많은 부분이다. 모형 적합도의 경우, 진실된 모형이란 존재하지 않으며 모든 모형들은 어느 정도 문제가 있게 마련이다. 따라서 데이터에 적절히 적합하는 간결하면서도 실질적으로 의미 있는 모형을 찾아야 한다. 동시에 비슷한 정도로 데이터에 적합하지만 연구에서 다뤄지지 않은 또 다른 모형들이 존재할 수 있음을 기억해야 한다. 또한 모형의 적합도가 좋다고 해서 모형이 옳거나 문제가 없음을 의미하는 것은 아니라는 점도 기억해야 한다.

이와 함께, 모형의 적합도가 우수하더라도 모형에서 가정된 효과가 강력함을 의미하는 것은 아니라는 점도 기억해야 한다. 극단적으로 모형의 적합도는 매우 우수한데, 변수들 간의 관계의 강도는 매우 약하거나 심지어 존재하지 않는 상황도 있을 수 있다. 마치 회귀분석에서 모형 전체의 적합도는 우수한데, 개별 회귀계수들이 모두 유의하지 않은 경우와 비슷하다. 이러한 상황에서 모수 추정치는 변수들 간의 미미한 관계만을 반영할 뿐이며, 내생변수들의 설명오차가 매우 큰 경우가 보통이다. 모형 적합도가 높다고 해서 오차분산이 작음을 의미하지는 않는다. 따라서 모형의 적합도가 매우 우수한 경우에도 각 모수 추정치들에 주목할 필요가 있다. 그러나 상당히 많은 연구에서 내생변수의 오차분산을 보고하지 않는 문제점을 보이고 있다.

모형의 적합도 평가가 끝나고 나면, 개별 모수 추정치들을 평가해야 한다. 그런데 모수 추정치에 대한 해석에서 가장 큰 어려움은 모수 추정치가 얼마나 커야 효과가 크다고 할 수 있는가 하는 점이다. 특히 변수들간의 표준화 경로계수가 유의한 경우에도 그 크기가 작게 나타나는 경우가 빈번하다. 즉 통계적으로는 유의하지만 실질적으로는 효과가 크지 않은 경우이다. 그렇다면 표준화 경로계수가 얼마나 커야 효과가 크다고 할 수 있는가?

경로계수의 효과의 크기를 평가하는 객관적인 기준은 존재하지 않는다. 이와 관련하여 기존의 통계학 문헌들에서 고민에 대한 해답을 찾을 수 있을 것이다. 첫째, 관계의 이론적 중요성이다. 이론적으로 중요한 관계이면 그 자체로 효과의 크기와 관계없이 큰 의미를 지닌다는 것이다. 물론 표준오차로 계산되는 불확실성의 크기가 효과의 크기에 대한 검증에 영향을 미친다는 점도 기억해야 한다.

다음으로, 절대값의 크기를 가지고 효과의 크기를 평가하는 방법이다. Cohen(1988)이 제시한 사회과학 연구에서 상관관계의 실질적 크기에 대한 논의를 참고할 수 있을 것이다. Cohen(1988)은 표준화 경로계수 $< |0.1|$ 이면 효과가 작고, $|0.3|$ 정도면 효과가 보통이고, $|0.5|$ 정도면 효과가 크다고 지적하고 있다. 반면 Chin(1998)에 따르면 표준화 경로계수가 적어도 $|0.2|$ 이상은 되어야 하며, 의미 있는 논의를 위해서는 $|0.3|$ 이상이 바람직하다고 주장한다.

6. 오차들간의 공분산 문제

구조방정식모형 분석을 한 다음 수정지수들을 살펴보면 오차항들 간에 공분산 관계를 추가함으로써 모형의 적합도가 크게 개선될 수 있는 경우를 종종 만나게 된다. LISREL은 기본 값으로 측정오차와 설명오차의 분산을 추정모수로 하고 있는 반면 측정오차들 간의 공분산과 설명오차 간의 공분산은 0으로 고정하고 있다. 오차의 공분산을 자유모수로 변경한다면, 모형의 적합도는 확실히 개선된다. 그런데 문제는 오차들 간의 공분산을 자유모수로 변경해야만 하느냐 하는 점이다.

오차들이 서로 상관관계를 갖는 두 가지 이유는 표본추출 오차(sampling error)와 누락된 변수(omitted variables) 때문이다. 오차들 간의 상관관계가 0이 아닌 이

그림 7-14 확증적 요인분석모형: 오차들간의 상관이 존재하는 경우

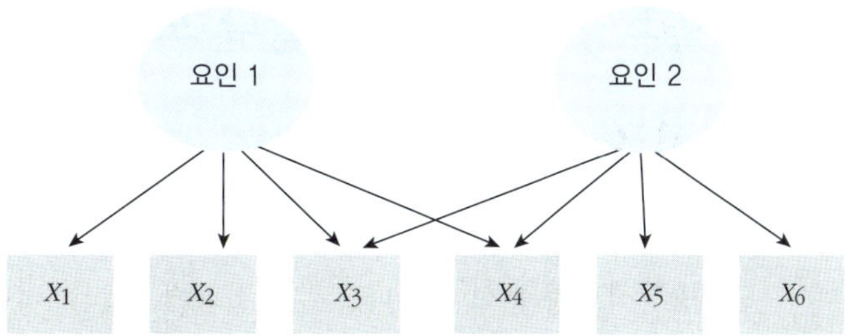

유가 오직 표본추출 오차 때문이라면, 이러한 상관관계들을 0으로 고정해야만 한다. 그러나 오차가 있는 두 변수들에 영향을 미치는 어떤 제3의 변수가 모형에서 누락된 경우에도 오차들 간에는 상관관계가 존재하게 된다.

〈그림 7-14〉와 같은 확증적 요인분석 모형을 가정해보자. 잠재변수 2개에 측정변수는 6개이다. 측정변수 X_1, X_2가 요인1에만 적재되고, 측정변수 X_5, X_6가 요인2에만 적재되는데 반해 측정변수 X_3와 X_4는 요인1과 요인2에 동시에 적재되고 있다. 즉 두 요인들은 동시에 측정변수 X_3와 X_4의 원인으로 작용하고 있다. 이러한 상황에서 만일 요인2가 모형에서 빠진다고 가정해보자. 요인2가 제거되더라도 여전히 X_3와 X_4에 대한 요인2의 영향력은 없어지지 않고, 오히려 두 측정변수들의 오차항으로 전이된다. 더욱이 X_3과 X_4의 오차항들은 요인2이라는 누락된 원인을 공유하고 있기 때문에 서로 상관관계가 존재하게 된다. 이 사례는 측정오차를 다루고 있지만, 구조오차에도 동일한 상황이 발생될 수 있다. 오차항들 간의 상관관계를 설정한 후 구조방정식모형을 분석하면 모형의 적합도가 크게 개선되는 것을 발견할 수 있다. 이 경우는 관련된 변수의 누락이 원인임을 추측할 수 있다. 그렇다면 오차항들 간에 상관관계를 설정하는 것이 적절한가?

오차항들 간에는 사전에 강력하고, 분명한 근거가 있는 경우에만 상관관계가 존재하도록 설정해야 한다. 특히 오차항들 간의 상관관계는 지역적 독립성(local independence)의 가정에 위배되기 때문에 분명한 이론적 근거가 필요하다(Mulaik & James, 1995).

VI 구조방정식모형의 결과 보고

1. 배 경

구조방정식모형 분석이 끝나고 분석결과에 대한 해석이 이루어졌다고 해서 모든 과정이 끝난 것은 아니다. 구조방정식모형 분석의 결과를 논문이나 보고서 형태로 작성해야 하는 경우가 보통이다. 그런데 논문에서 구조방정식모형 분석결과를 제대로 보고하는 것은 여간 어려운 일이 아니다. 일반적인 원칙이 존재한다면 좋겠지만 학자들 간에 구조방정식모형의 적용과 결과 보고 방식에 관해 합의된 견해는 존재하지 않는다. 물론 엄밀히 말한다면 회귀분석이나 요인분석 역시 분석결과를 어떤 형식으로 보고해야 하는가에 대한 정답은 없다. 그러나 오랜기간 많은 연구들이 축적되면서 공통분모가 만들어졌고, 그 결과 최근의 회귀분석이나 요인분석 논문들에서 보고되는 결과표와 그림들은 비슷한 형태를 보인다.

표 7-4 구조방정식모형의 주요 보고사항 체크리스트

구 분	주요 보고 사항
모형 설정 단계	• 경로도의 제시 • 표본 데이터의 검토 결과 – 표본의 크기 – 결측치의 처리 방법 • 잠재변수와 잠재변수를 측정하기 위한 측정변수에 대한 설명 • 가정의 검토 결과 – 다변량 정규성의 검토 결과
모수 추정 단계	• 투입자료 행렬의 유형 • 모수추정 방법 • 구조방정식모형에 이용된 소프트웨어와 버전
모형 평가 단계	• 모형의 전반적 적합도 평가 결과 – 적합도 지수 • 측정모형에 대한 평가 결과 – 신뢰도 평가 결과 – 타당도 평가 결과: 판별타당도와 수렴타당도의 평가 • 구조모형에 대한 평가 – 연구가설의 검증결과 – 직접효과와 간접효과 • 수정지수 • 교차타당도 검증결과

이하에서는 구조방정식모형 에서 많이 보고되는 내용들을 중심으로 결과보고 방식을 살펴보고자 한다. 특히 구조방정식모형을 모형설정 단계, 모수 추정 단계, 모형 평가 단계로 구분하고 각 단계별로 반드시 보고해야 할 사항들을 검토하고자 한다. 〈표 7-4〉는 구조방정식모형의 단계별로 보고해야 할 주요 사항들을 정리한 것이다.

2. 모형설정 단계

모형설정과 관련된 항목들은 주로 분석결과의 가장 앞부분에 포함되게 된다. 모형개발과 관련된 항목들에는 경로도, 잠재변수와 잠재변수를 측정하기 위한 측정변수, 표본의 크기, 가정의 검토결과 등이 포함된다.

(1) 경로도의 제시

연구자는 구조방정식모형을 경로도(path diagram)로 표현함으로써 어떤 모형을 연구모형으로 하고 있는지 쉽게 나타낼 수 있다. 따라서 변수들 간의 구조적 관계를 시각적으로 표현한 경로도를 제시하는 것이 바람직하다. 흔히 경로도는 '연구설계' 또는 '조사설계'의 핵심 부분인 '분석의 틀(research framework)'에 포함되게 된다. 경로도가 분석의 틀로 제시됨으로써 연구자가 어떤 변수들 간의 구조적 관계를 분석하려고 하는가를 쉽게 독자들에게 전달할 수 있으며, 변수들 간의 관계를 정리한 가설들로 나타내기에도 편리하다.

〈표 7-5〉는 잠재변수 경로분석을 위한 연구모형과 연구가설의 제시방법을 예시한 것이다. 아래 그림처럼 측정변수들을 생략하거나 또는 측정변수들이 포함된 모형으로 제시되는 경우 모두 가능하다. 다만 확증적 요인분석의 경우 잠재변수와 측정변수들간의 관계가 분석의 핵심이므로 잠재변수와 측정변수간의 대응 관계를 그림으로 나타내는 것이 바람직하다.

표 7-5 연구모형과 연구가설의 제시 방법

〈그림 1〉 연구모형

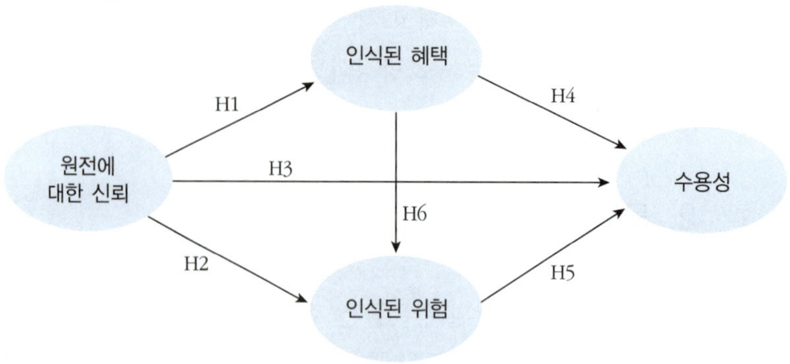

〈표 1〉 연구가설

가 설	내 용
H1	원자력 발전소에 대한 신뢰는 인식된 혜택에 긍정적인(+) 영향을 미칠 것이다.
H2	원자력 발전소에 대한 신뢰는 인식된 위험에 부정적인(−) 영향을 미칠 것이다.
H3	원자력 발전소에 대한 신뢰는 수용성에 긍정적인(+) 영향을 미칠 것이다.
H4	인식된 혜택은 수용성에 긍정적인(+) 영향을 미칠 것이다.
H5	인식된 위험은 수용성에 부정적인(−) 영향을 미칠 것이다.
H6	인식된 혜택은 인식된 위험에 부정적인(−) 영향을 미칠 것이다.

* 출처: 심준섭(2009).

(2) 표본 데이터의 검토 결과

구조방정식모형 분석에 앞서 어떤 모집단으로부터 표본을 어떻게 추출하였는지 밝혀야 한다. 특히 표본의 크기는 반드시 보고되어야 한다. 표본의 크기가 작은 경우 표본추출 오차가 커지기 쉽다. 또한 원 데이터에 대한 검토과정에서 결측치가 있는 경우 어떻게 처리하였는지도 언급되어야 한다. 이와 함께 다변량 정규성 가정에 대한 검토결과도 포함되어야 한다. 구조방정식모형은 다변량 정규분포를 가정하고 있기 때문에 자료의 정규성 검토는 중요한 부분이다. 다변량 정규성의 가정이 위배되는 경우 최대우도법(ML)으로 모수를 추정하는 것은 바람직하지 않다.

표 7-6 연구모형에 포함된 잠재변수들과 측정문항들

잠재변수	측정문항(측정지표)
원자력 발전소에 대한 신뢰	원자력 발전소 운영 기관에 대한 신뢰
	원자력 발전소에 근무하는 직원에 대한 신뢰
인식된 위험	원자력 발전소로 인한 환경피해
	원자력 발전소의 사고 발생 가능성
	원자력 발전소로 인한 지역 이미지 손상
	원자력 발전소로 인한 생명에 대한 위협
인식된 혜택	지역경제 성장
	주민소득 증대
	부동산 가격 상승
	도로, 전기시설 등 지역기반 시설 확충
수용성	원자력 발전소의 추가 건설 허용
	방사능폐기물 처리장의 건설 허용
	방사성 관련 산업단지 유치

* 출처: 심준섭(2009).

(3) 잠재변수와 측정변수에 대한 설명

잠재변수의 명칭과 조작적 정의를 반드시 제시하여야 한다. 또한 잠재변수마다 어떤 측정변수들이 이용되었는지, 몇 개의 측정변수들이 이용되었는지에 대한 정보가 포함되어야 한다. 잠재변수별로 측정변수가 적은 경우 모형이 수렴되지 않거나 왜곡된 모수 추정치를 산출할 수 있다. 따라서 몇 개의 측정변수들이 잠재변수를 측정하기 위해 이용되었는가는 매우 중요한 정보이다. 또한 설문 문항을 잠재변수의 측정지표로 이용하는 경우 설문문항들에 대해서도 기술해야 한다. 특히 측정문항들을 보고함으로써 후속 연구들이 동일한 연구절차를 따라 교차타당도를 검증할 수 있을 것이다. 〈표 7-6〉은 〈표 7-5〉에서 제시된 연구모형을 분석하기 위한 잠재변수의 측정문항들을 정리한 것이다.

3. 모수의 추정 단계

모수 추정 단계에서 보고되어야 할 사항들에는 어떤 행렬을 투입자료로 이용했는지, 어떤 모수추정 방법을 이용했는지 등을 보고해야 한다.

(1) 투입자료 행렬의 유형

구조방정식모형을 위해 어떤 행렬을 투입자료로 이용했는지 명시해야 한다. 구조방정식모형의 투입자료로 공분산 행렬이나 상관관계 행렬이 이용된다. 구조방정식모형 프로그램들은 원자료를 그대로 구조방정식모형에 이용하는 것처럼 보이지만 실제로는 원자료를 분석을 위해 공분산 행렬 또는 상관관계 행렬로 변환한다. 이후 변환된 행렬을 투입자료로 이용하여 모수를 추정한다.

일반적으로 공분산 행렬을 이용한 연구들이 상관관계 행렬을 이용한 연구들에 비해 많은 상황이다. 구조방정식모형의 전통적인 추정방법들은 공분산 행렬에 적합한 통계적 분포이론에 기초하고 있기 때문이다. 물론 상관관계 행렬을 이용하는 경우 해석상 유리한 점들도 있다. 공분산 행렬을 이용하던 상관관계 행렬을 이용하던 투입행렬 자체를 보고하는 것이 바람직하다(Shah & Goldstein, 2006). 투입행렬을 보고함으로써 구조방정식모형 분석결과의 재현이 가능해진다.

(2) 모수추정 방법

모수추정을 위해 ML, GLS, WLS, ULS 등 다양한 방법들이 이용되고 있다. 측정변수들의 분포 특성에 따라 어떤 방법을 이용할 것인가가 달라지며, 각각은 장단점을 동시에 지니고 있다. 가장 많이 이용되는 ML(최대우도법) 방법은 측정변수들이 다변량 정규성을 충족시키는 경우에 적합하며, 정규성의 가정이 다소 위배되는 경우에도 상대적으로 불편추정치를 산출하는 장점이 있다. 상당히 많은 연구들에서 모수추정방법이 보고되지 않는데, 이것은 바람직하지 않다.

4. 모형의 평가 단계

모형의 평가 단계는 구조방정식모형 분석결과를 보고하는 데 있어서 가장 복잡하면서도 어려운 부분이다. 이 단계에서는 모형 추정의 결과물로서 모형의 전반적 적합도, 측정모형에 대한 평가결과, 구조모형에 대한 평가결과 등을 보고해야 한다.

(1) 모형의 전반적 적합도 평가결과

전반적으로 연구모형이 데이터에 얼마나 잘 적합하는가를 보여주는 적합도 지수들을 보고해야 한다. 모형의 적합도 평가는 구조방정식모형에서 상당한 논란이 존재하는 부분이다. 모형의 적합도에 대한 평가가 가능한 회귀분석과 같은 전통적인 통계기법들과는 달리 구조방정식모형에서는 통계적 유의성을 검증 기준으로 이용할 수가 없다. 가장 대중적인 모형 적합도 지수는 χ^2이며, χ^2는 유의수준과 함께 보고된다. 그러나 χ^2 검정 방법이 지닌 표본에 대한 지나친 민감성으로 인해 유의수준은 무시되는 것이 보통이다. χ^2 통계치는 표본이 큰 경우 왜곡된 추정치를 산출하는 심각한 문제가 있기 때문이다. 이러한 문제점들을 극복하기 위해 상당히 많은 대안적 적합도 지수들이 개발되었다. 그러나 어떤 적합도 지수가 더 우수한가에 대해서는 여전히 논쟁이 벌어지고 있는 상황이다.

적합도 지수들은 크게 절대적 적합도 지수와 상대적 적합도 지수로 구분될 수 있다. 상대직 적힙도 지수들은 다시 비교 적합도 지수와 간결성 적합도 지수로 세분화될 수 있다. 절대 적합도 지수에는 χ^2, 상대 χ^2, GFI, AGFI, RMR, RMSEA, SRMAR 등이 포함되고, 비교 적합도 지수에는 NNFI,(TLI), NFI, CFI 등이 포함되며, 간결성 적합도 지수에는 PNFI, PGFI, AIC, CAIC 등이 포함된다.

이러한 구분을 기초로 본다면 적어도 각각의 범주에서 하나 이상의 적합도 지수를 보고하는 것이 바람직하다. 그래야 독자들이 다양한 시각에서 모형의 적합도에 대해 평가할 수 있는 기회를 가질 수 있다. 우선 절대적 적합도 지수로서 χ^2은 반드시 보고되어야 한다. 비록 χ^2 통계지가 문세를 시니고는 있으나, 여전히 핵심적인 지표이며, 따라서 자유도, 유의확률 등과 함께 보고한다. 상대 χ^2를 보고하는 것도 바람직하다. 다음으로 RMSEA, SRMR, AGFI를 보고하고 NNFI와 CFI 같은 비교적합도 지수 중 하나를 보고하는 것이 일반적이다. 모형비교의 경우에는 간결성 지수인 PNFI, PCFI와 정보이론 지수인 AIC, BIC, CAIC, BCC, ECVI 중에서

표 7–7 모형 적합도 지수의 보고 방식

(a)

적합도 지수	$\chi^2(df)$	RMSEA	NNFI	CFI	GFI	AGFI
통계치	35.39(25), P=0.08	0.03	0.99	0.99	0.97	0.95

(b)

적합도 지수	통계량	기준
$\chi^2(df)$	35.39(25), p = 0.08	$p < 0.05$
RMSEA	0.03	< 0.05
NNFI	0.99	> 0.90
CFI	0.99	> 0.95
AGFI	0.95	> 0.95

하나를 보고하는 것이 바람직하다.

적합도 지수를 보고하는 양식에 대한 일반적인 기준은 없지만 다음 두 가지 형태의 표들이 가장 많이 이용된다.

(2) 측정모형의 평가

측정모형의 평가는 두 가지 측면에서 진행된다. 첫째는 구성개념의 신뢰도와 타당도 평가이고, 둘째는 개별 요인적재치들에 대한 검토이다(Bollen, 1989).

1) 구성개념의 신뢰도와 타당도 평가결과

다양한 신뢰도 지수들은 잠재변수들이 측정변수들 각각 또는 공동에 의해 얼마나 잘 측정되고 있는가를 보여주는 데 이용된다. 이를 위해 *Cronbach* α, 종합신뢰도, AVE(평균추출분산), 단일차원성 평가 등이 이용된다(Shah & Goldstein, 2006; Bagozzi & Yi, 1988; Fornell & Larcker, 1981). 타당도에 대한 평가는 판별타당도와 수렴타당도에 대한 평가로 세분화된다. 타당도 평가를 위해 AVE를 이용한 방법이 이용된다. 모형의 신뢰도와 타당도 평가결과를 보고하는 일반적인 기준은 없으며, 흔히 이용되는 결과표의 형태를 제시하면 다음과 같다.

표 7-8 측정모형 평가결과

잠재변수	관찰변수	적재치	SMC (R^2)	Cronbach α	종합 신뢰도
신뢰	원전기관에 대한 신뢰 원전 직원에 대한 신뢰	0.93(0.88) 1.0(0.92)	0.77 0.84	0.89	0.89
혜택	지역경제 성장 주민소득 증대 부동산 가격 상승 도로, 전기시설 등 지역기반 시설	1.0(0.82) 1.06(0.92) 0.81(0.67) 0.75(0.65)	0.68 0.84 0.45 0.42	0.85	0.85
위험	원전으로 인한 환경피해 원전 사고 발생 가능성 원전으로 인한 지역 이미지 손상 원전으로 인한 생명에 대한 위협	1.0(0.79) 1.08(0.90) 1.00(0.80) 1.01(0.81)	0.62 0.80 0.63 0.66	0.89	0.89
수용	원전의 추가 건설 방사능 폐기물 처리장의 건설 방사성 관련 산업단지의 유치	1.0(0.87) 1.01(0.85) 0.95(0.80)	0.76 0.73 0.65	0.88	0.88

* 괄호 안은 표준화 적재치를 나타낸다.

2) 요인적채치들에 대한 평가 결과

개별 요인 적재치들을 평가할 때는 부호(+ 또는 −), 강도, 통계적 유의성을 동시에 검토하여 이론에 부합하는지 살펴보아야 한다. 모수 추정치의 표준오차는 작아야 하며, 표준오차가 크다는 것은 모수 추정치의 안정성이 떨어지고 있음을 나타낸다. 물론 표준오차가 커지면 모수 추정치의 t 검증 결과는 유의하지 않게 나타날 가능성이 크다.

(3) 구조모형의 적합도 평가

구조모형의 적합도 평가는 연구가설에 대한 검증결과, 간접효과와 지접효과의 구분, 수정지수의 제시 등으로 구성된다.

1) 연구가설의 검증결과

구조모형의 적합도 평가는 잠재변수들 간의 경로계수를 평가하는데 초점이 맞춰진다. 따라서 연구가설들 각각에 대한 검증이 중요한 부분을 차지한다. 개별 경로계수들을 기술하기 보다는 〈그림 7-15〉처럼 경로도로 나타냄으로써 독자들이 분석결과를 확인하기 쉽도록 해야 한다. 또한 측정오차와 설명오차도 경로도에 포함시킴으로써 각 잠재변수와 측정변수의 설명력을 평가할 수 있다. 모수 추정치들은 연구목적에 맞게 비표준화 추정치 또는 표준화 추정치 중에서 선택적으로 제시한다. 〈그림 7-15〉는 표준화 추정치를 경로도로 나타낸 것이다.

또한 아래 〈표 7-9〉처럼 연구가설의 검증결과도 표를 통해 함께 제시하는 것이 바람직하다. 표에서 제시된 것처럼 각 연구가설에 대한 검증결과를 제시할 때 예측된 부호, 비표준화 추정치, 표준화 추정치, t 검증 통계량 등을 함께 보고하면 연구가설에 대한 검증결과를 설명하기가 훨씬 용이해진다.

표 7-9 신뢰, 인식된 혜택, 인식된 위험, 수용성간의 관계

경로	예측된 방향	B	β	t	검증 결과
H1: 신뢰→인식된 혜택	+	0.49	0.42	12.85	지지
H2: 신뢰→인식된 위험	−	−0.20	−0.19	−5.46	지지
H3: 신뢰→수용성	+	0.22	0.16	4.63	지지
H4: 인식된 혜택→수용성	+	0.14	0.12	3.50	지지
H5: 인식된 위험→수용성	−	−0.42	−0.31	−9.81	지지
H6: 인식된 혜택→인식된 위험	−	−0.11	−0.13	−3.57	지지

* 출처: 심준섭(2009).

그림 7-15 연구모형의 구조방정식모형 분석결과: 표준화 추정치

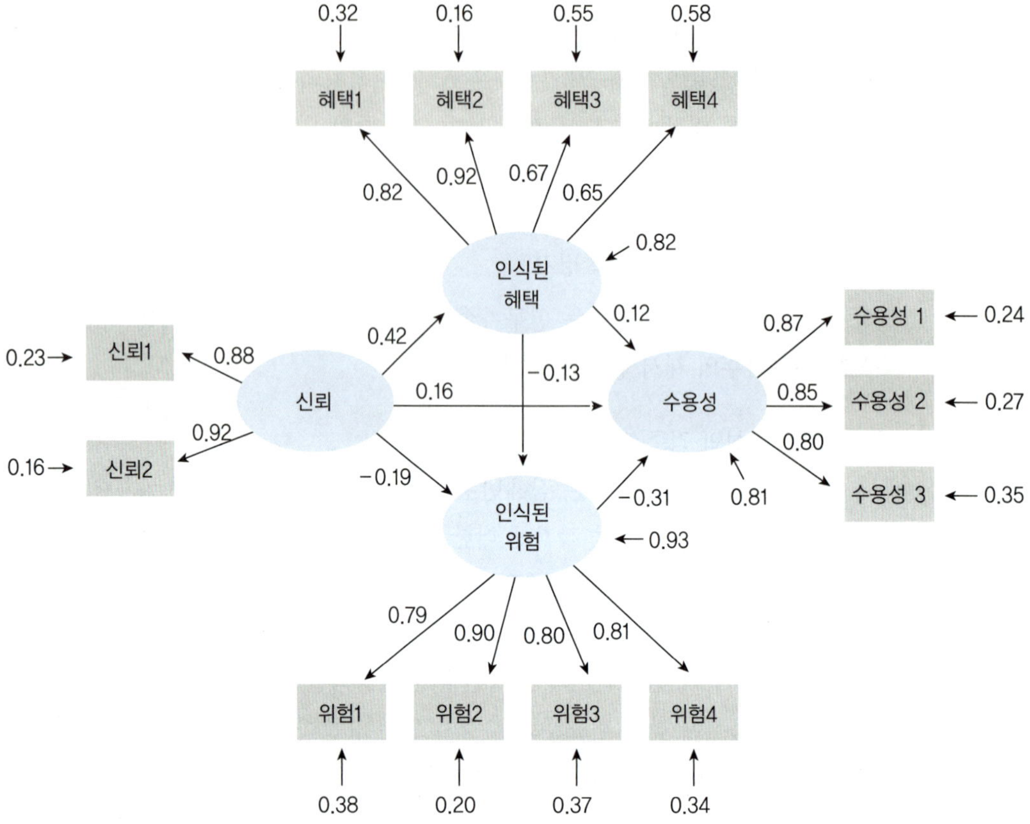

* 출처: 심준섭(2009).

2) 직접효과와 간접효과

매개변수, 허위변수, 혼란변수 등의 효과에 대한 보다 구체적인 설명이 필요한 경우 총효과를 직접효과와 간접효과로 구분하여 설명하는 것이 바람직하다. 〈표

표 7-10 적접 · 간접효과: 표준화경로계수

잠재변수	인식된 혜택	인식된 위험			수용성		
	직접효과	직접효과	간접효과	총효과	직접효과	간접효과	총효과
신뢰	0.42	−0.19	−0.06	−0.25	0.16	0.13	0.29
인식된 혜택	–	−0.13	–	−0.13	0.12	0.04	0.16
인식된 위험	–	–	–	–	−0.31	–	−0.31

* 출처: 심준섭(2009).

7-10〉은 직접효과와 간접효과를 구분하여 정리하는 표를 예시한 것이다.

3) 수정지수

Jöreskog & Sörbom(1996)은 모형 설정과 평가를 크게 완전 확증적인 경우, 모형 제시의 경우, 대안 모형들간 비교의 경우로 구분하고 있다. 첫 번째, 완전확증적인 경우에는 하나의 연구모형이 연구되며 따라서 모형의 적합도가 낮은 경우라도 연구자는 있는 그대로 보고할 뿐이며 그것으로 연구는 종결된다. 두 번째, 모형제시의 경우는 수정지수들을 보고하고, 최초 모형을 데이터에 적합시키고 수정지수들을 이용해 적합도가 개선된 모형을 제시하게 된다. 따라서 이 경우에는 수정지수들을 보고해야 한다. 그러나 모형제시의 방법은 남용될 가능성이 있으며, 기회에 편승할 가능성이 크다는 문제가 있다. 마지막으로 대안모형들 간의 비교의 경우에는 별도로 수정지수들을 보고할 필요는 없다. 모형간 χ^2 차이 통계량(χ^2_D)과 검증결과를 보고하거나, 또는 모형간 비교에 필요한 적합도 지수들을 보고하는 것이 바람직하다.

연·습·문·제

01. 측정모형 불변성이 무엇이며, 구조방정식모형에서 중요한 이유는 무엇인가?

02. 구조방정식모형 분석결과를 어떻게 보고할 것인가?

03. 내재적 모형의 비교 원리는 무엇인가?

04. 동일 모형에 대한 집단 간 비교의 원리를 설명하라.

참고문헌

Aaker, D. A., & Bagozzi, R. P. (1979). Unobservable variables in structural equation models with an application in industrial Setting, *Journal of Marketing Research*, 16: 147-158.

Anderson, J. C., & Gerbing, D. W. (1988). Structural equation modeling in practice: A review and recommended two-step approach. *Psychological Bulletin*, 103(3): 453-460.

Anderson, J. C., & Gerbing, D. W. (1984). The effects of sampling error on convergence, improper solutions, and goodness-of-fit indices for maximum likelihood confirmatory factor analysis. *Psychometrika*, 49: 155-173.

Bacharach, S. B. (1989). Organizational theories: Some criteria for evaluation. *The Academy of Management Review*, 14(4): 496-515.

Bagozzi, R. P. (1980). *Causal models in marketing. New York: Willy* .

Bagozzi, R. P., & Yi, Y. (1988). On the evaluation of structural equation models. *Journal of Academy of Marketing Science*, 16(1): 74-94.

Baron, R. M., & Kenny, D. A. (1986). The moderator-mediator variable distinction in social psychological research: conceptual, strategic, and statistical considerations, *Journal of Personality and Social Psychology*, 51(6): 1173-82.

Bentler, P. M. (2000). Rites, wrongs, and gold in model testing. *Structural Equation Modeling*, 7: 82-91.

Bentler, P M. (1990). Comparative fit indexes in structural models. *Psychological Bulletin*, 107: 238-246.

Bentler, P. M., & Chou, C. P. (1987). Practical issues in structural modeling. *Sociological Methods and Research*, 16(1): 78-117.

Bentler, P. M., & Bonnet, D. C. (1980), Significance tests and goodness of fit in the analysis of covariance structures, *Psychological Bulletin*, 88(3): 588-606.

Blunch, N. J. (2008). *Introduction to structural equation modelling using SPSS and AMOS*. Los Angeles, London: SAGE.

Bollen, K. A. (1989). *Structural equations with latent variables*. New York: Wiley.

Bollen, K. A. (1990). Overall fit in covariance structure models: Two types of sample size effects. *Psychological Bulletin*, 107: 256-259.

Bollen, K. A., & Long, J. S. (1993). *Testing structural equation models*. Newbury Park: Sage Publications.

Browne, M. W., & Robert, C. (1993). Alternative ways of assessing model fit, In *Testing structural equation models*, K. A. Bollen et al. (eds), Newbury Park CA: SAGE Publications.

Byrne, B. M. (1998). *Structural equation modeling with LISREL, PRELIS, and SIMPLIS : basic concepts, applications, and programming*. Mahwah, N.J.: L. Erlbaum Associates.

Byrne, B. M. (2001). *Structural equation modeling with AMOS : Basic concepts, applications, and programming*. Mahwah, N.J.: Lawrence Erlbaum Associates.

Carmines, E.G., & McIver, J.P. (1981). Analyzing models with unobserved variables. In G. W. Bohrnstedt & E. F. Borgatta (Eds.), *Social measurement: Current issues*, Beverly Hills, CA: Sage.

Chau, P. Y. K. (1997). Reexamining a model for evaluating information center success using a structural equation modeling approach, *Decision Sciences*, 28(2): 309–334.

Chin, W. W. (1998): The partial least squares approach to structural equation modeling, In G. A. Marcoulides (ed.). Modern methods for business research, pp. 295–336. Mahwah, NJ: Lawrence Erlbaum Associates, Publisher.

Cronbach, L. J. (1971). *Test Validation*. In R. L. Throndike (Ed.), Educational measurement (2nd ed.). Washington, D.C.: American Council on Education.

Cudeck, R. (1989). Analysis of correlation matrices using covariance structure models. *Psychological Bulletin*, 105: 317–327.

Ding, L., Velicer, W. F., & Harlow, L. L. (1995). Effects of estimation methods, number indicators per factor, and improper solutions on structural equation modeling fit indices. *Structural Equation Modeling: A Multidisciplinary Journal*, 2: 119–144.

Duncan, O. D. (1975). *Introduction to structural equation models*. New York: Academic Press.

Fornell, C., & Larcker, D. F. (1981). Evaluating structural equation models with unobservable variables and measurement errors. *Journal of Marketing Research*, 18(1): 39–50.

Garver, M. S., & Mentzer, J. T. (1999). Logistics research methods: Employing structural equation modeling to test for construct validity, *Journal of Business Logistics*, 20(1): 33–57.

Gefen, D. (2003). Assessing unidimensionality through LISREL: An explanation and an example, *Communications of the Association for Information Systems*: 12(2): 23–47.

Gerbing, D. W., & Anderson, J. C. (1993), Monte Carlo evaluations of goodness-of-fit indices for structural equation models, In *Testing structural equation models*, K. A. Bollen and J. S. Long, (eds.), Newbury Park, CA: SAGE Publications.

Gerbing, D. W., & Anderson, J. C. (1988). An updated paradigm for scale development incorporating unidimensionality and its assessment. *Journal of Marketing Research*, 25(May): 186-192.

Goldberger, A. S., Duncan, O. D., Social Science Research Council(U.S.), & University of Wisconsin. Social Systems Research Institute. (1973). *Structural equation models in the social sciences*. New York: Seminar Press.

Grace, J. B. (2006). *Structural equation modeling and natural systems*. Cambridge, UK ; New York: Cambridge University Press.

Hair, J. F., Black, W. C., Babin, B., & Anderson, R. E. (2010). Multivariate data analysis (7th ed.). Upper Saddle River, NJ: Pearson.

Hair, J. F., Anderson, R. E., Tatham, R. L., & Black, W. C. (1998). Multivariate data analysis (5th ed.). Upper Saddle River, NJ: Prentice Hall.

Hancock, G. R., & Mueller, R. O. (2006). *Structural equation modeling : a second course*. Greenwich, Conn.: IAP.

Heckman, J. J., Vytlacil, E., & National Bureau of Economic Research. (2005). *Structural equations, treatment effects, and econometric policy evaluation*. Cambridge, Mass.: National Bureau of Economic Research.

Hoelter, D. R. (1983). The analysis of covariance structures: Goodness-of-fit indices, *Sociological Methods and Research*, 11: 325-344.

Howell, D. C. (2007). The analysis of missing data. In W. Outhwaite & S. Turner (Eds.), *Handbook of Social Science Methodology*. London: SAGE.

Hoyle, R. H. (2000). Confirmatory factor analysis. In H. E. A. Tinsley & S. D. Brown (Eds.), Handbook of applied multivariate statistics and mathematical modeling (pp. 465-497). New York: Academic Press.

Hoyle, R. H. (1995). *Structural equation modeling: Concepts, issues, and applications*. Thousand Oaks: Sage Publications.

Hu, L. T., & Bentler, P. M. (1999). Cutoff criteria for fit indexes in covariance structure analysis: Conventional criteria vs. new alternatives, *Structural Equation Modeling*, 6 (1): 1-55.

Hu, L. T., & Bentler, P. M. (1998). Fit indices in covariance structure modeling: sensitivity to underparameterized model misspecification. *Psychological Methods*, 3(4): 424-453.

Jaccard, J., & Wan, C. (1996). LISREL analyses of interaction effects in multiple regression. Newbury Park: Sage.

Jöreskog, K. G., Cudeck, R., Du Toit, S. H. C., & Sörbom, D. (2001). *Structural equation modeling, present and future : A festschrift in honor of Karl Jöreskog. Lincolnwood*, IL: Scientific Software International.

Jöreskog, K. G., & Sörbom, D. (2002). *LISREL 8: Structural equation modeling with the SIMPLIS command language* (5th print., with Foreword and computer exercises. ed.). Chicago, Ill. Hillsdale, N.J.: Scientific Software International; Distributed by L. Erlbaum Associates.

Jöreskog, K. G., Sörbom, D., & Magidson, J. (1979). *Advances in factor analysis and structural equation models*. Cambridge, MA: Abt Books.

Jöreskog, K. G. (1963). *Statistical estimation in factor analysis; A new technique and its foundation*. Stockholm: Almqvist & Wiksell.

Jöreskog, K. G. (2000). *LISREL 8: New statistical features*. Lincolnwood, Ill.: Scientific Software International.

Jöreskog, K. G., Sörbom, D., & Scientific Software Inc. (2001). Lisrel 8.50. Student.

Jöreskog, K. G., Sörbom, D., & SPSS Inc. (1996). *LISREL 8 user's reference guide* (2nd ed.). Chicago, IL: Scientific Software International.

Jöreskog, K., & Söorbom, D. (1993), LISREL 8: Structural equation modeling with the SIMPLIS Command Language. Chicago, IL: Scientific Software International Inc.

Jöreskog, K., G., & Sörbom, D. (1989). LISREL 7. Analysis of linear structural relationships by maximum likelihood, instrumental variables, and least squares methods. Mooresville, IN: Scientific Software.

Jöreskog, K. G., & Uppsala Universitet Statistiska Institutionen. (1974). *Analyzing psychological data by structural analysis of covariance matrices*. Uppsala, Sweden: University of Uppsala, Dept. of Statistics.

Kaplan, D. (2000). Structural equation modeling: Foundations and extensions. Thousand Oaks, Calif.: Sage Publications.

Kaplan, D. (2009). *Structural equation modeling: Foundations and extensions* (2nd ed.). Los Angeles: SAGE.

Kelloway, E. K. (1998). *Using LISREL for structural equation modeling: a researcher's guide*. Thousand Oaks: Sage Publications.

Kenny, D. A. (1979). *Correlation and causality*. New York: John Wiley & Sons, Inc.

Kenny, D. A., & McCoach, D. B. (2003). Effect of the number of variables on measures of fit in structural equation modeling, *Structural Equation Modeling*, 10 (3): 333-51.

Kline, R. B. (2005). *Principles and practice of structural equation modeling* (2nd ed.). New York: Guilford Press.

Kline, R. B. (1998). Principles and practice of structural equation modeling. NY: Guilford Press.

Koufteros, X., & Marcoulides, G. A. (2006). Product development practices and performance: A structural equation modeling-based multi-group analysis. *International Journal of Production Economics*, 103: 286-307.

Lee, S. Y. (2007). *Structural equation modeling: a Bayesian approach*. Chichester, England ; Hoboken, NJ: Wiley.

Little, R. J. A., & Rubin, D. A. (1987). *Statistical analysis with missing data*. N.Y.: John Wiley & Sons.

Loehlin, J. C. (1992). *Latent variable models*. Hillsdale, NJ: Lawrence Erlbaum Publishers.

MacCallum, R. C., & Austin, J. T. (2000). Applications of structural equation modeling in psychological research. *Annual Review of Psychology*, 51(1): 201-226.

MacCallum, R. C., & Browne, M. W. (1993). The use of causal indicators in covariance structure models: Some practical issues. *Psychological Bulletin*, 114: 533-541.

Macias, W. (2003). A preliminary structural equation model of comprehension of interactive advertising brand web sites. *Journal of Interactive Advertising*, 3(2): 36-48.

Marsh, H. W., Balla, J. R., & McDonald, R. P. (1988). Goodness-of-fit in confirmatory factor analysis: The effect of sample size, *Psychological Bulletin*, 103(3): 391-410.

Maruyama, G. (1998). *Basics of structural equation modeling*. Thousand Oaks, Calif.: Sage Publications.

McDonald, R. P., & Ho, M.H.R. (2002), Principles and practice in reporting statistical equation analyses, *Psychological Methods*, 7(1): 64-82.

McIntosh, C. (2006). Rethinking fit assessment in structural equation modelling: A commentary and elaboration on Barrett(2007), *Personality and Individual Differences*, 42(5): 859-67.

McQuitty, S. (2004). Statistical power and structural equation models in business research, *Journal of Business Research*, 57(2): 175-83.

Merisavo, M., Kajalo, S., Karjaluoto, H., Virtanen, V., Salmenkivi, S., & Raulas, M. (2007). An empirical study of the drivers of consumer acceptance of mobile advertising. *Journal of Interactive Advertising*, 7(2): 41-50.

Minium, E. W., Clarke, R. C., & Coladarci, T. (1999). *Elements of statistical reasoning* (2nd ed.): John Wiley & Sons.

Mueller, R. O. (1996). *Basic principles of structural equation modeling: An introduction to LISREL and EQS*. New York: Springer.

Mulaik, S. A. (2009). Linear causal modeling with structural equations. from http://marc.crcnetbase.com/isbn/9781439800393 Available through STATSnetBASE

Nunnally, J. C., & Bernstein, I. H. (1994). *Psychometric theory*(3rd ed.). New York: McGraw-Hill.

Pearl, J. (2000). Causality: Models, Reasoning, and Inference. Cambridge University Press, New York.

Raykov, T. (1988). Coefficient alpha and composite reliability with interrelated nonhomogeneous items. *Applied Psychological Measurement*, 22(4): 375-385.

Raykov, T., & Marcoulides, G. A. (2000). *A first course in structural equation modeling*. Mahwah, N.J.: Lawrence Erlbaum Associates.

Rigdon, E. E. (1994). Calculating degrees of freedom for a structural equation model. *Structural Equation Modeling*, I(3): 274-278.

Roth, P. L. (1994). Missing data: A conceptual review for applied psychologists. *Personnel Psychology*, 47(3): 537-560.

Satorra, A., & Bentler, P. M. (1994). Corrections to test statistics and standard errors in covariance structure analysis, In *Latent variable Analysis in Developmental Research*, 285-305 (A. van Eye and C. C. Clogg, eds.), SAGE Publications, Inc., Thousand Oaks, CA.

Schreiber, J. B., Stage, F. K., King, J., Nora, A., & Barow, E. A. (2006). Reporting structural equation modeling and confirmatory factor analysis results: A review. *The Journal of Educational Research*, 99(6): 323-337.

Schumacker, R. E., & Lomax, R. G. (2004). A beginner's guide to structural equation modeling. 2nd. from http://search.ebscohost.com/login.aspx? direct=true&db=nlebk&AN=112918&site=ehost-live Available through EBSCOhost eBook Collection.

Shah, R., & Goldstein, S. M. (2006). Use of structural equation modeling in operations management research: Looking back and forward. *Journal of Operations Management*, 24: 148-169.

Sharma, S., Mukherjee, S., Kumar, A., & Dillon, W. R. (2005). A simulation study to investigate the use of cutoff values for assessing model fit in covariance structure models, *Journal of Business Research*, 58(1): 935-43.

Shepard, L. A. (1993). Evaluating Test Validity. In L. Darling-Hammon (Ed.), Review of Research in Education, Vol. 19. Washington, DC: AERA.

Smith, K. A., & Syracuse University Graduate School. (2009). *The development and testing of a social cognitive model of commitment : a structural equation analysis*. Unpublished Ph.D. Dissertation, Syracuse University 2009.

Straub, D. (1989). Validating instruments in MIS research, *MIS Quarterly* 13(2): 147-169.

Tabachnick, B. G., & Fidell, L. S. (2007). *Using multivariate statistics* (5th ed.). Boston: Pearson/Allyn & Bacon.

Tanaka, J. S. (1987). How big is big enough Sample size and goodness of fit in structural equation models with latent variables. *Child Development*, 58: 134-146.

Thurstone, L. L. (1954). An analytical method for simple structure. *Psychometrika*, 19: 173-194.

Thurstone, L. L. (1947). Multiple-factor analysis: A development and expansion of the vectors of the mind. Chicago, IL,: The University of Chicago Press.

Ullman, J. B. (2006). Structural equation modeling: Reviewing the basics and moving forward. *Journal of Personality Assessment*, 87(1): 35-50.

Ullman, J. B. (2001). Structural equation modeling. In B. G. Tabachnick & L. S. Fidell (2001). *Using Multivariate Statistics* (4th ed; pp 653- 771). Needham Heights, MA: Allyn & Bacon.

Vandenberg, R. J., & Lance, C. E. (2000). A review and synthesis of the measurement invariance literature: Suggestions, practices, and recommendations for organizational research. *Organizational Research Methods*, 3(1): 4-69.

Werts, C. E., Linn, R. L., & Jöreskog, K. G. (1974). Interclass reliability estimates: Testing structural assumptions. *Educational and Psychological Measurement*, 34: 25-33.

Weston, R., & Paul, G. J. (2006). A brief guide to structural equation modeling. *The Counseling Psychology*, 34(5): 719-751.

Wheaton, B., Muthen, B., Alwin, D. F., & Summers, G. (1977). Assessing reliability and stability in panel models, *Sociological Methodology*, 8(1): 84-136.

Williams, L. J., & Hazer, J. T. (1996). Antecedents and consequences of satisfaction and commitment in turnover models: A reanalysis using latent variable structure equation methods. *Journal of Applied Psychology*, 71(2): 219-231.

Winship, C. (1982). *Structural equations and path analysis for discrete data*. Madison, WI: Center for Demography and Ecology, University of Wisconsin-Madison.

김경태. (2007). AMOS 소프트웨어에서 구현되는 구조방정식 모형과 의미. 한국조사연구학회 2007년도 추계학술대회 발표논문집.

김기형 · 강현철. (2001). LISREL(SIMPLIS)을 이용한 구조방정식모형의 분석. 서울: 자유아카데미.

김민철. (2007). 데이터를 이용한 체계적 효과분석 및 전망 : 구조방정식 모형. 「국토연구」. 311: 98-104.

김용겸. (2007). 구조방정식모형의 효율적 활용을 위한 점검표의 개발. 「국제 · 경영연구」. 14(1): 19-34.

김인재 · 민금영 · 심형섭. (2011). 경영정보학 분야의 구조방정식모형 적용분석: Lisrel과 PLS 방법을 중심으로. 「한국IT서비스학회지」. 10(2): 203-221.

김종기 · 전진환. (2009). 국내 MIS 연구에서 구조방정식모형 활용에 관한 메타분석. *Asia Pacific Journal of Information Systems*. 19(4): 47-75.

김진호 · 홍세희 · 추병대. (2007). 경영학 연구에서의 구조방정식 모형의 적용 : 문헌연구와 비판. 「경영저널」. 36(4): 897-923.

김효기 · 심준섭(2012), 규제 수용성의 결정 요인에 관한 경험적 연구: 금융 규제를 중심으로, 「정책분석평가학회보」. 22(3): 33-64.

노형진. (2005). SPSS/Amos에 의한 사회조사분석: 범주형 데이터 분석 및 공분산 구조분석. 서울: 형설출판사.

배병렬. (2003). 구조방정식모델을 위한 SIMPLIS 활용과 실습. 서울: 청목출판사.

배병렬. (2002). LSREL 구조방정식모델: 이해와 활용. 대전: 도서출판 대경.

설현수. (2002). 구조방정식 모형을 이용한 집단 간 요인구조 비교성 검증. 「교육평가연구」. 15(1): 317-343.

심준섭. (2009), 원자력 발전에 대한 신뢰, 인식된 위험과 혜택 그리고 수용성. 「한국정책학회보」. 18(4): 93-122.

유진은. (2010). 보조변수를 이용한 다중대체법 시 구조방정식모형의 모형적합도. 「교육평가연구」. 23(2): 465-485.

이기종. (2006). 구조방정식모형. 교육, 심리, 사회 연구방법론 총서 시리즈, 서울: 교육과학사.

이기종. (2000). 구조방정식모형에서의 전체모형 평가 : 다면적 접근의 종합적 판단. 「교육평가연구」. 13(2): 169-185.

이순묵 · 김한조. (2011). 구조방정식 모형의 일반화 또는 집단차 연구를 위한 다집단 분석의 관행과 문제점. 「사회과학」, 43(1): 63-112.

이순묵 · 김인혜. (2009). 구조방정식모형에서 다집단 분석의 문제 및 대안으로서의 다특질 다상황 다방법 모형. 「교육평가연구」. 22(1): 219-242.

조선배. (1996). LISREL 구조방정식모델. 서울: 영진문화사.

홍세희. (2000). 구조 방정식 모형의 적합도 지수 선정기준과 그 근거. 「한국임상심리학회지」. 19(1): 161-178.

제 2 부 LISREL을 이용한 구조방정식모형 분석

제 8 장

LISREL과 PRELIS의 기본적 이해

기본적으로 LISREL 프로그램은 LISREL 프로그램과 PRELIS 프로그램으로 구성되어 있다. PRELIS 프로그램은 구조방정식모형을 분석하기에 앞서 분석에 쓰일 데이터를 점검하고, 기본적인 분석을 수행하는 데 이용된다. LISREL 프로그램은 실제로 구조방정식모형에 대한 분석을 수행하기 위한 프로그램이다. PRELIS는 SPSS 프로그램, LISREL은 SPSS에 내재된 AMOS 프로그램과 비슷한 구조라고 생각하면 된다. LISREL 프로그램은 다시 SIMPLIS 명령문을 사용하는지, LISREL 명령문을 사용하는지에 따라 구분될 수 있다. 전자의 명령문이 초보자들에게 적합한 반면, 후자는 LISREL에 대한 심층적인 지식을 갖춘 사용자들에게 적합하다.

본 장에서는 LISREL과 PRELIS 프로그램의 구동방법과 기본적인 메뉴들에 대해 설명한다.

I LISREL의 구동

1. 소 개

본 교재에서는 LISREL의 최신 버전인 Ver. 8.8을 중심으로 사용방법을 설명하고자 한다. LISREL 8.8은 구조방정식은 물론 위계적 선형모형(MULTILEV), 일반선형모형(SURVEYGLIM) 등의 통계분석이 가능하다. 그러나 본 교재는 경로분석, 확증적 요인분석, 잠재변수 경로분석 등 구조방정식모형 분석에 초점을 맞춘다.

이전 버전의 LISREL도 기본적인 기능에는 큰 차이가 없기 때문에, 본 교재에서는 별도로 이전 버전들을 설명하지는 않는다. LISREL은 윈도우용 어플리케이션으로 LISWIN32.EXE 파일에 의해 구동된다. 윈도우 7을 비롯한 이전 윈도우에서도 안정적으로 구동된다.

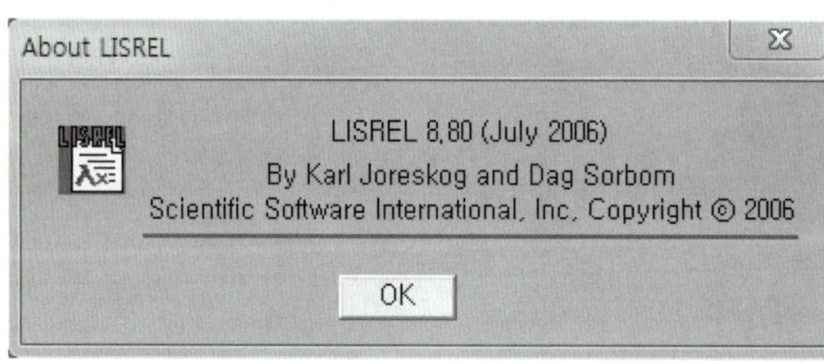

LISRE 8.8의 학생용 버전은 Scientific Software International(SSI)사 홈페이지(http://www.ssicentral.com/lisrel/student.html)에서 무료로 다운로드 할 수 있다. 구조방정식모형을 위해 사용할 수 있는 변수의 수에 제한이 있다는 점을 제외하면 나머지 기능들은 풀버전과 동일하다.

LISREL의 설치가 끝나고, LISREL을 구동하면 다음과 같은 커다란 빈창이 열린다. 다음과 같이 아무것도 없는 빈창이 LISREL 초기 화면이며 따라서 정상적으로 LISREL 프로그램이 구동되고 있음을 의미한다.

LISREL 창의 왼쪽 상단에는 아래 그림과 같은 기본적인 메뉴 바가 만들어진다. 새로 만들기, 불러오기, 도움말 등 3가지 메뉴만 활성화되어 있는 상태로 나타난다.

2. "File" 메뉴

첫 번째 메뉴인 [File]을 선택하면 다음과 같은 서브 메뉴들이 표시된다. 서브 메뉴 각각의 기능은 다음과 같다.

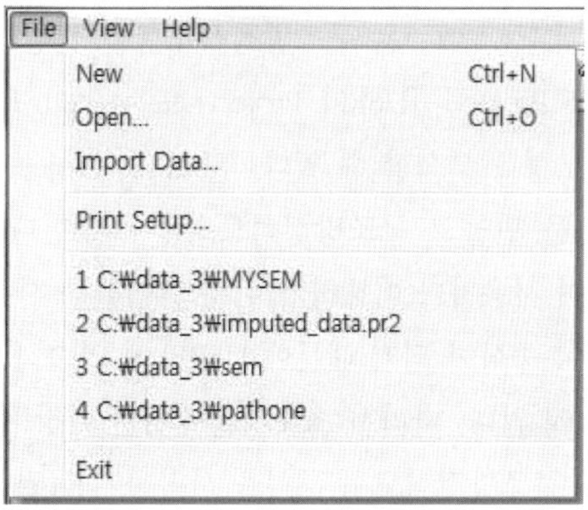

(1) "New" 메뉴

[New] 메뉴는 '새로 만들기'로서, 5가지 유형의 파일 중 하나를 선택하여 새로 만드는 작업을 시작할 수 있다.

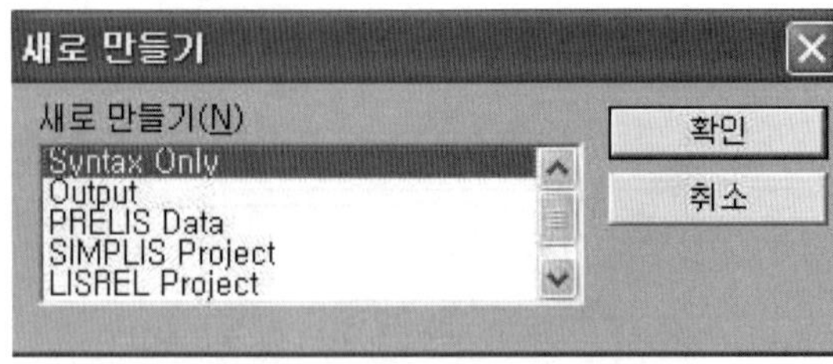

새로 만들기(New) 메뉴에서 선택 가능한 각 작업의 내용은 다음과 같다.

표 8-1 [New] 메뉴의 서브 메뉴

유 형	내 용
Syntax only	LISREL, SIMPLIS 또는 PRELIS의 명령문을 새로 만드는 역할을 함. SIMPLIS의 명령문은 *.spl 파일로, PRELIS 명령문은 *.pr2 파일로, LISREL의 명령문은 *.ls8 파일로 각각 저장됨
Output	Output을 새로 만듬
PRELIS Data	PRELIS 상에서 데이터를 다룰 수 있는 새로운 스프레드시트를 만드는 역할을 함. PSF 창에서 만들어진 데이터는 *.psf 파일로 저장됨
SIMPLIS Project	SIMPLIS 프로젝트를 시작함. 이를 위해 *.spj 파일로 저장됨
LISREL Project	LISREL 프로젝트를 시작함. 이를 위해 *.lpj 파일로 저장됨
Path Diagram	경로도를 그리는 작업을 시작함. 이를 위해 *.pth 파일로 저장됨

LISREL의 장점은 다양한 방법으로 구조방정식모형 분석을 실행할 수 있다는 점이다. [New] 메뉴는 구조방정식모형을 실행하기 위한 다양한 선택을 보여준다. [SIMPLIS Project], [LISREL Project] 또는 [Path Diagram] 중 하나를 선택하여 구조방정식모형을 분석할 수 있다. [SIMPLIS Project]와 [LISREL Project]는 모두 명령문(syntax)을 만들고 구조방정식모형을 실행한다는 점에서는 동일하지만, SIMPLIS 명령문이 사용자가 이해하기 쉬운 단어들을 사용하는 반면, LISREL 명령문은 영문 약어들이 중심이 되기 때문에 LISREL에 익숙하지 않은 사용자가 명령문을 작성하기는 쉽지 않다. 따라서 초보자들에게는 가장 쉬운 방법으로 [Path Diagram]을 선택한 후 구조방정식모형 분석을 시작하기를 권한다. 이하에서도 [Path Diagram]을

중심으로 구조방정식모형의 분석과정을 설명하고자 한다.

(2) "Open" 메뉴

[Open] 메뉴는 이전에 만들어진 또는 작업 중이었던 파일을 불러오는 기능을 한다. [Open] 메뉴에서 선택 가능한 파일 유형은 다음과 같다.

- Syntax Only: pr2(PRELIS 명령문 파일), spl(SIMPLIS 명령문 파일),
  ls8(LISREL 명령문 파일)
- PRELIS Data(*.psf)
- SIMPLIS Project(*.spj)
- LISREL Project(*.lpj)
- Path Diagram(*.pth)
- All Files(*.*)

(3) "Import Data" 메뉴

[Import Data] 메뉴는 LISREL이나 PRELIS 파일이 아닌 다른 형태로 저장되어 있는 데이터 셋(set)을 불러오기 위한 메뉴이다. 그림에서 보듯이 SPSS, Excel, SAS 등의 프로그램에서 저장된 데이터를 불러오는 것이 가능하다. 데이터를 불러오면 PRELIS 화면으로 전환된다(PRELIS에 대해서는 아래에서 설명된다). LRELIS 창에서 데이터에 대한 검토나 결측치의 처리와 같은 기본적인 작업을 수행한 후 구조방정식모형 분석을 위

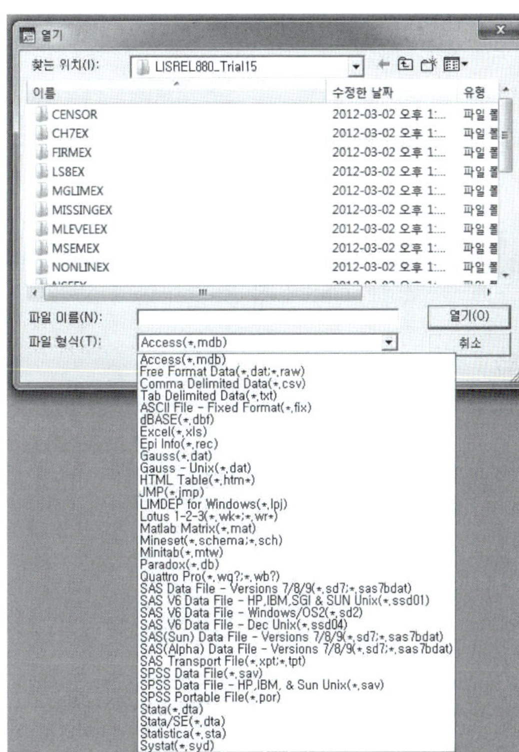

한 데이터 파일인 'psf 파일(*.psf)' 로 저장할 수 있다.

(4) "Print Setup" 메뉴

[Print Setup] 메뉴는 사용자로 하여금 작업 내용을 프린트하기에 적절한 용지의 크기, 방향 등을 설정할 수 있도록 한다.

3. "View" 메뉴

[View] 메뉴는 툴바(tool bar)와 상태바(status bar)를 보여주는 옵션을 선택하기 위한 것이다.

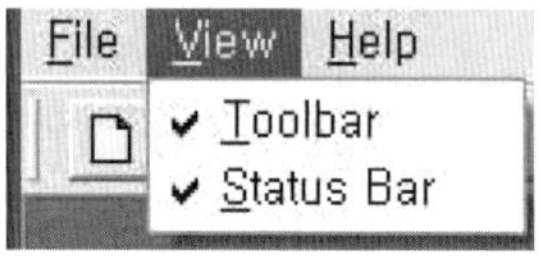

툴바는 메뉴바를 펼치지 않은 채 아이콘 클릭만으로도 기본적인 작업을 수행할 수 있도록 해준다.

LISREL 창 왼쪽 하단의 상태바는 작업이 진행되고 있는 상황을 나타낸다.

4. "Help" 메뉴

[Help] 메뉴는 LISREL 작업에 필요한 도움을 얻거나, 사용 중인 LISREL의 버전에 대한 정보를 확인할 수 있다.

5. 연습용 데이터

본 교재에서는 제1장의 〈부록 1-A〉에 첨부된 설문지를 이용해 286명의 공직자들로부터 얻은 데이터를 연습용 데이터로 활용하고자 한다. 〈부록 1-A〉의 설문지는 공직자들의 조직몰입과 만족도를 측정하기 위한 설문지로서, 몰입도를 측정하는 6개 문항, 직무 만족도를 측정하는 5개 문항, 상사와의 관계를 측정하는 7개 문항, 보수에 관한 만족도를 측정하는 5개 문항, 승진에 관한 만족도를 측정하는 5개 문항, 동료관계를 측정하는 5개 문항, 이직의도를 측정하는 4개 문항으로 구성되어 있다. 데이터는 exedata.xls의 엑셀 파일과 exedata.sav의 SPSS 데이터 파일로 저장되어 있다. 데이터에서 '*_m' 형태의 이름을 지닌 변수는 잠재변수를 측정하기 위한 해당 측정변수들의 평균값을 변수로 나타낸 것이다.

II PRELIS의 구동

1. 소 개

PRELIS는 'prelis28.exe' 파일에 의해 구동되는 프로그램으로 데이터의 준비작업, 데이터의 입력, 결측치의 대체, 회귀분석이나 탐색적 요인분석과 같은 다양한 통계분석 등을 수행하는데 이용된다. 따라서 실제 구조방정식모형 분석은 LISREL 창에서 이루어진다. PRELIS는 마치 SPSS의 실행화면과 유사한 형태로 구성되어 있다.

PRELIS 창은 그 자체로 구동되는 것이 아니라, LISREL 프로그램에 내재된 프로그램으로 이해하면 된다. LISREL 창에서 PRELIS 데이터 파일(*.psf)이나 다른 포맷의 데이터 파일을 불러오기 하면 다음과 같은 PRELIS 창이 만들어진다. 다음은 SPSS에서 저장한 'exedata.sav' 파일을 [Import data] 메뉴를 선택하여 불러오기한 화면이다.

SPSS의 데이터 창과 유사함을 확인할 수 있다. 이 창을 PRELIS 창이라 한다. PRELIS 창은 위에서 설명한 LISREL 창과는 다른 메뉴들을 지니고 있다. 메뉴들 각각의 기능을 살펴보면 다음과 같다.

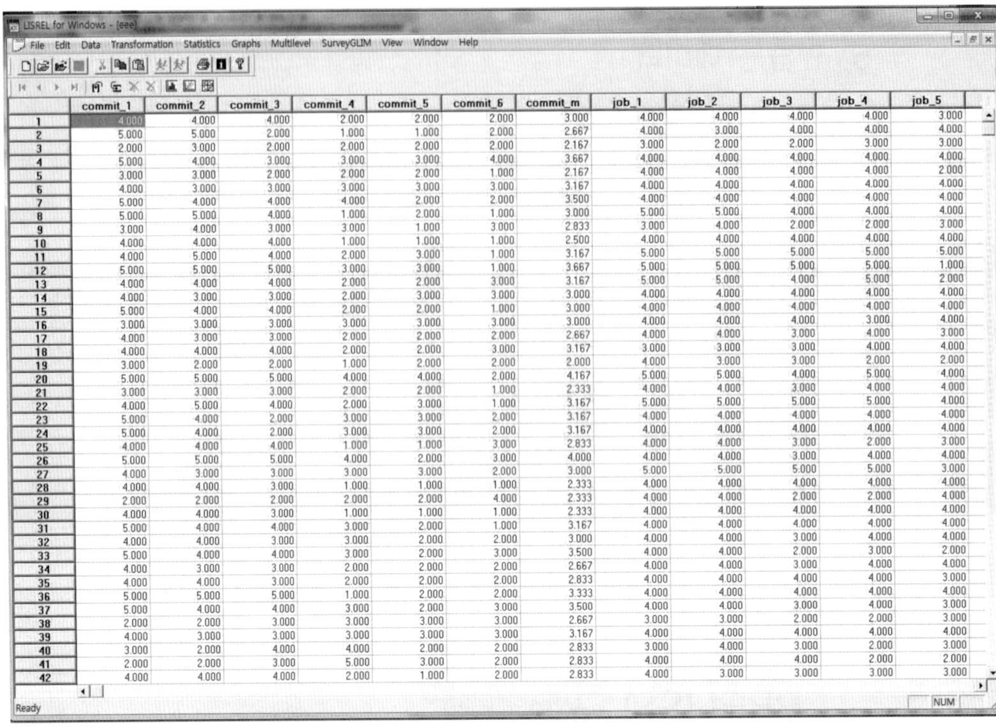

LISREL for Windows - [eee]

File Edit Data Transformation Statistics Graphs Multilevel SurveyGLIM View Window Help

	commit_1	commit_2	commit_3	commit_4	commit_5	commit_6	commit_m	job_1	job_2	job_3	job_4	job_5
1	4.000	4.000	4.000	2.000	2.000	2.000	3.000	4.000	4.000	4.000	4.000	3.000
2	5.000	5.000	2.000	1.000	1.000	2.000	2.667	4.000	3.000	4.000	4.000	4.000
3	2.000	3.000	2.000	2.000	2.000	2.000	2.167	3.000	2.000	2.000	3.000	3.000
4	5.000	4.000	3.000	3.000	3.000	4.000	3.667	4.000	4.000	4.000	4.000	4.000
5	3.000	3.000	2.000	2.000	2.000	1.000	2.167	4.000	4.000	4.000	4.000	2.000
6	4.000	3.000	3.000	3.000	3.000	3.000	3.167	4.000	4.000	4.000	4.000	4.000
7	5.000	4.000	4.000	4.000	2.000	2.000	3.500	4.000	4.000	4.000	4.000	4.000
8	5.000	5.000	4.000	1.000	2.000	1.000	3.000	5.000	5.000	4.000	4.000	4.000
9	3.000	4.000	3.000	3.000	1.000	3.000	2.833	3.000	4.000	2.000	2.000	3.000
10	4.000	4.000	4.000	1.000	1.000	1.000	2.500	4.000	4.000	4.000	4.000	4.000
11	4.000	5.000	4.000	2.000	3.000	1.000	3.167	5.000	5.000	5.000	5.000	5.000
12	5.000	5.000	5.000	3.000	3.000	1.000	3.667	5.000	5.000	5.000	5.000	1.000
13	4.000	4.000	4.000	2.000	2.000	3.000	3.167	5.000	5.000	4.000	5.000	2.000
14	4.000	3.000	3.000	2.000	3.000	3.000	3.000	4.000	4.000	4.000	4.000	4.000
15	5.000	4.000	4.000	2.000	2.000	1.000	3.000	4.000	4.000	4.000	4.000	4.000
16	3.000	3.000	3.000	3.000	3.000	3.000	3.000	4.000	4.000	4.000	3.000	4.000
17	4.000	3.000	3.000	2.000	2.000	2.000	2.667	4.000	4.000	3.000	4.000	3.000
18	4.000	4.000	4.000	2.000	2.000	3.000	3.167	3.000	3.000	3.000	4.000	4.000
19	3.000	2.000	2.000	1.000	2.000	2.000	2.000	4.000	3.000	3.000	2.000	2.000
20	5.000	5.000	5.000	4.000	4.000	2.000	4.167	5.000	5.000	4.000	5.000	4.000
21	3.000	3.000	3.000	2.000	2.000	1.000	2.333	4.000	4.000	3.000	4.000	4.000
22	4.000	5.000	4.000	2.000	3.000	1.000	3.167	5.000	5.000	5.000	5.000	4.000
23	5.000	4.000	2.000	3.000	3.000	2.000	3.167	4.000	4.000	4.000	4.000	4.000
24	5.000	4.000	2.000	3.000	3.000	2.000	3.167	4.000	4.000	4.000	4.000	4.000
25	4.000	4.000	4.000	1.000	1.000	3.000	2.833	4.000	4.000	3.000	2.000	3.000
26	5.000	5.000	5.000	4.000	2.000	3.000	4.000	4.000	4.000	3.000	4.000	4.000
27	4.000	3.000	3.000	3.000	3.000	2.000	3.000	5.000	5.000	5.000	5.000	3.000
28	4.000	4.000	3.000	1.000	1.000	1.000	2.333	4.000	4.000	4.000	4.000	4.000
29	2.000	2.000	2.000	2.000	2.000	4.000	2.333	4.000	4.000	2.000	2.000	4.000
30	4.000	4.000	3.000	1.000	1.000	1.000	2.333	4.000	4.000	4.000	4.000	4.000
31	5.000	4.000	4.000	3.000	2.000	1.000	3.167	4.000	4.000	4.000	4.000	4.000
32	4.000	4.000	3.000	3.000	2.000	2.000	3.000	4.000	4.000	3.000	4.000	4.000
33	5.000	4.000	4.000	3.000	2.000	3.000	3.500	4.000	4.000	2.000	3.000	2.000
34	4.000	3.000	3.000	2.000	2.000	2.000	2.667	4.000	4.000	3.000	4.000	4.000
35	4.000	4.000	3.000	2.000	2.000	2.000	2.833	4.000	4.000	4.000	4.000	3.000
36	5.000	5.000	5.000	1.000	2.000	2.000	3.333	4.000	4.000	4.000	4.000	4.000
37	5.000	4.000	4.000	3.000	2.000	3.000	3.500	4.000	4.000	3.000	4.000	3.000
38	2.000	2.000	3.000	3.000	3.000	3.000	2.667	3.000	3.000	2.000	2.000	3.000
39	4.000	3.000	3.000	3.000	3.000	3.000	3.167	4.000	4.000	4.000	4.000	4.000
40	3.000	2.000	4.000	4.000	2.000	2.000	2.833	3.000	4.000	3.000	2.000	3.000
41	2.000	2.000	3.000	5.000	3.000	2.000	2.833	4.000	4.000	4.000	2.000	2.000
42	4.000	4.000	4.000	2.000	1.000	2.000	2.833	4.000	3.000	3.000	3.000	3.000

Ready NUM

다음 그림은 PRELIS 화면 왼쪽 상단의 메뉴와 툴바만을 정리한 것이다. 이하에서는 [File]부터 [Window]까지의 메뉴를 구체적으로 설명하고자 한다.

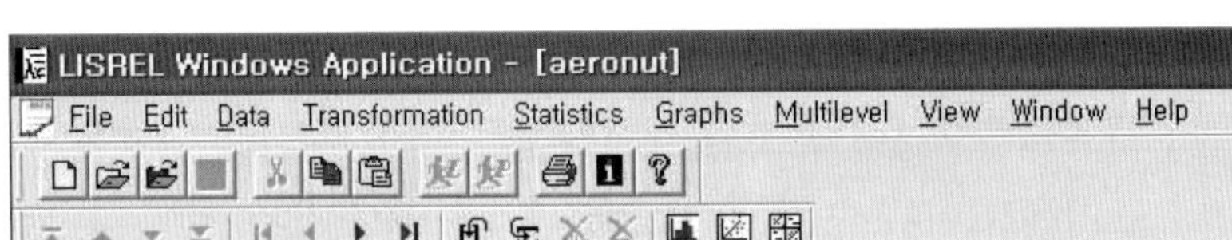

2. "File" 메뉴

[File] 메뉴에서는 데이터의 불러오기, 저장하기, 프린트 등의 기능을 선택할 수 있다.

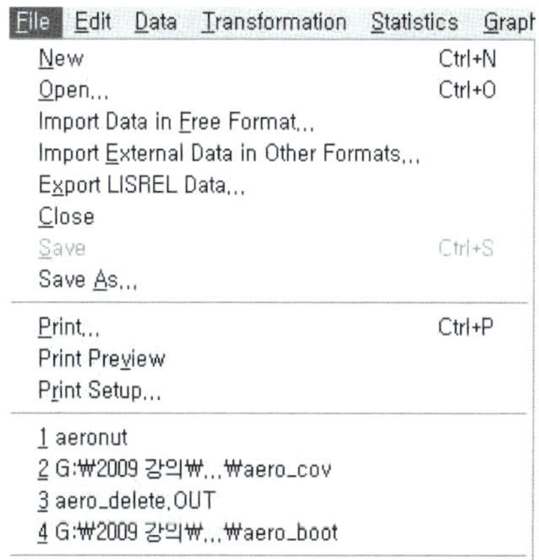

3. “Edit” 메뉴

[Edit]은 데이터의 복사, 붙이기 및 [Format] 기능을 제공하고 있다. [Format] 기능을 통해 데이터의 열의 크기와 소수점의 자리 수를 조정할 수 있다.

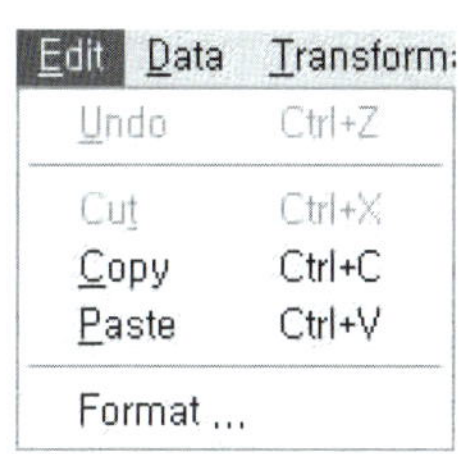

4. “Data” 메뉴

[Data] 메뉴는 변수의 종류(서열형 또는 연속형의 결정), 결측치의 규정, 변수 이름의 변경, 새로운 변수의 삽입 등의 기능을 제공한다.

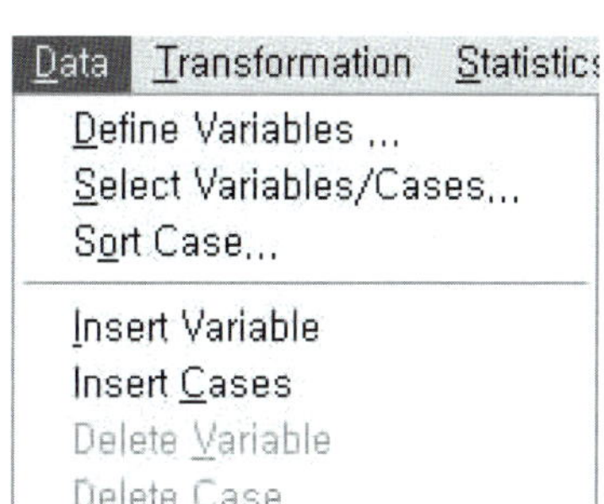

표 8-2 [Data] 메뉴의 서브 메뉴

툴 바	기 능
Define Variables	변수의 종류(서열형 또는 연속형) 설정, 이름변경, 결측치가 있는 사례의 사례 삭제
Select Variables	분석을 위한 일부 변수들만의 선택([Output Options]을 선택하고 새로운 '*.psf' 파일로 저장해야 함)
Sort Cases	분석을 위한 일부 사례들만의 선택([Output Options]을 선택하고 새로운 '*.psf' 파일로 저장해야 함)
Insert Variables	새로운 변수의 삽입
Insert Cases	새로운 사례의 삽입
Delete Variables	변수의 제거
Delete Cases	사례의 제거

* LISREL에서는 기본적으로 모든 변수들이 서열형으로 간주된다. 15개 이상의 범주를 지닌 변수는 연속형으로 분류된다.

5. "Statistics" 메뉴

[Statistics] 메뉴는 다양한 통계분석 기능들을 제공한다. 각 통계분석 기법의 용도는 다음과 같다.

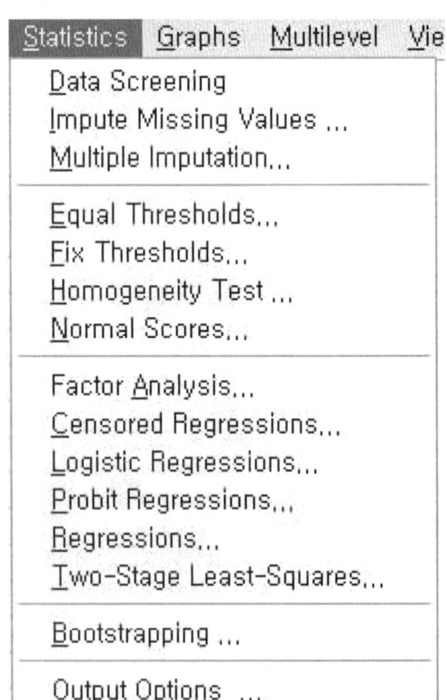

표 8-3 [Statistics] 메뉴의 서브 메뉴

툴 바	기 능
Data Screening	분석에 앞서 원 데이터를 점검(결측치의 확인 등)
Inpute Missing Values	결측치에 대해 동일한 응답패턴을 보이는 대칭변수(matching variables)들로부터 대체값을 생성
Multiple Imputation	Expected Maximization(EM) 또는 Monte Carlo Markov Chain (MCMC) 방법을 이용해 결측치에 대해 대체값을 생성
Equal Thresholds	Equal Threshold Test 실시
Fix Threshold	Threshold의 고정
Homogenity Test	동분산성 검증
Normal Scores	검사점수와 같은 측정 단위에 고유한 의미가 없는 연속형 변수의 비정규성을 정규화
Factor Analysis	요인분석(탐색적 요인분석)
Censored Regression	Censored 데이터에 대한 회귀분석
Logistic Regression	로지스틱 회귀분석
Probit Regression	프로빗 회귀분석
Regression	OLS 다중회귀분석
Two-Stage Least Square	two-stage least square 분석
Bootstrapping	데이터의 복원추출
Output	결과의 저장

6. “Graphs” 메뉴

[Graphs] 메뉴는 분석을 위한 다양한 그래프 기능을 제공한다.

표 8-4 [Graphs] 메뉴의 서브 메뉴

툴 바	기 능
Univariate	바차트, 파이차트, 히스토그램
Bivariate	Box-and wisker plot, 3차원 바차트, 산점도
Multivariate	산점도 행렬

7. "Multilevel" 메뉴

[Multilevel] 메뉴는 위계적 선형모형 분석 기능을 제공한다.

표 8-5 [Multilevel] 메뉴의 서브 메뉴

툴 바	기 능
Linear Model	위계적 선형모형의 명령문을 만드는 작업
Non-Linear Model	비선형적 추세를 보이는 반복측정 데이터에 적합한 모형을 만드는 작업

8. "View" 메뉴

[View] 메뉴는 툴바, 상태바, 데이터 툴바(데이터의 스크롤 기능) 등을 제공한다.

9. "Window" 메뉴

[Window] 메뉴는 여러 창을 띄우는 경우 창의 정렬이나 창 간의 전환을 가능하게 한다.

Ⅲ PRELIS를 이용한 결측치의 해결

1. 개 요

구조방정식모형 분석을 하기에 앞서 데이터에 대한 사전검토가 필요하다. PRELIS에서 [statistics] → [Data Screening]을 선택하면 데이터 전반에 대한 검토가 가능하다. 데이터 검토에 있어서 중요한 점은 LISREL 프로그램은 결측치에 민감하다는 것이다. LISREL은 기본적으로 사례삭제(listwise deletion) 방법으로 결측치를 해결한다. 그런데 결측치가 있는 원 데이터를 투입자료로 이용하는 경우 구조방정식모형 분석은 가능하지만, 분석 결과에서 적합도 지수들을 모두 산출하지 않는 문제가 있다. 결측치가 없어야만 다양한 지수들의 확인이 가능하다.

PRELIS에서는 결측치 문제를 해결하기 위한 두 가지 방법이 가능하다. 첫째, 결측치가 있는 데이터를 가지고 그대로 분석하는 것이 아니라, 사전에 사례삭제 방법으로 결측치가 있는 모든 사례들을 삭제한 후 결측치가 제거된 데이터를 가지고 구조방정식모형을 분석하는 것이다. PRELIS에서 이 방법을 적용하는 절차가 있으나, 그 보다는 MS Excel 프로그램을 가지고 데이터를 직접 육안으로 검색하며 수작업으로 사례삭제를 하기를 권한다. 두 번째 방법은 다중대체(multiple imputation) 방법으로 결측치를 일정한 값으로 대체하는 방법이다. 대체 값들의 생성을 위해 기대 극대화(Expected Maximization: EM) 또는 몬테카를로 마코프 체인(Monte Carlo Markov Chain) 방법이 이용된다.

2. EM 방법의 결측치 대체

PRELIS의 디폴트 방법인 EM 방법을 적용하는 절차는 다음과 같다.

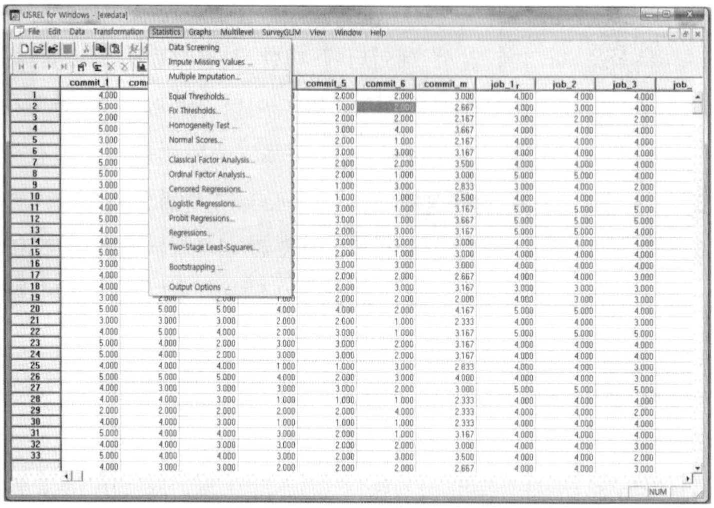

1. PRELIS 창에 분석을 위한 데이터를 불러온 다음, [Statistics] → [Multiple Imputation]을 선택한다.

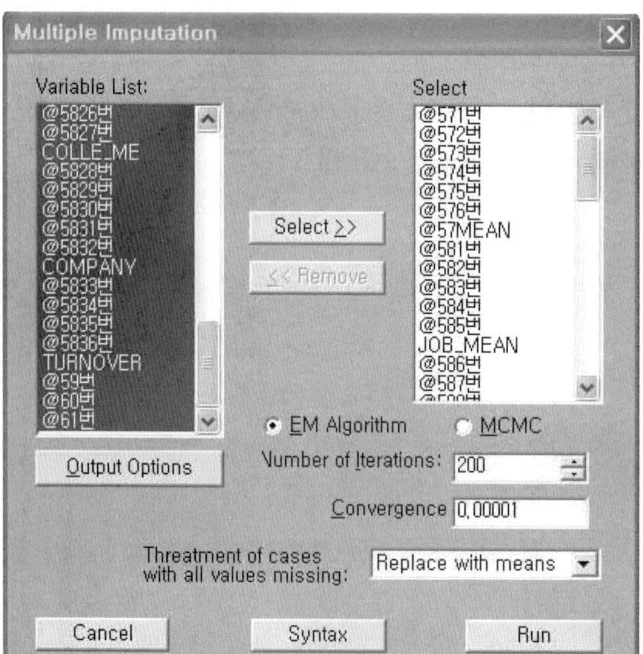

2. 변수 리스트에서 대체하려는 변수들을 선택한 뒤, [Select] 메뉴를 클릭한다.

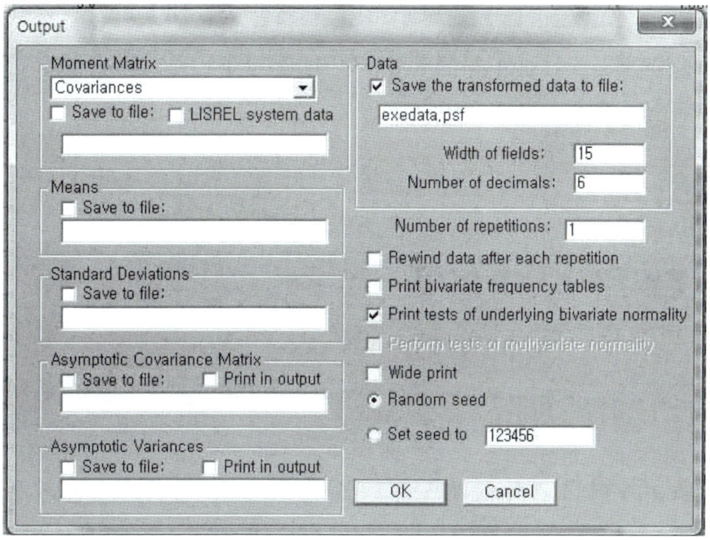

3. [Output Options]을 선택하면 그림과 같은 창이 열린다. 여기서 [Data] → [Save the transformed data to file]을 선택하고 그 아래 빈 창에 대체값이 포함된 새로 저장하려는 데이터 파일의 이름(예: *.psf)을 지정한다.
   파일 이름을 지정하지 않으면 기본값인 'imputed_data.psf' 가 파일명으로 자동 저장된다. 이러한 작업이 모두 끝나면 [OK] 버튼을 누른다.
4. [Multiple Imputation] 창에서 [Run]을 클릭한다. 이후 대체 값이 생성되는 과정을 보여주는 output 창이 뜨는데 그냥 삭제해도 된다.
5. 원래 데이터와 같은 디렉토리에 저장되어 있는 대체 데이터 파일(exedata.psf)을 열어 대체값들이 제대로 생성 되었는지 확인한다.

[Output Option]의 메뉴들을 설명하면 다음과 같다.

표 8-6 [Output Option]의 메뉴

옵 션	기 능
Moment Matrix	상관관계행렬 또는 공분산행렬을 선택한 후 [Save to file]을 선택하고 '*.cor' '*.cov' 등의 이름으로 저장함. [Lisrel system data]를 선택하고 '해당파일명.dsf' 로 저장함
Means	각 변수의 평균값을 저장함. 이를 위해선 파일 이름을 설정해야 함
Standard Deviation	각 변수의 표준편차를 저장함. 이를 위해선 파일 이름을 설정해야 함
Asymptotic Covariance Matrix	점근공분산행렬을 저장함. 이를 위해선 파일 이름(예: *.acm)을 설정해야 함
Asymptotic Variance	점근분산을 저장함. 이를 위해선 파일 이름을 설정해야 함
Data	변수추가/삭제, 사례 추가/삭제 등을 통해 수정한 데이터를 저장함. [Save the transformed data to file]을 선택하고 파일명을 '*.psf' 로 저장함

이렇게 저장된 파일들을 불러올 때는 [Open]을 선택한 후, 해당 파일을 선택하면 된다. 또한, [Output] 옵션에서 다변량정규성(multivariate normality) 검증은 연속형 변수에 대해서만 가능하다.

Ⅳ 명령문(syntax)의 작성

1. 개 요

SPSS 프로그램을 비롯한 초기의 통계프로그램들은 통계분석을 위해서는 사용자가 분석에 필요한 명령문을 직접 입력해야 했다. 그러나 초급 수준의 사용자가 각 통계분석에 필요한 명령문의 구조를 완전히 이해하고 명령문을 작성하는 것이 보통 어려운 일이 아니었다. 통계 프로그램들이 발전하면서 사용자의 편의를 고려하여 복잡한 명령문에 대한 지식이 없어도 데이터와 몇 번의 마우스 클릭만으로도 원하는 통계분석이 가능하도록 발전되었다.

구조방정식모형 프로그램들 역시 특정한 명령문과 규칙을 지닌 서로 다른 언어를 사용하고 있으며 LISREL의 경우도 마찬가지이다. 구조방정식모형 프로그램과 소통하기 위해서는 관찰된 데이터와 분석하려는 모형에 관한 모든 필요한 세부사항들을 구조방정식모형 프로그램이 알도록 해야 한다. 이러한 구체적인 내용들이 바로 명령문(commands)으로 프로그램에 전달되어 프로그램을 원하는 연구목적대로 구동하도록 만드는 것이다.

2. 명령문의 예시

보다 쉬운 이해를 위해 〈그림 8-1〉처럼 경로분석모형에 대한 구조방정식모형을 분석하는 경우를 가정해 보자.

그림 8-1 경로분석모형

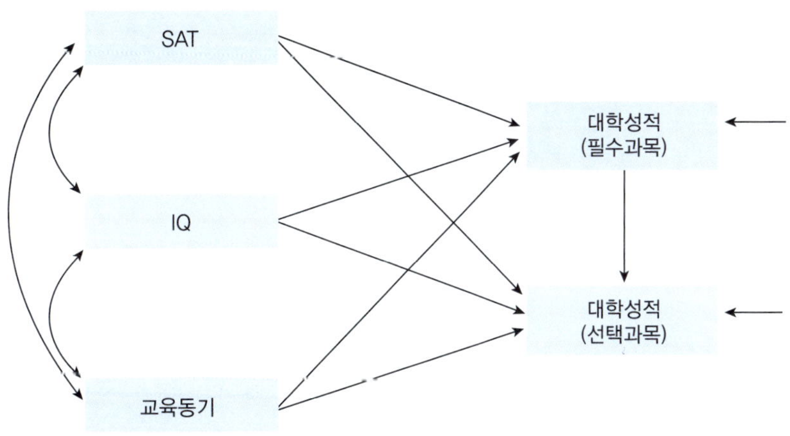

이상의 경로모형분석을 위한 LISREL의 명령문은 다음과 같다.

```
PATH ANALYSIS MODEL
DA NI=5 NO=150
CM
.594
.483   .754
3.993  3.626   47.457
.426   1.757   4.100   10.267
.500   .722    6.394   .525    2.675
LA
AV-REQRD AV-ELECT SAT IQ ED-MOTIV
MO NY=2 NX=3 GA=FU,FR PH=SY,FR PS=SY,FR
OU
```

LISREL의 구 버전에서는 이처럼 복잡한 명령문을 다 이해해야만 구조방정식모형분석을 실시할 수 있었다. 그러나 사용자 지향적인 발전을 거듭하면서 지금은 명령문에 대한 별도의 지식이 없이도 구조방정식모형 분석이 가능하게 되었다. 본 교재에서는 경로도를 작성하고 이를 통해 명령문으로 자동 변환하는 방식으로 구조방정식모형 분석을 연습하고자 한다. 따라서 구조방정식모형 분석을 위한 LISREL 명령문을 작성하는 방법에 대해 지나치게 걱정할 필요는 없다.

제 9 장

다중회귀분석

다중회귀분석은 구조방정식모형을 이해하는 데 기초가 되는 통계분석 기법이다. 기본적으로 구조방정식모형의 경로계수는 회귀계수와 동일한 개념으로 이해될 수 있기 때문이다. 전통적으로 복수의 독립변수들이 종속변수에 미치는 효과를 분석하기 위해 다중회귀분석이 이용된다. 또한 SPSS나 SAS와 같은 통계패키지를 이용하여 다중회귀분석을 수행하는 것이 일반적이다. 그러나 LISREL을 이용하여 손쉽게 다중회귀분석을 할 수 있다. 더욱이 LISREL을 이용하면 회귀분석 결과를 경로도 그림으로 나타내줌으로써 분석결과를 해석하는 데도 큰 도움이 된다.

본 장에서는 LISREL과 PRELIS 프로그램을 이용하여 다중회귀분석을 실시하고, 아웃풋 파일을 이해하는 데 초점을 맞추고자 한다.

I 다중회귀분석의 준비

1. 다중회귀모형의 설정

LISREL을 이용하여 전통적인 다중회귀분석이 가능하다. 다중회귀분석을 위해 다음과 같은 경로모형을 분석모형으로 이용해 보자. 〈그림 9-1〉에서 보듯이 종속변수인 몰입도를 설명하는 네 개의 독립변수들이 존재하는 경우이다. 모든 변수들은 측정변수들로 구성되어 있다. 네 개의 독립변수들이 종속변수인 만족도의 분산을 모두 설명하지 못하며, 따라서 종속변수에서 설명되지 않는 분산의 부분을 오차로 나타낼 수 있다.

그림 9-1 다중회귀모형

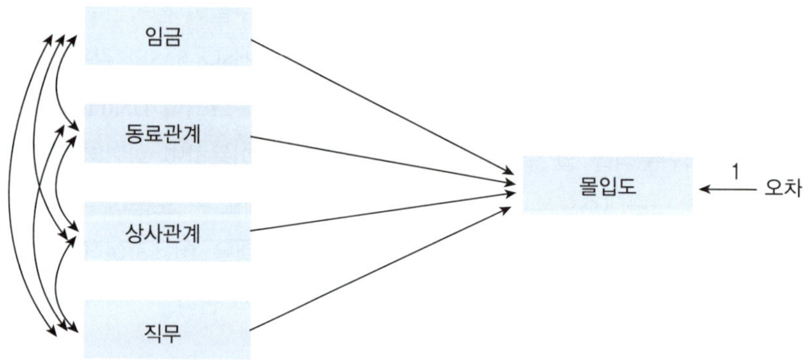

5개 변수 모두 평균값으로 저장된 변수들이 분석에 이용되었다. 즉, 분석용 데이터에서 임금은 'pay_m', 동료관계는 'colle_m', 상사관계는 'super_m', 직무는 'job_m'을 변수로 이용하였다.

2. 모형의 식별

다중회귀모형은 두 가지 특징을 지니고 있다. 첫째, 분석되지 않는 관계로서 외생변수인 독립변수들 간에 상관관계가 존재한다. 그림에서 4개 독립변수들 간에 양방향 화살표들이 존재함을 볼수 있다. 둘째, 다중회귀분석에서 오차는 실제로 관찰되지 않는 잠재변수이다. 오차항을 확인하기 위해 오차항의 경로계수는 1로 자동으로 고정된다.

구조방정식모형 프로그램을 이용하여 다중회귀분석을 실시하게 되면 모형에 대한 χ^2 검증이 이루어지지 않는데, 이것은 회귀모형이 적정식별 모형으로 추정해야할 모수의 수가 공분산 행렬 내의 고유한 요소의 수와 일치하기 때문이다. 측정변수가 모두 5개이므로 분산/공분산 행렬 내에는 '5(5+1)/2' 즉 15개의 고유한 요소들이 존재한다. 물론 각 변수의 분산 5개와 간 변수간 공분산 10개로 구성된다. 다음으로 회귀모형에서 추정해야 할 모수의 수를 계산해 보면, 독립변수의 분산 4개, 독립변수 간 공분산 6개, 회귀계수 4개, 종속변수의 오차분산 1개 등 총 15개의 모수들이 추정되어야 한다. 따라서 추정모수의 수와 고유요소의 수가 동일하므로, 자유도가 0이 되고 연구모형은 데이터를 정확히 재현하게 되는 것이다. 그 결과 모형의 적합도에 대한 χ^2 검증이 이루어지지 않게 된다.

II LISREL을 이용한 회귀분석의 절차

1. 원 데이터의 불러오기와 LISREL 분석용 데이터로 변환하기

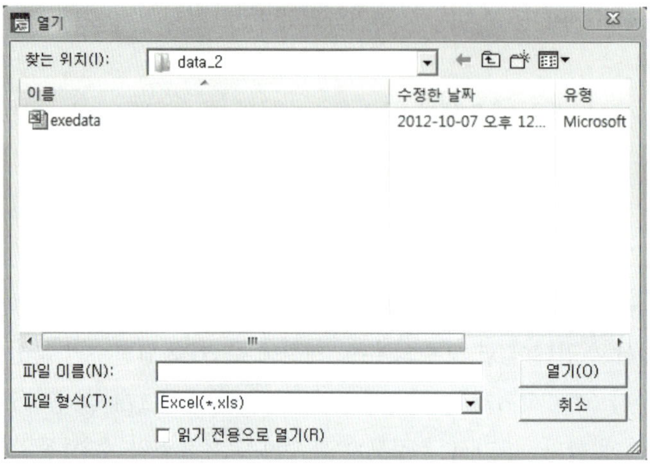

1. 다중회귀분석을 위해 LISREL 창에서 [Import Data]를 선택하고 자료용 데이터를 불러온다(사례에서는 'exedata.xls'). 데이터 불러오기를 선택하면 바로 "다른 이름으로 저장"을 하도록 한다. 불러온 데이터를 LISREL에서 작업이 가능한 데이터 포맷으로 변환하는 것이다(예: 'exedata.psf'). 파일의 확장 명의 psf는 PRELIS 시스템 파일을 나타낸다.

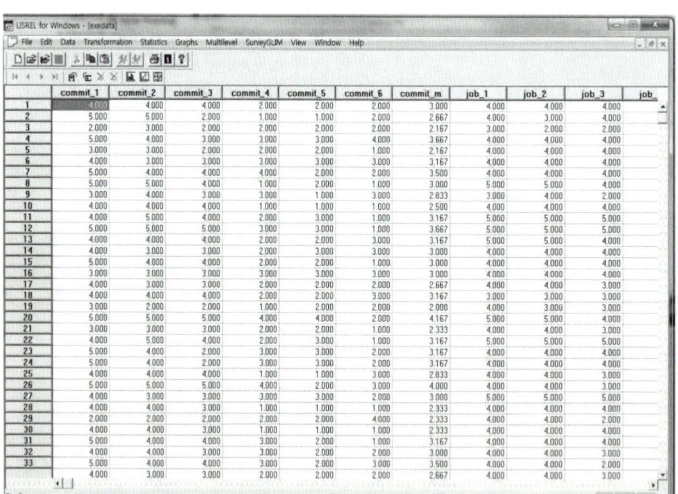

2. 저장한 '*.psf' 파일을 불러오기 할 때는 LISREL 창에서 [Open]을 선택하면 된다. LISREL 창은 PRELIS 창으로 전환되고, 불러오기한 데이터가 보이게 된다.

2. 경로도의 준비

1. [File] → [New]를 선택하면 [새로 만들기] 창이 열린다. 여기서 [Path Diagram]을 선택한다. [다른 이름으로 저장]이 열리는데 이것은 분석하고자 하는 경로도(path diagram)가 저장될 파일을 만드는 것이다.

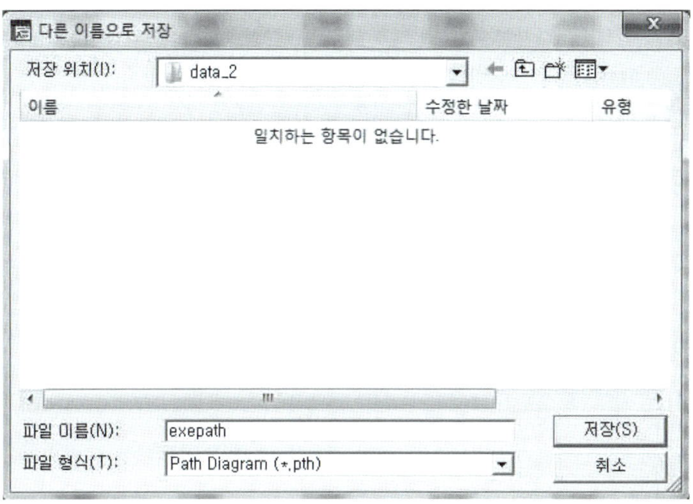

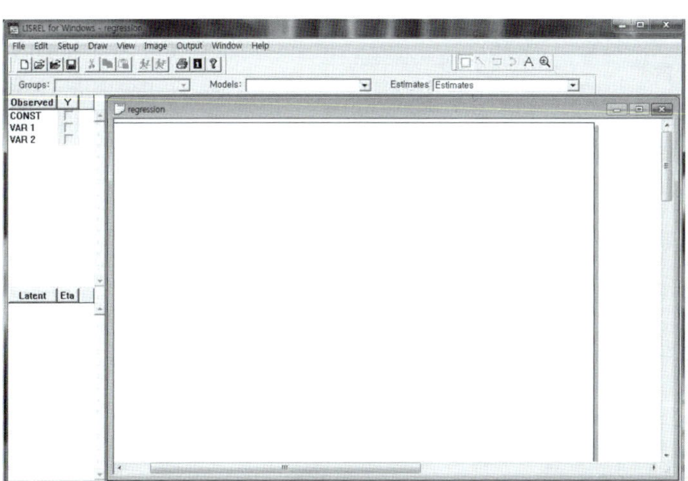

2. 파일명을 입력한 후 저장을 클릭하면 아래 그림처럼 경로모형의 작성이 가능한 창이 열린다.

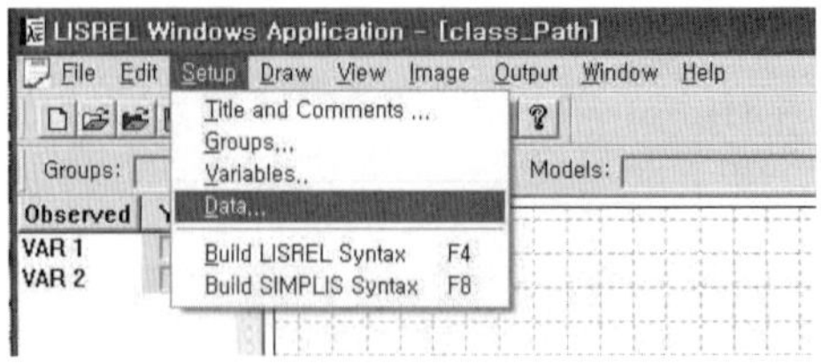

3. [Setup] → [Data]를 선택하고, 경로도 작성을 위해 이용할 데이터를 선정한다.

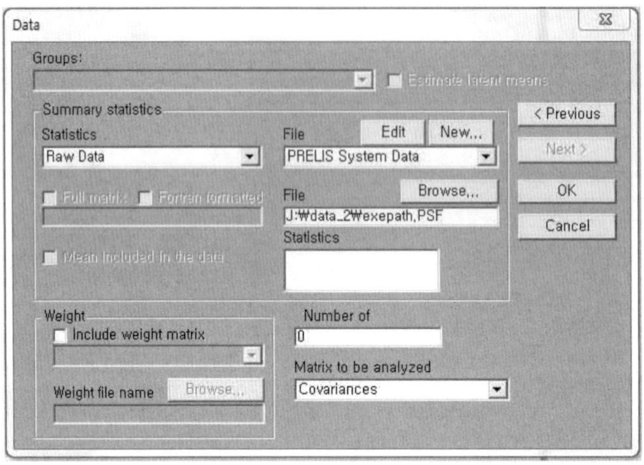

4. [Data]를 선택하면 분석에 이용되는 투입자료(행렬데이터 또는 원자료 데이터)의 선택이 가능하다. 아래쪽으로는 분석에 이용되는 사례 수(Number of Observation)와 분석을 위한 투입행렬(공분산 행렬 또는 상관관계행렬)의 선택이 가능하다.
   본 연습에서는 원 데이터를 이용하므로 [Raw data]를 선택하고, [File] 유형은 'PRELIS System Data'를 선택한다. [File] 이름은 'Browse' 기능을 통해 해당 psf 파일을 선택한다.

3. 변수의 선정

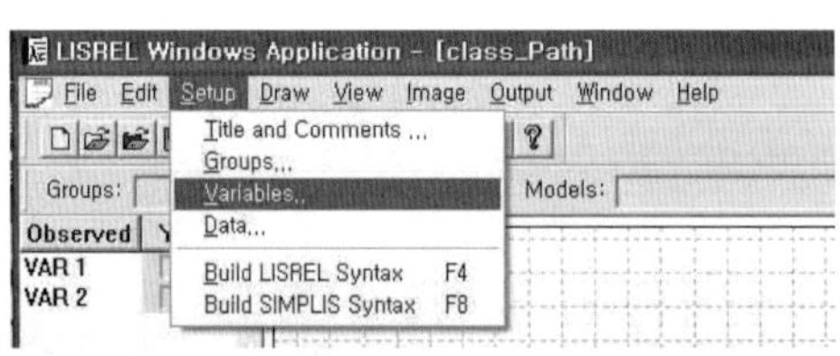

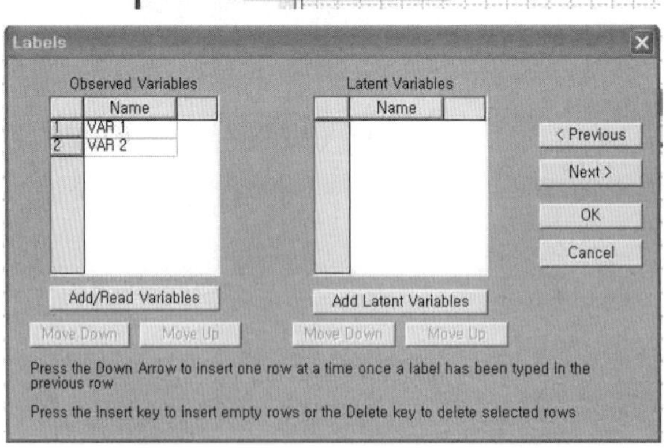

1. 데이터의 선정이 끝나면 데이터에 포함된 변수들의 이름을 지정해야 한다. 이를 위해서 [Setup] → [Variables]를 선택하면 옆의 그림과 같은 창이 열린다.

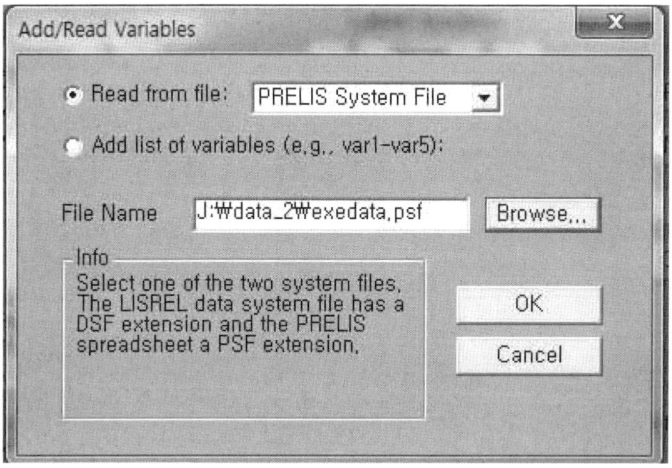

2. 이 창에서 [Add/Read Variables]를 클릭한다. 'Read from file'의 'PRELIS System File'을 선택하고 'browse' 기능으로 분석을 위해 저장한 파일(exedata.psf)를 선택하고 [OK]를 클릭한다.

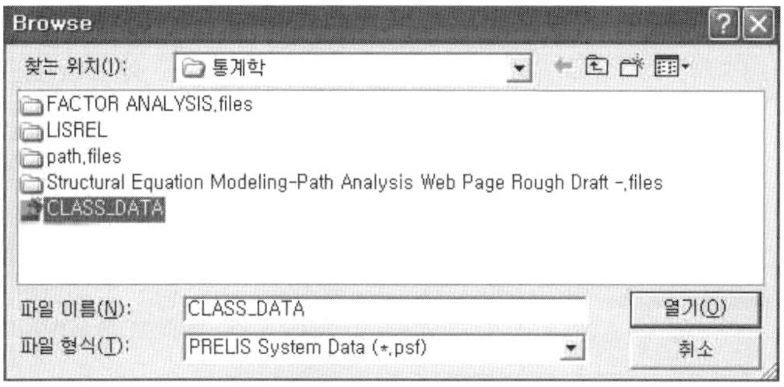

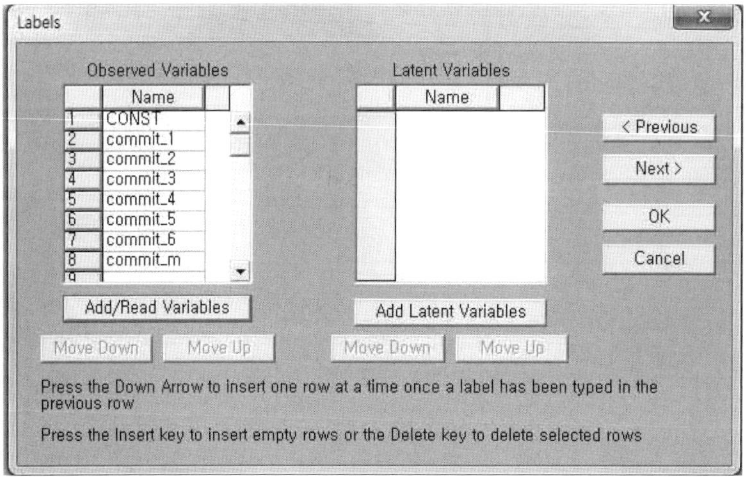

3. VAR1과 VAR2밖에 없던 변수들의 이름이 그림처럼 바뀌어 구체적으로 지정된다. 작업이 끝나면 [OK]를 선택한다.

4. 경로도의 작성

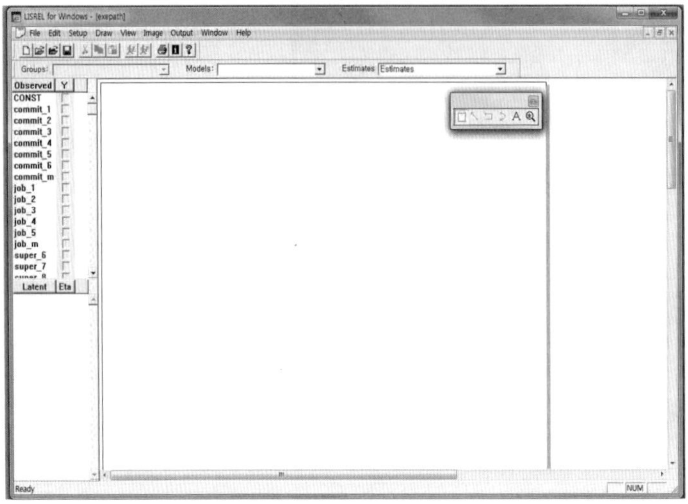

1. 왼쪽의 'Observed' 변수들 중 독립변수 하나를 클릭하고, '드래그(drag)' 기능을 이용하여 오른쪽 작업창으로 옮겨놓는다.

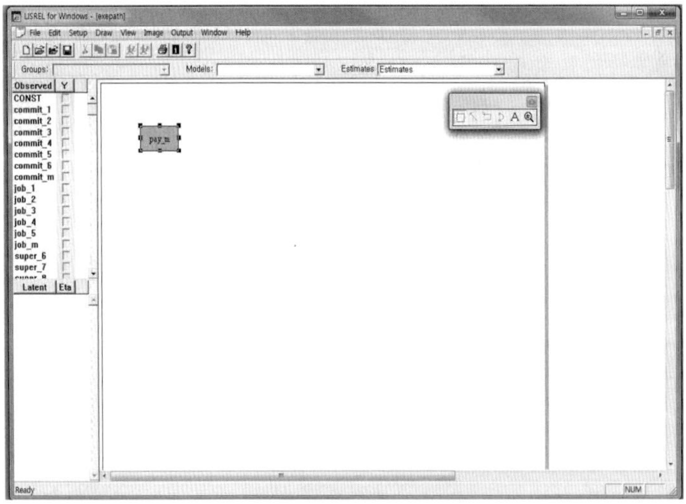

2. 그림처럼 사각형 모양의 변수가 만들어진다.

Tip 툴바는 어떻게 이용하는가?

툴바에서 점선 사각형은 선택버튼, 일방향 화살표는 한 변수에서 또 다른 변수로의 경로, 꺾인 형태의 일방향 화살표는 직선으로 연결하기 곤란한 두 변수간의 경로, 양방향 곡선화살표는 두변수간의 공분산(상관관계), A는 경로도에 텍스트를 추가하기, 돋보기는 확대 기능을 나타낸다.

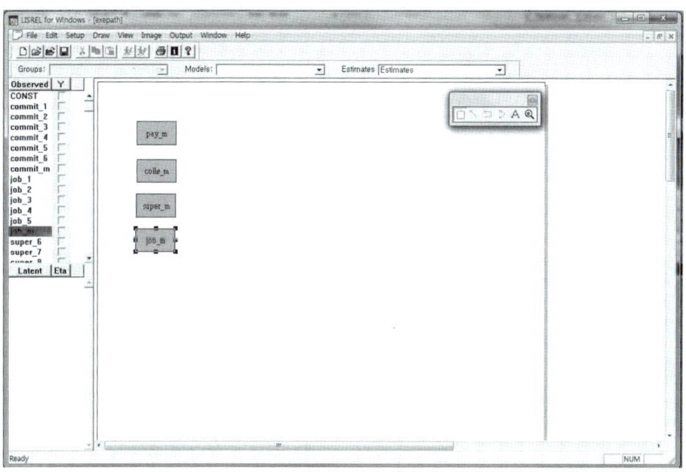

3. 클릭과 '드래그(drag)' 기능을 반복하여 모든 독립변수들을 세로로 배열한다.

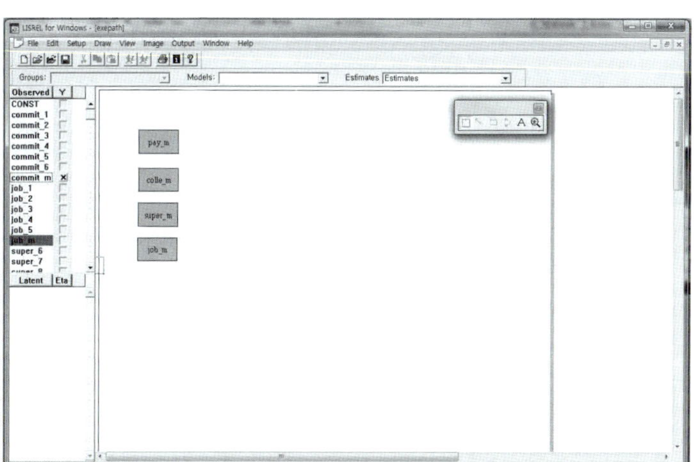

4. 종속변수를 선택하여 Y 라고 표시된 박스를 체크한다. Y는 내생변수를 선택하는 기능이다. 'X' 표시가 끝난 종속변수를 클릭하여 독립변수들의 경우처럼 드래그 기능을 이용해 오른쪽 창에 놓는다.

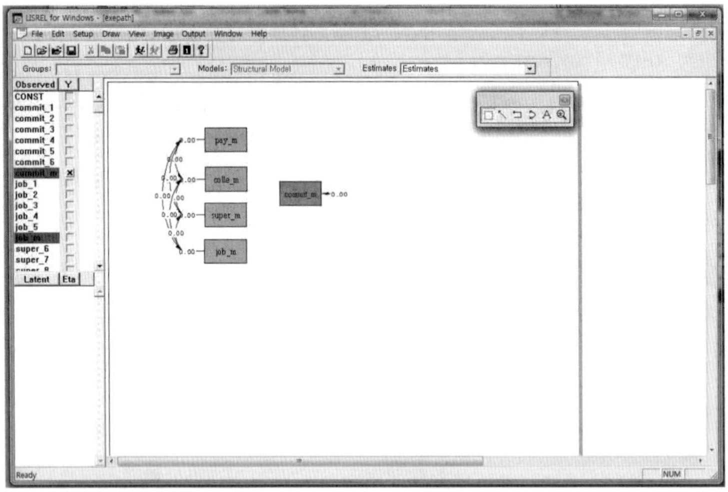

5. 이렇게 하면 자동으로 독립변수들 간의 공분산 화살표들이 만들어진다. 외생변수들 간의 공분산은 분석의 대상이 아니기 때문에 자동으로 공분산이 만들어진 것이다.

* 변수들의 정렬을 위해 [Edit] → [Select All]을 선택한 후 마우스를 이용하여 오른쪽으로 이동시킨다. 마우스를 변수들 근처에 위치시킨 후 오른쪽 버튼을 클릭하면 정렬(Align) 옵션을 선택할 수 있다.

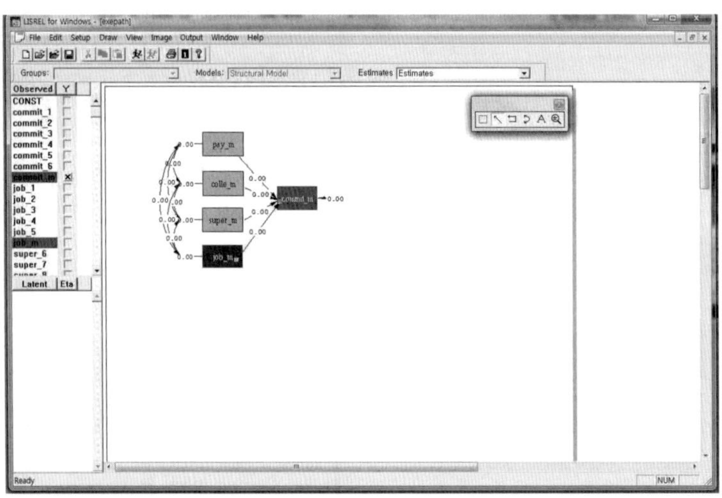

6. 툴바의 선택버튼을 화살표 버튼으로 바꾼 후 맨 위의 독립변수부터 종속변수와 연결한다. 연결방법은 독립변수를 클릭한 상태에서 종속변수까지 드래그하면. 모든 독립변수들에 대해 동일한 과정을 반복한다.

* 종속변수의 설명오차의 경로는 자동으로 1로 고정된다. LISREL 구형 버전에서는 'set value'를 선택하고 값을 '1'로 고정한다

5. 명령문(syntax)의 작성 및 실행

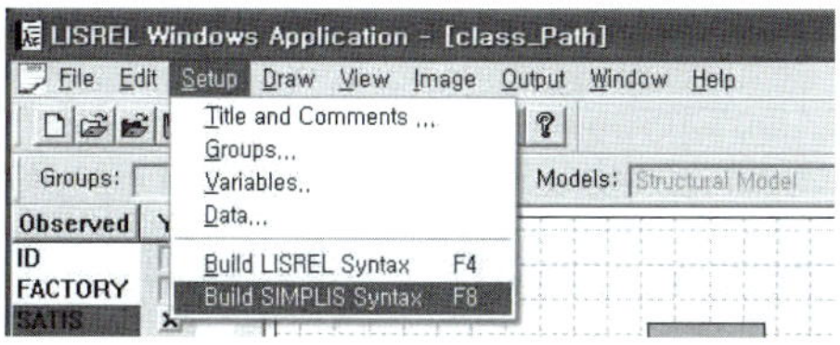

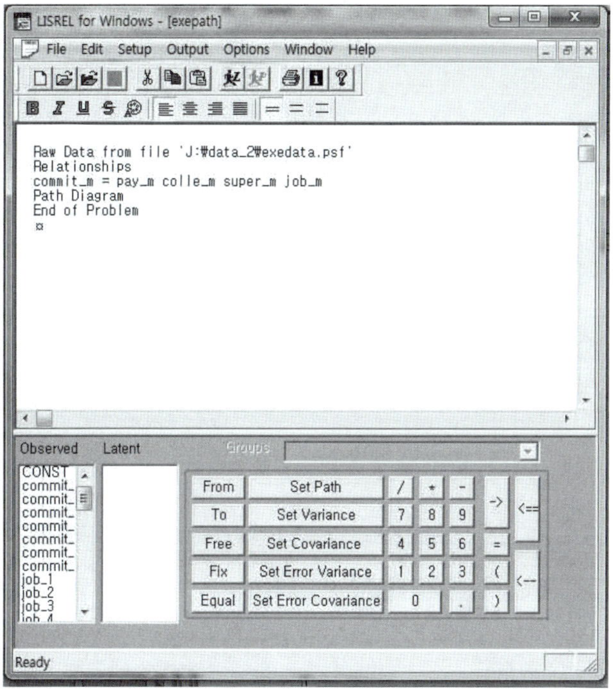

1. 경로모형을 분석하기 위해 LISREL을 구동하려면 명령문(syntax)이 필요하다. 명령문을 만들기 위해 [SETUP] →[Build SIMPLIS Syntax] 또는 [Build LISREL Syntax]를 선택한다. 그림은 [Build SIMPLIS Syntax]를 선택한 결과를 보여준다.

* SIMPLIS 명령문은 이해하기 쉬운 장점이 있는 반면, LISREL 명령문은 추정해야 할 모수의 수를 쉽게 확인할 수 있는 장점이 있다.

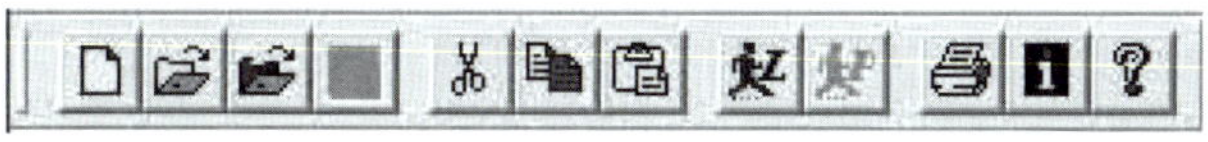

2. 툴바에서 LISREL의 실행 버튼( )을 클릭한다.

Tip 데이터를 제대로 불러오지 못하는 경우에는 무엇이 문제인가?

LISREL 8.8의 결함 중 하나는 명령문 맨 윗줄의 데이터 불러오기에서 데이터의 경로가 복잡한 경우 제대로 불러오지 못하는 경우가 있다. 이는 명령문 한 줄당 들어가는 단어의 수가 제한됨으로써 경로를 제대로 표시하지 못하기 때문이다.

Ⅲ 회귀분석 결과

1. 경로도

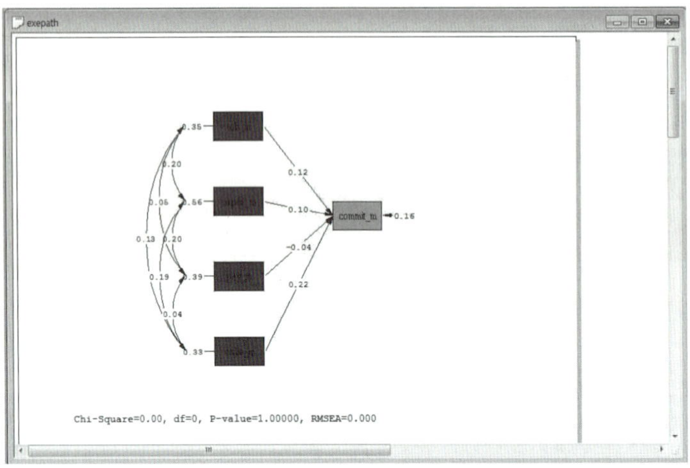

1. 그림은 회귀분석을 위해 LISREL을 실행한 결과를 경로도 그림으로 나타낸 것이다. 단, 회귀계수는 비표준화 회귀계수를 나타낸다.

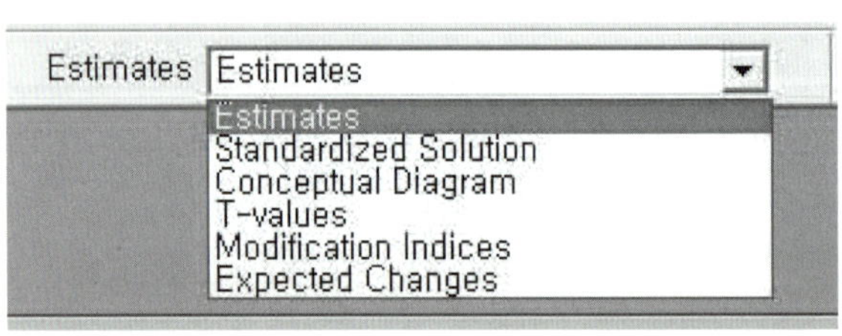

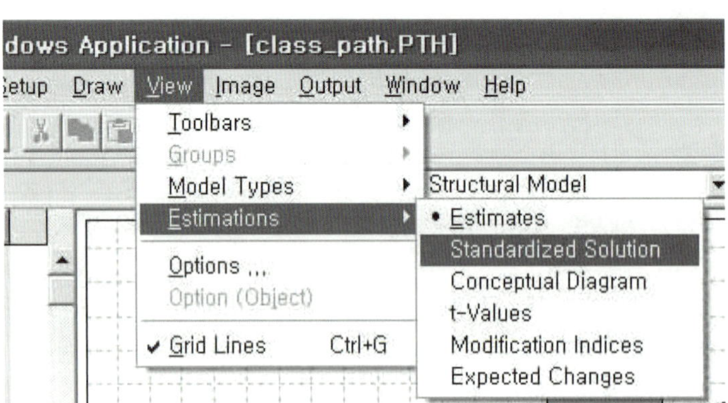

2. 표준화회귀계수를 확인하기 위해서는 상단 툴바의 [Estimates]에서 [Standardized Solution]을 선택하거나, 메뉴에서 [Vew] → [Estimations] → [Standardized Solution]을 선택한다.

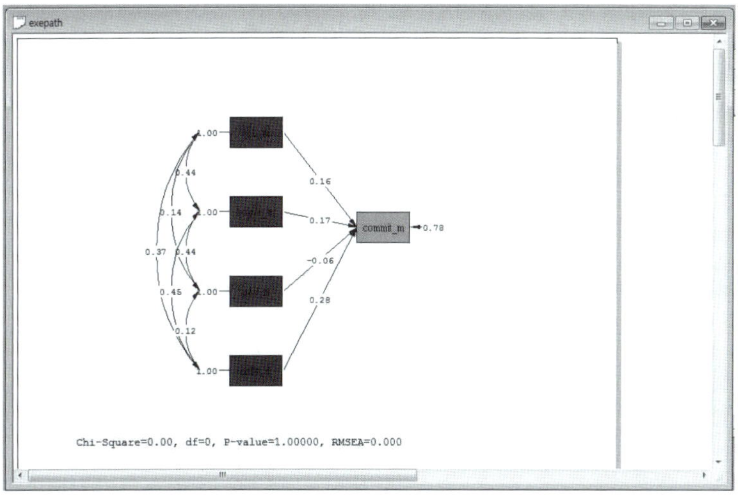

3. 동료관계(Colle_me)의 β =0.28로 가장 영향력이 큰 변수임을 나타낸다

2. 결과의 해석

The following lines were read from file J:\data_2\exepath.SPJ:

Raw Data from file 'J:\data_2\exedata.psf'

Relationships

commit_m pay_m colle_m super_m job_m

Path Diagram

End of Problem

Sample Size = 286

아웃풋의 첫 번째 내용은 LISREL을 이용해 구조방정식모형을 분석하기 위한 명령문을 보여준다. 명령문의 첫 번째 줄은 다중회귀분석을 위해 읽어 들인 데이터 파일의 경로를 나타낸다. 두 번째와 세 번째 줄은 회귀모형에서 종속변수(내생변수)와 독립변수(외생변수)들을 규정하고 있다. 다섯 번째 줄은 결과를 경로도로 나타내는 명령이다. 마지막 줄에는 표본 크기가 제시되어 있다. 사례에서는 286개의 사례들이 회귀분석을 위해 이용되었다.

Covariance Matrix

	commit_m	job_m	super_m	pay_m	colle_m
commit_m	0.20				
job_m	0.09	0.35			
super_m	0.11	0.20	0.56		
pay_m	0.02	0.05	0.20	0.39	
colle_m	0.10	0.13	0.19	0.04	0.33

공분산 행렬은 변수들 간의 관측된 공분산 행렬로서 회귀분석을 위한 투입자료로 공분산행렬이 이용되었음을 보여준다. 'super_m' 과 'pay_m' 간의 공분산이 0.2로 가장 큰 값을 보이고 있다. 또한 공분산 행렬의 대각선상에는 각 변수의 분산이 위치하고 있다. 'super_m' 의 분산이 0.56으로 가장 큰 것으로 나타났다.

Number of Iterations = 0

LISREL Estimates (Maximum Likelihood)

최대우도의 해를 산출하기 위해 몇 번의 반복계산을 거쳤는지를 보여준다. 적정식별이었기 때문에 반복계산이 필요 없었고, 따라서 '반복계산=0' 으로 나타났다. 또한 모수추정을 위해 최대우도(ML) 추정방법이 이용되었음을 보여준다.

Structural Equations

commit_m = 0.12 * job_m + 0.10 * super_m − 0.041 * pay_m +
0.22 * colle_m, Errorvar. = 0.16, R^2 = 0.22

```
       (0.045)    (0.041)    (0.042)    (0.047)          (0.013)
        2.64       2.46       -0.97      4.63             11.85
```

회귀분석 결과에서 가장 중요한 부분으로서 회귀모형을 보여준다. 회귀계수는 비표준화 회귀계수이며, 아래 괄호 안의 값들은 표준오차(s.e.)를 나타낸다. 괄호 아래의 값은 t 검정 통계량으로 "회귀계수/표준오차"로 계산된다. 예컨대 동료(colle_m)의 비표준화 회귀계수는 0.22이고, 표준오차는 0.047이므로 검정통계량 $t=0.22/0.047=4.63$이다. 따라서 $\alpha=0.05$를 기준으로 $|t|>1.96$이므로 통계적으로

유의하다. t 검증 결과 직무(job_m), 상사(super_m), 동료(colle_m)의 세 변수가 통계적으로 유의한 변수들로 나타났다.

회귀모형의 $R^2=0.22$로서, 직무, 상사, 임금, 동료 네 변수들에 의해 몰입도(commit_m) 분산의 22%가 설명됨을 의미한다. $1-R^2=1-0.22=0.78$은 설명오차의 분산으로 위 그림의 표준화 추정치의 설명오차의 분산과 일치한다. 또한 공분산 행렬에서 몰입도의 분산은 0.20이며 $0.20\times0.78=0.156$으로서 맨 위 그림의 비표준화 추정치의 설명오차의 분산 0.16과 일치한다.

Covariance Matrix of Independent Variables

	job_m	super_m	pay_m	colle_m
job_m	0.35			
	(0.03)			
	11.85			
super_m	0.20	0.56		
	(0.03)	(0.05)		
	6.81	11.85		
pay_m	0.05	0.20	0.39	
	(0.02)	(0.03)	(0.03)	
	2.37	6.75	11.85	
colle_m	0.13	0.19	0.04	0.33
	(0.02)	(0.03)	(0.02)	(0.03)
	5.77	6.82	2.05	11.85

Covariance Matrix of Latent Variables

	commit_m	job_m	super_m	pay_m	colle_m
commit_m	0.20				
job_m	0.09	0.35			
super_m	0.11	0.20	0.56		
pay_m	0.02	0.05	0.20	0.39	
colle_m	0.10	0.13	0.19	0.04	0.33

회귀모형을 통해 재생된 공분산 행렬을 보여준다. 완전적합 모형이기 때문에 재생된 공분산 행렬이 관측된 공분산 행렬과 정확히 일치한다. 또한 회귀분석에서는 잠재변수가 없기 때문에 잠재변수의 공분산이 독립변수의 공분산과 일치한다.

Goodness of Fit Statistics

Degrees of Freedom = 0

Minimum Fit Function Chi-Square = 0.0 (P = 1.00)

Normal Theory Weighted Least Squares Chi-Square = 0.00 (P = 1.00)

The Model is Saturated, the Fit is Perfect !

다중회귀분석은 적정식별 모형으로서 관측된 공분산 행렬과 재생된 공분산 행렬이 정확히 일치된다. 따라서 완적적합의 상황으로 적합도 검증은 의미가 없다.

Tip LISREL에서 서열척도 데이터를 사용하는 방법은?

종속변수가 서열척도인 데이터를 가지고 LISREL을 이용하는 경우 폴리코릭 상관관계(polychoric correlation) 행렬을 투입자료로 이용하는 것이 바람직하다. 흔히 범주형 서열척도는 정규분포를 이루는 연속형 변수에 대한 부정확한 측정으로 여겨진다. 예컨대 비록 속성을 측정하기 위한 항목들에 대한 응답이 범주형 서열척도라 하더라도 심리학적 속성들(예컨대 만족도)은 연속적인 것으로 인식된다. 이러한 가정 하에서, 관찰되지 않는 정규분포를 이루는 변수들간의 추정된 상관관계인 폴리코릭 상관관계를 계산할 수 있다. 이후 ADF 추정방법으로 폴리코릭 상관데이터를 이용하여 모수들을 추정한다. 물론 이 경우 표본의 크기가 커야 한다. 또 다른 해법은 단순히 변수의 범주형 속성을 무시하는 것이다. 범주의 수가 적어도 5개 이상이고 정규분포에 가깝다면 그대로 구조방정식모형 분석을 실시할수 있다.

Ⅳ PRELIS와 SPSS를 이용한 회귀분석의 비교

1. PRELIS를 이용한 회귀분석

PRELIS를 이용하면 원 데이터(raw data)를 대상으로 직접 다중회귀분석을 실시할 수 있다. LISRE에서는 명령문을 만들고 이를 실행하는 방식이었지만, SPSS처럼 직접 데이터에 대해 회귀분석을 실시할 수 있다. 동일한 데이터를 이용하여 회귀분석을 해보자. PRELIS에서 회귀분석을 실시하기 위해서는 PRELIS 창에서 [Statistics] → [Regressions]을 선택한다.

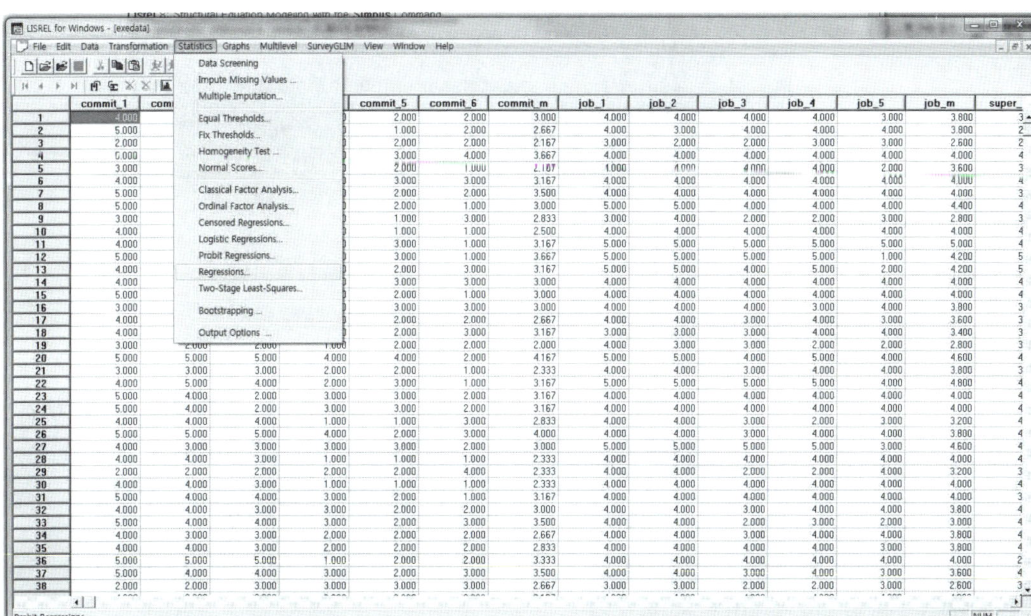

그림처럼 commit_m을 종속변수로 pay_m, colle_m, super_m, job_m을 독립변수로 설정하고 [Run]을 클릭한다.

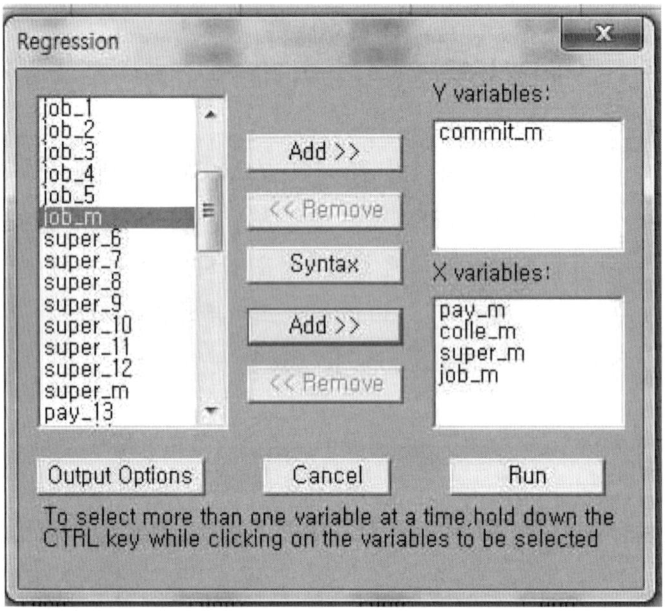

다음은 output 파일에서 가장 핵심 부분만을 발췌한 것이다.

```
Estimated Equations
commit_m = 1.528 - 0.0411 * pay_m + 0.217 * colle_m + 0.101 *
           super_m +  0.119 * job_m
Standerr     (0.190)    (0.0423)    (0.0468)    (0.0412)    (0.0452)
Z-values      8.050     -0.970       4.628       2.458       2.640
P-values      0.000      0.332       0.000       0.014       0.008
      + Error, R² = 0.219
```

2. SPSS를 이용한 회귀분석

다음은 동일한 데이터를 가지고 SPSS를 이용하여 회귀분석을 실시한 결과이다.

모형 요약

모형	R	R 제곱	수정된 R 제곱	추정값의 표준오차
1	.468[a]	.219	.208	.396917

a. 예측값: (상수), job_m, pay_m, colle_m, super_m

계수[a]

모형		비표준화 계수		표준화 계수	t	유의확률
		B	표준오차	베타		
1	(상수)	1.528	.190		8.050	.000
	pay_m	-.041	.042	-.057	-.970	.333
	colle_m	.217	.047	.279	4.628	.000
	super_m	.101	.041	.170	2.458	.015
	job_m	.119	.045	.159	2.640	.009

a. 종속변수: commit_m

PRELIS와 SPSS의 회귀분석 결과가 정확히 일치함을 알 수 있다. 그러나 둘 간에 차이가 나는 경우가 종종 있다. 이러한 경우는 PRELIS가 서열변수를 연속형(continuous)이 아닌 범주형(categorical) 데이터로 취급하기 때문이다. 따라서 이러한 문제점을 해결하기 위해서는 PRELIS로 분석을 실시하기에 앞서, [Data] → [Define variables] → [Variable Type] → [Continuous] → [Apply to all]을 선택해 주어야 한다.

PRELIS에서는 15개 이하 수준을 지닌 모든 변수들을 서열형 변수로 간주되며, 16개 이상의 수준을 지닌 경우 연속형으로 간주되는 것이 기본값이다. 따라서 LISRE을 이용하여 회귀분석을 하거나 요인분석을 하는 경우 분석에 앞서 변수의 종류를 연속형으로 지정하는 것이 중요하다.

Tip LISREL과 SPSS의 다중회귀 분석결과가 다른 경우는?

기본적으로 두 통계프로그램을 이용한 결과는 동일하다. 다만 결측치가 존재하는 경우 SPSS는 쌍별제거(pairwise deletion)방식을 적용하지만, LISREL의 PRELIS에서는 목록별 제거(listwise deletion)가 기본값이다. 쌍별제거는 측정 계산에 포함된 변수에서 결측 자료가 있는 사례만을 제거한다. 예컨대 변수 *X*에 결측치가 있는 경우에 목록별 제거는 해당 사례를 모든 분석에서 제거하는 경우로서 모든 분석의 사례수가 일치하게 된다. 쌍별제거의 경우는 해당 분석을 할 때 결측치가 있는 사례만을 제거하는 방식이다. 예컨대 *X*변수와 *Y*변수간의 공분산을 계산할 때 는 *X*변수의 결측치 사례가 분석에서 제외되지만, *Y*변수와 Z변수의 공분산을 계산할 때는 *X*변수의 결측치가 영향을 미치지 못한다. *Y*와 *Z*에만 결측치가 없으면 된다. 따라서 쌍제거에서는 각 분석마다 유효사례의 수가 달라질 수 있다.

PRELIS에서 투입자료의 공분산행렬을 계산할 때 만일 쌍별제거 방식을 적용한다면 결측치의 형태에 따라 각 공분산의 유효사례수가 달라지는 문제점이 발생된다. 더 큰 문제는 동일한 응답자의 자료를 이용하여 공분산을 계산하는 것이 불가능한 상황도 초래될 수 있다(배병렬, 2004).

제 10 장

경로분석

경로분석 역시 구조방정식모형의 하나의 하위분석 모형이다. 전 장의 다중회귀분석이 독립변수들과 종속변수간의 직접적 관계를 분석하기 위한 기법이라면, 경로분석은 독립변수들이 매개변수를 통해 종속변수에 미치는 효과를 분석하는데 이용된다. 또한 경로분석모형은 회귀분석과 마찬가지로 측정변수들만을 포함하고 있으며, 잠재변수를 포함하고 있지 않다. 따라서 독립변수들은 외생측정변수이며 매개변수와 종속변수는 내생측정변수들로 구성된다.

본 장에서는 LISREL 프로그램을 이용하여 경로분석을 실시하고, 결과 파일을 이해하는 데 초점을 맞추고자 한다.

I 경로분석의 준비

1. 경로모형의 설정

임금, 상사, 동료, 직무가 몰입도를 매개로 이직의도에 미치는 영향을 분석하고자 한다. 이를 위해 이론적 근거를 토대로 아래와 같은 경로모형을 설정했다고 가정해 보자. 임금, 상사, 동료, 직무는 외생변수이며, 몰입도와 이직의도는 내생변수이다. 또한 경로분석에 이용된 모든 변수들은 측정변수들이다.

그림 10-1 경로분석모형

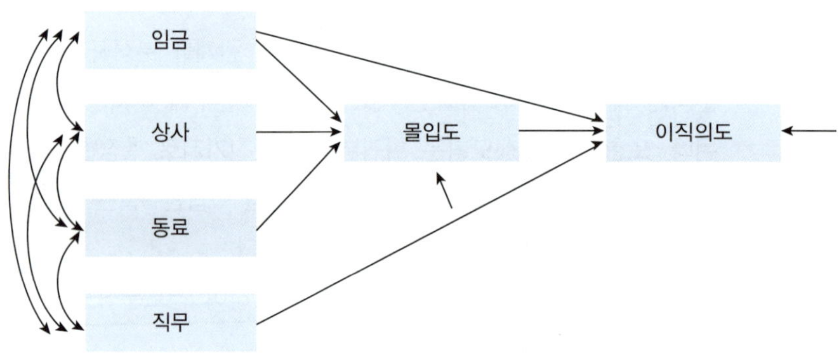

6개 변수 모두 평균값으로 저장된 변수들이 경로분석에 이용되었다. 즉, 분석용 데이터(exedata.sav)에서 임금은 'pay_m', 상사관계는 'super_m', 동료관계는 'colle_m', 직무는 'job_m', 몰입도는 'commit_m', 이직의도는 'turnov_m'을 변수로 이용하였다.

2. 모형의 식별

경로분석을 실시하기에 앞서 추정해야 할 모수들을 결정하고, 이를 통해 모형이 식별이 가능한가를 판단해야 한다. 경로모형은 잠재변수들을 포함하고 있지 않으므로 잠재변수에 척도를 부여할 필요가 없다. 추정해야 할 모수 수는 총 18개로서 6개의 경로계수, 독립변수들의 분산 4개과 공분산 6개, 몰입도와 이직의도 등 2개 내생변수에 대한 설명오차 분산 2개가 포함된다. 반면 모형에서 추정가능한 모든 모수의 수는 6(6+1)/2=21개이다. 따라서 자유도(df)는 21−18=3이 되며, 과다식별모형(over identified model)으로 구조방정식모형 분석이 가능하다.

II LISREL을 이용한 경로분석의 절차

1. 데이터의 불러오기와 LISREL 분석용 데이터로 변환하기

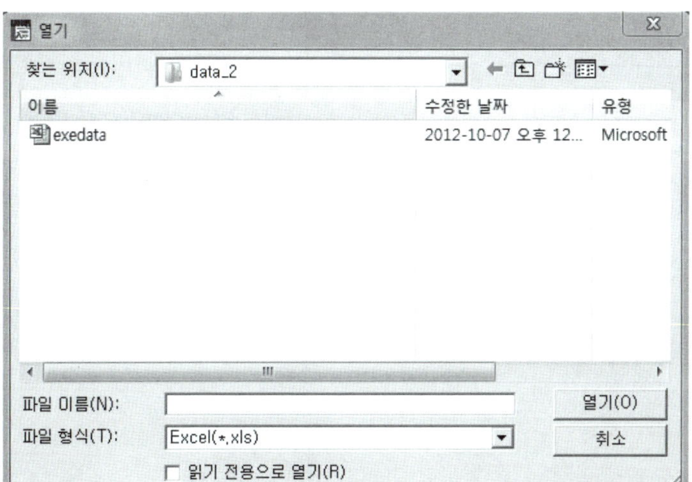

1. 경로분석을 위해 LISREL 창에서 [Import Data]를 선택하고 자료용 데이터를 불러온다(사례에서는 'exedata.xls'). 데이터 불러오기를 선택하면 바로 '다른 이름으로 저장'을 하도록 한다. 불러온 데이터를 LISREL에서 작업이 가능한 데이터 포맷으로 변환하는 것이다(예: exedata.psf). 파일의 확장 명의 psf는 PRELIS 시스템 파일을 나타낸다.

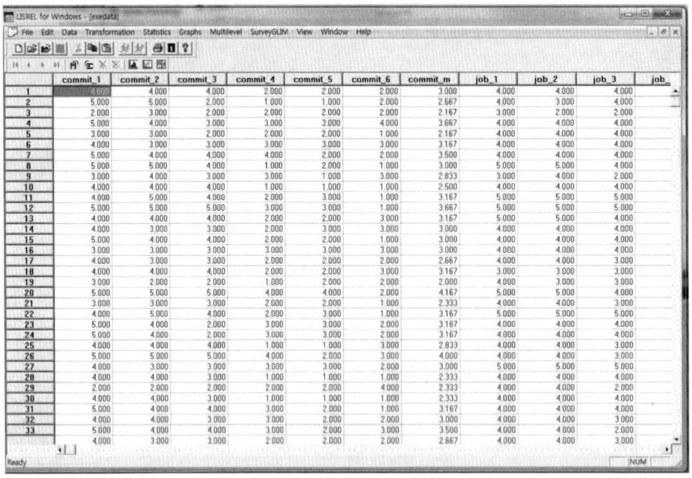

2. 저장한 '*.psf' 파일을 불러오기 할 때는 LISREL 창에서 [Open]을 선택하면 된다. LISREL 창은 PRELIS 창으로 전환되고, 불러오기한 데이터가 보이게 된다.

2. 경로도의 준비

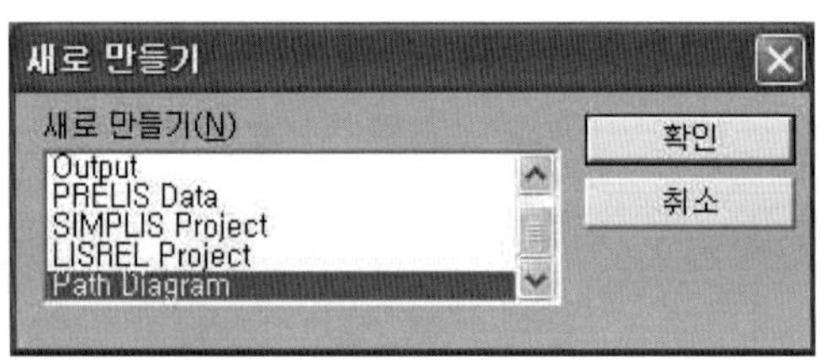

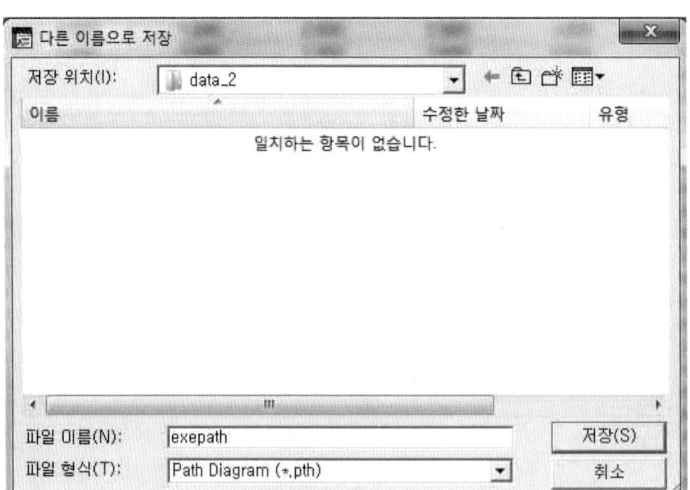

1. [File] → [New]를 선택하면 "새로 만들기" 창이 열린다. 여기서 [Path Diagram]을 선택한다. [다른 이름으로 저장]이 열리는데 이것은 분석하고자 하는 경로도(path diagram)가 저장될 파일을 만드는 것이다.

2. 파일명(예: exepath.pth)을 입력한 후 저장을 클릭하면 그림처럼 경로모형의 작성이 가능한 창이 열린다.

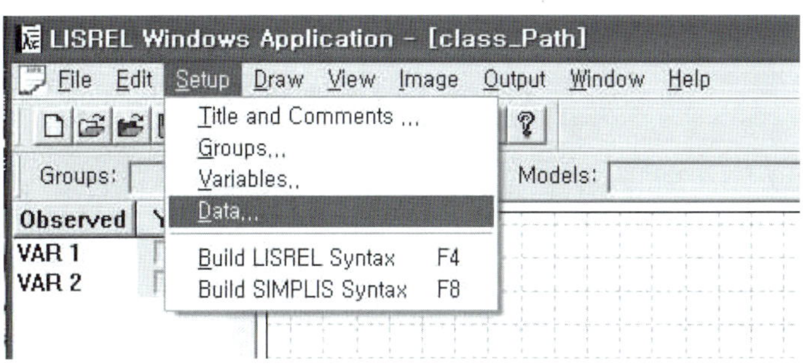

3. [Setup] → [Data]를 선택하고, 경로도 작성을 위해 이용할 데이터를 선정한다.

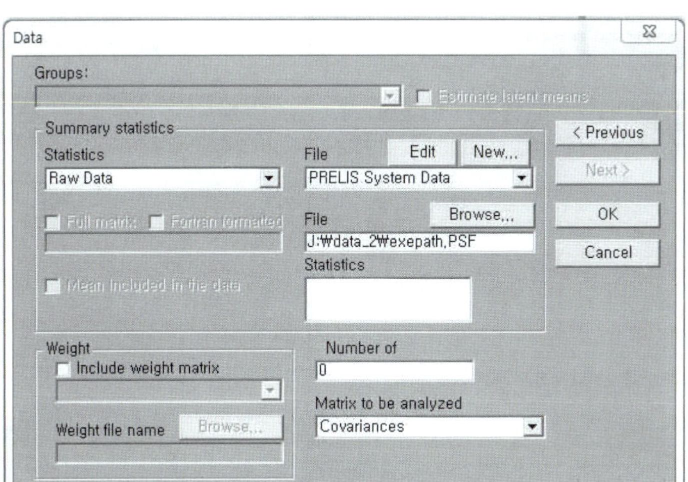

4. [Data]를 선택하면 분석에 이용되는 투입자료(행렬데이터 또는 원자료 데이터)의 선택이 가능하다.
아래쪽으로는 분석에 이용되는 사례 수(Number of Observation)와 분석을 위한 투입행렬(공분산행렬 또는 상관관계행렬)의 선택이 가능하다.
본 연습에서는 원 데이터를 이용하므로 [Raw data]를 선택하고, [File] 유형은 'PRELIS System Data'를 선택한다. [File] 이름은 'Browse' 기능을 통해 해당 psf 파일을 선택한다.

3. 변수의 선정

1. 데이터의 선정이 끝나면 데이터에 포함된 변수들의 이름을 지정해야 한다. 이를 위해 [Setup] → [Variables]를 선택하면 옆의 그림과 같은 창이 열린다.

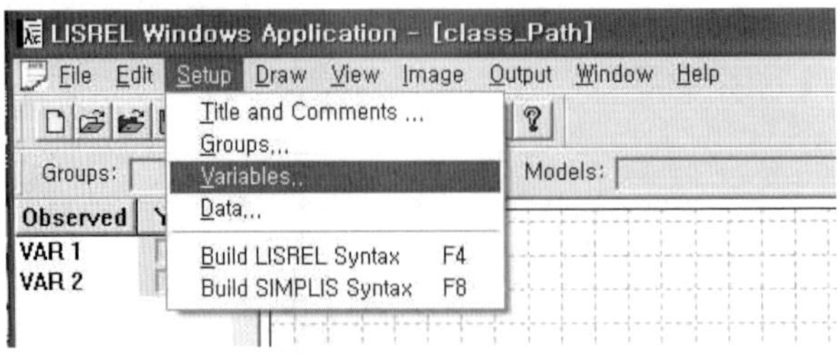

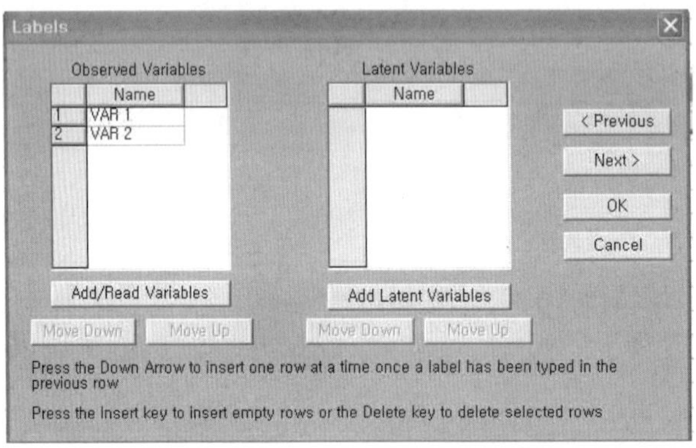

2. 이 창에서 [Add/Read Variables]를 클릭한다. 'Read from file'의 'PRELIS System File'을 선택하고 'browse' 기능으로 분석을 위해 저장한 파일(exedata.psf)를 선택하고 [OK]를 클릭한다.

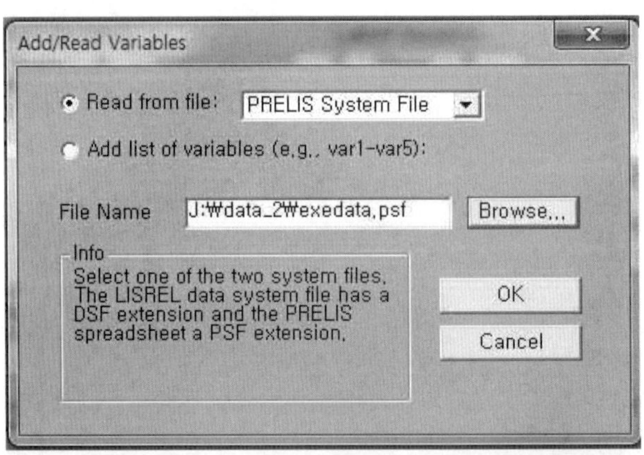

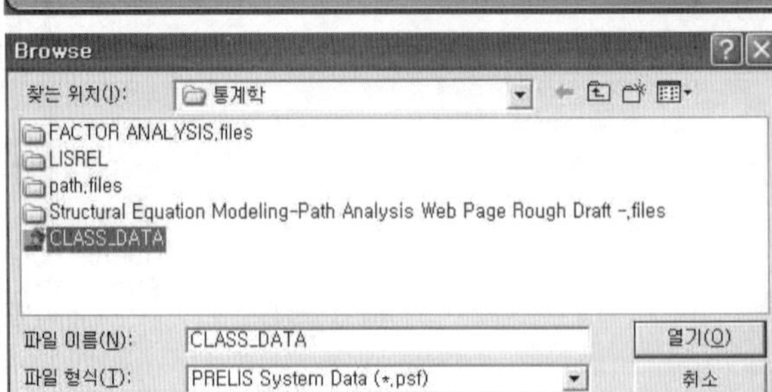

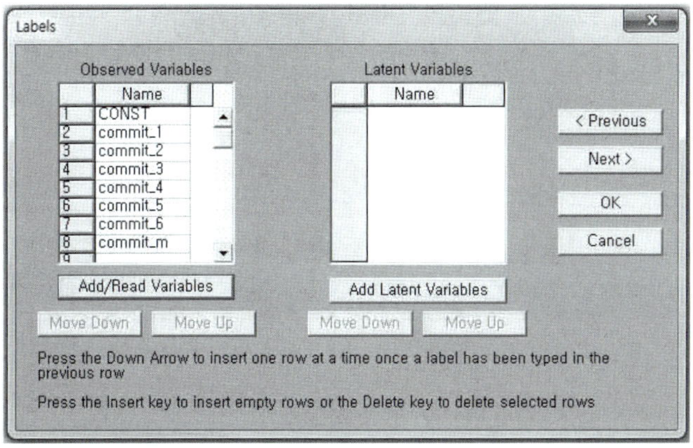

3. VAR1과 VAR2 밖에 없던 변수들의 이름이 그림처럼 바뀌어 구체적으로 지정된다. 작업이 끝나면 [OK]를 선택한다.

4. 경로도의 작성

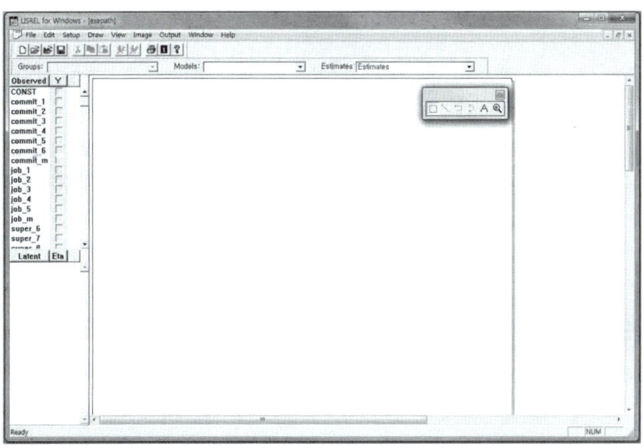

1. 왼쪽의 'Observed' 변수들 중 독립변수 하나를 클릭하고, '드래그(drag)' 기능을 이용하여 오른쪽 작업창으로 옮겨 놓는다.

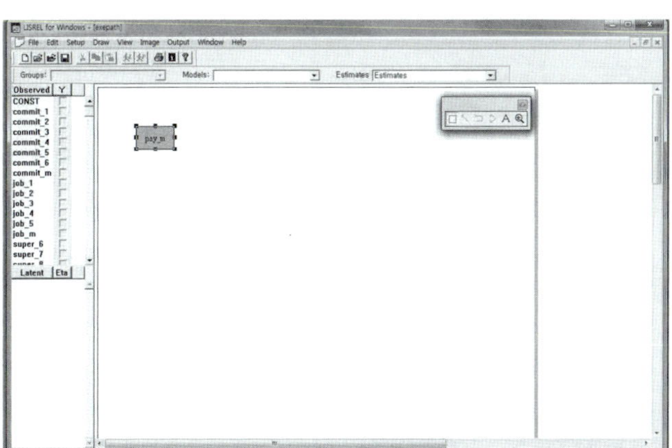

2. 그림처럼 사각형 모양의 변수가 만들어진다.

3. 클릭과 '드래그(drag)'의 기능을 반복하여 모든 독립변수들을 세로로 배열한다.

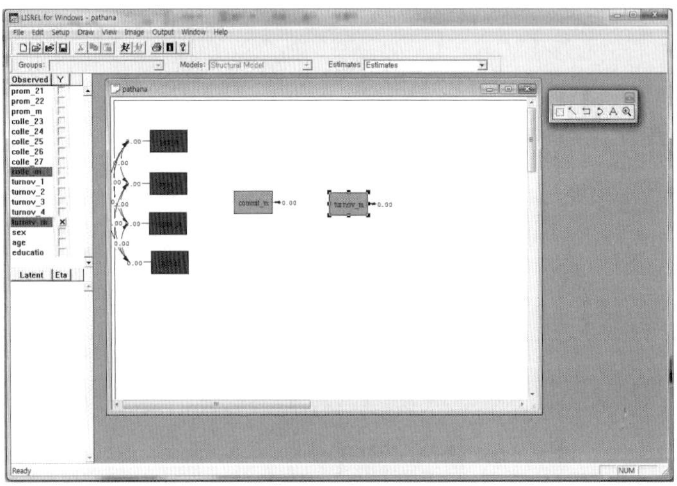

4. 'commit_m', 'turnov_m'는 Y(내생관측변수) 변수로 지정한다. Y는 내생변수를 선택하는 기능이다. 'X' 체크가 된 'commit_m'을 클릭하여 독립변수들의 경우처럼 드래그 기능을 이용해 오른쪽 창에 놓는다. 마찬가지로 'turnov_m'을 클릭한 상태에서 드래그해서 오른쪽 창에 배열시킨다.

5. 이렇게 하면 자동으로 독립변수들 간의 공분산 화살표들이 만들어진다. 외생변수들 간의 공분산은 분석의 대상이 아니기 때문에 자동으로 공분산이 만들어진 것이다.

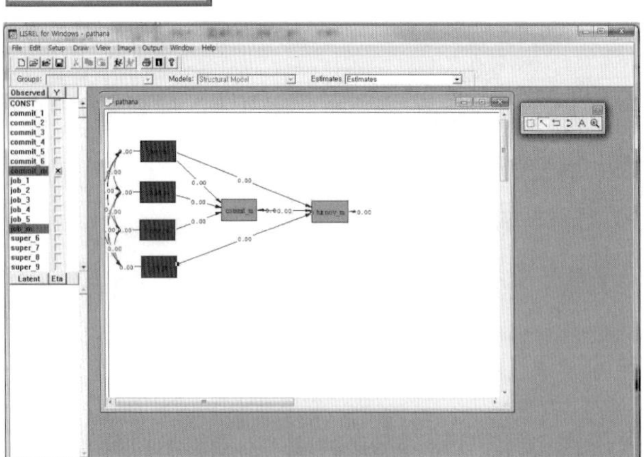

6. 툴바의 선택버튼을 화살표 버튼으로 바꾼 후 맨 위의 독립변수부터 종속변수와 연결한다. 연결방법은 독립변수를 클릭한 상태에서 종속변수까지 드래그하면, 모든 독립변수들에 대해 동일한 과정을 반복한다.

* 종속변수의 설명오차의 경로는 자동으로 1로 고정된다. LISREL 구형 버전에서는 'set value'를 선택하고 값을 '1'로 고정한다.

5. 명령문(syntax)의 작성 및 실행

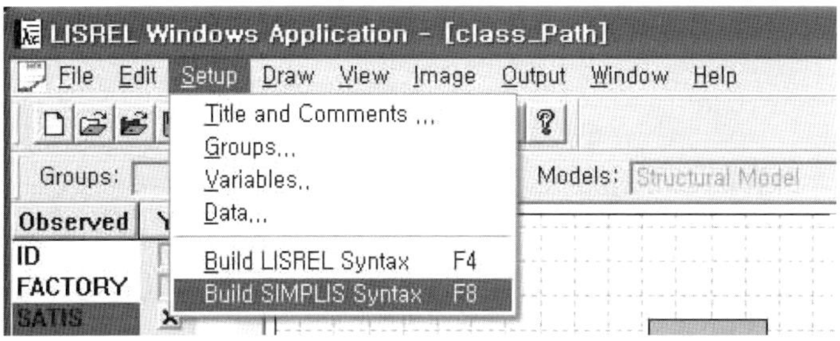

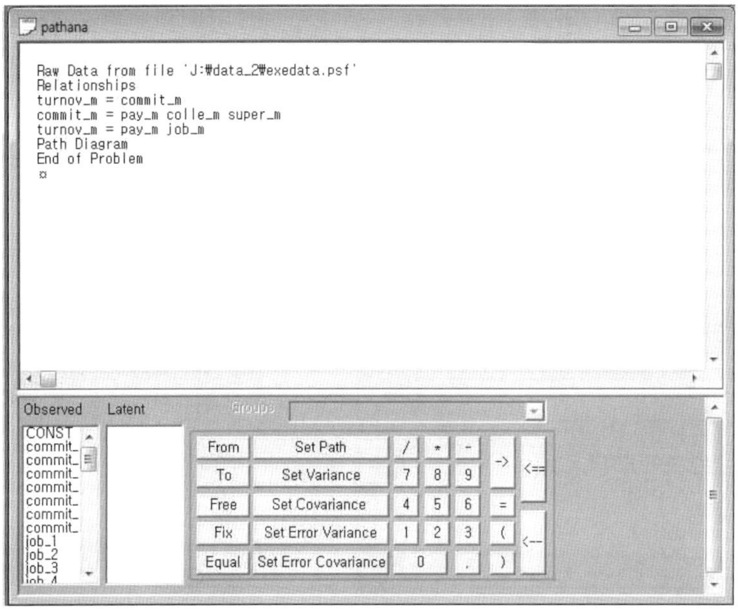

1. 경로모형을 분석하기 위해 LISREL을 구동하려면 명령문(syntax)이 필요하다.
   명령문을 만들기 위해 [SETUP] → [Build SIMPLIS Syntax] 또는 [Build LISREL Syntax]를 선택한다. 그림은 [Build SIMPLIS Syntax]를 선택한 결과를 보여준다.

＊SIMPLIS 명령문은 이해하기 쉬운 장점이 있는 반면, LISREL 명령문은 추정해야 할 모수의 수를 쉽게 확인할 수 있는 장점이 있다.

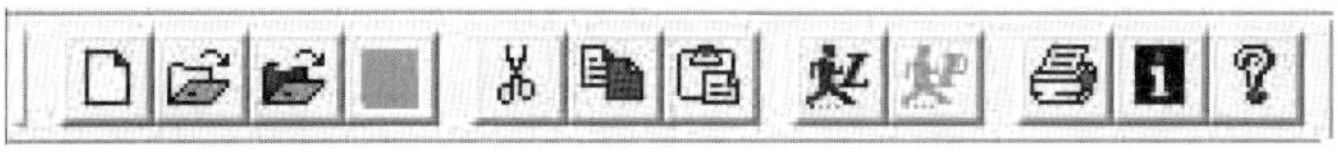

2. 툴바에서 LISREL의 실행 버튼( )을 클릭한다.

Ⅲ 경로분석 결과

1. 경로도

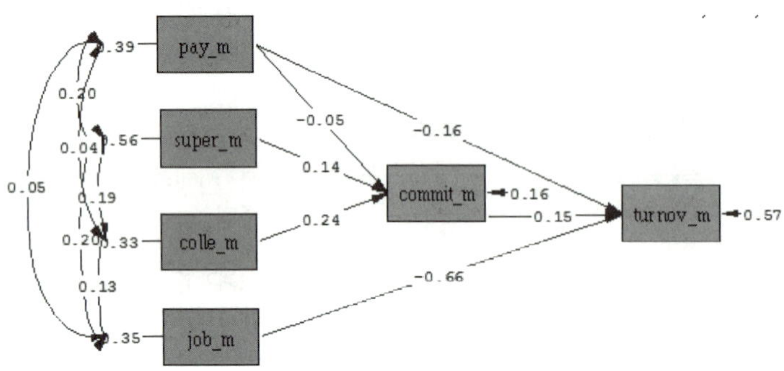

1. 그림은 회귀분석을 위해 LISREL을 실행한 결과를 경로도 그림으로 나타낸 것이다. 단, 회귀계수는 비표준화 회귀계수를 나타낸다. 비표준화 추정모형에서는 외생변수들간의 공분산을 보여준다. 예컨대 'job_m'과 'pay_m'의 공분산은 0.05이다. 각 경로계수는 비표준화 회귀계수를 나타낸다.

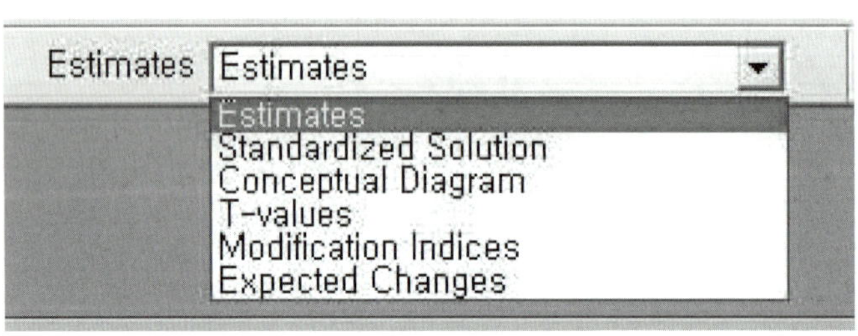

2. 표준화회귀계수를 확인하기 위해서는 상단 툴바의 [Estimates]에서 [Standardized Solution]을 선택하거나, 메뉴에서 [Vew] → [Estimations] → [Standardized Solution]을 선택한다.

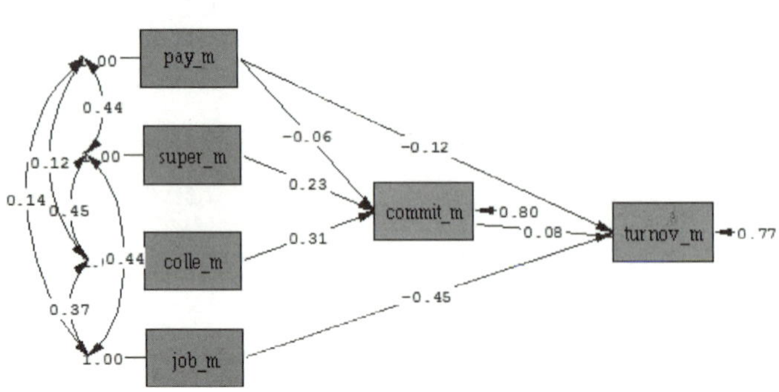

3. 예컨대 'job_m'과 'pay_m'의 상관관계(r)는 0.14이다. 각 경로계수는 표준화 회귀계수를 나타낸다.

2. 결과의 해석

다음은 경로분석 결과 만들어진 Output 파일을 보여준다.

```
The following lines were read from file J:₩data_2₩pathana.SPJ:
Raw Data from file 'J:₩data_2₩exedata.psf'
 Relationships
 turnov_m = commit_m
 commit_m = pay_m colle_m super_m
 turnov_m = pay_m job_m
 Path Diagram
 End of Problem

 Sample Size = 286
```

아웃풋 파일은 제일 먼저 경로분석에 이용된 명령문을 보여준다. 첫 번째와 두 번째 줄은 경로분석을 위해 이용된 데이터 파일의 경로를 보여준다. 경로분석을 위한 표본은 286개였다. 3~5번째 줄은 경로분석을 위한 방정식을 규정하고 있다. 매개변수 commit_m의 원인변수들이 job_m, colle_m, super_m임을 알 수 있다.

Covariance Matrix

	commit_m	turnov_m	job_m	super_m	pay_m	colle_m
commit_m	0.20					
turnov_m	−0.03	0.73				
job_m	0.09	−0.23	0.35			
super_m	0.11	−0.21	0.20	0.56		
pay_m	0.02	−0.09	0.05	0.20	0.39	
colle_m	0.10	−0.14	0.13	0.19	0.04	0.33

모형에 포함된 변수들 간의 관계에 대한 요약으로서 관찰된 분산과 공분산을 보여준다. 공분산 행렬을 통해 추정 가능한 모수의 총 수는 21개이며, 모형에서 추정하려는 모수의 수는 18개(경로계수=6개, 외생변수들의 분산=4개, 외생변수들 간의 공분산 6개, 설명오차=2개)임을 알 수 있다. 따라서 자유도는 21−18 = 3이다. 또한 이러한 공분산 행렬은 경로분석을 위한 투입자료로 이용되었다.

```
Number of Iterations = 6
LISREL Estimates (Maximum Likelihood)
        Structural Equations
commit_m = 0.14*super_m − 0.046*pay_m + 0.24*colle_m, Errorvar. =
0.16, R² = 0.20
        (0.039)      (0.043)      (0.046)          (0.013)
        3.47         −1.09        5.22             11.85
turnov_m = 0.15*commit_m − 0.66*job_m − 0.16 *pay_m, Errorvar. =
0.57, R² = 0.23
        (0.10)       (0.078)     (0.073)           (0.048)
        1.44         −8.40       −2.24             11.85
```

최대우도법(ML)으로 모수 추정이 이루어졌으며, 6번의 반복을 통해 적합도가 최대인 해에 도달하였다. 구조방정식 부분은 비표준화 추정치들을 보여주며, 괄호 안에는 표준오차(s.e.)를, 그 밑에는 t 값을 보여준다. 모형에서 각 경로계수가 $|t| > 1.96$이면 $\alpha = 0.05$를 기준으로 통계적으로 유의하다. 여기서 출력되는 값들은 좌변의 내생변수에 대한 각 원인변수의 총효과를 나타낸다.

구체적으로, 'commit_m' 의 오차분산(Errorvar)은 0.16이며, 이 값은 설명오차로서 'commit_m' 의 총 분산에서 설명되지 않는 분산의 크기를 나타낸다. 위 분산 - 공분산 행렬에서 'commit_m' 의 분산은 0.20이며, 이중 0.16이 설명되지 않는 분산이다. 따라서 1−(0.16/0.20) = 0.2로서 설명된 분산(R^2_{smc})이 20%임을 알 수 있다. 마찬가지로 'turnov_m' 역시 설명되지 않는 분산의 비율을 1 − 0.23 = 77%임을 알 수 있다.

또한 개별 경로계수들을 살펴보면 'commit_m' 에 영향을 미치는 변수들 중에는 'super_m' 와 'colle_m' 이 유의한 변수로 나타났다. 예컨대 'super_m' 의 비표준화 회귀계수는 0.14이며, 표준오차는 0.039로서 $t = 0.14/0.039 = 3.59$이다(3.47

과 차이는 반올림 오차로 인한 차이임). 따라서 $|t| > 1.96$이며 통계적으로 유의하다. 한편 'turnov_m'에 영향을 미치는 변수들로는 'job_m', pay_m'가 유의한 변수로 나타났다.

Reduced Form Equations

commit_m = 0.0*job_m + 0.14*super_m − 0.046*pay_m + 0.24*colle_m, Errorvar. = 0.16, R^2 = 0.20

(0.039) (0.043) (0.046)

3.47 −1.09 5.22

turnov_m = -0.66*job_m + 0.020*super_m − 0.17 *pay_m + 0.036*colle_m, Errorvar. = 0.57, R^2 = 0.22

(0.078) (0.015) (0.074) (0.026)

−8.40 1.33 −2.32 1.39

축소방정식 부분은 방정식에서 우변을 외생변수로 대체하여 방정식을 재구성한 것이다. 예컨대 'commit_m'에 영향을 미치는 변수로 외생변수인 'job_m'이 추가되었음을 알 수 있다.

Covariance Matrix of Independent Variables

	job_m	super_m	pay_m	colle_m
job_m	0.35			
	(0.03)			
	11.85			
super_m	0.20	0.56		
	(0.03)	(0.05)		
	6.81	11.85		
pay_m	0.05	0.20	0.39	
	(0.02)	(0.03)	(0.03)	
	2.37	6.75	11.85	
colle_m	0.13	0.19	0.04	0.33
	(0.02)	(0.03)	(0.02)	(0.03)
	5.77	6.82	2.05	11.85

Covariance Matrix of Latent Variables

	commit_m	turnov_m	job_m	super_m	pay_m	colle_m
commit_m	0.20					
turnov_m	−0.01	0.74				
job_m	0.05	−0.23	0.35			
super_m	0.11	−0.15	0.20	0.56		
pay_m	0.02	−0.09	0.05	0.20	0.39	
colle_m	0.10	−0.07	0.13	0.19	0.04	0.33

외생변수인 'pay_m', 'super_m', 'colle_m', 'job_m' 간의 공분산 행렬과 잠재변수들 간의 재생된 공분산 행렬을 보여준다. 그러나 경로분석에서는 잠재변수가 이용되지 않으므로 실제로는 관찰변수들 간의 재생된 공분산 행렬을 나타낸다. 재생된 공분산 행렬을 위의 관측된 공분산 행렬과 비교해보면 각 값들이 약간이 차이가 남을 알 수 있다. 이는 모형이 데이터에 완전한 적합이 이루어지지 않음을 의미한다. 또한 관측된 공분산 행렬과 재생된 공분산 행렬간의 차이를 계산하면 적합잔차 행렬이 계산된다.

Goodness of Fit Statistics

Degrees of Freedom = 3

Minimum Fit Function Chi−Square = 18.47 (P = 0.00035)

Normal Theory Weighted Least Squares Chi−Square = 18.68 (P = 0.00032)

Estimated Non−centrality Parameter (NCP) = 15.68

90 Percent Confidence Interval for NCP = (5.59 ; 33.25)

Minimum Fit Function Value = 0.065

Population Discrepancy Function Value (F0) = 0.056

90 Percent Confidence Interval for F0 = (0.020 ; 0.12)

Root Mean Square Error of Approximation (RMSEA) = 0.14

90 Percent Confidence Interval for RMSEA = (0.081 ; 0.20)

P−Value for Test of Close Fit (RMSEA < 0.05) = 0.0065

Expected Cross-Validation Index (ECVI) = 0.19
90 Percent Confidence Interval for ECVI = (0.16 ; 0.26)
ECVI for Saturated Model = 0.15
ECVI for Independence Model = 1.65

Chi-Square for Independence Model with 15 Degrees of Freedom = 450.64
Independence AIC = 462.64
Model AIC = 54.68
Saturated AIC = 42.00
Independence CAIC = 490.58
Model CAIC = 138.49
Saturated CAIC = 139.78

Normed Fit Index (NFI) = 0.96
Non-Normed Fit Index (NNFI) = 0.82
Parsimony Normed Fit Index (PNFI) = 0.19
Comparative Fit Index (CFI) = 0.96
Incremental Fit Index (IFI) = 0.97
Relative Fit Index (RFI) = 0.80
Critical N (CN) = 176.08

Root Mean Square Residual (RMR) = 0.022
Standardized RMR = 0.047
Goodness of Fit Index (GFI) = 0.98
Adjusted Goodness of Fit Index (AGFI) = 0.85
Parsimony Goodness of Fit Index (PGFI) = 0.14

제안된 경로분석모형에 대한 다양한 적합도 지수들을 보여준다. 다양한 적합도 지수들은 관측된 공분산 행렬과 재생된 공분산 행렬간의 차이에 대한 검증결과이기도 하다. 우선 χ^2 = 18.68(df=3)이며, p=0.000으로 통계적으로 유의하다. 이는 경로모형의 적합도가 문제가 있음을 보여준다. 그러나 χ^2이 표본크기에 민감한 점을 고려하여 다른 적합도 지수들을 검토할 필요가 있다. RMSEA=0.14(적합도

판단기준: <0.05)와 AGFI=0.85(적합도 판단 기준: >0.95)는 나쁘게 나온 반면, GFI=0.98(적합도 판단기준: >0.95)는 우수한것으로 나타났다. 또한 NNFI(TLI) 역시 0.82로(적합도 판단 기준: >0.90) 적합도가 낮음을 보여준다. 이러한 적합도 지수들을 종합적으로 판단할 때 제안모형의 적합도는 좋지 않은 것으로 나타났다.

```
The Modification Indices Suggest to Add the
Path to  from      Decrease in Chi-Square   New Estimate
turnov_m  colle_m          8.9                  -0.27

The Modification Indices Suggest to Add an Error Covariance
Between    and      Decrease in Chi-Square   New Estimate
turnov_m  commit_m          11.8                 0.15
commit_m  commit_m          11.8                -1.02
turnov_m  commit_m          11.8                 0.15
job_m     commit_m           9.6                 0.04
job_m     turnov_m          10.6                 0.18
job_m     job_m             10.6                 0.27
pay_m     commit_m          12.8                 0.75
pay_m     job_m              9.0                 0.21
colle_m   job_m             12.1                -0.10
colle_m   pay_m              8.7                -0.38
```

이 부분은 수정 지수들을 보여준다. 즉, 모형의 적합도를 높이기 위해 어떤 모수를 추가 또는 삭제해야 하는지에 대한 방향을 제시해 준다. 수정지수는 해당 고정모수를 자유모수로 변경하는 경우 감소하는 χ^2의 크기를 보여주므로, 수정지수가 큰 모수를 추가하면 적합도가 좋아질 가능성이 크다.

이상의 결과를 보면 원래 '0'으로 고정시켰던 'colle_m'에서 'turnov_m'로의 경로를 추가하면 χ^2이 8.9만큼 감소되어 적합도가 좋아질 가능성이 있음을 보여준다. 그러나 오차항들간의 공분산을 추가하려는 경우에는 적합도의 개선만을 고려할 것이 아니라 이론적으로도 분명히 설명할 수 있어야 한다.

3. 경로도의 저장

경로도 화면을 선택한 후 [File] → [Export as GIF file]로 저장하면 아래 그림처럼 불러오기가(한글 프로그램에서 [삽입] → [그림]) 가능하다.

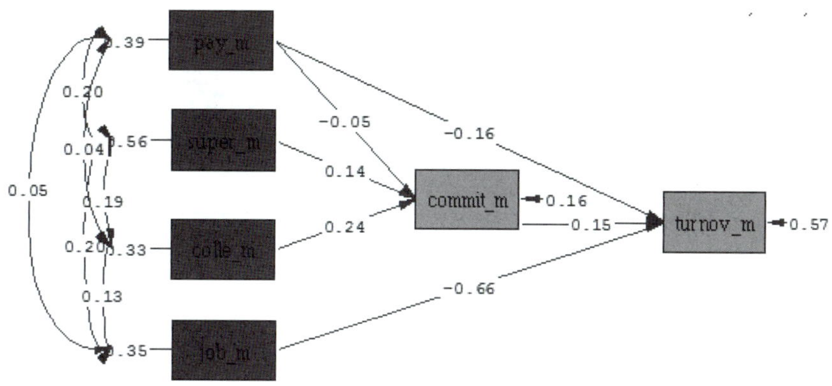

> **Tip** 모형을 다양하게 분석하는 방법은?
>
> [View] 메뉴를 선택하는 또 다른 방법은 Path diagram 창의 상단의 [Models]에서 선택 옵션들을 고르면 된다. 선택옵션들을 보면 연구모형을 그대로 보여주는 'Basic Model', X-변수측정모형을 보여주는 'X-Model', Y-변수 측정모형을 보여주는 'Y-Model', 잠재변수간의 구조모형만을 보여주는 'Structure Model', 오차간의 상관관계를 보여주는 'Correlated Errors' 중에서 하나를 선택할 수 있다.
>
> 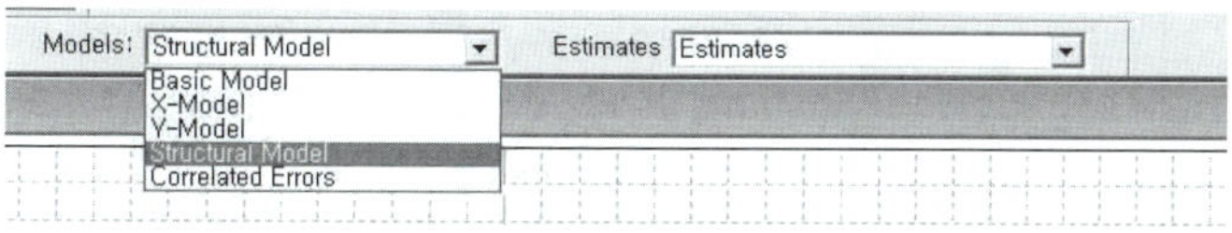
>

[Models] 선택의 오른쪽의 'Estimates'는 추정치들을 선택하는 창으로서, 비표준화 추정치인 'Estimates', 표준화추정치인 'Standardized Solution', 경로가 제외된 개념 모형만을 보여주는 'Conceptual Diagram', 각 추정모수의 *t* 값을 보여주는 '*t*-values', 수정모형을 위한 수정지수를 보여주는 'Modification Indices', 수정모형을 만들기 위해 예상되는 변화치를 보여주는 'Expected Changes' 등을 선택할 수 있다.

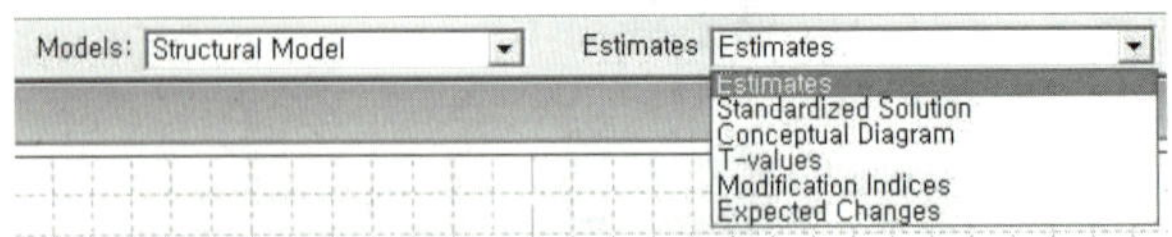

Tip 모형의 색깔을 조정하는 방법은?

[View]에서 [Options]을 선택하면 경로모형의 색깔과 외형을 조절할 수 있는 기능을 제공한다. 아래 그림처럼 변수, 경로에 대해 자신이 원하는 색깔을 설정할 수 있다. 변수와 경로의 색깔을 달리함으로써 시각적 측면에서 분석 결과를 보다 쉽게 이해할 수 있다.

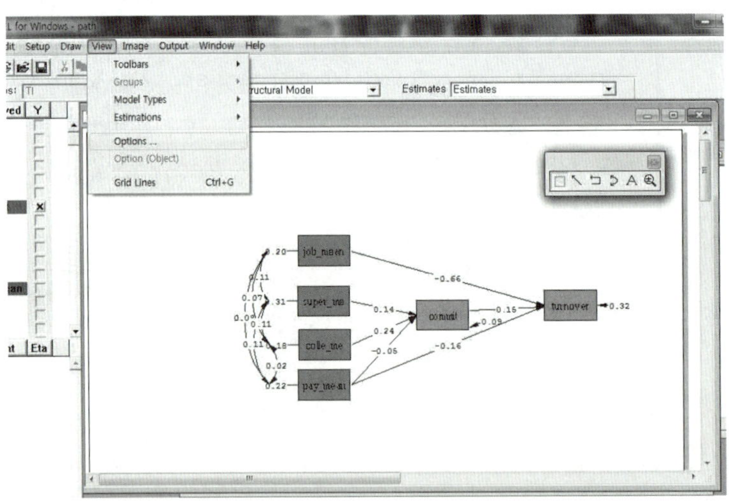

제 11장
확증적 요인분석

구조방정식모형은 통일된 개념이기보다는 회귀분석, 경로분석, 확증적 요인분석, 잠재변수경로분석 등 다양한 분석모형들을 포괄하는 개념이다. 확증적 요인분석은 잠재변수와 잠재변수를 측정하기 위해 이용된 측정변수들 간의 관계를 분석하는 데 초점을 맞춘다. 따라서 제10장의 경로분석과는 달리 잠재변수가 포함된 측정모형을 다루는 점이 다르다. 확증적 요인분석에서는 요인적재치와 측정오차를 해석하고, 외생변수인 측정오차와 잠재변수에 대한 척도 설정을 이해하는 것이 중요하다. 이번 장에서는 LISREL을 이용하여 확증적 요인분석을 실시하고 결과물을 해석하는 데 초점을 맞춘다.

I 확증적 요인분석의 준비

1. 확증적 요인분석 모형의 설정

확증적 요인분석은 이론적 변수인 잠재변수들과 이 변수들의 측정도구로서의 측정변수들 간의 관계의 패턴을 분석하는 데 목적이 있다. 따라서 확증적 요인분석은 어떤 변수나 개념의 차원 또는 요인구조에 관한 논쟁이 있는 경우에 특히 적합하다. 다음의 모형에 대한 확증적 요인분석을 실시하고자 한다. 잠재변수는 승진, 상사, 직무, 임금 등 만족도를 결정하는 4개 요인들로 가정한다. 또한 각 요인들은 3개의 측정변수들에 의해 측정되고 있다고 가정한다.

그림 11-1 확증적 요인분석 모형

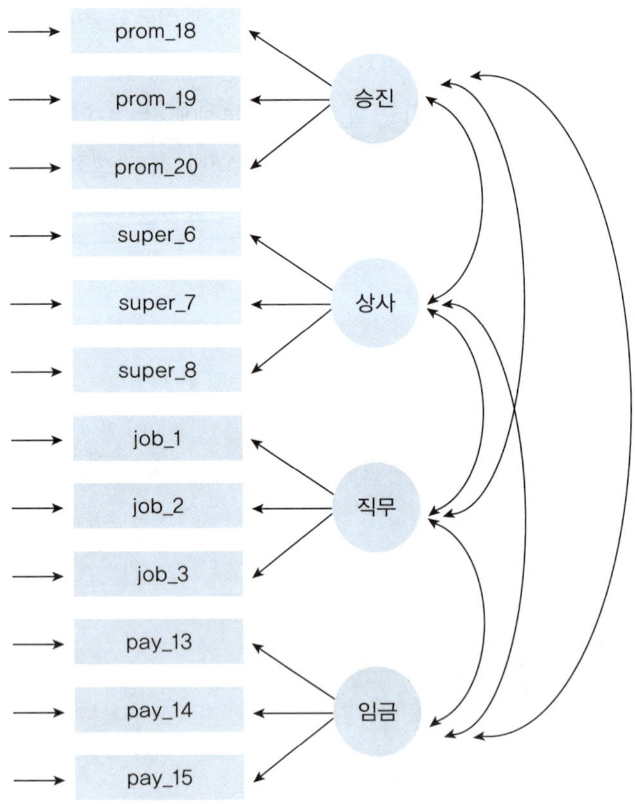

아래 확증적 요인분석에서는 앞의 연습들과 마찬가지로 'exedata'를 활용한다. 잠재변수인 승진의 측정변수로 'prom_18'부터 'prom_20'까지, 상사의 측정변수로 'super_6'에서 'super_8'까지, 직무의 측정변수로 'job_1'에서 'job_3'까지, 임금의 측정변수로 'pay_13'에서 'pay_15'까지 각각 3개의 측정변수들이 이용되었다.

2. 모형의 식별

확증요인분석에서 추정해야 할 모수의 총 개수는 30개이다. 잠재변수간 공분산 6개가 추정 모수에 포함된다. 잠재변수와 측정변수간의 요인적재치 12개도 모수에 포함된다. 또한 오차변수 12개의 분산도 모형에서 추정해야 할 모수이다. 잠재변수의 분산은 추정모수이지만 척도를 설정하기 위해 분산을 '1'로 고정함으로써 추정모수에서 제외된다.

II LISREL을 이용한 확증적 요인분석 절차

1. 데이터의 불러오기와 LISREL 분석용 데이터로 변환하기

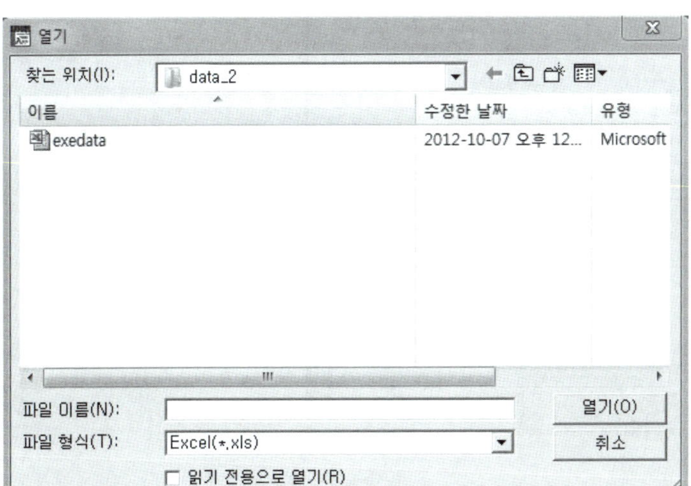

1. 경로분석을 위해 LISREL 창에서 [Import Data]를 선택하고 자료용 데이터를 불러온다(사례에서는 'exedata.xls'). 데이터 불러오기를 선택하면 바로 '다른 이름으로 저장'을 하도록 한다. 불러온 데이터를 LISREL에서 작업이 가능한 데이터 포맷으로 변환하는 것이다(예: 'exedata.psf'). 파일의 확장 명 psf는 PRELIS 시스템 파일을 나타낸다.

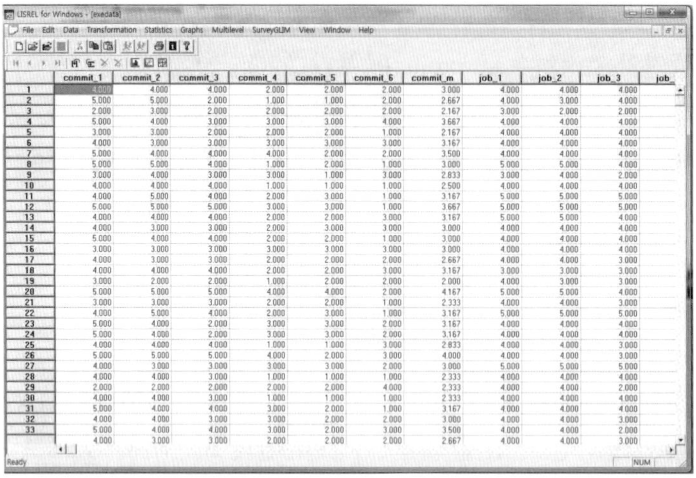

2. 저장한 '*.psf' 파일을 불러오기 할 때는 LISREL 창에서 [Open]을 선택하면 된다. LISREL 창은 PRELIS 창으로 전환되고, 불러오기한 데이터가 보이게 된다.

2. 경로도의 준비

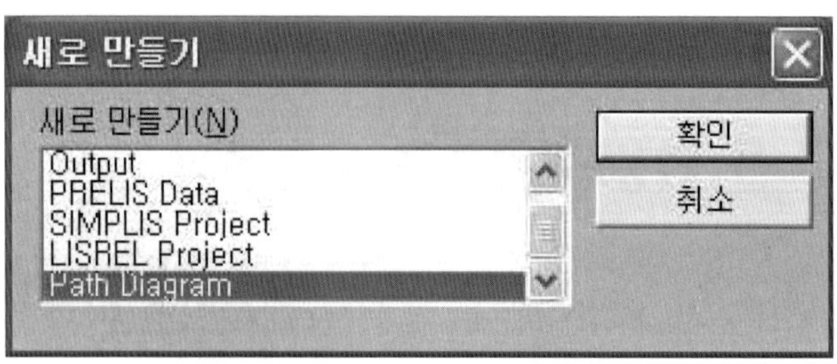

1. [File] → [New]를 선택하면 [새로 만들기] 창이 열린다. 여기서 [Path Diagram]을 선택한다. [다른 이름으로 저장]이 열리는데 이것은 분석하고자 하는 경로도(path diagram)가 저장될 파일을 만드는 것이다.

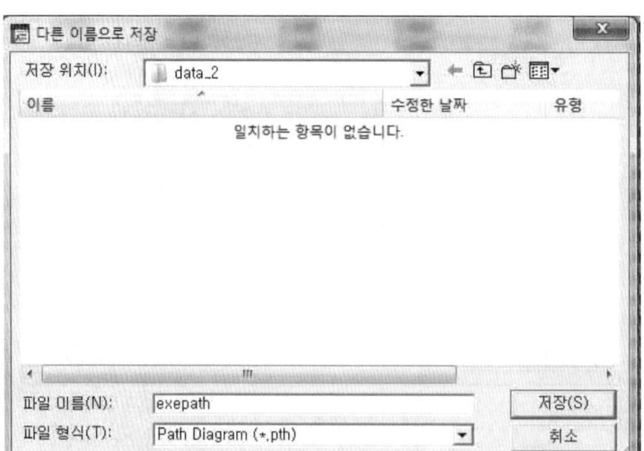

2. [파일명(예: execfa.pth)을 입력한 후 저장을 클릭하면 그림처럼 경로모형 작성이 가능한 창이 열린다.

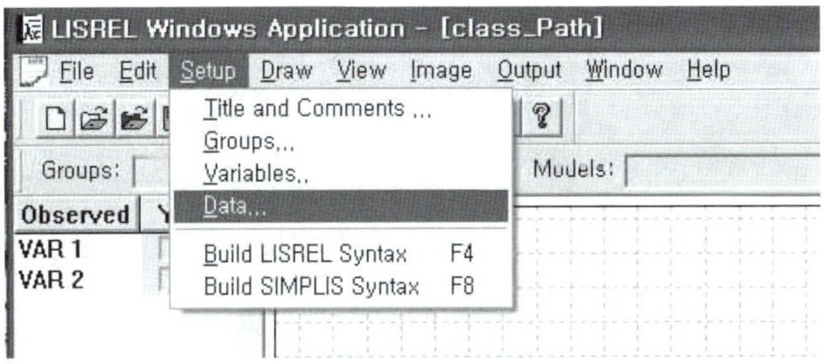

3. [Setup] → [Data]를 선택하고, 경로도 작성을 위해 이용할 데이터를 선정한다.

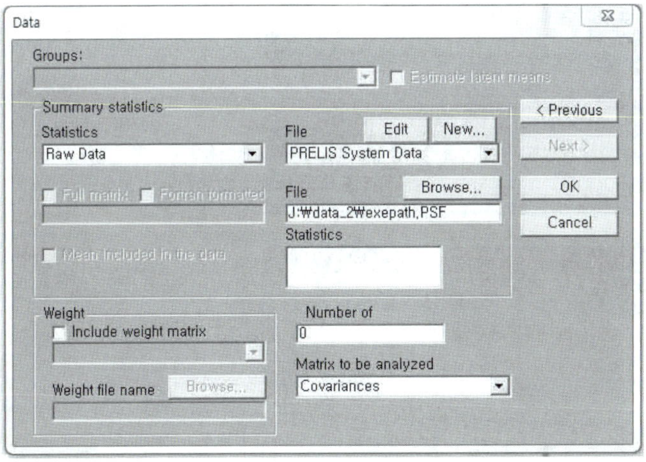

4. [Data]를 선택하면 분석에 이용되는 투입자료(행렬데이터 또는 원자료 데이터)의 선택이 가능하다. 아래쪽으로는 분석에 이용되는 사례 수(Number of Observation)와 분석을 위한 투입행렬(공분산행렬 또는 상관관계행렬)의 선택이 가능하다.
본 연습에서는 원 데이터를 이용하므로 [Raw data]를 선택하고, [File] 유형은 'PRELIS System Data'를 선택한다. [File] 이름은 'Browse' 기능을 통해 해당 psf 파일을 선택한다.

3. 변수의 선정

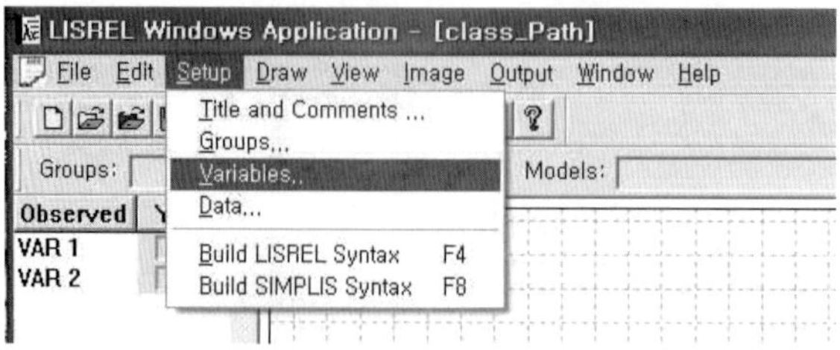

1. 데이터 선정이 끝나면 데이터에 포함된 변수들의 이름을 지정해야 한다. 이를 위해서 [Setup] → [Variables]를 선택하면 옆의 그림과 같은 창이 열린다.

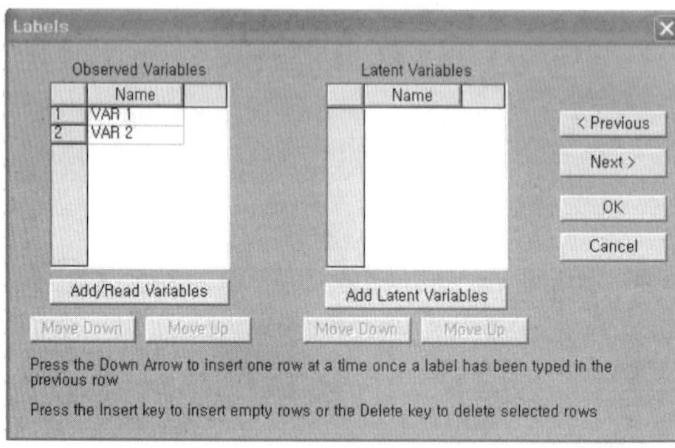

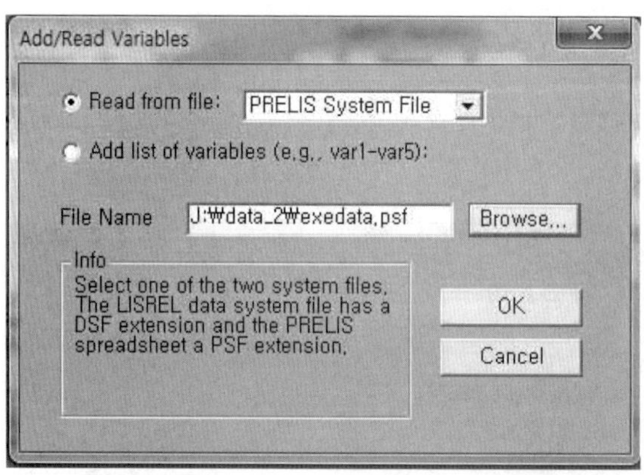

2. 위 창에서 [Add/Read Variables]를 클릭한다. 'Read from file'의 'PRELIS System File'을 선택하고 'browse' 기능으로 분석을 위해 저장한 파일(exedata.psf)를 선택하고 [OK]를 클릭한다.

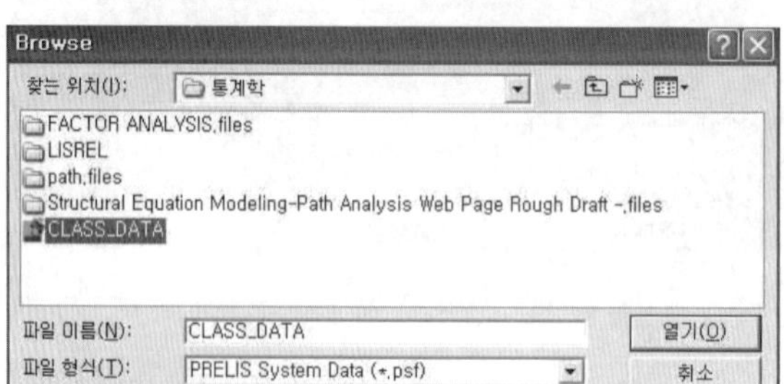

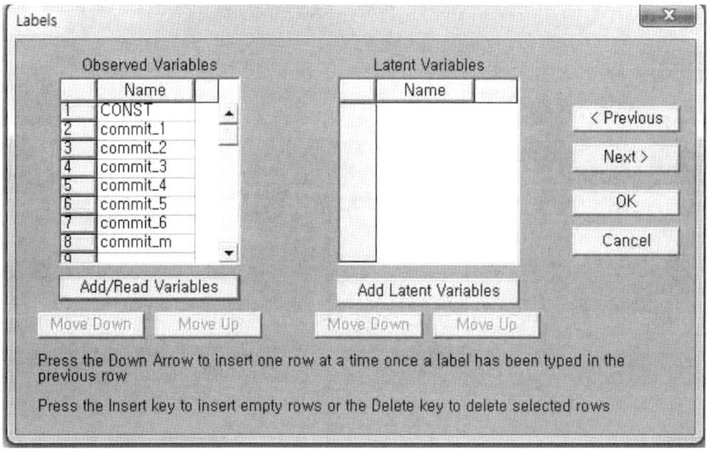

3. VAR1과 VAR2 밖에 없던 변수들의 이름이 그림처럼 바뀌어 구체적으로 지정된다. 작업이 끝나면 [OK]를 선택한다.

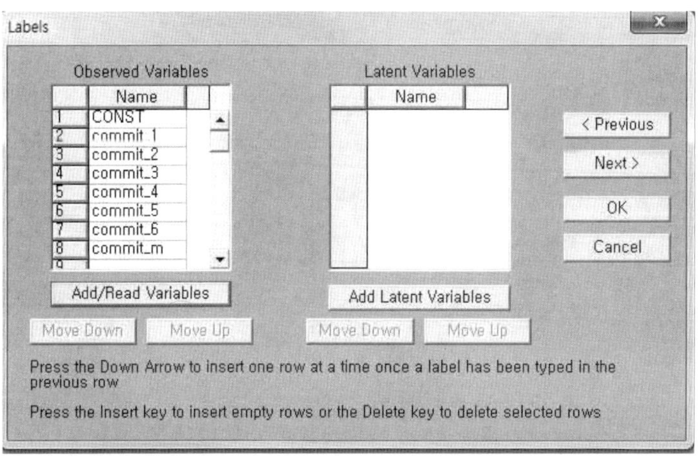

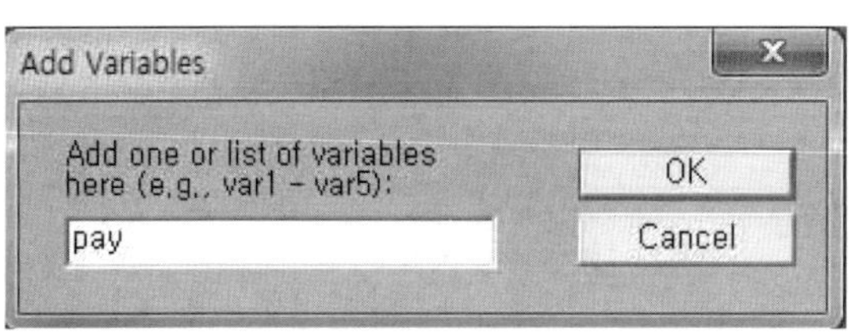

4. "Observed Variables"의 지정이 끝난 후, 잠재변수(Latent Variables)에 대해서도 지정을 해주어야 한다.
이를 위해 [Add Latent Variables]를 선택하여 prom, super, job, pay를 차례로 입력한다. 마지막으로 [OK]를 클릭한다.

4. 경로도의 작성

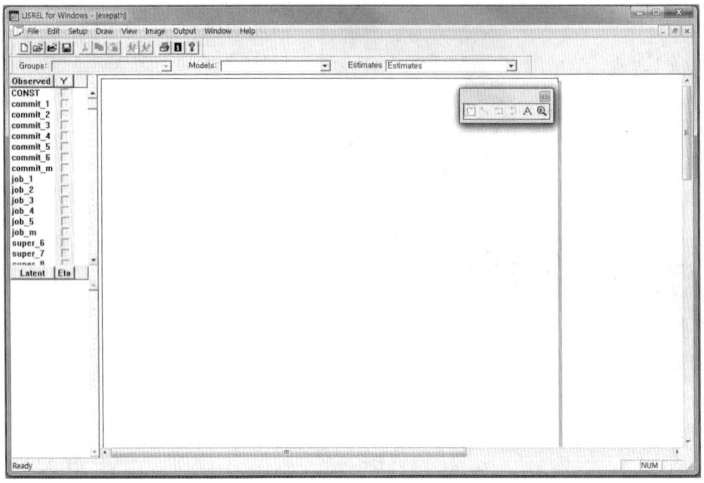

1. 왼쪽의 'Observed' 측정변수들 중 첫 번째 측정변수를 클릭하고, '드래그(drag)' 기능을 이용하여 오른쪽 작업창으로 옮겨 놓는다.

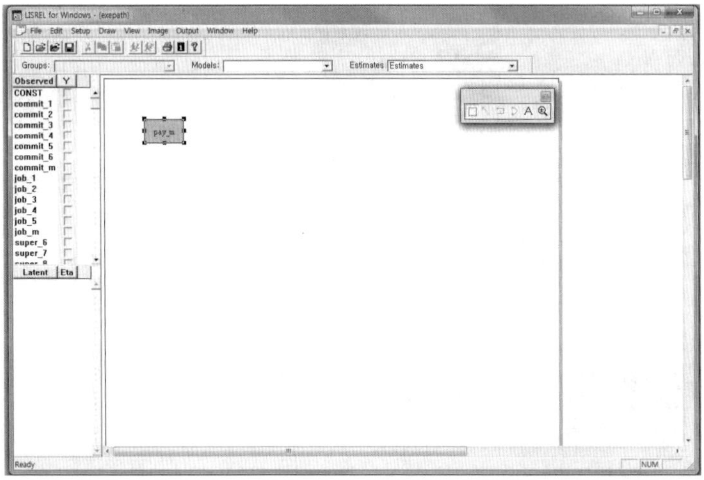

2. 그림처럼 사각형 모양의 변수가 만들어진다.

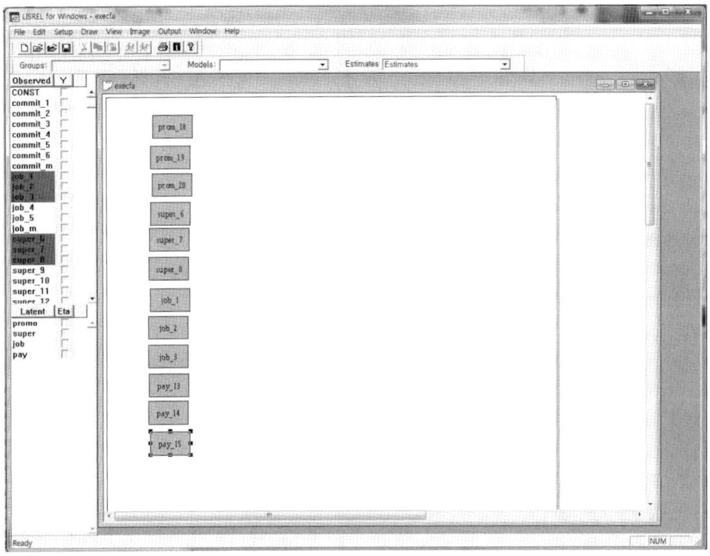

3. 클릭과 '드래그(drag)' 기능을 반복하여 12개 모든 측정변수들을 세로로 배열한다.

* 모든 변수를 선택한 상태에서 ([Edit] → [Select All]) 마우스의 오른쪽 버튼을 클릭하면, 변수들을 가지런히 정리할 수 있다.

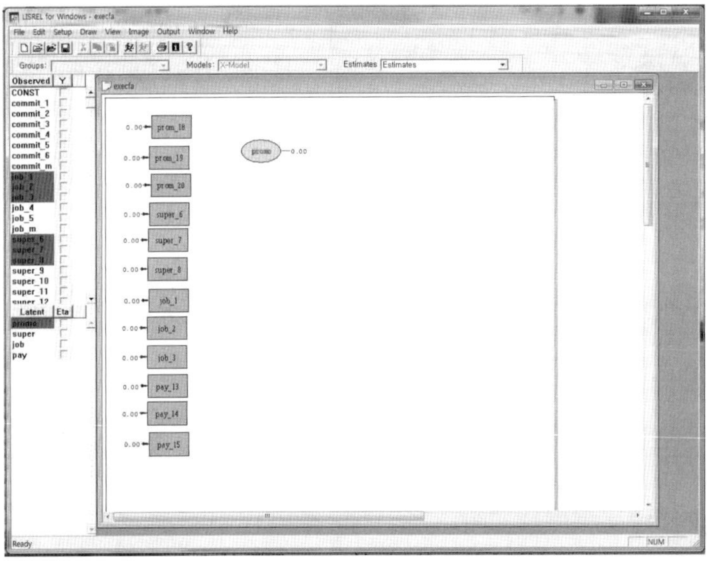

4. promo부터 잠재변수들을 위치시킨다. 우선 좌측의 잠재변수를 클릭한 채 오른쪽 창의 적당한 위치로 끌어다 놓는다.

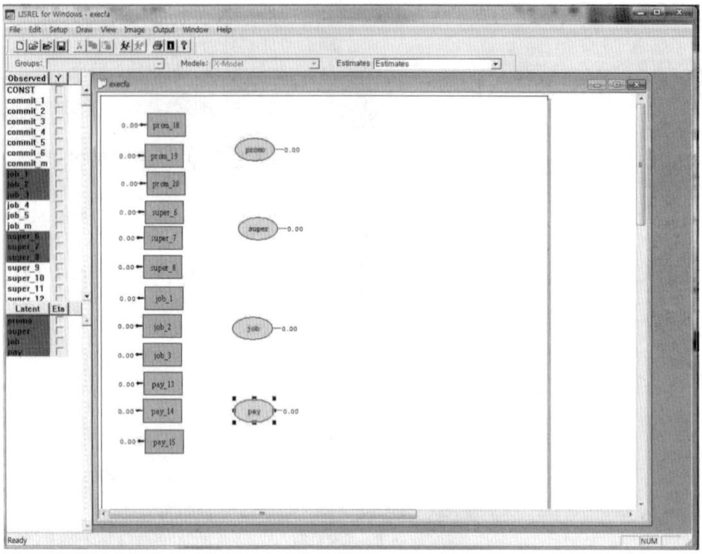

5. 동일한 방법으로 다른 잠재변수들도 동일한 방법으로 위치시킨다.

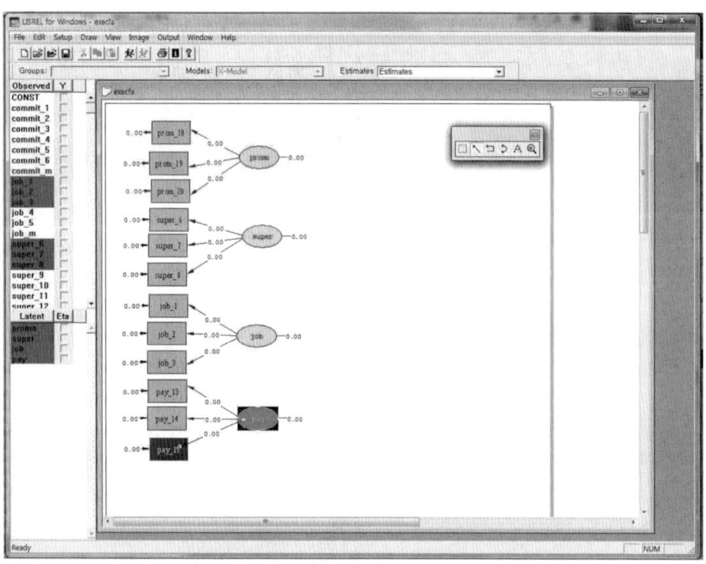

6. 창 오른쪽 위의 툴바(toolbar)에서 '그리기(화살표)'를 선택한 후 잠재변수로부터 관측변수로 향하는 경로화살표를 그린다. 즉 잠재변수를 클릭한 후 드래그해서 관측변수까지 연결한다. 마찬가지 방법으로 잠재변수와 해당 관찰변수를 모두 연결한다.

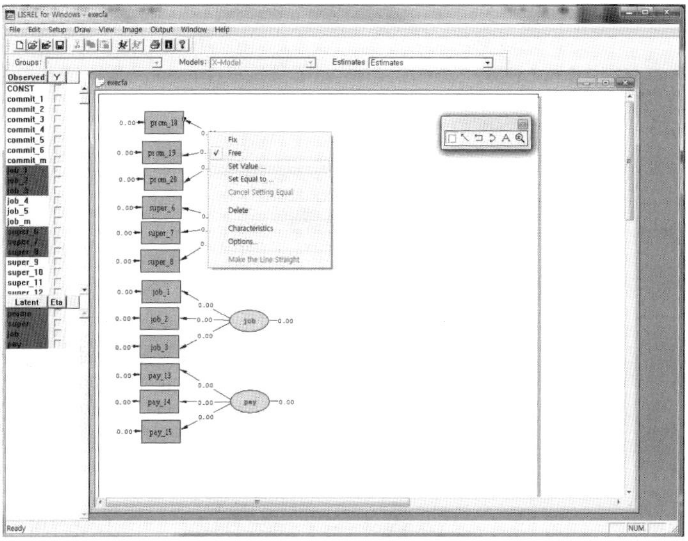

7. 잠재변수의 척도 부여는 잠재변수의 분산을 '1'로 고정하는 것이 기본값이다. 만일 요인적재치 하나를 '1'로 고정하는 경우에는 그림처럼 경로 하나를 선택하고, 마우스의 오른쪽 버튼을 누르면 그림처럼 메뉴에서 [Set Value]를 선택하고 1을 입력하면 된다.

* 잠재변수들 간의 공분산은 분석과정에서 자동으로 계산되며, 경로도 작성과정에서 별도로 변수들 간의 공분산을 설정할 필요는 없다.

5. 명령문(syntax)의 작성 및 실행

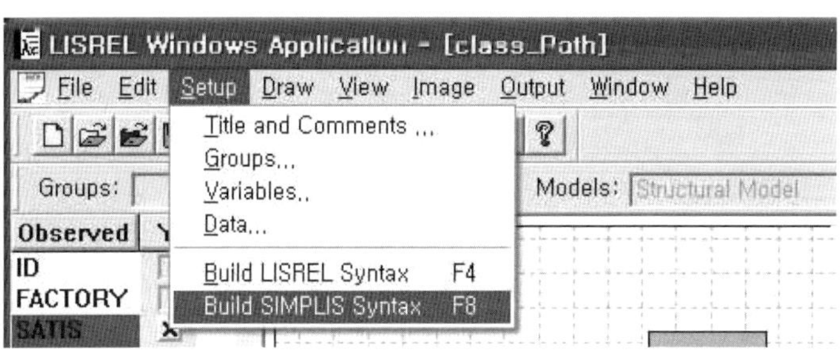

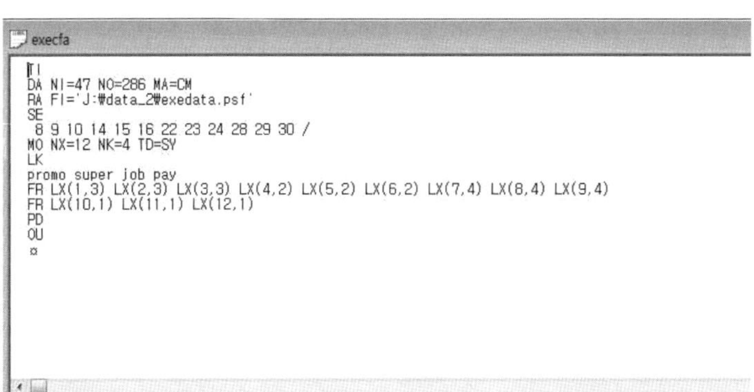

1. 경로모형을 분석하기 위해 LISREL을 구동하려면 명령문(syntax)이 필요하다.
명령문을 만들기 위해 [SETUP]→[Build SIMPLIS Syntax] 또는 [Build LISREL Syntax]를 선택한다. 그림은 [Build LISREL Syntax]를 선택한 결과를 보여준다.

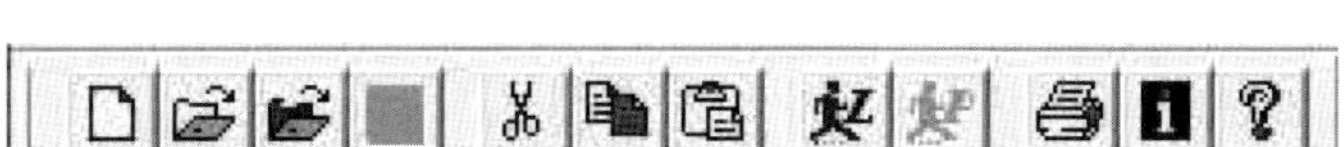

2. 툴바에서 LISREL의 실행 버튼( )을 클릭한다.

Ⅲ 확증적 요인분석 결과

1. 경로도

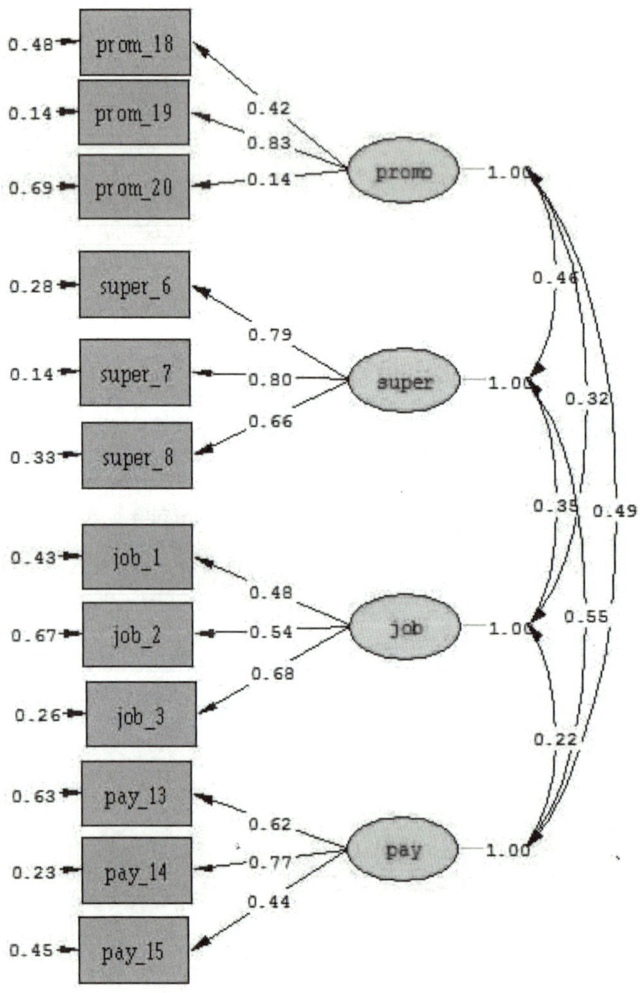

1. 그림은 확증적 요인분석을 위해 LISREL을 실행한 결과를 경로도 그림으로 나타낸 것이다. 단, 요인적재치는 비표준화 적재치를 나타낸다. 비표준화 추정모형에서는 잠재변수들간의 공분산을 보여준다. 예컨대 'promo'와 'pay'의 공분산은 0.49이다.

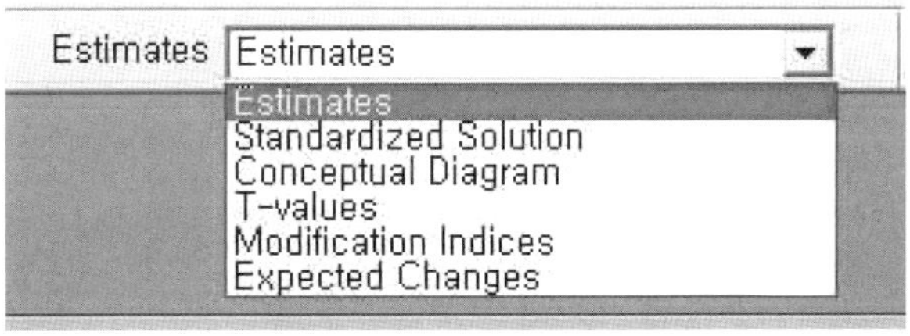

2. 표준화 적재치를 확인하기 위해서는 상단 툴바의 [Estimates]에서 [Standardized Solution]을 선택하거나, 메뉴에서 [Vew] → [Estimations] → [Standardized Solution]을 선택한다.

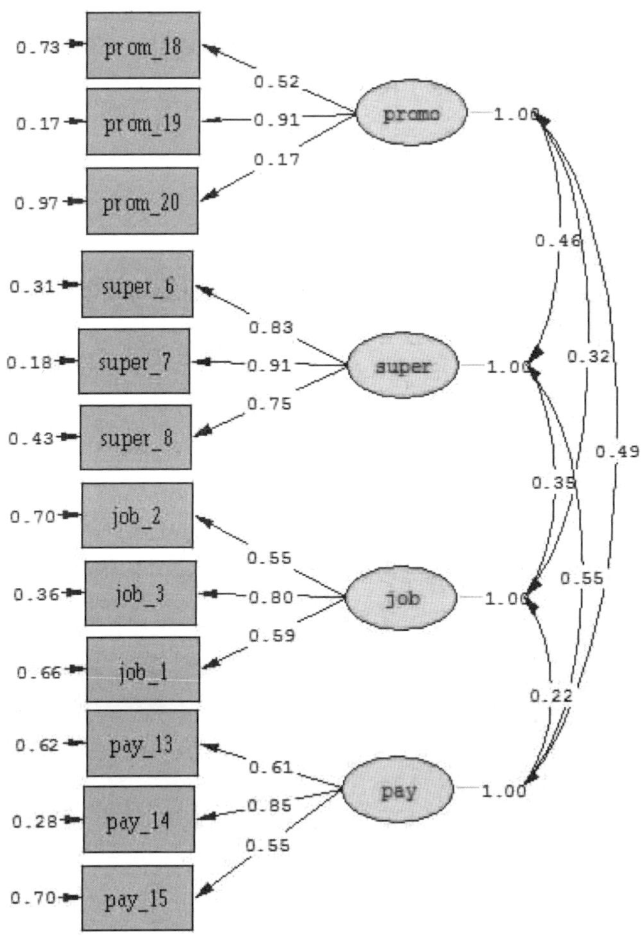

3. 그림은 표준화 적재치를 나타낸다. 두 결과물에서 잠재변수들 간의 공분산은 동일하게 나타나고 있다. 그 이유는 잠재변수의 분산을 모두 '1'로 고정하는 방법으로 잠재변수의 척도를 부여하였기 때문에 표준화 추정치와 비표준화 추정치가 일치한다.

2. 결과 Output

이하는 확증적 요인분석 결과의 Output 파일에 대한 설명이다.

```
The following lines were read from file J:₩data_2₩execfa.LPJ:

TI
DA NI=47 NO=286 MA=CM
RA FI = 'J:₩data_2₩exedata.psf'
SE
8 9 10 14 15 16 22 23 24 28 29 30 /
MO NX=12 NK=4 TD=SY
LK
promo super job pay
FR LX(1,3) LX(2,3) LX(3,3) LX(4,2) LX(5,2) LX(6,2) LX(7,4) LX(8,4) LX(9,4)
FR LX(10,1) LX(11,1) LX(12,1)
PD
OU
```

확증적 요인분석을 위한 LISREL 실행문 체계를 보여준다. 또한 확증적 요인분석에 분석에 이용된 표본(NO)이 286개임을 알 수 있다.

```
Number of Input Variables  47
Number of Y - Variables     0
Number of X - Variables    12
Number of ETA - Variables   0
Number of KSI - Variables   4
Number of Observations    286
```

모형 내의 변수들에 대한 정보를 관찰/비관찰, 표본크기의 관점에서 요약한 부분이다. 이 부분은 모형내의 변수들의 수가 바르게 설정되었는가를 확인하는데 유용하다.

Covariance Matrix

	job_1	job_2	job_3	super_6	super_7	super_8
job_1	0.66					
job_2	0.27	0.97				
job_3	0.32	0.37	0.72			
super_6	0.17	0.11	0.18	0.90		
super_7	0.16	0.13	0.17	0.63	0.78	
super_8	0.18	0.11	0.17	0.52	0.53	0.77
pay_13	0.14	0.05	0.13	0.27	0.26	0.21
pay_14	0.06	0.11	0.10	0.34	0.34	0.28
pay_15	0.01	0.10	0.10	0.19	0.18	0.16
prom_18	0.00	0.13	0.10	0.12	0.11	0.12
prom_19	0.08	0.11	0.22	0.30	0.33	0.23
prom_20	−0.09	−0.03	−0.03	0.00	−0.02	−0.02

Covariance Matrix

	pay_13	pay_14	pay_15	prom_18	prom_19	prom_20
pay_13	1.01					
pay_14	0.48	0.82				
pay_154	0.23	0.35	0.65			
prom_18	0.20	0.16	0.20	0.65		
prom_19	0.30	0.28	0.22	0.35	0.83	
prom_20	0.11	0.12	0.05	0.08	0.12	0.71

분석에 이용된 표본의 분산 공분산 행렬을 보여준다. 공분산 행렬의 대각선상에는 각 변수의 분산이 위치하고 있다.

Parameter Specifications

LAMBDA-X

	promo	super	job	pay
job_1	0	0	1	0

job_2	0	0	2	0
job_3	0	0	3	0
super_6	0	4	0	0
super_7	0	5	0	0
super_8	0	6	0	0
pay_13	0	0	0	7
pay_14	0	0	0	8
pay_15	0	0	0	9
prom_18	10	0	0	0
prom_19	11	0	0	0
prom_20	12	0	0	0

PHI

	promo	super	job	pay
promo	0			
super	13	0		
job	14	15	0	
pay	16	17	18	0

THETA-DELTA

job_1	job_2	job_3	super_6	super_7	super_8
19	20	21	22	23	24

THETA-DELTA

pay_13	pay_14	pay_15	prom_18	prom_19	prom_20
25	26	27	28	29	30

이 부분은 모형에서 추정될 모수들에 대한 정보를 제공하는데, 각 추정 모수가 연속적인 번호순으로 정리되어 있다. 본 모형에서 추정된 모수들이 총 30개로 각각 어떤 모수들이 추정되었는가를 보여준다. 구체적으로, 추정모수의 수는 측정오차의 분산($\Theta\delta$) 12개, 요인적재치(Λx) 12개, 잠재변수들 간의 공분산(Φ) 6개 등 총 30개이다. 고정된 모수들은 추정 대상 모수에서 제외되므로 연속적인 번호가 부여되지 않으며 0으로 표시된다.

Number of Iterations = 10

LISREL Estimates (Maximum Likelihood)

LAMBDA-X

	promo	super	job	pay
job_1	- -	- -	0.48	- -
			(0.05)	
			8.79	
job_2	- -	- -	0.54	- -
			(0.07)	
			8.30	
job_3	- -	- -	0.68	- -
			(0.06)	
			11.35	
super_6	- -	0.79	- -	- -
		(0.05)		
		16.33		
super_7	- -	0.80	- -	- -
		(0.04)		
		18.61		
super_8	- -	0.66	- -	- -
		(0.05)		
		14.33		
pay_13	- -	- -	- -	0.62
				(0.06)
				10.03
pay_14	- -	- -	- -	0.77
				(0.05)
				14.04
pay_15	- -	- -	- -	0.44
				(0.05)
				8.84

prom_18	0.42	- -	- -	- -
	(0.06)			
	7.54			
prom_19	0.83	- -	- -	- -
	(0.08)			
	10.73			
prom_20	0.14	- -	- -	- -
	(0.05)			
	2.62			

Lambda X 행렬은 측정변수와 잠재변수간의 관계를 나타내며, 따라서 각 측정변수 별 요인적재치(비표준화 추정치)를 표준오차(s.e.), *t* 값과 함께 보여준다. "비표준화 요인적재치/표준오차"는 *t* 값 또는 C.R.(critical ratio)로 불린다. 표본이 커지면 이 값은 정규분포를 이루게 된다. 따라서 *t* 값 > |1.96| 이면 5% 유의수준에서 유의하게 된다. 위 사례의 검증에 따르면 모든 적재치들이 유의한 것으로 나타났다.

PHI

	promo	super	job	pay
promo	1.00			
super	0.46	1.00		
	(0.06)			
	7.17			
job	0.32	0.35	1.00	
	(0.07)	(0.07)		
	4.38	5.21		
pay	0.49	0.55	0.22	1.00
	(0.07)	(0.06)	(0.08)	
	7.21	9.97	2.97	

파이 행렬은 잠재변수들, 즉 요인간의 공분산 행렬을 보여준다. 4개 잠재변수의 분산을 모두 '1'로 고정하였기 때문에 잠재변수들 간의 공분산은 상관관계

와 정확히 일치한다. 요인들 간의 상관관계가 0.22~0.55로 다소 높음을 보여준다. 또한 모든 요인간 상관관계가 통계적으로 유의함을 보여준다(즉, 모두 $t > |1.96|$).

THETA-DELTA

job_1	job_2	job_3	super_6	super_7	super_8
0.43	0.67	0.26	0.28	0.14	0.33
(0.05)	(0.07)	(0.06)	(0.03)	(0.03)	(0.03)
9.15	9.73	4.09	8.17	4.93	9.91

THETA-DELTA

pay_13	pay_14	pay_15	prom_18	prom_19	prom_20
0.63	0.23	0.45	0.48	0.14	0.69
(0.06)	(0.06)	(0.04)	(0.05)	(0.11)	(0.06)
9.75	4.04	10.50	9.79	1.33	11.86

12개 측정오차의 분산을 표준오차, z값과 함께 보여준다. 모든 측정오차들의 t값 > $|1.96|$으로 통계적으로 유의함을 알 수 있다.

Squared Multiple Correlations for X − Variables

job_1	job_2	job_3	super_6	super_7	super_8
0.34	0.30	0.64	0.69	0.82	0.57

Squared Multiple Correlations for X − Variables

pay_13	pay_14	pay_15	prom_18	prom_19	prom_20
0.38	0.72	0.30	0.27	0.83	0.03

제곱다중상관(Squared Multiple Correlation : SMC 또는 R^2_{smc})은 해당 요인에 의해 설명되는 측정변수의 분산의 비율을 나타낸다. 예컨대 측정변수 'job_1'은 잠재변수인 job에 의해 설명되는 분산의 비율이 0.34로서 34%임을 알 수 있다. 이는 공분산 행렬에서 측정변수 'job_1'의 분산이 0.66일 때 0.66×0.34=0.22는 설명되는 부분이고, 066−0.22=0.44는 설명되지 않는 분산 즉 오차분산임을 나타낸다. 위의 비표준화 추정모형에서 'job_1'의 측정오차가 0.43(0.01은 반올림 오차)

임을 알 수 있다. 또한 표준화 추정모형에서 요인적재치가 0.52이며, $0.52^2=0.27$로서 27%가 설명되는 분산임을 보여준다. 표준화 적재치 모형에서 측정오차의 분산 0.73은 1−0.27과 일치하며, 측정변수 분산의 73%가 요인에 의해 설명되지 않는 분산임을 나타낸다.

```
--------------------------------------------------------------
                    Goodness of Fit Statistics

                    Degrees of Freedom = 48
     Minimum Fit Function Chi-Square = 75.95 (P = 0.0062)
Normal Theory Weighted Least Squares Chi-Square = 74.34 (P = 0.0087)
     Estimated Non-centrality Parameter (NCP) = 26.34
     90 Percent Confidence Interval for NCP = (6.88 ; 53.73)

            Minimum Fit Function Value = 0.27
  Population Discrepancy Function Value (F0) = 0.092
    90 Percent Confidence Interval for F0 = (0.024 ; 0.19)
Root Mean Square Error of Approximation (RMSEA) = 0.044
  90 Percent Confidence Interval for RMSEA = (0.022 ; 0.063)
  P-Value for Test of Close Fit (RMSEA < 0.05) = 0.68

     Expected Cross-Validation Index (ECVI) = 0.47
   90 Percent Confidence Interval for ECVI = (0.40 ; 0.57)
            ECVI for Saturated Model = 0.55
          ECVI for Independence Model = 5.42

Chi-Square for Independence Model with 66 Degrees of Freedom = 1521.79
             Independence AIC = 1545.79
                  Model AIC = 134.34
                Saturated AIC = 156.00
            Independence CAIC = 1601.66
                 Model CAIC = 274.02
               Saturated CAIC = 519.17
```

Normed Fit Index (NFI) = 0.95
Non-Normed Fit Index (NNFI) = 0.97
Parsimony Normed Fit Index (PNFI) = 0.69
Comparative Fit Index (CFI) = 0.98
Incremental Fit Index (IFI) = 0.98
Relative Fit Index (RFI) = 0.93

Critical N (CN) = 277.49

Root Mean Square Residual (RMR) = 0.036
Standardized RMR = 0.049
Goodness of Fit Index (GFI) = 0.96
Adjusted Goodness of Fit Index (AGFI) = 0.93
Parsimony Goodness of Fit Index (PGFI) = 0.59

확증적 요인분석 모형에는 총 12개의 관측변수들이 이용되어, 12(12+1)/2 = 총78개의 추정 가능한 모수들이 존재한다. 모형에서 추정하고자 하는 모수의 수는 총 30개이다. 따라서 분석모형의 자유도는 78−30=48이다. 모형의 적합도를 살펴보면, χ^2은 74.34($p<0.009$)로 적합도가 좋지 않음을 보여준다. 또한 상대 χ^2는 $\chi^2/df=74.34/48=1.55$로서 적합도가 좋지 않다. 그러나 다른 적합도 지수들의 경우, RMSEA=0.044, AGFI=0.93, CFI=0.98, NNFI=0.97, SRMR=0.05로 적합도가 우수함을 보여준다. 따라서 전체적으로 모형의 적합도는 우수하다고 판단할 수 있다.

3. 확증적 요인분석 모형의 저장

최종적인 확증요인분석모형을 그림으로 저장하기 위해서는 [File]의 [Export as a GIF file]을 선택하면 된다.

Tip PRELIS를 이용하여 탐색적 요인분석을 하는 방법은?

PRELIS의 [Statistics] → [Factor Analysis]를 통해서도 요인분석이 가능하다. 이 경우는 특히 탐색적 요인분석에 적합하며, 주의할 점은 요인 분석에 앞서 기본적으로 서열형으로 지정되어 있는 변수들을 모두 연속형으로 변경시켜야 한다는 점이다.

Tip 다음과 같은 에러메시를 받는 경우에는?

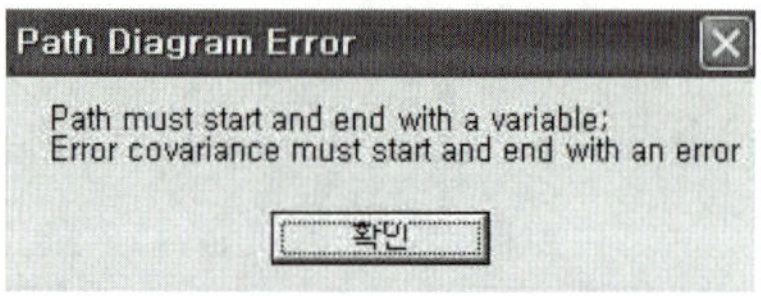

이는 경로를 그리는 과정에서 다음 툴바(toolbar) 에서 선택버튼(맨 왼쪽의 네모)가 아닌 기타 버튼이 선택되었기 때문에 경로를 그리려는 것으로 인식하고 아래의 에러메시지를 보내게 된다.

Tip 아웃풋에 적합도 지수들이 보이지 않는 경우에는?

SIMPLIS를 이용해서 공분산행렬이 아닌 원자료(데이터)를 가지고 구조방정식모형을 실시하는 경우가 많다. 이 때 LISREL의 Output 창에서 'Fit Indices'를 선택하면 중요한 적합도 지수들을 모두 확인할 수 있다. 그런데 때로는 AMOS와 LISREL에서 적합도 지수들 중 χ^2와 RMSEA를 제외한 나머지 적합도 지수들이 계산되지 않는 경우가 있다. 이것은 자료 데이터 내에 결측치(missing data)가 존재하기 때문이다. 많은 적합도 지수들은 결측치가 없는 완전한 데이터에 대해서만 계산이 되며, 결측치가 있는 경우 LISREL이나 AMOS 프로그램이 자동으로 그 값들을 계산해 주지는 않는다.

제 12장

잠재변수 경로분석

이번 장에서는 LISREL을 이용하여 구조방정식모형의 가장 복잡한 형태로서 잠재변수 경로모형을 분석한다. 잠재변수 경로모형은 지금까지 앞 장들에서 다룬 경로분석과 확증적 요인분석을 결합한 모형이다. 따라서 잠재변수와 측정변수의 관계를 나타내는 측정모형과 잠재변수들 간의 상호 의존적 관계를 나타내는 구조모형이 결합된 형태이다.

I 잠재변수경로모형 분석의 준비

1. 잠재변수 경로모형의 설정

LISREL을 이용하여 잠재변수 경로모형에 대한 분석을 실시하기 위해 다음과 같은 연구모형을 설정하였다. 직무, 임금, 상사, 동료, 몰입, 이직은 모두 잠재변수들로 각각 3개의 측정변수들에 의해 간접적으로 측정되는 요인들이다. 이들 변수들 중 직무, 임금, 상사, 동료는 외생변수들이고, 몰입과 이직은 내생변수들이다.

그림 12-1 잠재변수 경로모형

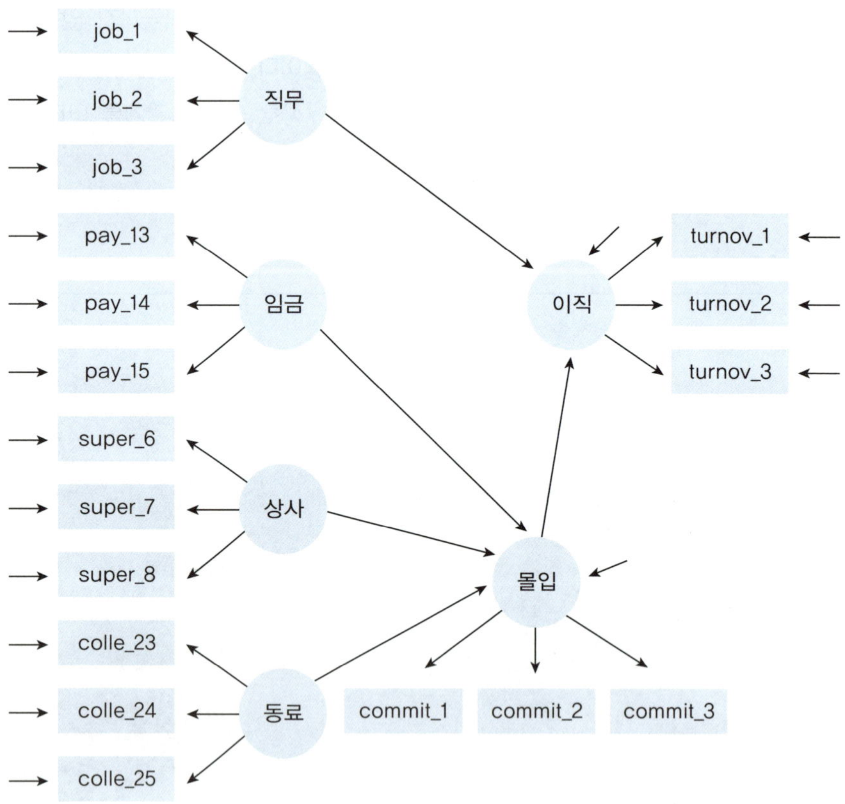

이러한 잠재변수 경로모형에 대한 분석을 위해 'exedata'를 이용한다. 잠재변수인 직무는 'job_1'부터 'job_3', 임금은 'pay_13'부터 'pay_15', 상사는 'super_6'부터 'super_8', 동료는 'colle_23'부터 'colle_25', 몰입은 'commit_1'부터 'commit_3', 이직은 'turnov_1'부터 'turnov_3'까지 각각 3개의 측정변수들이 분석에 이용되었다.

2. 모형의 식별

외생잠재변수들의 분산과 공분산은 추정모수이다. 따라서 4개 외생잠재변수들의 분산 4개와 이들 간의 공분산 6개 등 10개가 추정모수이다. 측정오차의 분산도 외생변수로서 모두 18개가 추정모수이다. 또한 이직과 몰입의 설명오차 분산 2개도 외생변수로서 추정모수이다. 그러나 내생변수인 이직과 몰입의 분산은 추정모수는 아니다. 외생잠재변수와 내생잠재변수들 간의 구조적 관계를 나타내는 경로계수가 6개이며, 측정변수와 잠재변수의 관계를 나타내는 요인적재치가 18개이다. 따라서 연구모형에서 추정해야할 모수는 총 54개이다. 그러나 잠재변수의 척도를 설정하기 위해 잠재변수 자신의 분산을 고정하거나 경로계수 하나를 고정해야 하므로 잠재변수의 개수 6만큼 제외된다. 따라서 모형에서 추정하려는 모수의 수는 총48개이다. 공분산 행렬에서 고유한 정보의 수는 9(9+1)/2=171이다. 따라서 자유도(*df*)는 171−48=123이다.

Ⅱ LISREL을 이용한 확증적 요인분석 절차

1. 데이터의 불러오기와 LISREL 분석용 데이터로 변환하기

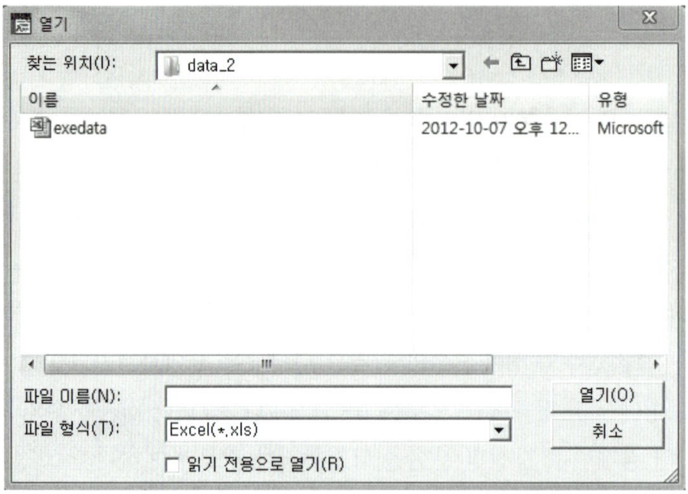

1. 경로분석을 위해 LISREL 창에서 [Import Data]를 선택하고 자료용 데이터를 불러온다(사례에서는 'exedata.xls'). 데이터 불러오기를 선택하면 바로 '다른 이름으로 저장'을 하도록 한다. 불러온 데이터를 LISREL에서 작업이 가능한 데이터 포맷으로 변환하는 것이다(예: exedata.psf). 파일의 확장명의 psf는 PRELIS 시스템 파일을 나타낸다.

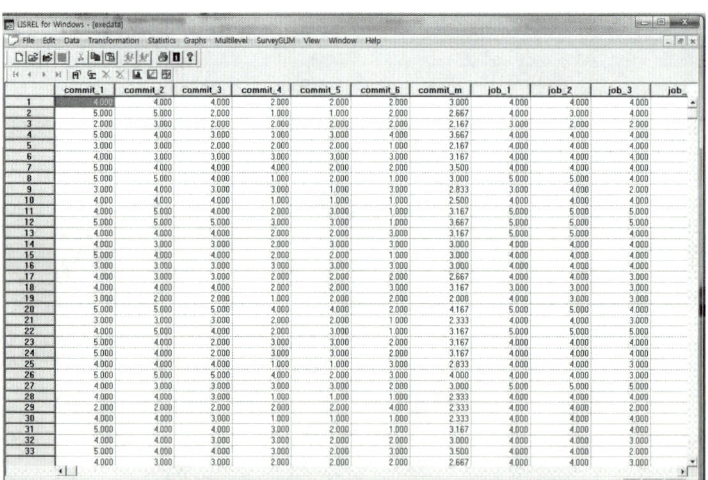

2. 저장한 '*.psf' 파일을 불러오기 할 때는 LISREL 창에서 [Open]을 선택하면 된다. LISREL 창은 PRELIS 창으로 전환되고, 불러오기한 데이터가 보이게 된다.

2. 경로도의 준비

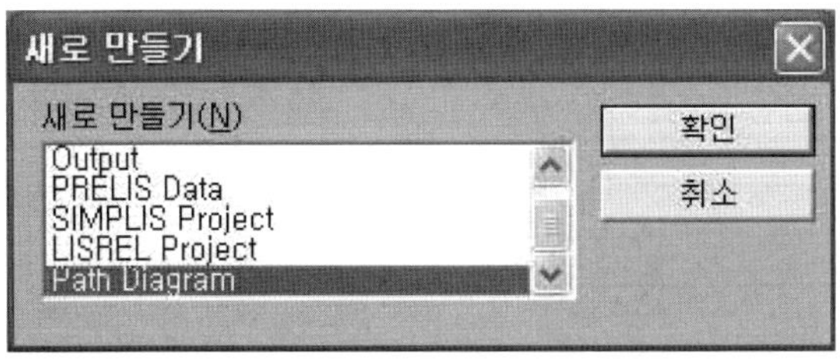

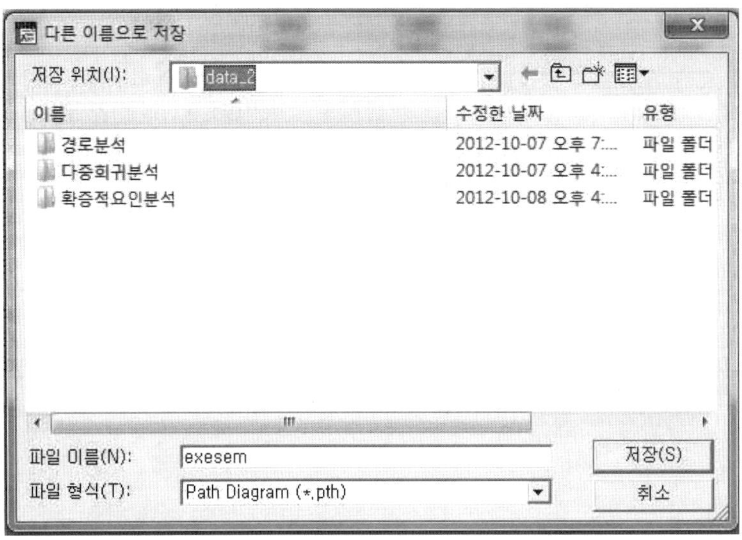

1. [File] → [New]를 선택하면 '새로 만들기' 창이 열린다. 여기서 [Path Diagram]을 선택한다. [다른 이름으로 저장]이 열리는데 이것은 분석하고자 하는 경로도(path diagram)가 저장될 파일을 만드는 것이다.

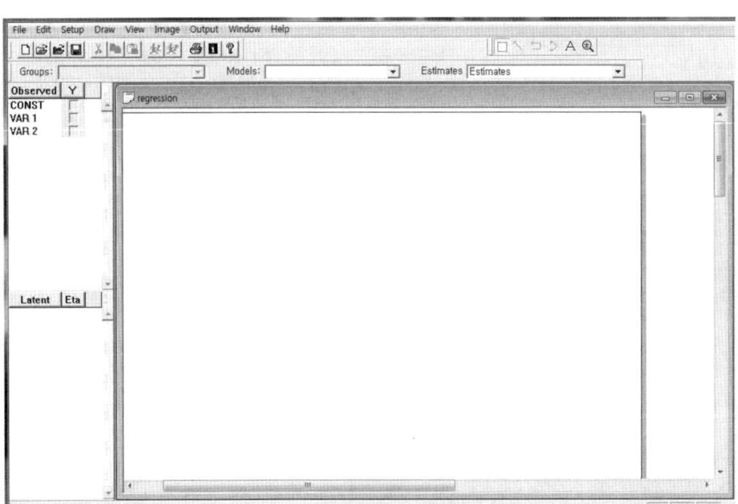

2. 파일명(예, 'exesem.pth')을 입력한 후 저장을 클릭하면 그림처럼 경로모형의 작성이 가능한 창이 열린다.

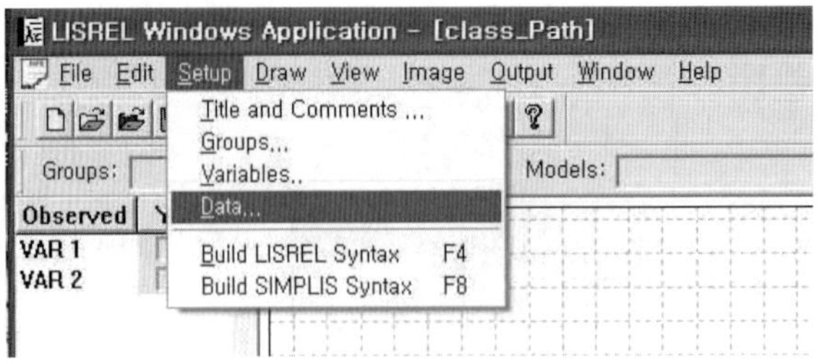

3. [Setup] → [Data]를 선택하고, 경로도 작성을 위해 이용할 데이터를 선정한다.

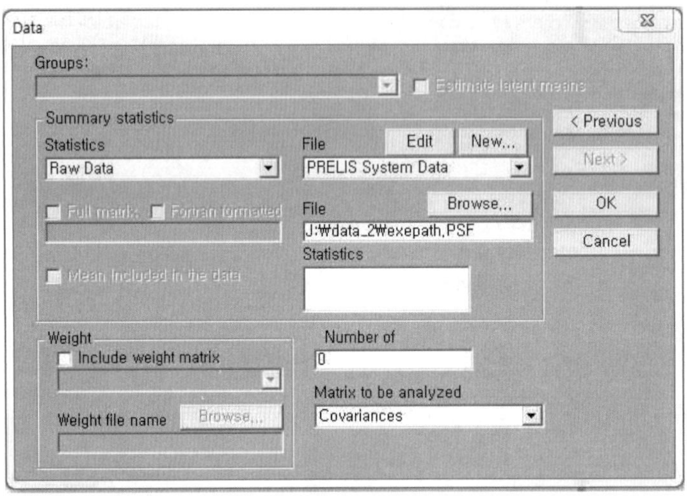

4. [Data]를 선택하면 분석에 이용되는 투입자료(행렬데이터 또는 원자료 데이터)의 선택이 가능하다. 아래쪽으로는 분석에 이용되는 사례 수(Number of Observation)와 분석을 위한 투입행렬(공분산행렬 또는 상관관계 행렬)의 선택이 가능하다. 본 연습에서는 원 데이터를 이용하므로 [Raw data]를 선택하고, [File] 유형은 'PRELIS System Data'를 선택한다. [File] 이름은 'Browse' 기능을 통해 해당 psf 파일을 선택한다.

3. 변수의 선정

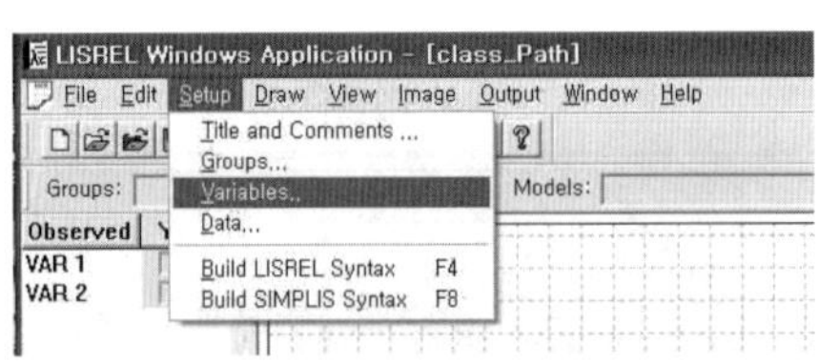

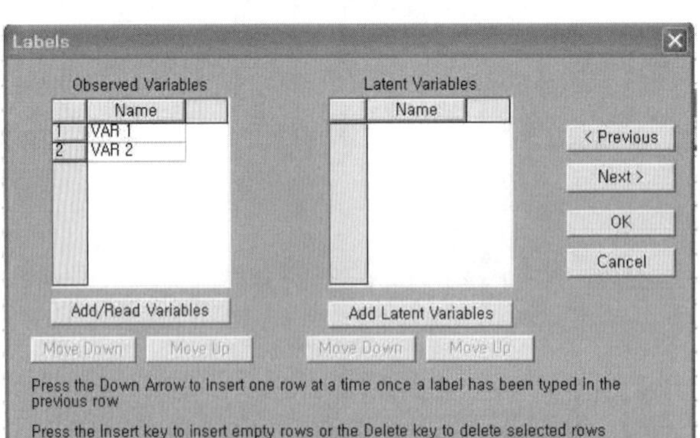

1. 데이터의 선정이 끝나면 데이터에 포함된 변수들의 이름을 지정해야 한다. 이를 위해서 [Setup] → [Variables]를 선택하면 옆의 그림과 같은 창이 열린다.

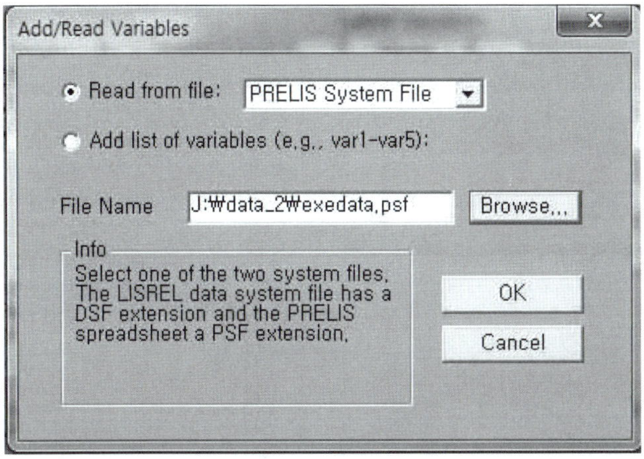

2. 위 창에서 [Add/Read Variables]를 클릭한다. 'Read from file'의 'PRELIS System File'을 선택하고 'browse' 기능으로 분석을 위해 저장한 파일(exedata.psf)를 선택하고 [OK]를 클릭한다.

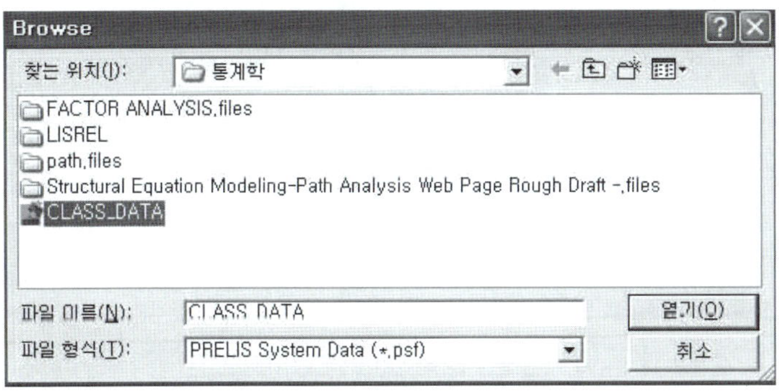

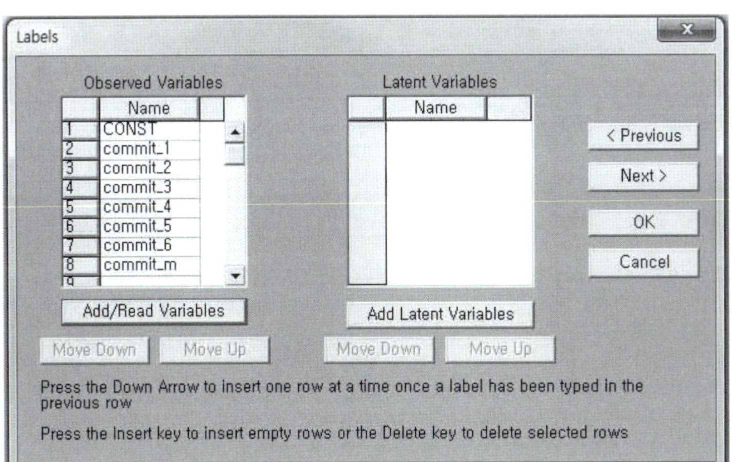

3. VAR1과 VAR2 밖에 없던 변수들의 이름이 그림처럼 바뀌어 구체적으로 지정된다. 작업이 끝나면 [OK]를 선택한다.

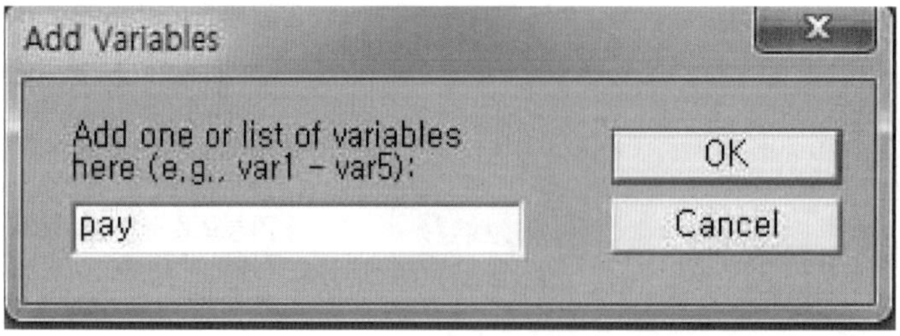

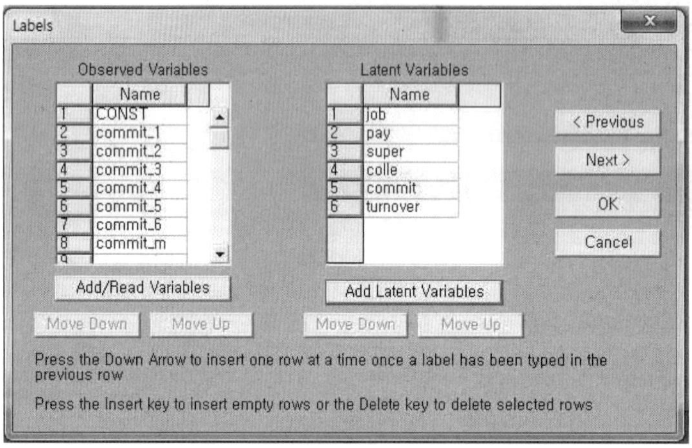

4. 'Observed Variables'의 지정이 끝난 후, 잠재변수(Latent Variables)에 대해서도 지정을 해 주어야 한다.
이를 위해 [Add Latent Variables]를 선택하여 job, pay, super, colle, commit, turnover를 차례로 입력한다. 마지막으로 [OK]를 클릭한다.

4. 경로도의 작성

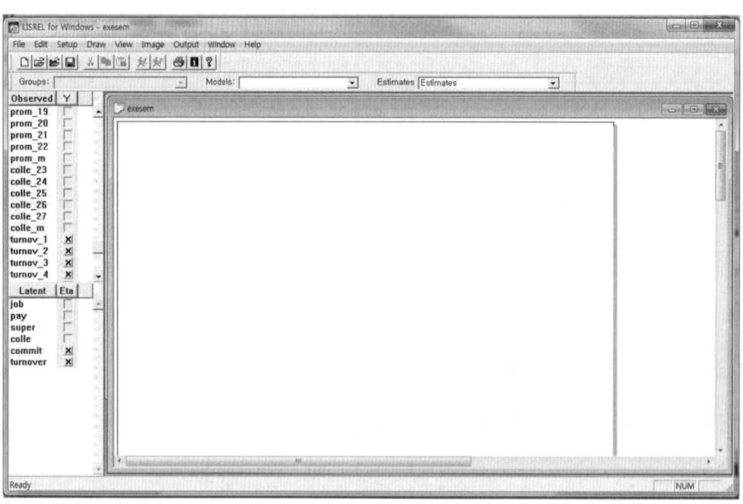

1. 왼쪽에 보이는 'Observed'의 변수들 중 내생잠재변수들을 측정하기 위한 변수들은 아래 그림처럼 6개 모두 'Y'를 클릭하여 지정한다. 또한 잠재변수 중에서 내생 잠재변수인 'commit'와 'turnover'에 대해서는 'Eta' 부호를 클릭하여 지정한다.

* 'Eta'를 클릭하면 변수명 옆에 [☒] 표시가 생긴다.

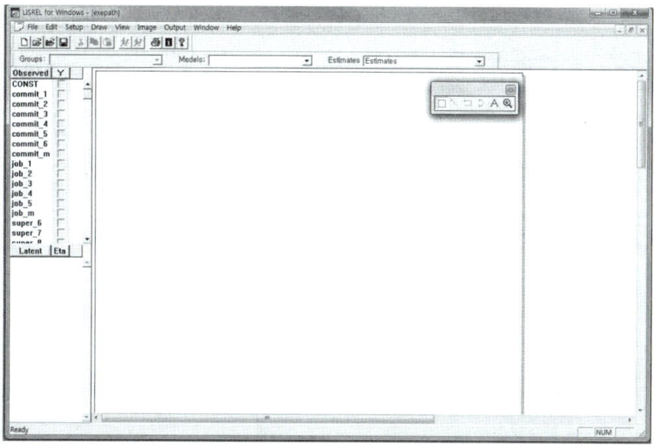

2. 내생관찰변수(Y)와 내생잠재변수(eta)에 대한 지정이 끝나면, 우선 x-변수 측정모형(즉, 외생잠재변수와 관련된 측정모형)부터 변수들을 하나씩 끌어다 놓는다. 다음으로 y-변수 측정모형(즉, 내생잠재변수와 관련된 측정모형)에 포함된 변수들을 하나씩 끌어다 놓는다.

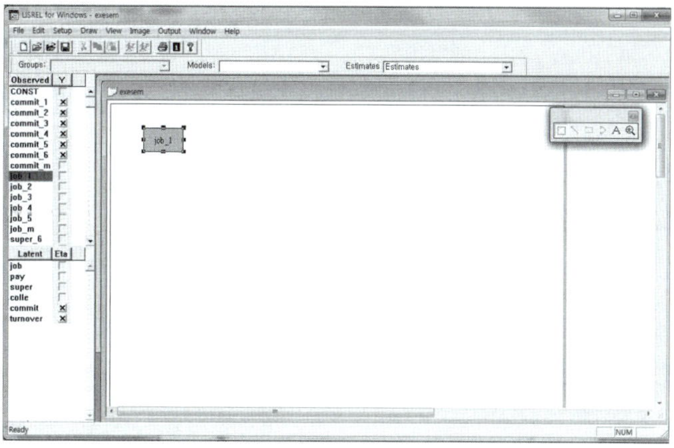

3. 왼쪽의 'Observed' 측정변수들 중 첫 번째 측정변수를 클릭하고, '드래그(drag)' 기능을 이용하여 오른쪽 작업창으로 옮겨 놓는다. 그림처럼 사각형 모양의 변수가 만들어진다.

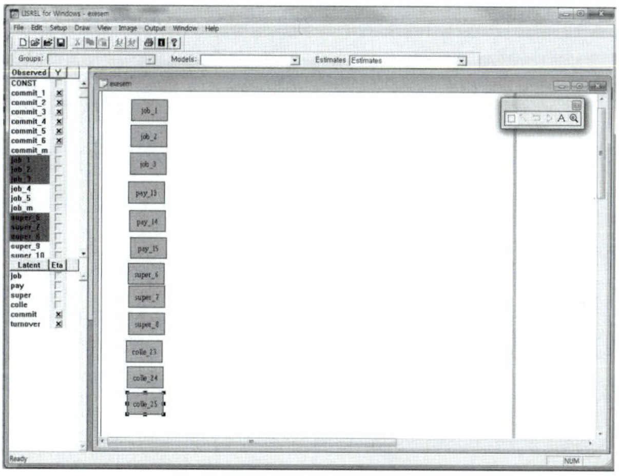

4. 클릭과 '드래그(drag)'의 기능을 반복하여 외생잠재변수의 12개 측정변수들을 세로로 배열한다.

* 모든 변수를 선택한 상태에서 ([Edit] → [Select All]) 마우스의 오른쪽 버튼을 클릭하면, 변수들을 가지런히 정리할 수 있다.

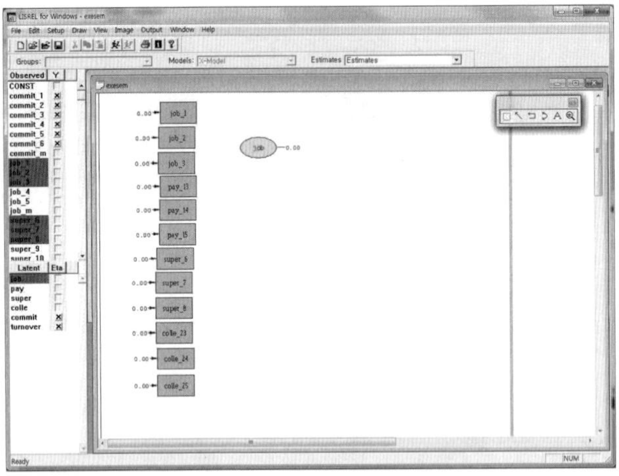

5. job부터 외생잠재변수들을 위치시킨다. 우선 좌측의 잠재변수를 클릭한 채 오른쪽 창의 적당한 위치로 끌어다 놓는다. 다른 잠재변수들도 동일한 방법으로 위치시킨다.

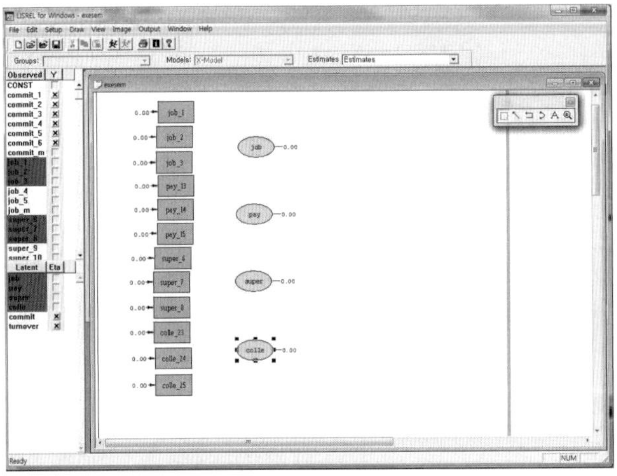

6. 동일한 방법으로 모든 측정변수들을 위치시킨다.

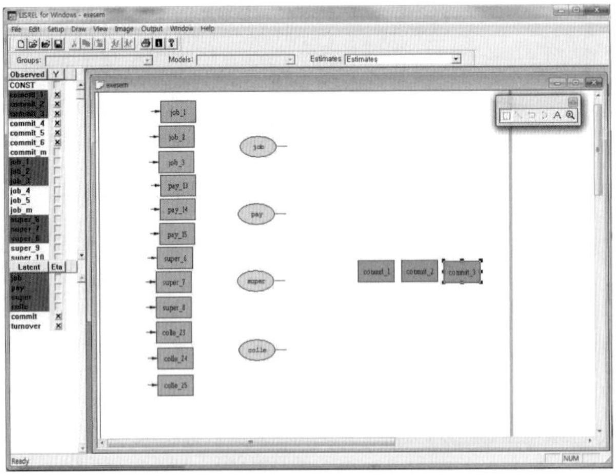

7. 동일한 방법으로 매개변수인 commit의 측정변수들을 적당한 자리에 위치시킨다.

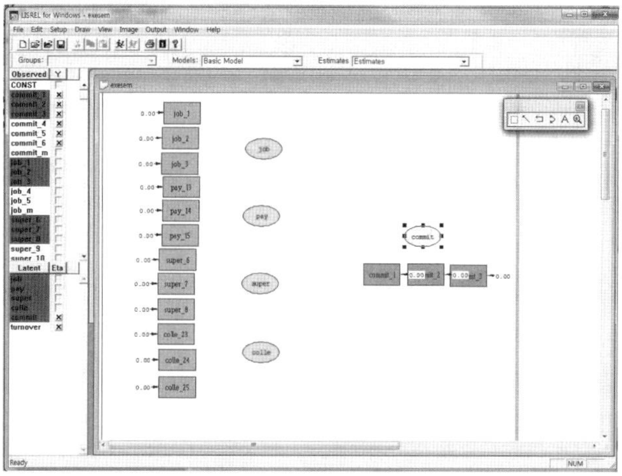

8. 동일한 방법으로 잠재변수인 commit를 위치시킨다.

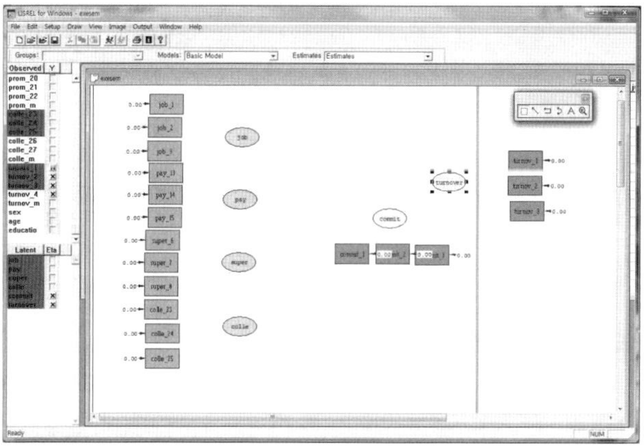

9. 동일한 방법으로 내생잠재변수인 'turnover'와 측정변수들을 위치시킨다.

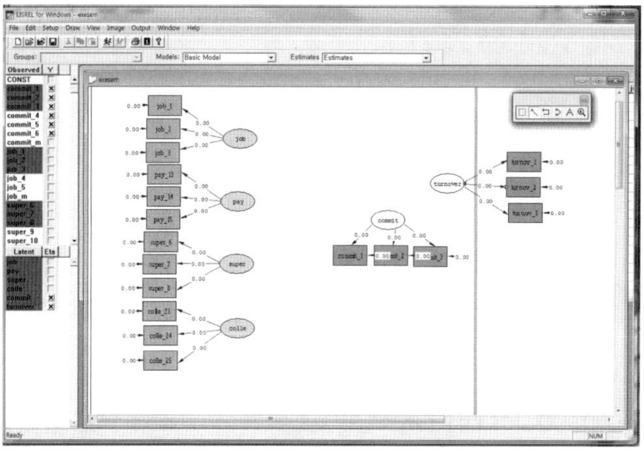

10. 창 오른쪽 위의 툴바(toolbar)에서 그리기(화살표)를 선택한 후 잠재변수로부터 관측변수로 향하는 경로 화살표를 그린다. 즉 잠재변수를 클릭한 후 드래그해서 관측변수까지 연결한다. 마찬가지 방법으로 내생잠재변수와 해당 관찰변수를 모두 연결한다.

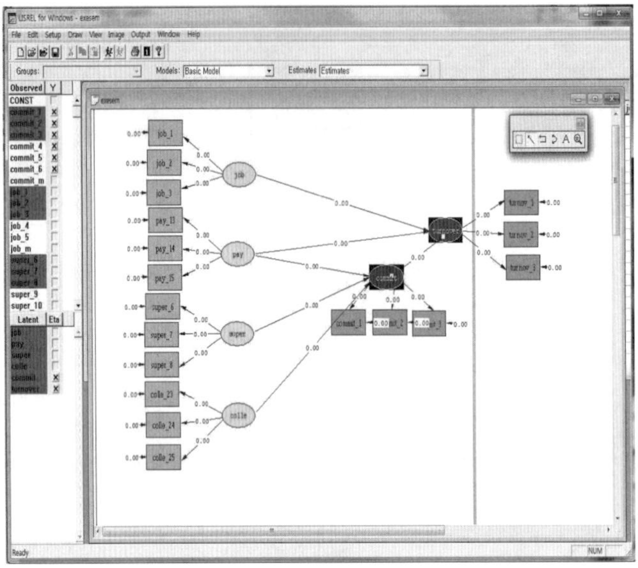

11. 마지막으로 잠재변수간의 경로를 설정하여 구조모형을 완성한다. 이를 위해 외생잠재변수를 클릭한 채로 드래그하여 내생잠재변수에 화살표를 연결하면 된다.

5. 실행문의 작성

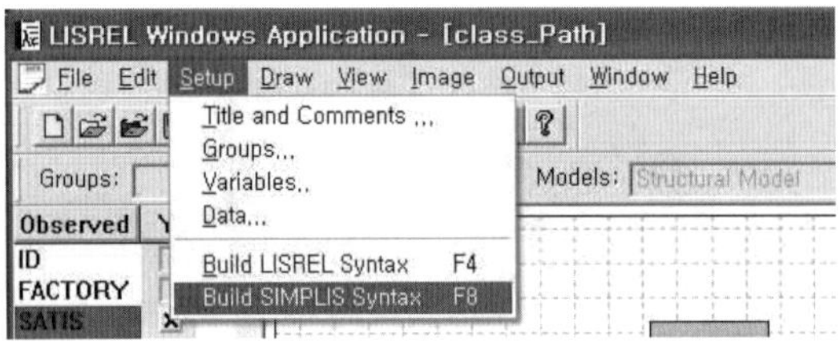

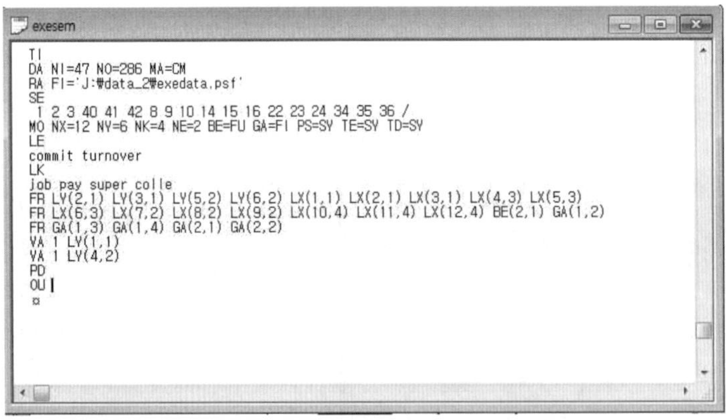

```
TI
DA NI=47 NO=286 MA=CM
RA FI='J:₩data_2₩exedata.psf'
SE
 1 2 3 40 41 42 8 9 10 14 15 16 22 23 24 34 35 36 /
MO NX=12 NY=6 NK=4 NE=2 BE=FU GA=FI PS=SY TE=SY TD=SY
LE
commit turnover
LK
job pay super colle
FR LY(2,1) LY(3,1) LY(5,2) LY(6,2) LX(1,1) LX(2,1) LX(3,1) LX(4,3) LX(5,3)
FR LX(6,3) LX(7,2) LX(8,2) LX(9,2) LX(10,4) LX(11,4) LX(12,4) BE(2,1) GA(1,2)
FR GA(1,3) GA(1,4) GA(2,1) GA(2,2)
VA 1 LY(1,1)
VA 1 LY(4,2)
PD
OU
```

1. 경로모형을 분석하기 위해 LISREL을 구동하려면 명령문(syntax)이 필요하다. 명령문을 만들기 위해 [SETUP] →[Build SIMPLIS Syntax] 또는 [Build LISREL Syntax]를 선택한다. 그림은 [Build LISREL Syntax]를 선택한 결과를 보여준다.

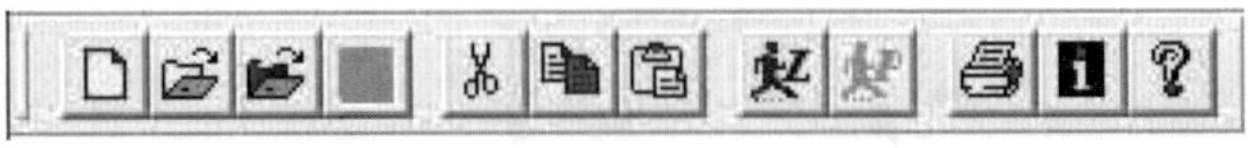

2. 툴바에서 LISREL의 실행 버튼(🏃)을 클릭한다.

Ⅲ 잠재변수 경로분석 결과

1. 경로도

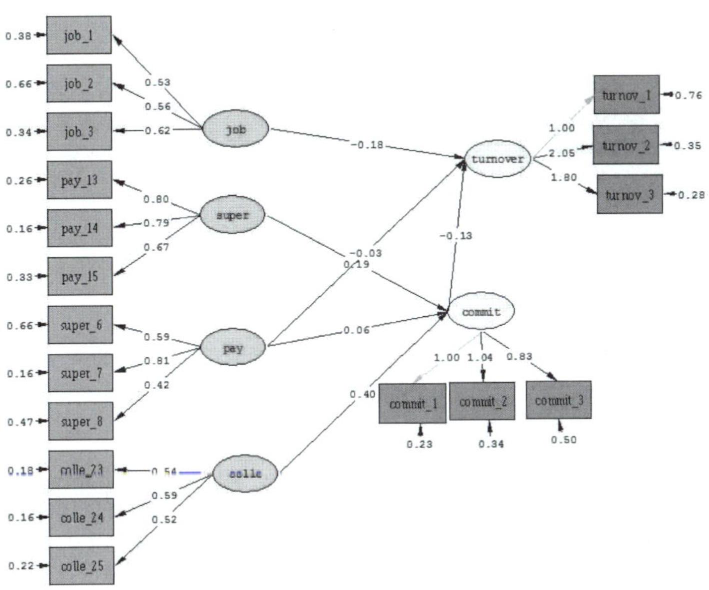

1. 그림은 비표준화 추정치를 포함한 모형을 보여준다.

* 외생잠재변수들의 척도를 설정하기 위해 잠재변수들의 분산을 '1'로 고정하였으며, 내생잠재변수들은 각각 'turnov_1'과 'commit_1'을 참조변수로 선정하여 요인적재치를 '1'로 고정하였다.

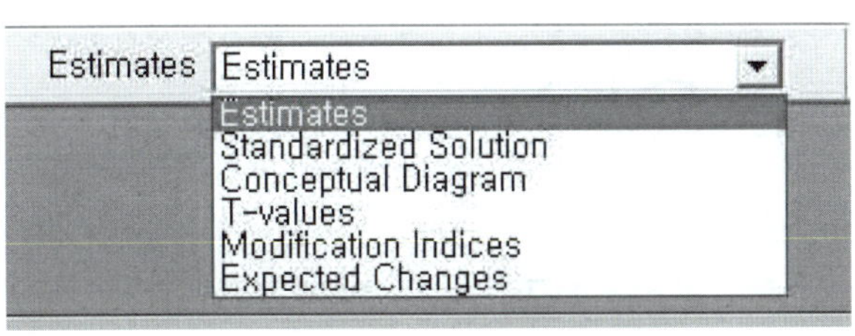

2. 표준화 적재치를 확인하기 위해서는 상단 툴바의 [Estimates]에서 [Standardized Solution]을 선택하거나, 메뉴에서 [Vew]→[Estimations]→[Standardized Solution]을 선택한다.

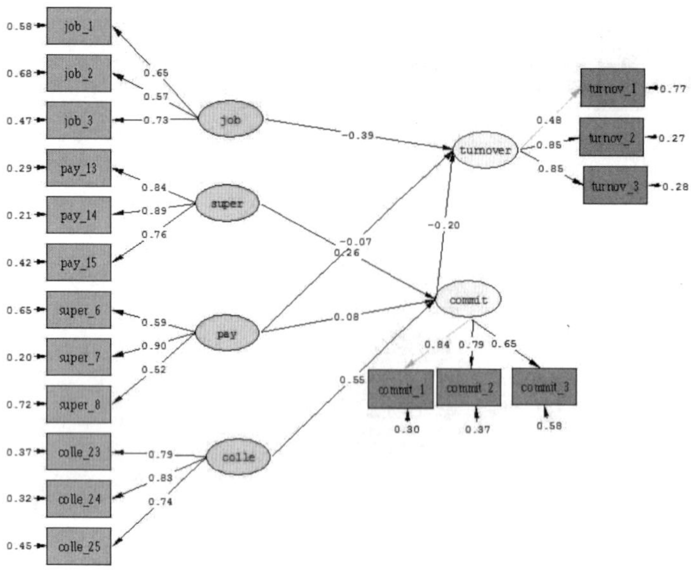

3. 그림은 표준화 추정치를 포함한 모형을 보여준다.

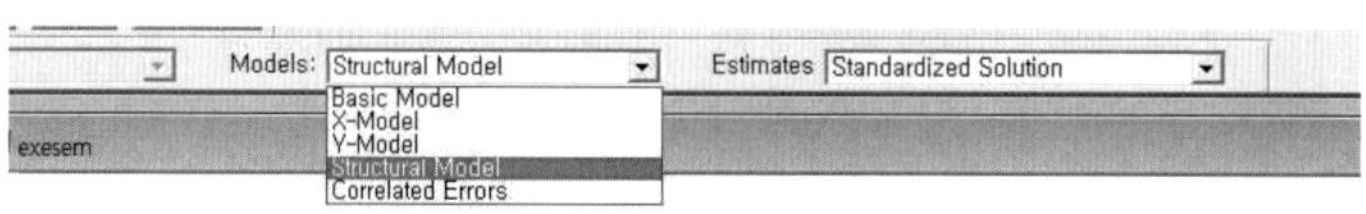

4. 왼쪽 상단의 [Models] 메뉴를 내려열기하고, [Structural Model]을 선택하면 잠재변수들간의 관계만을 보여준다.

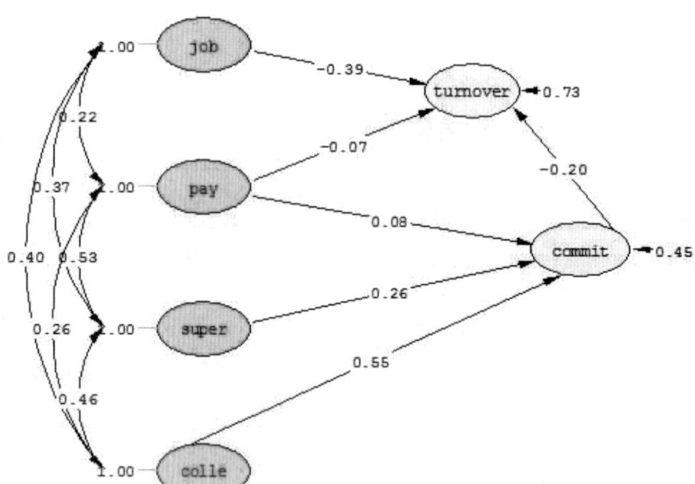

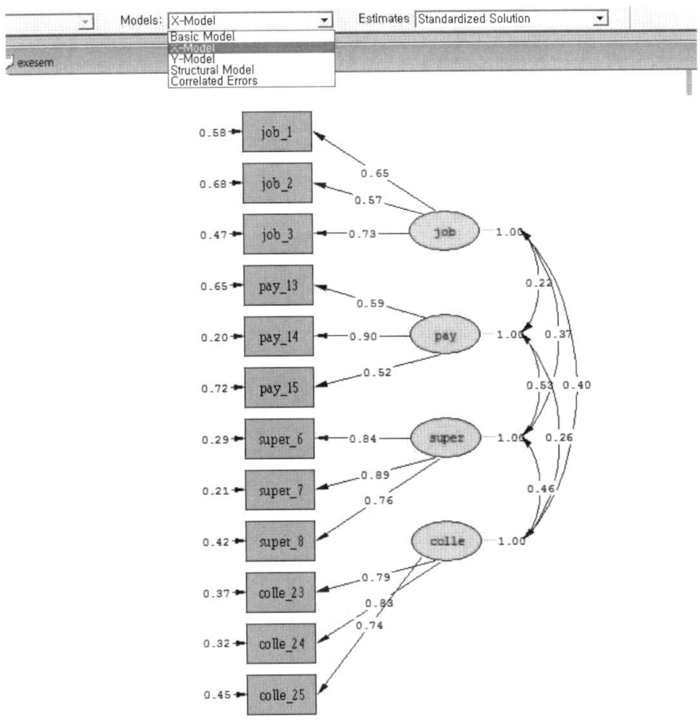

5. 왼쪽 상단의 [Models] 메뉴를 내려열기하고, [X Model]을 선택하면 외생잠재변수들과 측정지표들간의 관계를 포함한 측정모형을 보여준다.

2. 결과 Output

이하는 잠재변수 경로분석 결과의 LISREL 실행문 Output이다.

```
The following lines were read from file J:₩data_2₩exesem.LPJ:

TI
DA NI = 47 NO = 286 MA = CM
RA FI = 'J:₩data_2₩exedata.psf'
SE
1 2 3 40 41 42 8 9 10 14 15 16 22 23 24 34 35 36 /
MO NX=12 NY=6 NK=4 NE=2 BE=FU GA=FI PS=SY TE=
SY TD=SY
LE
commit turnover
LK
```

```
job pay super colle
FR LY(2,1) LY(3,1) LY(5,2) LY(6,2) LX(1,1) LX(2,1) LX(3,1) LX(4,3) LX(5,3)
FR LX(6,3) LX(7,2) LX(8,2) LX(9,2) LX(10,4) LX(11,4) LX(12,4) BE(2,1)
GA(1,2)
FR GA(1,3) GA(1,4) GA(2,1) GA(2,2)
VA 1 LY(1,1)
VA 1 LY(4,2)
PD
OU
```

잠재변수 경로분석을 위한 LISREL 실행문 체계를 보여준다. 특히 맨 아래서 3~4번째 줄은 내생잠재변수의 척도를 부여하기 위해 각각 하나의 측정변수와의 경로를 1로 고정하였음을 보여준다. 또한 분석에 이용된 표본이 286개임을 알 수 있다.

```
Number of Input Variables 47
Number of Y - Variables 6
Number of X - Variables 12
Number of ETA - Variables 2
Number of KSI - Variables 4
Number of Observations 286
```

모형내의 변수들에 대한 정보를 관찰/비관찰, 표본크기의 관점에서 요약한 부분이다. 내생잠재변수 에타(η)가 commit와 turnover 2개이며, 외생잠재변수인 자이(ξ)가 4개이다. X 변수들은 외생잠재변수를 측정하기 위한 측정변수들로 모두 12개의 측정변수들이 이용되었으며, Y 변수들은 내생잠재변수를 측정하기 위한 측정변수들로 commit에 3개와 turnover에 3개의 총 6개가 이용되었다. 이 부분은 모형내의 변수들의 수가 바르게 설정되었는가를 확인하는 데 유용하다.

Covariance Matrix

	commit_1	commit_2	commit_3	turnov_1	turnov_2	turnov_3
commit_1	0.75					
commit_2	0.58	0.90				
commit_3	0.38	0.43	0.86			
turnov_1	−0.33	−0.30	−0.35	0.98		
turnov_2	−0.25	−0.24	−0.26	0.45	1.29	
turnov_3	−0.23	−0.30	−0.24	0.37	0.84	1.01
job_1	0.33	0.40	0.26	−0.28	−0.20	−0.22
job_2	0.08	0.15	0.06	−0.11	−0.37	−0.26
job_3	0.18	0.26	0.14	−0.23	−0.30	−0.23
super_6	0.34	0.32	0.38	−0.28	−0.14	−0.21
super_7	0.28	0.25	0.36	−0.25	−0.18	−0.20
super_8	0.24	0.26	0.38	−0.22	−0.06	−0.15
pay_13	0.20	0.23	0.20	−0.17	−0.03	−0.08
pay_14	0.19	0.21	0.24	−0.25	−0.13	−0.16
pay_15	0.06	0.03	0.12	−0.13	−0.17	−0.11
pay_13	0.29	0.26	0.29	−0.18	−0.14	−0.14
pay_14	0.27	0.24	0.30	−0.16	−0.11	−0.13
pay_15	0.26	0.22	0.34	−0.22	−0.15	−0.12

Covariance Matrix

	job_1	job_2	job_3	super_6	super_7	super_8
job_1	0.66					
job_2	0.27	0.97				
job_3	0.32	0.37	0.72			
super_6	0.17	0.11	0.18	0.90		
super_7	0.16	0.13	0.17	0.63	0.78	
super_8	0.18	0.11	0.17	0.52	0.53	0.77
pay_13	0.14	0.05	0.13	0.27	0.26	0.21
pay_14	0.06	0.11	0.10	0.34	0.34	0.28

pay_15	0.01	0.10	0.10	0.19	0.18	0.16
colle_23	0.18	0.03	0.13	0.23	0.16	0.18
colle_24	0.17	0.04	0.08	0.24	0.21	0.20
colle_25	0.17	0.09	0.12	0.18	0.19	0.18

Covariance Matrix

	pay_13	pay_14	pay_15	colle_23	colle_24	colle_25
pay_13	1.01					
pay_14	0.48	0.82				
pay_15	0.23	0.35	0.65			
colle_23	0.07	0.14	0.03	0.47		
colle_24	0.08	0.14	0.03	0.32	0.51	
colle_25	0.10	0.08	0.03	0.27	0.32	0.50

분석에 이용된 표본의 분산-공분산 행렬을 보여준다. 공분산 행렬의 대각선상에는 각 변수의 분산이 위치하고 있다. '예컨대 'job_1'의 분산은 0.66이며, 'job_1'과 'job_2'의 공분산은 0.22이다.

Parameter Specifications

LAMBDA-Y

	commit	turnover
commit_1	0	0
commit_2	1	0
commit_3	2	0
turnov_1	0	0
turnov_2	0	3
turnov_3	0	4

LAMBDA-X

	job	pay	super	colle
job_1	5	0	0	0
job_2	6	0	0	0
job_3	7	0	0	0

super_6	0	0	8	0
super_7	0	0	9	0
super_8	0	0	10	0
pay_13	0	11	0	0
pay_14	0	12	0	0
pay_15	0	13	0	0
colle_23	0	0	0	14
colle_24	0	0	0	15
colle_25	0	0	0	16

BETA

	commit	turnover
commit	0	0
turnover	17	0

GAMMA

	job	pay	super	colle
commit	0	18	19	20
turnover	21	22	0	0

PHI

	job	pay	super	colle
job	0			
pay	23	0		
super	24	25	0	
colle	26	27	28	0

PSI

commit	turnover
29	30

THETA-EPS

commit_1	commit_2	commit_3	turnov_1	turnov_2	turnov_3
31	32	33	34	35	36

THETA-DELTA

job_1	job_2	job_3	super_6	super_7	super_8
37	38	39	40	41	42

THETA-DELTA

pay_13	pay_14	pay_15	colle_23	colle_24	colle_25
43	44	45	46	47	48

이 부분은 모형에서 추정될 모수들에 대한 정보를 제공하는데, 각 추정 모수가 연속적인 번호 순으로 정리되어 있다. 본 모형에서 추정된 모수들이 총 48개로 각각 어떤 모수들이 추정되었는가를 보여준다. 구체적으로, 추정모수의 수는 측정오차의 분산($\Theta\delta$ 12개, $\Theta\varepsilon$ 6개) 18개, 외생잠재변수에 대한 측정변수들의 요인적재치(Λx) 12개, 내생잠재변수의 측정변수들의 요인적재치(Λy) 4개, 잠재변수들간의 공분산(Φ) 6개, 내생잠재변수들의 설명오차(Ψ) 2개, 외생잠재변수와 내생잠재변수들간의 경로계수 6개(γ, β) 등 총 48개이다. 고정된 모수들은 추정 대상 모수에서 제외되므로 연속적인 번호가 부여되지 않으며 0으로 표시된다.
'commit_1' 과 'turnov_1' 은 내생잠재변수인 commit와 turnover에 척도를 부여하기 위해 참조변수로 활용되었으며 따라서 경로가 1로 고정되었다. 또한 4개의 외생잠재변수들에 대한 척도부여를 위해 이들의 분산을 각각 1로 고정하였다.

Number of Iterations = 15

LISREL Estimates (Maximum Likelihood)

LAMBDA-Y

	commit	turnover
commit_1	1.00	- -
commit_2	1.04	- -
	(0.08)	
	13.26	
commit_3	0.83	- -
	(0.08)	
	10.84	
turnov_1	- -	1.00

turnov_2	- -	2.05
		(0.27)
		7.65
turnov_3	- -	1.80
		(0.24)
		7.65

최대우도법(ML)으로 모수 추정을 하는 과정이 17번 반복되었음을 보여준다. Lambda Y 부분은 내생잠재변수와 측정변수들 간의 관계를 나타내며, 따라서 각 측정변수 별 요인적재치(비표준화 추정치)를 표준오차(s.e.), t값과 함께 보여준다. "비표준화요인적재치/표준오차"는 *t* 값 또는 C.R(critical ratio)로 불린다. 표본이 커지면 이 값은 정규분포를 이루게 된다. 따라서 *t* 값 > |1.96|이면 5% 유의수준에서 유의하게 된다. 예컨대 'commit_1'의 요인 commit에 대한 적재치는 1이며, 이는 잠재변수인 commit의 참조변수로 'commit_1'이 이용되었음을 나타낸다. 'commit_2'의 경우 요인적재치는 1.04이며, 표준오차는 0.08이다. 따라서 t= 1.04/0.08=13.26(13은 빈올림 오차임)으로 통계적으로 유의하나. 위 사례의 검증에 따르면 모든 요인적재치들이 유의한 것으로 나타났다.

LAMBDA-X

	job	pay	super	colle
job_1	0.53	- -	- -	- -
	(0.05)			
	10.09			
job_2	0.56	- -	- -	- -
	(0.06)			
	8.72			
job_3	0.62	- -	- -	- -
	(0.05)			
	11.25			
super_6	- -	- -	0.80	- -
			(0.05)	

```
                           16.79
super_7        - -         - -         0.79        - -
                                      (0.04)
                                      18.14
super_8        - -         - -         0.67        - -
                                      (0.05)
                                      14.51
pay_13         - -         0.59        - -         - -
                          (0.06)
                           9.53
pay_14         - -         0.81        - -         - -
                          (0.06)
                          14.23
pay_15         - -         0.42        - -         - -
                          (0.05)
                           8.46
colle_23       - -         - -         - -         0.54
                                                  (0.04)
                                                  14.88
colle_24       - -         - -         - -         0.59
                                                  (0.04)
                                                  15.79
colle_25       - -         - -         - -         0.52
                                                  (0.04)
                                                  13.66
- - - - - - - - - - - - - - - - - - - - - - - - - - - - - - - -
```

Lambda X 부분은 측정변수와 외생잠재변수 간의 관계를 나타내며, 따라서 각 측정변수 별 요인적재치(비표준화 추정치)를 표준오차(s.e.), t 값과 함께 보여준다. 예컨대 'job_1'의 요인 job에 대한 적재치는 0.53이며 표준오차는 0.05이다. 따라서 t=0.53/0.05=10.09로 통계적으로 유의하다. 위 사례의 검증에 따르면 12개 모든 요인적재치들이 유의한 것으로 나타났다.

BETA

	commit	turnover
commit	- -	- -
turnover	−0.13	- -
	(0.05)	
	−2.57	

GAMMA

	job	pay	super	colle
commit	- -	0.06	0.19	0.40
		(0.05)	(0.06)	(0.05)
		1.17	3.35	7.84
turnover	−0.18	−0.03	- -	- -
	(0.04)	(0.03)		
	−4.35	−0.94		

이 부분은 구조방정식모형 분석 결과물에서 가장 핵심적인 부분이기도 하다. BETA 부분은 내생잠재변수들간의 비표준화 경로계수를 나타내며, GAMMA 부분은 외생잠재변수와 내생잠재변수간의 비표준화 경로계수를 나타낸다. 이 부분은 각 경로 별 비표준화 추정치를 표준오차(s.e.), t 값과 함께 보여준다. 예컨대 commit에서 turnover간의 경로계수는 −0.13이며 표준오차는 0.05이다. 따라서 z=−0.13/0.05은 −2.57(−2.6은 반올림 오차)로 통계적으로 유의하다. 그 밖에 super → commit, colle → commit, job → turnover는 통계적으로 유의하나, pay → commit, pay → turnover는 유의하지 않은 것으로 나타났다.

BETA

	commit	turnover
commit	- -	- -
turnover	−0.13	- -
	(0.05)	
	−2.57	

GAMMA

	job	pay	super	colle
commit	- -	0.06	0.19	0.40
		(0.05)	(0.06)	(0.05)
		1.17	3.35	7.84
turnover	−0.18	−0.03	- -	- -
	(0.04)	(0.03)		
	−4.35	−0.94		

이 부분은 구조방정식모형 분석 결과물에서 가장 핵심적인 부분이기도 하다. BETA 부분은 내생잠재변수들간의 비표준화 경로계수를 나타내며, GAMMA 부분은 외생잠재변수와 내생잠재변수간의 비표준화 경로계수를 나타낸다. 이 부분은 각 경로 별 비표준화 추정치를 표준오차(s.e.), *t* 값과 함께 보여준다. 예컨대 commit에서 turnover간의 경로계수는 −0.13이며 표준오차는 0.05이다. 따라서 z=−0.13/0.05은 −2.57(−2.6은 반올림 오차)으로 통계적으로 유의하다. 그 밖에 super → commit, colle → commit, job → turnover는 통계적으로 유의하나, pay → commit, pay → turnover는 유의하지 않은 것으로 나타났다.

Covariance Matrix of ETA and KSI

	commit	turnover	job	pay	super	colle
commit	0.53					
turnover	−0.12	0.22				
job	0.24	−0.22	1.00			
pay	0.26	−0.11	0.22	1.00		
super	0.40	−0.14	0.37	0.53	1.00	
colle	0.50	−0.15	0.40	0.26	0.46	1.00

이 부분은 외생잠재변수들과 내생잠재변수들간의 추정된 분산−공분산 행렬을 보여준다.

PHI

	job	pay	super	colle
job	1.00			
pay	0.22	1.00		
	(0.08)			
	2.88			
super	0.37	0.53	1.00	
	(0.07)	(0.06)		
	5.56	9.67		
colle	0.40	0.26	0.46	1.00
	(0.07)	(0.07)	(0.06)	
	5.94	3.89	8.21	

이 부분은 외생잠재변수들 간의 추정된 분산-공분산 행렬을 보여준다. 외생잠재변수들 간의 분산-공분산은 추정모수에 해당된다. 각각의 값들은 위 그림의 구조모형 경로도에 나와 있는 공분산 추정치와 일치된다.

PSI

Note : This matrix is diagonal.

commit	turnover
0.24	0.16
(0.04)	(0.04)
6.26	3.87

이 부분은 내생잠재변수들의 설명오차의 분산을 보여준다. 예컨대 commit의 설명오차의 분산은 0.24로 이는 commit의 추정된 분산 0.53 중 45.3% 정도가 설명되지 않는 분산임을 나타낸다. 또한 turnover의 추정된 분산은 0.22이며, 설명오차분산은 0.16이다. 따라서 0.09/0.13은 약 72.3%정도가 설명되지 않은 분산임을 보여준다. 본서 364페이지 하단 그림의 표준화 구조모형에서 commit의 설명오차 분산 0.45과 turnover의 설명오차 분산 0.73와 일치된다.

Squared Multiple Correlations for Structural Equations

commit	turnover
0.55	0.27

이 부분은 내생잠재변수인 commit가 외생잠재변수 super, pay, colle에 의해 설명되는 분산의 비율을 나타낸다. 즉 내생잠재변수 commit의 분산의 55%가 3개 외생잠재변수에 의해 설명되고 있음을 알 수 있다. 이는 위에서 1−0.55 =0.45로 45%가 설명되지 않는 분산인 점과도 일치된다. turnover의 경우 commit, job, pay에 의해 설명되는 분산의 비율은 27%이며, 따라서 설명되지 않는 분산의 비율은 73%임을 보여준다.

Squared Multiple Correlations for Reduced Form

commit	turnover
0.55	0.25

Reduced Form

	job	pay	super	colle
commit	- -	0.06	0.19	0.40
		(0.05)	(0.06)	(0.05)
		1.17	3.35	7.84
turnover	−0.18	−0.04	−0.02	−0.05
	(0.04)	(0.03)	(0.01)	(0.02)
	−4.35	−1.18	−2.05	−2.48

이 부분은 commit와 turnover를 각각 종속변수로 하고 외생변수들인 job, pay, super, colle를 독립변수로 하여 회귀분석을 한 결과로서 설명되는 분산의 비율을 나타낸 것이다. 즉 commit는 4개 변수들에 의해 분산의 55%가 설명되고 있음을 보여준다.

THETA-EPS

commit_1	commit_2	commit_3	turnov_1	turnov_2	turnov_3
0.23	0.34	0.50	0.76	0.35	0.28
(0.03)	(0.04)	(0.05)	(0.07)	(0.07)	(0.06)
6.74	8.09	10.37	11.32	4.79	4.95

Squared Multiple Correlations for Y-Variables

commit_1	commit_2	commit_3	turnov_1	turnov_2	turnov_3
0.70	0.63	0.42	0.23	0.73	0.72

THETA-DELTA

job_1	job_2	job_3	super_6	super_7	super_8
0.38	0.66	0.34	0.26	0.16	0.33
(0.05)	(0.07)	(0.05)	(0.03)	(0.03)	(0.03)
8.42	9.77	6.68	7.87	6.04	9.83

THETA-DELTA

pay_13	pay_14	pay_15	colle_23	colle_24	colle_25
0.66	0.16	0.47	0.18	0.16	0.22
(0.07)	(0.06)	(0.04)	(0.02)	(0.02)	(0.02)
9.99	2.49	10.69	8.26	7.23	9.29

이 부분은 각 측정변수들의 측정오차의 분산과 표준오차, *t* 검정통계량을 보여준다. 예컨대 내생잠재변수인 'commit'를 측정하기 위해 'commit_1'부터 'commit_3'의 3개의 측정변수들이 이용되었다. 각각의 변수들의 측정오차의 분산은 'commit_1'이 0.23이며, 'commit_2'가 0.34이다. 외생변수인 job의 경우도 'job_1'부터 'job_3'까지 3개의 측정변수들이 이용되었는데, 'job_1'의 측정오차의 분산은 0.38임을 나타낸다. 측정오차의 분산은 본서 363페이지 맨 위 그림의 비표준화 추정모형에 제시되어 있다.

Squared Multiple Correlations for X−Variables

job_1	job_2	job_3	super_6	super_7	super_8
0.42	0.32	0.53	0.71	0.79	0.58

Squared Multiple Correlations for X−Variables

pay_13	pay_14	pay_15	colle_23	colle_24	colle_25
0.35	0.80	0.28	0.63	0.68	0.55

제곱다중상관(squared Multiple Correlation : SMC=R^2_{smc})은 해당 요인에 의해 설명되는 측정변수의 분산의 비율을 나타낸다. 'job_1'의 경우 job에 적재되어 있으며, 비표준화 적재치는 0.53이고(위의 LAMBDA−X 결과부분을 확인할 것), 표준화 적재치는 0.65이다. 따라서 0.652=0.42로 설명된 분산은 42%이다. 설명되지 않은 분산은 1−0.42로 0.58이며, 58%이다. 아래 <그림 12-2>의 표준화 추정치에 제시되어 있다.

그림 12-2 job 측정변수들의 표준화 적재치 요약

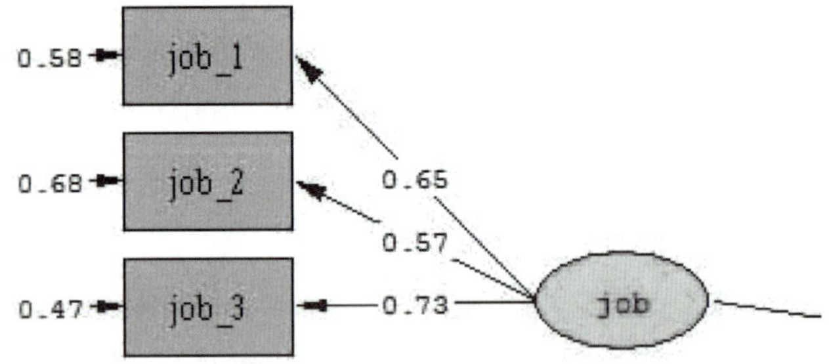

Goodness of Fit Statistics

Degrees of Freedom = 123

Minimum Fit Function Chi−Square = 332.61 (P = 0.0)

Normal Theory Weighted Least Squares Chi−Square = 331.77 (P = 0.0)

Estimated Non−centrality Parameter (NCP) = 208.77

90 Percent Confidence Interval for NCP = (158.47 ; 266.73)

Minimum Fit Function Value = 1.17

Population Discrepancy Function Value (F0) = 0.73
90 Percent Confidence Interval for F0 = (0.56 ; 0.94)
Root Mean Square Error of Approximation (RMSEA) = 0.077
90 Percent Confidence Interval for RMSEA = (0.067 ; 0.087)
P-Value for Test of Close Fit (RMSEA < 0.05) = 0.00

Expected Cross-Validation Index ((ECVI) = 1.50
90 Percent Confidence Interval for ECVI = (1.32 ; 1.70)
ECVI for Saturated Model = 1.20
ECVI for Independence Model = 15.20

Chi-Square for Independence Model with 153 Degrees of Freedom =
4296.56
Independence AIC = 4332.56
Model AIC = 427.77
Saturated AIC = 342.00
Independence CAIC = 4416.37
Model CAIC = 651.26
Saturated CAIC = 1138.17

Normed Fit Index (NFI) = 0.92
Non-Normed Fit Index (NNFI) = 0.94
Parsimony Normed Fit Index (PNFI) = 0.74
Comparative Fit Index (CFI) = 0.95
Incremental Fit Index (IFI) = 0.95
Relative Fit Index (RFI) = 0.90

Critical N (CN) = 140.15

Root Mean Square Residual (RMR) = 0.066
Standardized RMR = 0.081
Goodness of Fit Index (GFI) = 0.89

Adjusted Goodness of Fit Index (AGFI) = 0.84
Parsimony Goodness of Fit Index (PGFI) = 0.64

잠재변수 경로모형 분석에는 총 18개의 관측변수들이 이용되어, 18(18+1)/2 =171개의 추정 가능한 모수들이 존재한다. 모형에서 추정하고자 하는 모수의 수는 총 48개이다. 따라서 분석모형의 자유도는 171−48=123이다. 모형의 적합도를 살펴보면, χ^2는 331.77($p<0.00$)로 적합도가 좋지 않음을 보여준다. 그러나 상대 χ^2는 χ^2/df=331.77/123=2.70으로서 적합도가 우수한 것으로 나타났다. 그러나 RMSEA=0.077, AGFI=0.84로 적합도 지수들이 좋지 못하다. 반면, CFI=0.95, NNFI(TLI)=0.94 등으로 적합한 것으로 나타나 적합도 지수들이 상충되는 결과를 보이고 있다.

3. SIMPLIS를 이용한 분석결과

이하는 사례와 동일한 잠재변수 경로분석을 SIMPLIS 명령문으로 실행한 결과이다.

```
The following lines were read from file J:₩data_2₩exesem.SPJ:


TI
Raw Data from file 'J:₩data_2₩exedata.psf'
Sample Size = 286
Latent Variables commit turnover job pay super colle
Relationships
commit_1 = 1.00 * commit
commit_2 = commit
commit_3 = commit
turnov_1 = 1.00 × turnover
turnov_2 = turnover
turnov_3 = turnover
job_1 = job
job_2 = job
```

```
job_3 = job
super_6 = super
super_7 = super
super_8 = super
pay_13 = pay
pay_14 = pay
pay_15 = pay
colle_23 = colle
colle_24 = colle
colle_25 = colle
turnover = commit
commit = pay super colle
turnover = job pay
Set the Variance of job to 1.00
Set the Variance of pay to 1.00
Set the Variance of super to 1.00
Set the Variance of colle to 1.00
Path Diagram
End of Problem

Sample Size = 286
TI
```

Covariance Matrix

	commit_1	commit_2	commit_3	turnov_1	turnov_2	turnov_3
commit_1	0.75					
commit_2	0.58	0.90				
commit_3	0.38	0.43	0.86			
turnov_1	−0.33	−0.30	−0.35	0.98		
turnov_2	−0.25	−0.24	−0.26	0.45	1.29	
turnov_3	−0.23	−0.30	−0.24	0.37	0.84	1.01
job_1	0.33	0.40	0.26	−0.28	−0.20	−0.22

job_2	0.08	0.15	0.06	−0.11	−0.37	−0.26
job_3	0.18	0.26	0.14	−0.23	−0.30	−0.23
super_6	0.34	0.32	0.38	−0.28	−0.14	−0.21
super_7	0.28	0.25	0.36	−0.25	−0.18	−0.20
super_8	0.24	0.26	0.38	−0.22	−0.06	−0.15
pay_13	0.20	0.23	0.20	−0.17	−0.03	−0.08
pay_14	0.19	0.21	0.24	−0.25	−0.13	−0.16
pay_15	0.06	0.03	0.12	−0.13	−0.17	−0.11
colle_23	0.29	0.26	0.29	−0.18	−0.14	−0.14
colle_24	0.27	0.24	0.30	−0.16	−0.11	−0.13
colle_25	0.26	0.22	0.34	−0.22	−0.15	−0.12

Covariance Matrix

	job_1	job_2	job_3	super_6	super_7	super_8
job_1	0.66					
job_2	0.27	0.97				
job_3	0.32	0.37	0.72			
super_6	0.17	0.11	0.18	0.90		
super_7	0.16	0.13	0.17	0.63	0.78	
super_8	0.18	0.11	0.17	0.52	0.53	0.77
pay_13	0.14	0.05	0.13	0.27	0.26	0.21
pay_14	0.06	0.11	0.10	0.34	0.34	0.28
pay_15	0.01	0.10	0.10	0.19	0.18	0.16
colle_23	0.18	0.03	0.13	0.23	0.16	0.18
colle_24	0.17	0.04	0.08	0.24	0.21	0.20
colle_25	0.17	0.09	0.12	0.18	0.19	0.18

Covariance Matrix

	pay_13	pay_14	pay_15	colle_23	colle_24	colle_25
pay_13	1.01					
pay_14	0.48	0.82				
pay_15	0.23	0.35	0.65			
colle_23	0.07	0.14	0.03	0.47		

colle_24	0.08	0.14	0.03	0.32	0.51	
colle_25	0.10	0.08	0.03	0.27	0.32	0.50

TI

Number of Iterations = 15

LISREL Estimates (Maximum Likelihood)

Measurement Equations

commit_1 = 1.00 * commit, Errorvar. = 0.23 , R^2 = 0.70
(0.034)
6.74

commit_2 = 1.04 * commit, Errorvar. = 0.34 , R^2 = 0.63
(0.078) (0.042)
13.26 8.09

commit_3 = 0.83 * commit, Errorvar. = 0.50 , R^2 = 0.42
(0.076) (0.048)
10.84 10.37

turnov_1 = 1.00 * turnover, Errorvar. = 0.76 , R^2 = 0.23
(0.067)
11.32

turnov_2 = 2.05 * turnover, Errorvar. = 0.35 , R^2 = 0.73
(0.27) (0.073)
7.65 4.79

turnov_3 = 1.80 * turnover, Errorvar. = 0.28 , R^2 = 0.72
(0.24) (0.057)
7.65 4.95

```
job_1 = 0.53 * job, Errorvar. = 0.38 , R² = 0.42
        (0.052)               (0.045)
        10.09                 8.42

job_2 = 0.56 * job, Errorvar. = 0.66 , R² = 0.32
        (0.064)               (0.067)
        8.72                  9.77

job_3 = 0.62 * job, Errorvar. = 0.34 , R² = 0.53
        (0.055)               (0.051)
        11.25                 6.68

super_6 = 0.80 * super, Errorvar. = 0.26 , R² = 0.71
          (0.048)                 (0.033)
          16.79                   7.87

super_7 = 0.79 * super, Errorvar. = 0.16 , R² = 0.79
          (0.043)                 (0.027)
          18.14                   6.04

super_8 = 0.67 * super, Errorvar. = 0.33 , R² = 0.58
          (0.046)                 (0.033)
          14.51                   9.83

pay_13 = 0.59 * pay, Errorvar. = 0.66 , R² = 0.35
         (0.062)               (0.066)
         9.53                  9.99

pay_14 = 0.81 * pay, Errorvar. = 0.16 , R² = 0.80
         (0.057)               (0.065)
         14.23                 2.49

pay_15 = 0.42 * pay, Errorvar. = 0.47 , R² = 0.28
         (0.050)               (0.044)
         8.46                  10.69
```

colle_23 = 0.54 * colle, Errorvar. = 0.18 , R^2 = 0.63

(0.036) (0.021)

14.88 8.26

colle_24 = 0.59 * colle, Errorvar. = 0.16 , R^2 = 0.68

(0.037) (0.022)

15.79 7.23

colle_25 = 0.52 * colle, Errorvar. = 0.22 , R^2 = 0.55

(0.038) (0.024)

13.66 9.29

Structural Equations

commit = 0.059 * pay + 0.19 * super + 0.40 * colle, Errorvar. = 0.24 , R^2 = 0.55

(0.050) (0.055) (0.051) (0.038)

1.17 3.35 7.84 6.26

turnover = −0.13*commit − 0.18*job − 0.032 * pay, Errorvar. = 0.16 , R^2 = 0.27

(0.051) (0.042) (0.034) (0.042)

−2.57 −4.35 −0.94 3.87

Reduced Form Equations

commit = 0.0 * job + 0.059 * pay + 0.19 * super + 0.40 * colle,
Errorvar. = 0.24, R^2 = 0.55

(0.050) (0.055) (0.051)

1.17 3.35 7.84

turnover = −0.18 * job − 0.039 * pay − 0.025 * super − 0.053 * colle,
Errorvar. = 0.17, R^2 = 0.25

(0.042) (0.033) (0.012) (0.021)

−4.35 −1.18 −2.05 −2.48

Correlation Matrix of Independent Variables

	job	pay	super	colle
job	1.00			
pay	0.22	1.00		
	(0.08)			
	2.88			
super	0.37	0.53	1.00	
	(0.07)	(0.06)		
	5.56	9.67		
colle	0.40	0.26	0.46	1.00
	(0.07)	(0.07)	(0.06)	
	5.94	3.89	8.21	

Covariance Matrix of Latent Variables

	commit	turnover	job	pay	super	colle
commit	0.53					
turnover	−0.12	0.22				
job	0.24	−0.22	1.00			
pay	0.26	−0.11	0.22	1.00		
super	0.40	−0.14	0.37	0.53	1.00	
colle	0.50	−0.15	0.40	0.26	0.46	1.00

Goodness of Fit Statistics

Degrees of Freedom = 123

Minimum Fit Function Chi−Square = 332.61 (P = 0.0)

Normal Theory Weighted Least Squares Chi−Square = 331.77 (P = 0.0)

Estimated Non−centrality Parameter (NCP) = 208.77

90 Percent Confidence Interval for NCP = (158.47 ; 266.73)

Minimum Fit Function Value = 1.17

Population Discrepancy Function Value (F0) = 0.73

90 Percent Confidence Interval for F0 = (0.56 ; 0.94)

Root Mean Square Error of Approximation (RMSEA) = 0.077

90 Percent Confidence Interval for RMSEA = (0.067 ; 0.087)

P-Value for Test of Close Fit (RMSEA < 0.05) = 0.00

Expected Cross-Validation Index (ECVI) = 1.50

90 Percent Confidence Interval for ECVI = (1.32 ; 1.70)

ECVI for Saturated Model = 1.20

ECVI for Independence Model = 15.20

Chi-Square for Independence Model with 153 Degrees of Freedom = 4296.56

Independence AIC = 4332.56

Model AIC = 427.77

Saturated AIC = 342.00

Independence CAIC = 4416.37

Model CAIC = 651.26

Saturated CAIC = 1138.17

Normed Fit Index (NFI) = 0.92

Non-Normed Fit Index (NNFI) = 0.94

Parsimony Normed Fit Index (PNFI) = 0.74

Comparative Fit Index (CFI) = 0.95

Incremental Fit Index (IFI) = 0.95

Relative Fit Index (RFI) = 0.90

Critical N (CN) = 140.15

Root Mean Square Residual (RMR) = 0.066

Standardized RMR = 0.081

Goodness of Fit Index (GFI) = 0.89

Adjusted Goodness of Fit Index (AGFI) = 0.84

Parsimony Goodness of Fit Index (PGFI) = 0.64

The Modification Indices Suggest to Add the

Path to	from	Decrease in Chi-Square	New Estimate
turnov_1	commit	28.0	−0.46
job_1	colle	23.2	0.28
job_2	colle	10.0	−0.22
colle_24	job	8.4	−0.12
commit	job	19.3	0.23

The Modification Indices Suggest to Add an Error Covariance

Between	and	Decrease in Chi-Square	New Estimate
commit_2	commit_1	43.5	0.32
commit_3	commit_1	24.9	−0.18
turnov_3	turnov_2	29.9	0.97
job_1	commit_1	8.2	0.07
job_1	commit_2	10.2	0.09
job_1	turnov_1	12.2	−0.13
job_1	turnov_2	8.8	0.09
job_2	turnov_2	9.2	−0.12
super_8	commit_3	10.0	0.09
super_8	turnov_2	8.1	0.08
colle_25	commit_3	13.7	0.09

SIMPLIS 결과와 LISREL 결과는 동일하므로 아웃풋 파일 전부에 대한 설명은 생략한다. 다만 output의 마지막 부분에 제시된 수정지수들에 대해서만 설명하고자 한다. 수정지수 부분은 모형의 적합도를 높이기 위해 어떤 모수를 추가 또는 삭제해야 하는지에 대한 방향을 제시해 준다. 수정지수는 해당 고정모수를 자유모수로 변경하는 경우 감소하는 χ^2의 크기를 보여주므로, 수정지수가 큰 모수를 추가하면 적합도가 좋아질 가능성이 크다.

이상의 결과를 보면 원래 0으로 고정시켰던 commit에서 turnover의 경로를 추가하면 χ^2이 28만큼 감소되어 적합도가 크게 좋아질 가능성이 있음을 보여준다. 그러나 오차항들 간에 공분산을 추가하려는 경우에는 적합도의 개선만을 고려할 것이 아니라 이론적으로도 분명히 설명할 수 있어야 한다.

〈부록 12-A〉 AMOS 소개

I. AMOS 소개

AMOS(Analysis of Moment Structures)는 시각적으로 구조방정식모형 분석을 하기 쉽도록 만들어진 프로그램이다. AMOS의 그림도구들을 이용해 손쉽게 모형을 설정하고 수정할 수 있다. 또한 모형의 적합도를 평가하고, 결과물을 쉽게 프린트할 수 있다.

이하에서는 AMOS 20을 활용한 구조방정식모형 분석을 간략하게 소개하고자 한다. AMOS 프로그램의 AMOS Graphics 프로그램을 구동하면 다음과 같은 화면이 열린다. 화면의 구성요소들은 메인 메뉴, 경로도 작성용 그림도구, 결과물 선택용 메뉴, 경로도 작업용 공간으로 구성되어 있다.

다음에서 오른쪽의 커다란 빈공간은 경로도형을 그리는 작업 공간이다. 왼쪽 툴바는 그림도구로서 클릭만으로 원하는 작업을 할 수 있다. 위쪽의 메인 메뉴들을 이용해도 동일한 작업이 가능하다. 왼쪽 툴바에서 보이는 각 아이콘의 기능은 다음과 같다.

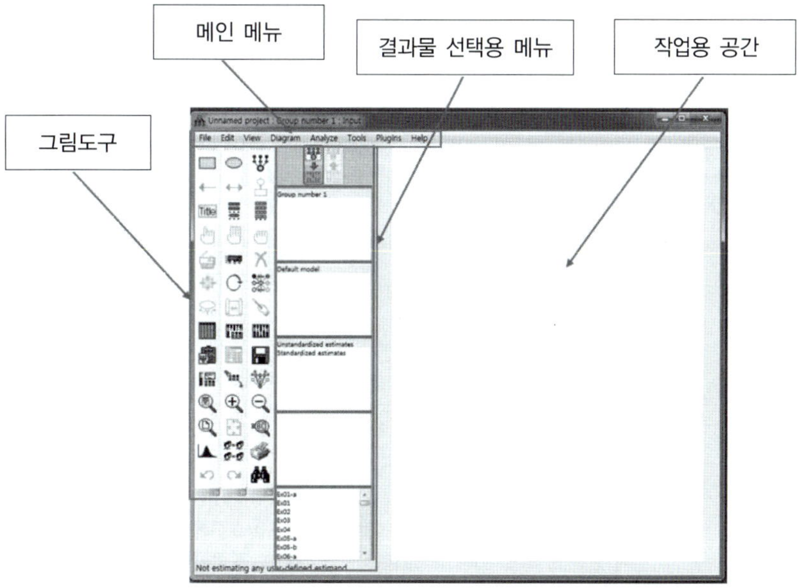

	• 잠재변수(요인)를 그릴 때 사용된다. • 아이콘을 클릭한 뒤, 경로도 작성용 화면으로 커서를 옮기면 커서 옆에 작은 원형그림이 나온다. • 화면을 클릭한 채 끌기하여 원하는 모양으로 만들 수 있다.
	• 인과관계를 나타내는 화살표로, 독립변수에서 종속변수를 향하도록 그린다. • 아이콘을 클릭한 뒤, 경로도 작성용 화면으로 커서를 옮기면 커서가 화살표 모양으로 변한다. • 외생변수에서 내생변수로 향하도록 화살표를 그린다.
	• 글자를 넣을 수 있는 아이콘이지만, 보통 원래 데이터에서 사용하는 변수명을 가져와 그대로 사용하므로 활용도가 낮다.
	• 하나의 도형 또는 화살표를 선택할 수 있다. • 아이콘을 선택한 뒤 원하는 도형 또는 화살표를 선택한다.
	• 도형 또는 화살표를 복사한다. • 아이콘을 선택한 뒤, 복사하고 싶은 도형/화살표를 클릭한 채 끌기하면 동일한 모형이 그려진다.
	• 데이터를 불러와 입력하기 위한 아이콘이다. • 아이콘을 선택하면 상태창이 뜬다. • 분석에 사용되는 SPSS데이터를 선택할 수 있다.
	• 그려둔 모형을 복사해 클립보드에 따로 저장하기 위한 아이콘이다. • 동일한 모양을 여러번 사용해야 할 때 유용하다.
	• 도형이나 화살표에 값을 부여하거나 글자를 입력하는 기능을 한다. • 아이콘을 선택하면 창이 뜨는데, 'text'에는 글자 크기와 형태, 입력하고자 하는 글자 내용을 입력하는 창이 있다.
	• 아이콘을 선택한 뒤 화면에서 해당 부분의 범위를 선택하면 확대된 화면을 볼 수 있다.
	• 그림이 너무 커서 한 화면에 다 보이지 않을 경우가 있는데, 이 아이콘을 클릭하면 전체 그림이 한 화면 안에 들어오도록 화면 크기가 조정된다.
	• '베이지안' 아이콘으로 구체적인 계산 내용이 보인다.
	• 전단계로 돌아가기 위한 '실행취소' 아이콘이다(ctrl+z)
	• 측정변수를 그릴 때 사용된다. • 아이콘을 클릭한 뒤, 화면으로 커서를 옮기면 커서 옆에 작은 사각형그림이 나온다. • 화면을 클릭한 채 끌기하여 원하는 모양으로 만들 수 있다.
	• 상관관계(공분산)를 나타내는 양방향 화살표 아이콘이다. • 아이콘을 클릭한 뒤, 독립변수 간의 상관관계를 그릴 수 있다. • 아래를 먼저 클릭하고 위를 클릭하면 좌측으로 볼록한 모양이 되고, 위를 먼저 클릭하고 아래를 클릭하면 우측으로 볼록한 모양이 된다.
	• 모형 안에서 사용되고 있는 변수명 리스트가 새 창을 통해서 나타난다.
	• 화면상의 모든 도형과 화살표를 선택할 수 있는 아이콘이다. • 아이콘을 선택하면 모든 도형과 화살표가 파란 색으로 바뀌며 선택된다.
	• 도형이나 화살표를 이동할 수 있는 아이콘이다. • 아이콘을 선택하고, 원하는 도형과 화살표를 클릭하면 빨간색으로 바뀌며 원하는 장소로 이동할 수 있다. 화살표 모양을 원하는 대로 만들수 있다.
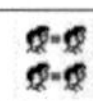	• 다중집단간 분석을 실시할 때 사용된다.

	• 잠재변수용 측정변수들의 위치를 바꾸고 싶을 때 활용된다. • 측정모형을 그린 뒤, 아이콘을 클릭하면 커서 뒤에 'rotate'라는 글자가 뜨는데, 이 때 화면의 잠재변수를 클릭하면 해당 잠재변수의 측정변수들이 한꺼번에 90° 이동한다. 4개 방향(동서남북)으로 한번 클릭할 때마다 움직인다.
	• 분석결과에서 산출하고자 하는 사항들이 나타난다. • 'estimate'에서는 최대우도법을 사용할지 아니면 최소자승법을 사용할지 선택할 수 있다. • 'output'에서는 분석결과에서 제시될 항목들을 선택할 수 있다.
	• 분석결과물을 볼 수 있는 [view]→[text output] 화면이 나온다.
	• 화면을 보다 크게 볼 수 있는 돋보기 기능이다.
	• 경로도 작성용 화면 안으로 전체 모형이 들어오도록 한다.
	• 다음 단계로 넘어가도록 한다. 주로 실행취소( ) 사용 후 원래 단계로 되돌아가기 위해 사용된다.
	• 잠재변수와 측정변수, 오차항이 한꺼번에 만들어진다. • 한번 클릭 할 때마다 측정변수가 하나씩 추가된다.
	• 측정변수에 오차항을 추가하는 아이콘이다. • 아이콘 클릭 후 원하는 측정변수를 클릭하면 오차항이 주가되며, 여러 번 클릭해서 오차항을 원하는 곳에 위치시킬 수 있다.
	• 아이콘을 클릭하면 'Variables in Dataset' 창이 열리고 데이터 파일에 있는 모든 변수명이 보인다. • 원하는 변수명을 클릭해 끌기하여 해당 도형(측정변수) 위에 놓으면 도형에 그 변수의 데이터가 입력되고, 변수명이 정해진다. • 변수를 바꾸고 싶으면 다른 변수명을 클릭해 끌기해서 놓으면 된다.
	• 아이콘을 선택하면, 와 로 선택했던 것을 취소한다.
	• 아이콘을 선택하고 원하는 그림을 클릭하면 그림이 삭제된다.
	• 아이콘을 선택하고 도형을 클릭하면 화살표가 도형의 가운데로 움직여 정리된다.
	• 아이콘을 선택하면 분석을 시작하게 된다.
	• 아이콘을 선택하면 분석내용 등을 저장한다.
	• 잠재변수와 연결된 여러 개의 화살표들이 적당한 모양으로 움직인다.
	• 화면 축소 기능용 아이콘이다.
	• 아이콘을 선택하면 경로도가 프린트 된다.
	• 도형의 모양을 바꾸거나, 도형의 크기나 모양을 조정할 때 사용된다.

II. AMOS의 활용

1. AMOS를 활용한 회귀분석 방법

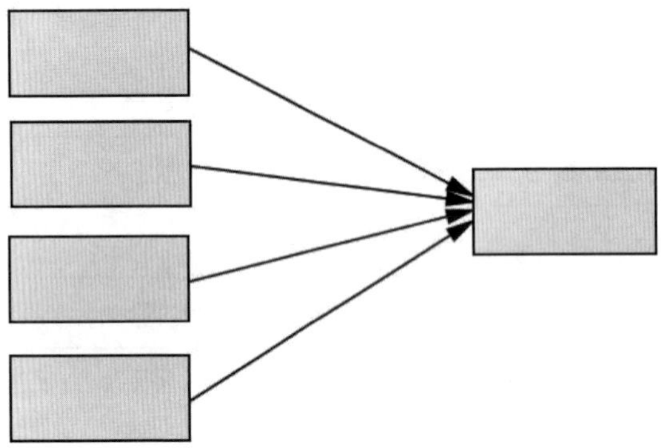

1. 먼저 AMOS Graphics를 구동하고, 원하는 회귀분석 모형도를 그려야 한다.
   이를 위해 툴바의 아이콘을 클릭해 독립변수 4개와 종속변수 1개를 그리고, ← 아이콘으로 화살표 4개를 그린다.

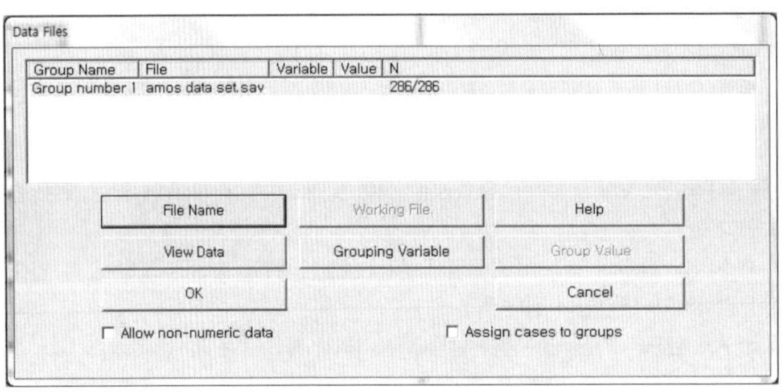

2. 아이콘을 클릭해서 분석에 사용될 데이터 세트를 선택한다. 'file name'을 클릭해 사용할 SPSS파일을 선택하면 파일명과 그 파일의 사례수가 보인다. 'OK' 버튼을 누르면 파일이 선택된다.

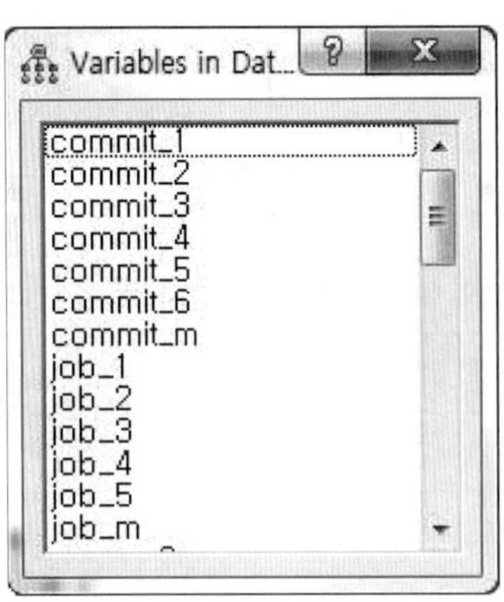

3. 아이콘을 클릭하면 선택된 데이터 세트의 변수명이 담겨진 작은 창이 열린다.
   필요한 변수를 선택해 '드래그(drag)' 해서 그림 위에 올리면, 아래 그림처럼 변수명이 입력된다.

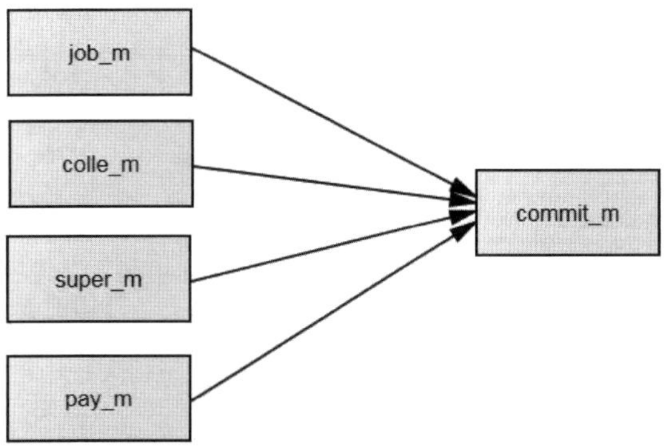

4. 아이콘을 클릭하면 AMOS 프로그램이 분석을 시작한다.

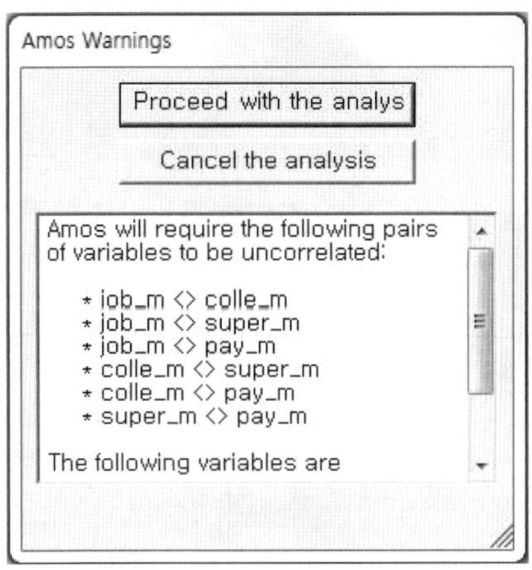

5. 만약 이러한 창이 뜨게 되면, 경로도 작성 과정에서 독립변수간 상관관계(↔)를 표시하지 않았다는 의미이다. 따라서 아래 모형의 우측과 같이 상관관계(↔) 아이콘을 활용해 독립변수가 상관관계를 그린다.

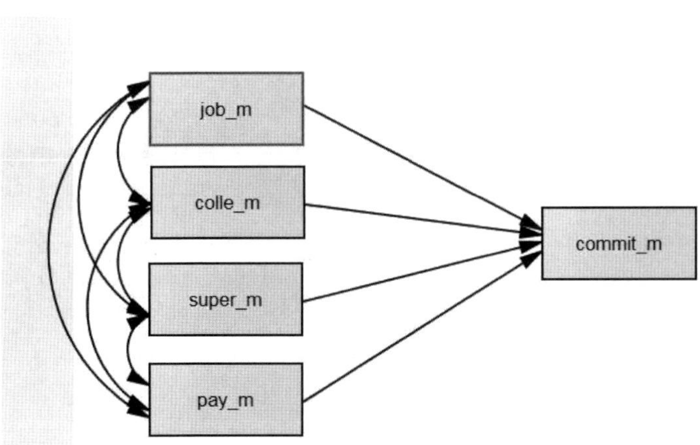

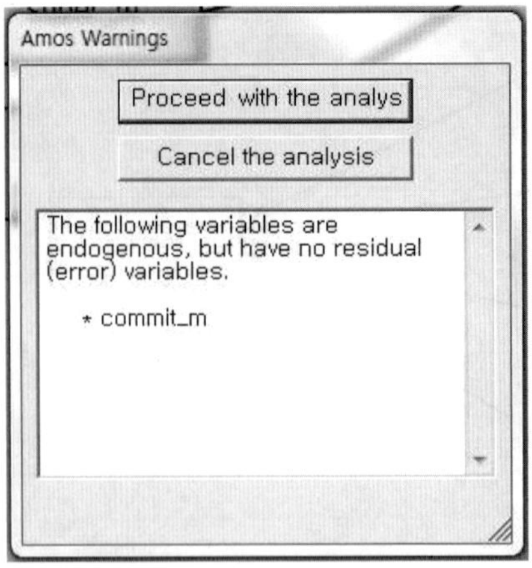

6. 를 클릭하면 좌측의 그림과 같은 경고창(error message)이 뜬다. 경고창의 의미는 이번엔 종속변수에 대한 오차항이 설정되지 않았다는 것이다. 오차항의 설정을 위해서는, 아이콘을 클릭하여 종속변수의 네모 박스를 클릭하면 아래 그림과 같은 동그란 오차항이 만들어진다.

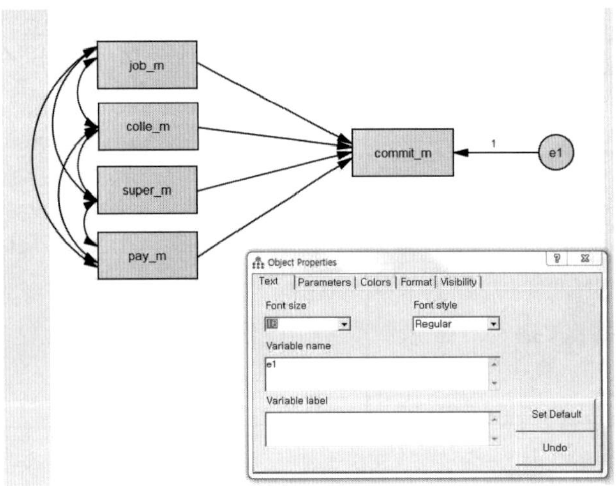

7. 오차항의 동그라미를 클릭하면 옆의 그림과 같은 상태창이 나오는데, 'variable name'에 오차의 명칭(예: e1)을 쓰고 창을 닫는다.
다음으로, 를 클릭해 회귀분석을 실행한다.

8. 좌측의 창이 뜨면 회귀분석 결과물을 저장하게 될 파일명을 지정하고 저장을 클릭한다. 그러면 '.amv'의 확장자명을 가진 AMOS 파일이 생성된다.

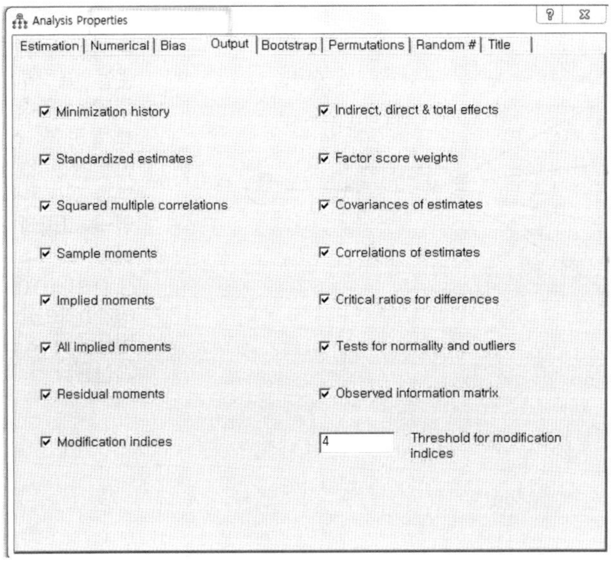

9. 아이콘을 클릭한 뒤, 상태창이 뜨면, [output]을 클릭하고, 'minimization history'와 'standardized estimate'를 선택하고 창을 닫는다.

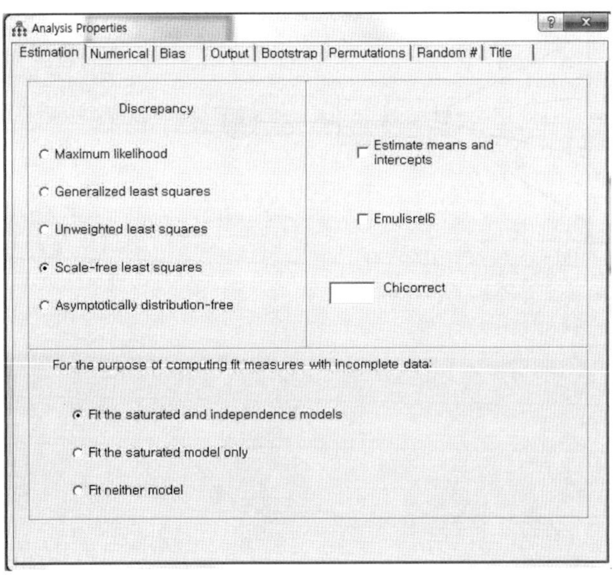

10. [estimation]을 선택하고, '최대우도법(ML)' 또는 '최소자승법(least squares)' 중 하나를 선택한다.

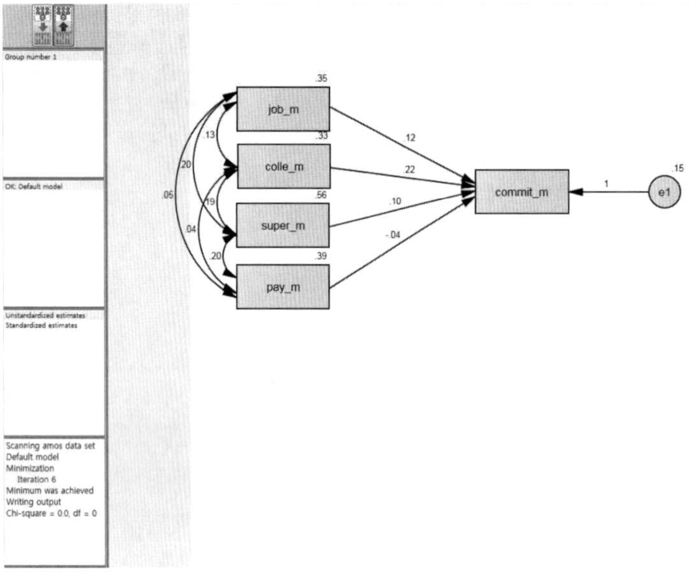

11. 화면 좌측의 상단의 아이콘에서 좌측 아이콘을 클릭하면 투입(입력)이, 우측 아이콘을 클릭하면 산출결과가 만들어진다.
우측 아이콘을 클릭하면 옆의 그림과 같은 결과물이 나온다.
[unstandardized estimate]를 선택하면, 비표준화 회귀계수 값이 계산된다.

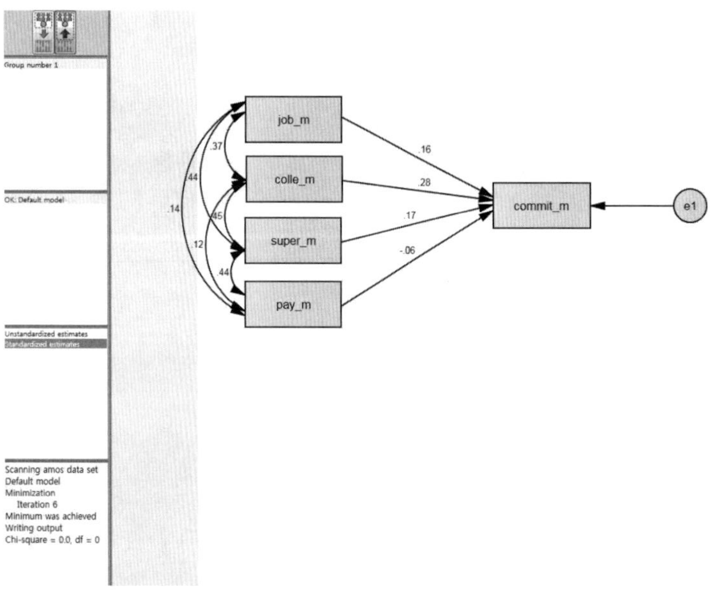

12. [standardized estimate]를 클릭하면 표준화 회귀계수 값이 계산된다.

[view] → [text output]을 클릭하면, 회귀분석 결과에 대한 각종 분석결과물이 화면에 제시된다. [estimate] → [scalars]를 선택하면, 비표준화 회귀계수(estimate)와 표준오차(S.E), *t* 값(C.R), *p* 값(p)이 나타난다. 각 값은 SPSS나 LISREL을 이용해 분석한 값과 정확히 일치한다.

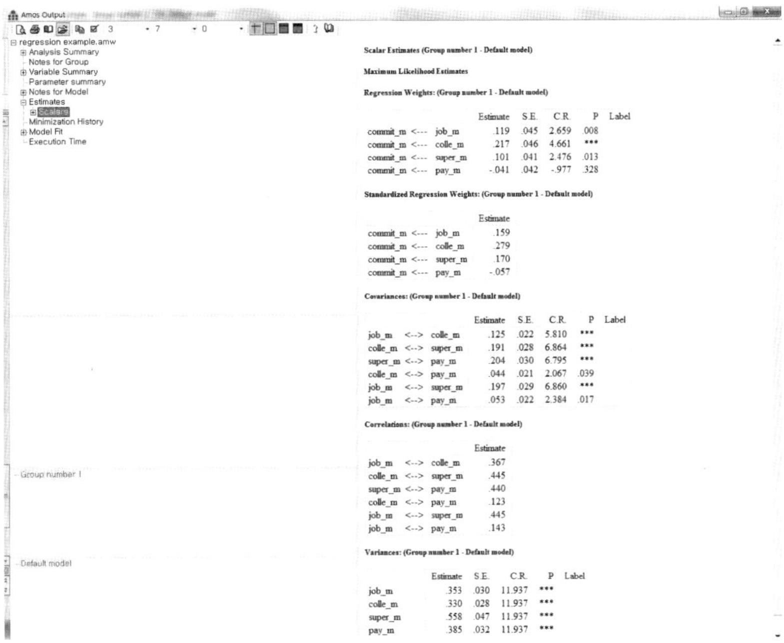

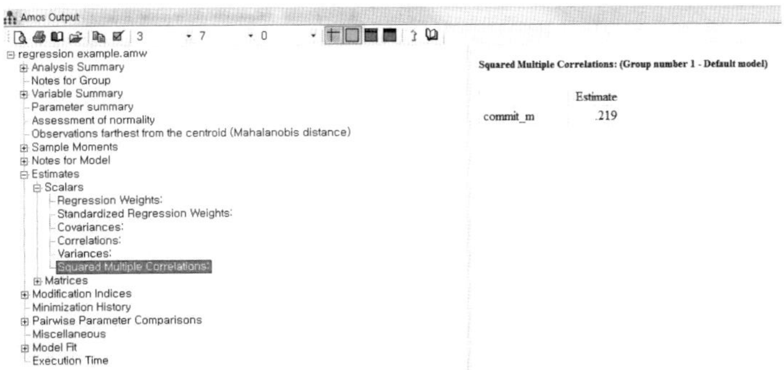

13. 결정계수(R^2) 값을 보여준다.

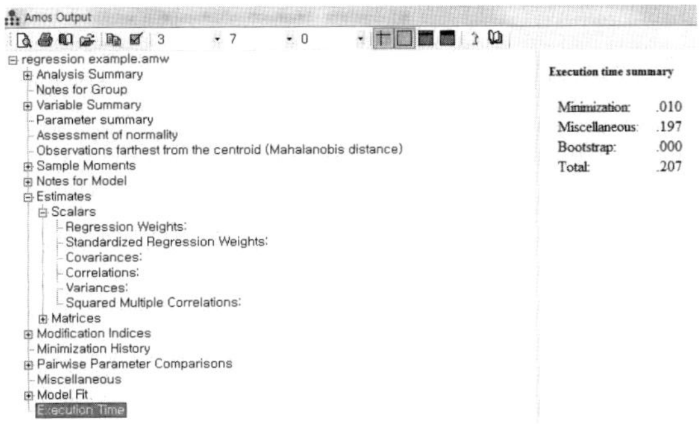

14. 조정결정계수(adjusted R^2) 값을 보여준다.

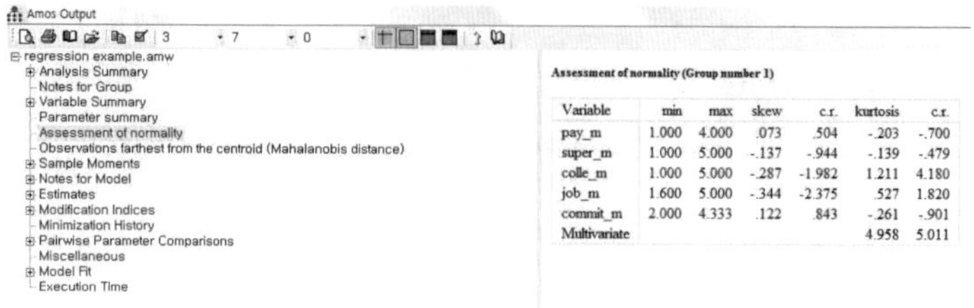

Assessment of normality (Group number 1)

Variable	min	max	skew	c.r.	kurtosis	c.r.
pay_m	1.000	4.000	.073	.504	-.203	-.700
super_m	1.000	5.000	-.137	-.944	-.139	-.479
colle_m	1.000	5.000	-.287	-1.982	1.211	4.180
job_m	1.600	5.000	-.344	-2.375	.527	1.820
commit_m	2.000	4.333	.122	.843	-.261	-.901
Multivariate					4.958	5.011

15. [Assessment of mormality]를 클릭하면 각 변수별로 정규성 검토결과를 보여준다.

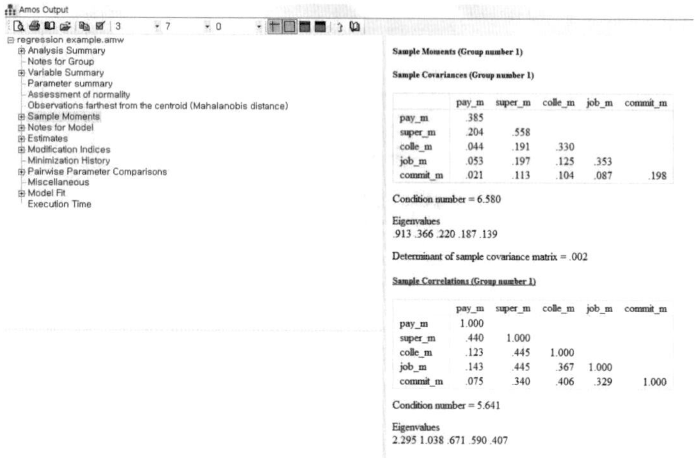

Sample Moments (Group number 1)

Sample Covariances (Group number 1)

	pay_m	super_m	colle_m	job_m	commit_m
pay_m	.385				
super_m	.204	.558			
colle_m	.044	.191	.330		
job_m	.053	.197	.125	.353	
commit_m	.021	.113	.104	.087	.198

Condition number = 6.580

Eigenvalues
.913 .366 .220 .187 .139

Determinant of sample covariance matrix = .002

Sample Correlations (Group number 1)

	pay_m	super_m	colle_m	job_m	commit_m
pay_m	1.000				
super_m	.440	1.000			
colle_m	.123	.445	1.000		
job_m	.143	.445	.367	1.000	
commit_m	.075	.340	.406	.329	1.000

Condition number = 5.641

Eigenvalues
2.295 1.038 .671 .590 .407

16. [sample moment]를 선택하면 변수간 상관관계행렬 및 공분산행렬을 계산한다.

2. AMOS를 활용한 경로분석방법

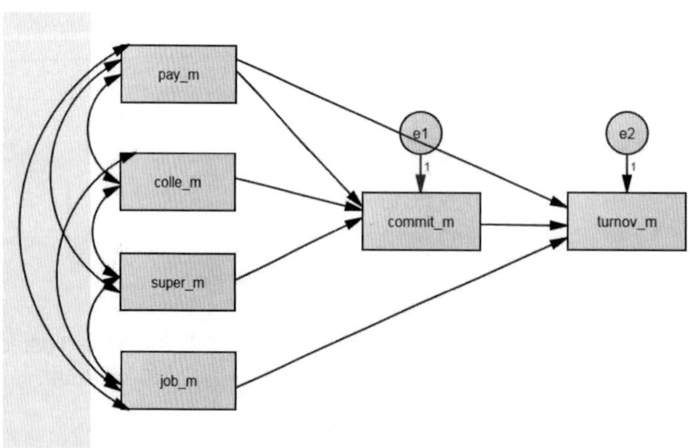

1. 경로분석을 위해 필요한 경로도를 그린다. LISREl에서는 자동으로 외생변수간 상관관계(↔) 및 내생변수의 오차항이 만들어지지만, AMOS에서는 두 가지 모두 반드시 그려주어야 한다.

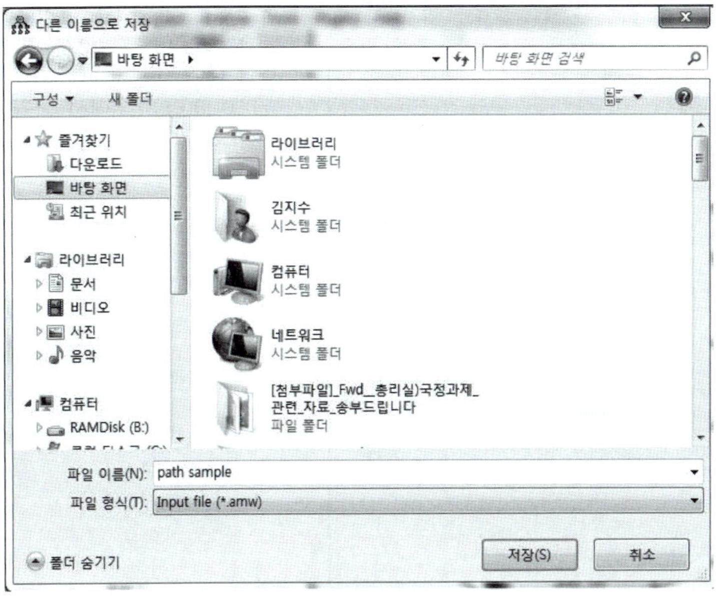

2. 그림과 같은 창이 뜨면 경로분석 결과물을 저장하게 될 파일명을 만들고 저장을 클릭한다. 그러면 'amv' 의 확장자명을 가진 AMOS 파일이 생성된다.

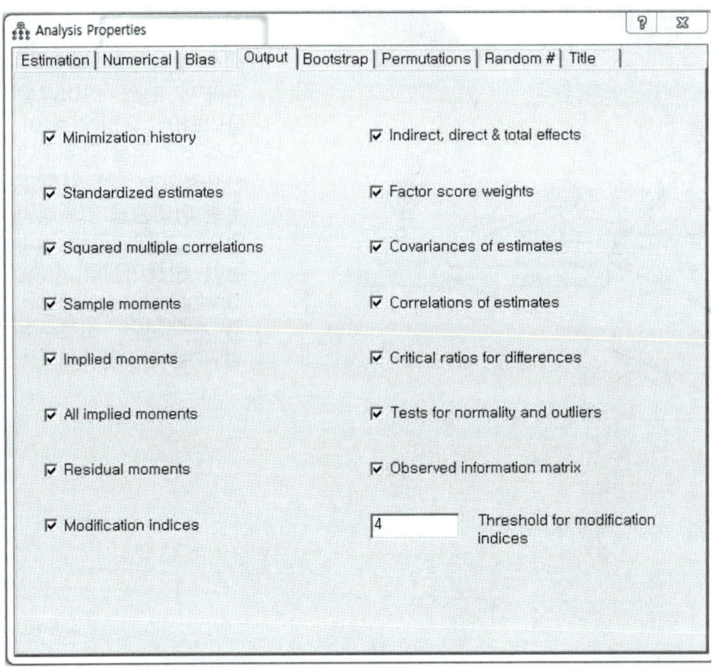

3. 아이콘을 클릭한 뒤, 위와 같은 창이 뜨면, [output]을 클릭하고, [minimization history]와 [standardized estimate]를 클릭하고 창을 닫는다.

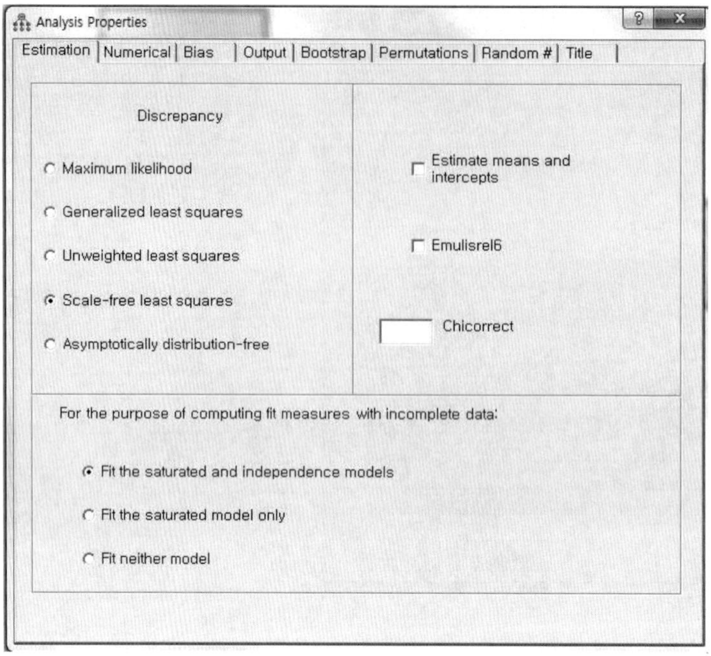

4. [estimation]을 클릭하고, '최대우도법(ML)'과 '최소자승법(least squares)' 중에서 모수 추정 방법을 선택한다.

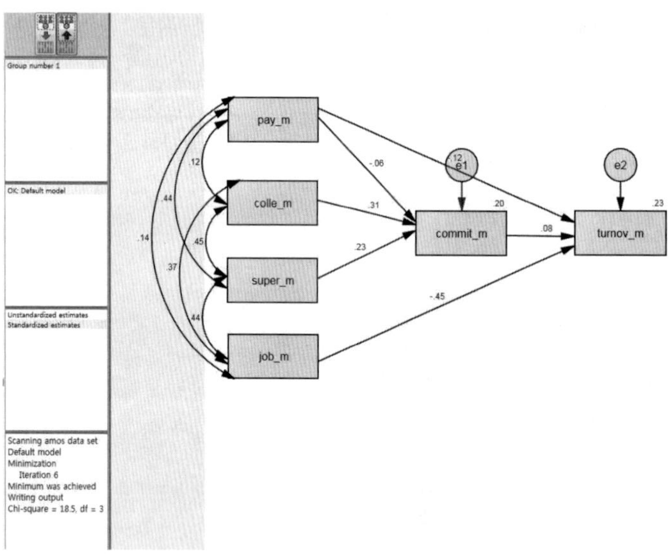

5. 좌측의 상단의 아이콘에서 좌측 아이콘을 클릭하면 투입(입력)이, 우측 아이콘을 클릭하면 산출결과가 만들어진다. 우측 아이콘을 클릭하면 옆의 그림과 같은 결과물이 만들어진다. [unstandardized estimate]를 선택하면, 비표준화 회귀계수가 계산된다.

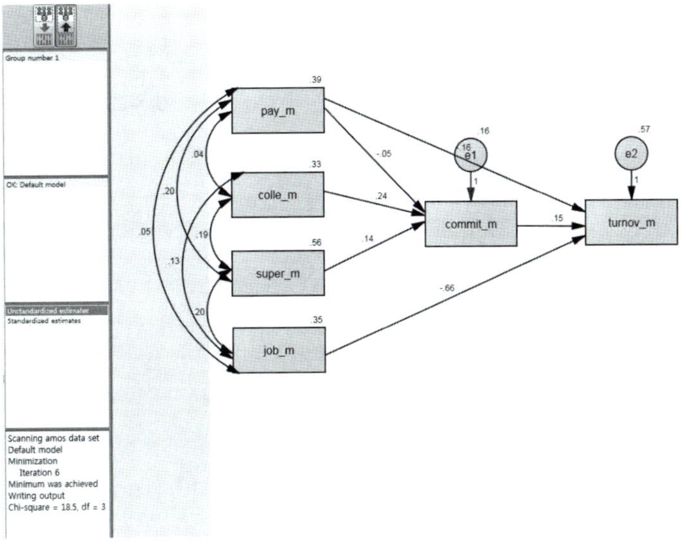

6. [sample moment]를 선택하면 변수간 상관관계행렬 및 공분산행렬을 계산한다.

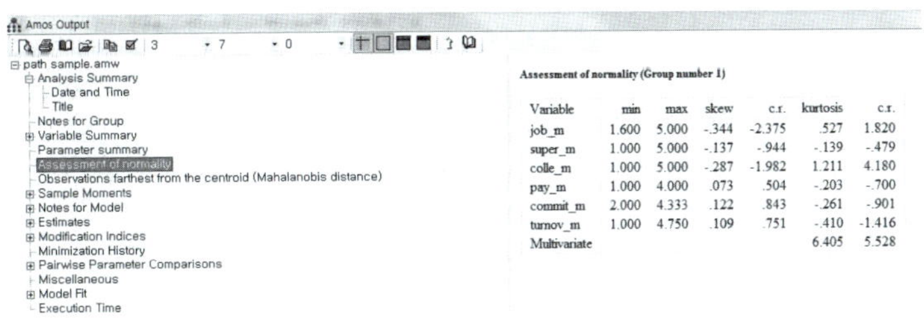

Assessment of normality (Group number 1)

Variable	min	max	skew	c.r.	kurtosis	c.r.
job_m	1.600	5.000	-.344	-2.375	.527	1.820
super_m	1.000	5.000	-.137	-.944	-.139	-.479
colle_m	1.000	5.000	-.287	-1.982	1.211	4.180
pay_m	1.000	4.000	.073	.504	-.203	-.700
commit_m	2.000	4.333	.122	.843	-.261	-.901
turnov_m	1.000	4.750	.109	.751	-.410	-1.416
Multivariate					6.405	5.528

7. [view] → [text output]을 선택하면, 회귀분석 결과에 대한 각종 분석 결과물이 만들어진다. [Assessment of normality]를 클릭하면 각 변수별 정규성 검토결과를 보여준다.

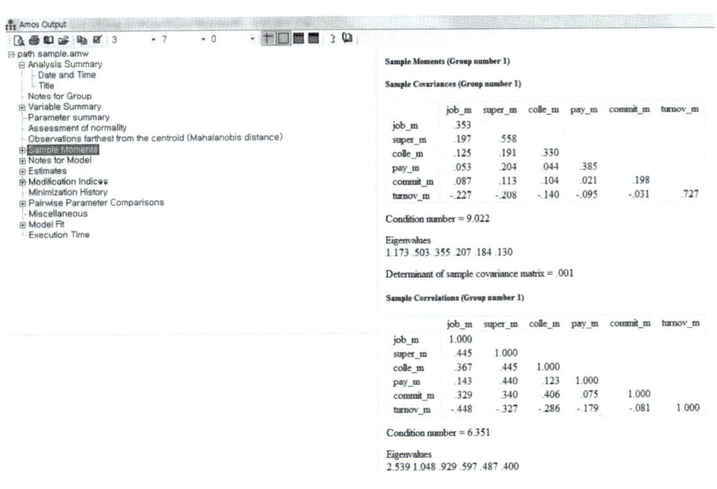

Sample Moments (Group number 1)

Sample Covariances (Group number 1)

	job_m	super_m	colle_m	pay_m	commit_m	turnov_m
job_m	.353					
super_m	.197	.558				
colle_m	.125	.191	.330			
pay_m	.053	.204	.044	.385		
commit_m	.087	.113	.104	.021	.198	
turnov_m	-.227	-.208	-.140	-.095	-.031	.727

Condition number = 9.022

Eigenvalues
1.173 .503 .355 .207 .184 .130

Determinant of sample covariance matrix = .001

Sample Correlations (Group number 1)

	job_m	super_m	colle_m	pay_m	commit_m	turnov_m
job_m	1.000					
super_m	.445	1.000				
colle_m	.367	.445	1.000			
pay_m	.143	.440	.123	1.000		
commit_m	.329	.340	.406	.075	1.000	
turnov_m	-.448	-.327	-.286	-.179	-.081	1.000

Condition number = 6.351

Eigenvalues
2.539 1.048 .929 .597 .487 .400

8. [sample moment]를 선택하면 변수간 상관관계행렬 및 공분산행렬을 계산한다.

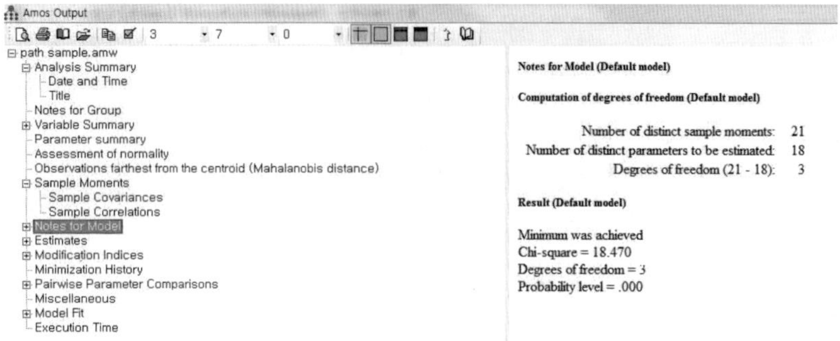

9. 모형 적합도에 대한 카이제곱 검증 결과를 보여준다.

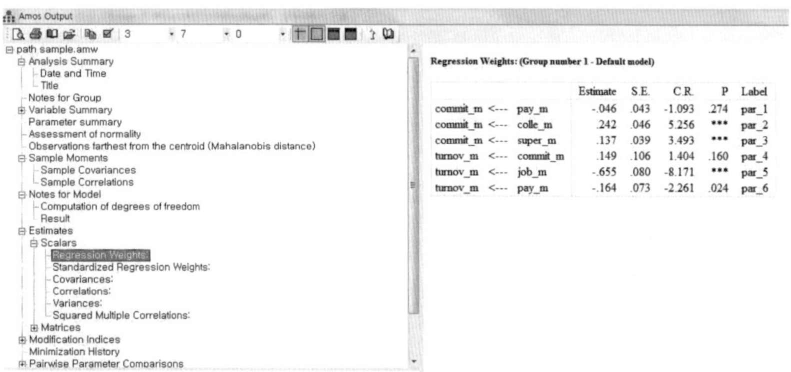

10. [regression weight]는 비표준화 회귀계수를 보여준다. 비표준화회귀계수(estimate)와 표준오차(S.E), *t*값(C.R), *p*값(p)이 나타난다.

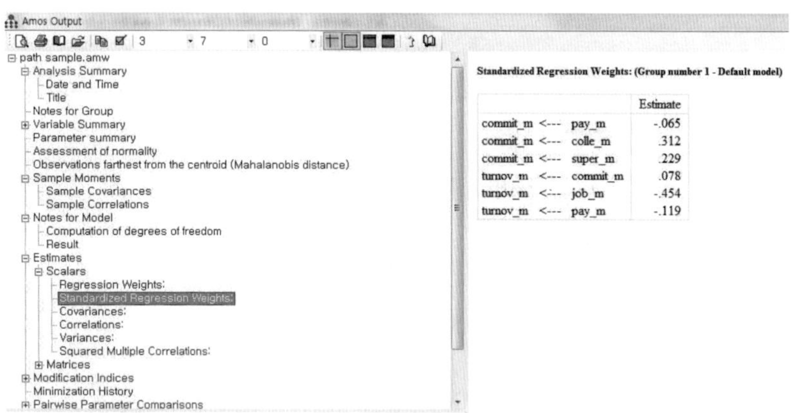

11. [standardized regression weights]는 표준화 회귀계수를 보여준다.

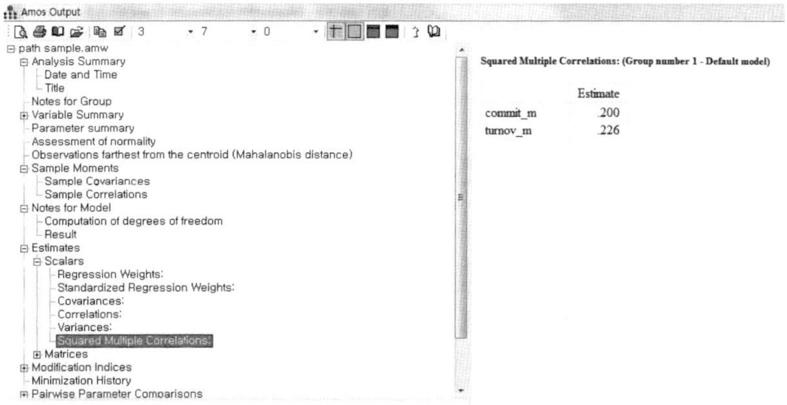

Squared Multiple Correlations: (Group number 1 - Default model)

	Estimate
commit_m	.200
turnov_m	.226

12. [regression weight]는 비표준화 회귀계수를 보여준다. 비표준화회귀계수(estimate)와 표준오차(S.E), t값(C.R), p값(p)이 나타난다.

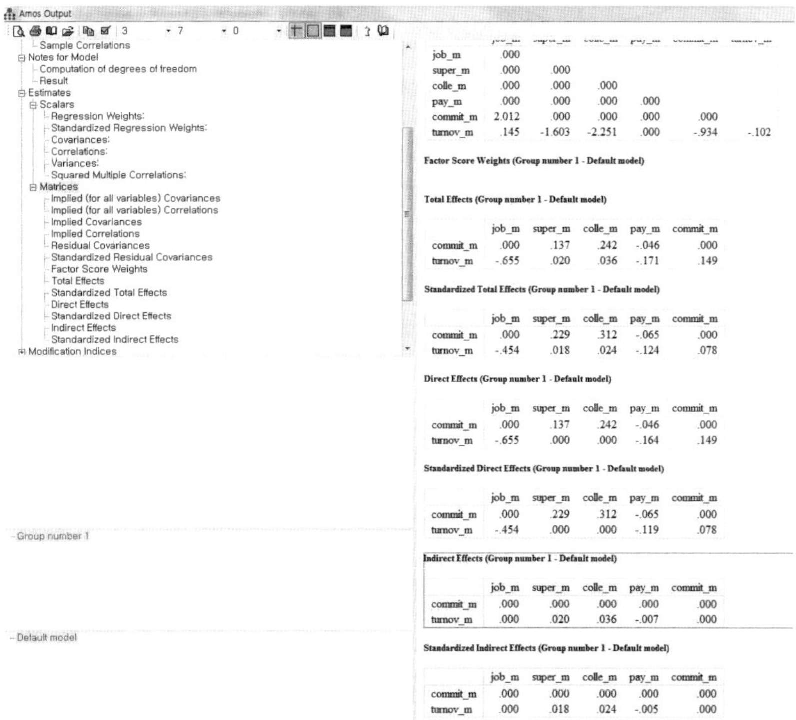

job_m	.000					
super_m	.000	.000				
colle_m	.000	.000	.000			
pay_m	.000	.000	.000	.000		
commit_m	2.012	.000	.000	.000	.000	
turnov_m	.145	-1.603	-2.251	.000	-.934	-.102

Factor Score Weights (Group number 1 - Default model)

Total Effects (Group number 1 - Default model)

	job_m	super_m	colle_m	pay_m	commit_m
commit_m	.000	.137	.242	-.046	.000
turnov_m	-.655	.020	.036	-.171	.149

Standardized Total Effects (Group number 1 - Default model)

	job_m	super_m	colle_m	pay_m	commit_m
commit_m	.000	.229	.312	-.065	.000
turnov_m	-.454	.018	.024	-.124	.078

Direct Effects (Group number 1 - Default model)

	job_m	super_m	colle_m	pay_m	commit_m
commit_m	.000	.137	.242	-.046	.000
turnov_m	-.655	.000	.000	-.164	.149

Standardized Direct Effects (Group number 1 - Default model)

	job_m	super_m	colle_m	pay_m	commit_m
commit_m	.000	.229	.312	-.065	.000
turnov_m	-.454	.000	.000	-.119	.078

Indirect Effects (Group number 1 - Default model)

	job_m	super_m	colle_m	pay_m	commit_m
commit_m	.000	.000	.000	.000	.000
turnov_m	.000	.020	.036	-.007	.000

Standardized Indirect Effects (Group number 1 - Default model)

	job_m	super_m	colle_m	pay_m	commit_m
commit_m	.000	.000	.000	.000	.000
turnov_m	.000	.018	.024	-.005	.000

13. 경로분석 해석에 쓰이는 직접(direct)효과와 간접(indirect)효과, 총(total)효과가 계산된다.

3. AMOS를 활용한 확증적 요인분석방법

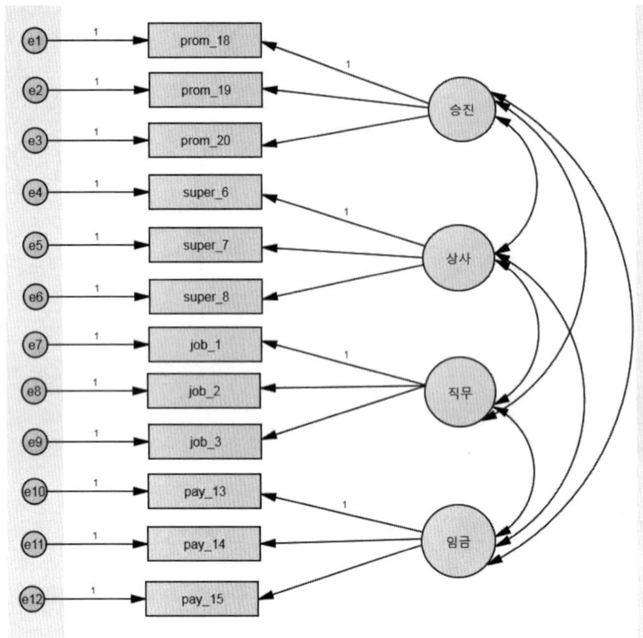

1. 확증적 요인분석 모형을 그릴 때, 측정변수 각각에는 오차항을 그려주고, 잠재변수에는 명칭을 부여한다(확증적 요인분석이므로). 요인들간 상관관계를(↔) 그리고, 요인과 변수간의 관계(←)를 그린다.

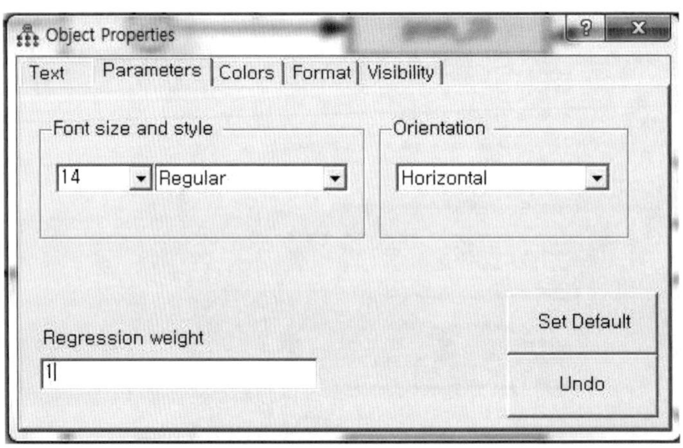

2. 잠재변수의 척도를 부여하기 위해 경로 하나를 고정하고자한다. 이를 위해 위 그림에서 요인에서 측정변수로 향하는 화살표 중 하나를 선택하여 더블클릭하면 옆의 창이 열린다. 창의 [Parameters]에서 'regression weight'로 '1'을 입력한다. 이 값이 부여되지 않을 경우 요인분석이 시행되지 않는다.
('××: Default model' 표시가 뜨면 분석이 불가능하다는 것을 의미한다.)

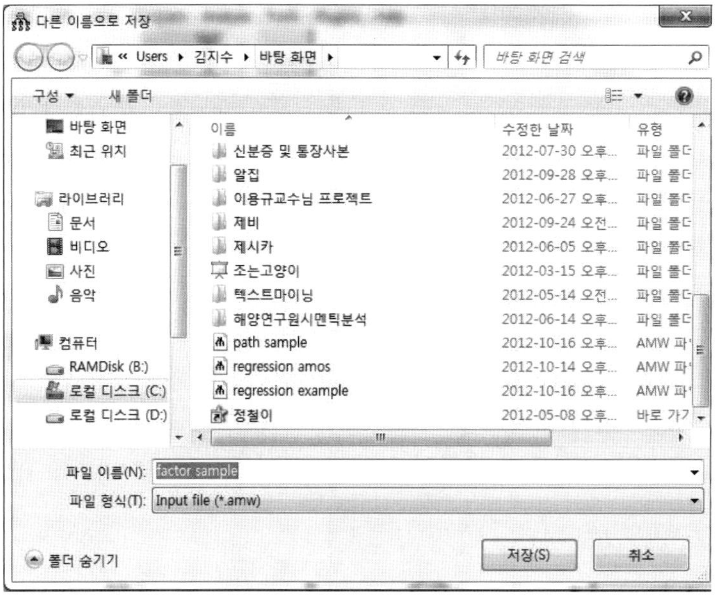

3. 그림과 같은 창이 뜨면 회귀분석 결과물을 저장하게 될 파일 명을 쓰고 저장한다. 그러면 '.amv'의 확장자명을 가진 AMOS 파일이 생성된다.

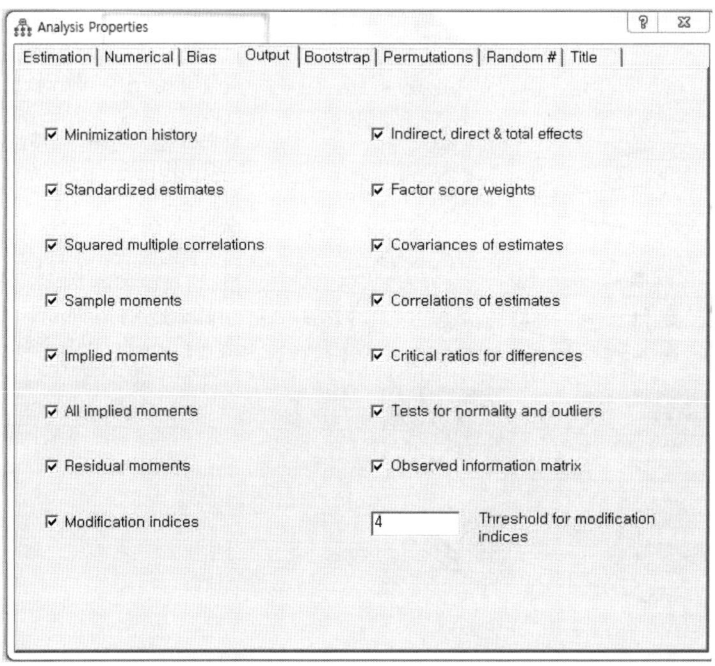

4. 아이콘을 클릭한 뒤, 상태창이 뜨면, [output]을 클릭하고, 'minimization history'와 'standardized estimate'를 클릭하고 창을 닫는다.

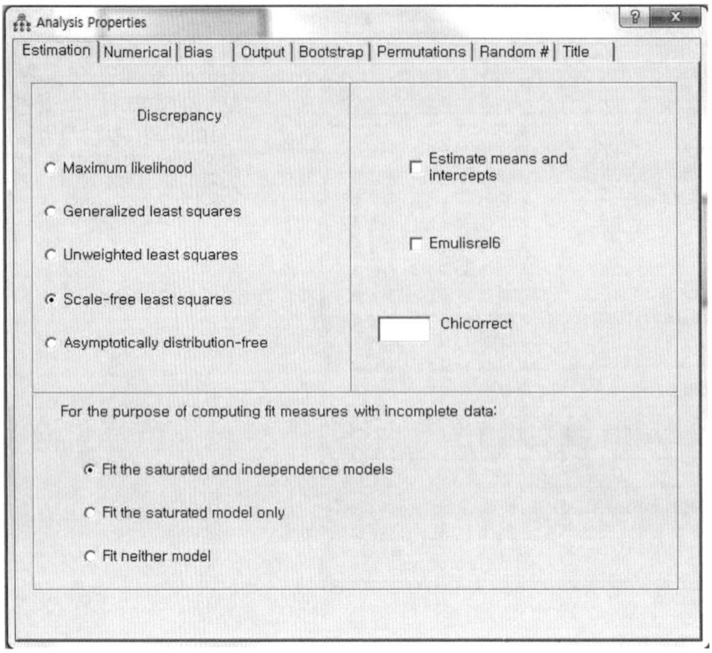

5. [estimation]을 클릭하고, '최대우도법(ML)'이나 '최소자승법(least squares)' 중에서 모수 추정 방법을 선택한다.

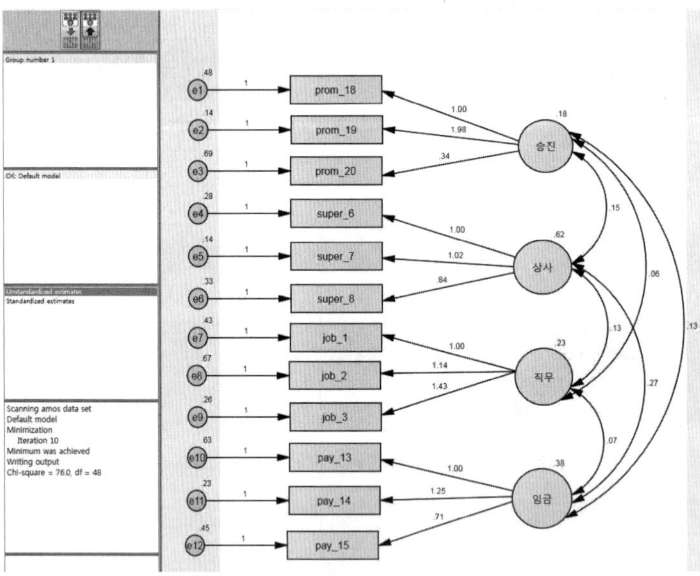

6. 좌측의 상단의 아이콘에서 좌측 아이콘을 클릭하면 투입(입력)이, 우측 아이콘을 클릭하면 산출결과가 만들어진다. 우측 아이콘을 클릭하면 그림과 같은 결과물이 만들어진다. [unstandardized estimate]를 선택하면, 비표준화 회귀계수 값이 계산된다.

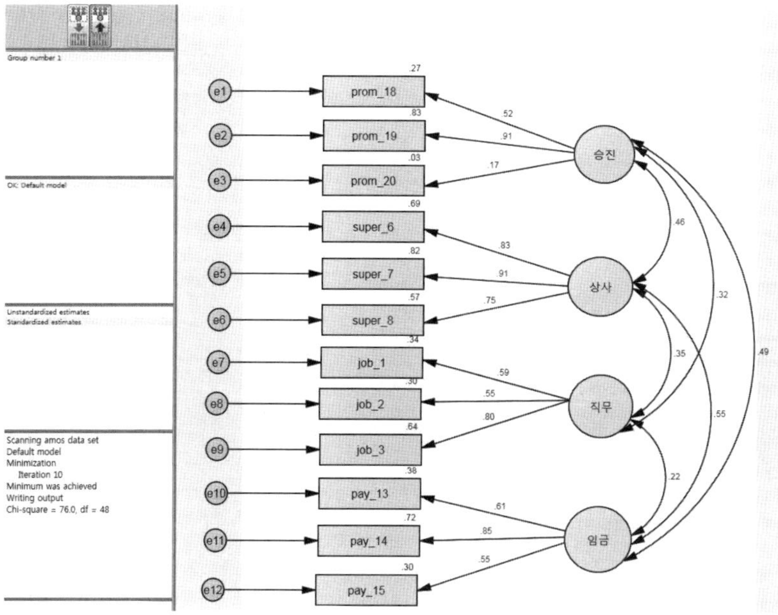

7. "standardized estimate"를 클릭하면 표준화 회귀계수 값이 나온다.

[view] → [text output]을 클릭하면, 회귀분석 결과에 대한 각종 분석결과물이 화면에 제시된다.

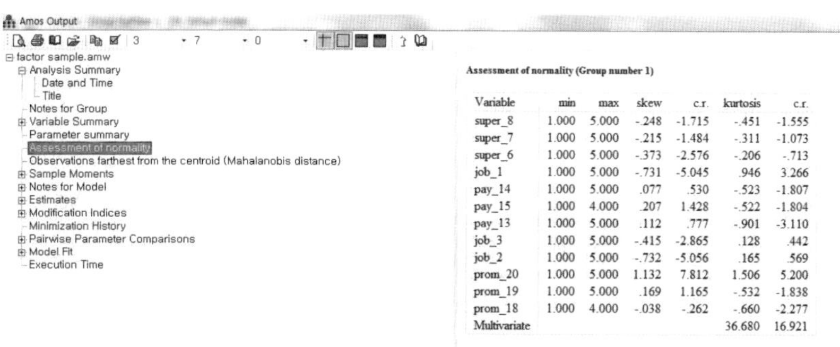

Assessment of normality (Group number 1)

Variable	min	max	skew	c.r.	kurtosis	c.r.
super_8	1.000	5.000	-.248	-1.715	-.451	-1.555
super_7	1.000	5.000	-.215	-1.484	-.311	-1.073
super_6	1.000	5.000	-.373	-2.576	-.206	-.713
job_1	1.000	5.000	-.731	-5.045	.946	3.266
pay_14	1.000	5.000	.077	.530	-.523	-1.807
pay_15	1.000	4.000	.207	1.428	-.522	-1.804
pay_13	1.000	5.000	.112	.777	-.901	-3.110
job_3	1.000	5.000	-.415	-2.865	.128	.442
job_2	1.000	5.000	-.732	-5.056	.165	.569
prom_20	1.000	5.000	1.132	7.812	1.506	5.200
prom_19	1.000	5.000	.169	1.165	-.532	-1.838
prom_18	1.000	4.000	-.038	-.262	-.660	-2.277
Multivariate					36.680	16.921

8. [Assessment of normality]를 클릭하면 각 변수별 정규성 검토결과를 보여 준다.

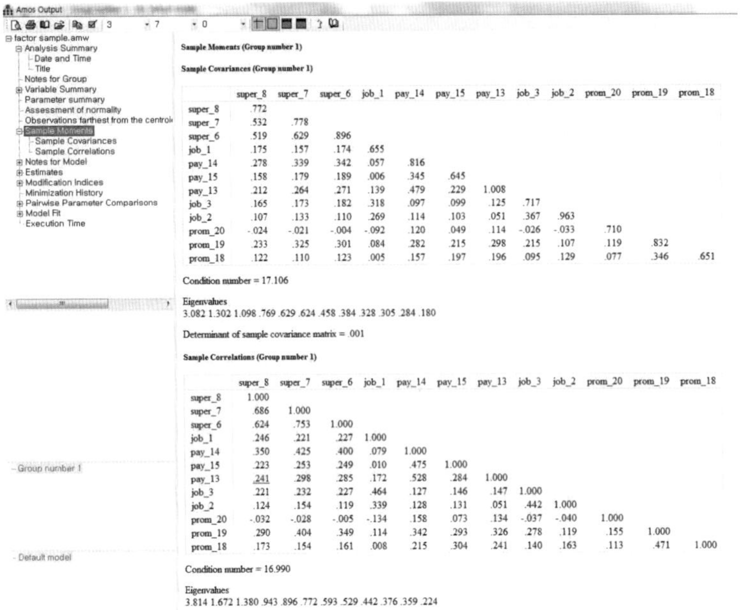

Sample Moments (Group number 1)

Sample Covariances (Group number 1)

	super_8	super_7	super_6	job_1	pay_14	pay_15	pay_13	job_3	job_2	prom_20	prom_19	prom_18
super_8	.772											
super_7	.532	.778										
super_6	.519	.629	.896									
job_1	.175	.157	.174	.655								
pay_14	.278	.339	.342	.057	.816							
pay_15	.158	.179	.189	.006	.345	.645						
pay_13	.212	.264	.271	.139	.479	.229	1.008					
job_3	.165	.173	.182	.318	.097	.099	.125	.717				
job_2	.107	.133	.110	.269	.114	.103	.051	.367	.963			
prom_20	-.024	-.021	-.004	-.092	.120	.049	.114	-.026	-.033	.710		
prom_19	.233	.325	.301	.084	.282	.215	.298	.215	.107	.119	.832	
prom_18	.122	.110	.123	.005	.157	.197	.196	.095	.129	.077	.346	.651

Condition number = 17.106

Eigenvalues
3.082 1.302 1.098 .769 .629 .624 .458 .384 .328 .305 .284 .180

Determinant of sample covariance matrix = .001

Sample Correlations (Group number 1)

	super_8	super_7	super_6	job_1	pay_14	pay_15	pay_13	job_3	job_2	prom_20	prom_19	prom_18
super_8	1.000											
super_7	.686	1.000										
super_6	.624	.753	1.000									
job_1	.246	.221	.227	1.000								
pay_14	.350	.425	.400	.079	1.000							
pay_15	.223	.253	.249	.010	.475	1.000						
pay_13	.241	.298	.285	.172	.528	.284	1.000					
job_3	.221	.232	.227	.464	.127	.146	.147	1.000				
job_2	.124	.154	.119	.339	.128	.131	.051	.442	1.000			
prom_20	-.032	-.028	-.005	-.134	.158	.073	.134	-.037	-.040	1.000		
prom_19	.290	.404	.349	.114	.342	.293	.326	.278	.119	.155	1.000	
prom_18	.173	.154	.161	.008	.215	.304	.241	.140	.163	.113	.471	1.000

Condition number = 16.990

Eigenvalues
3.814 1.672 1.380 .943 .896 .772 .593 .529 .442 .376 .359 .224

9. [sample moment]를 선택하면 변수 간 상관관계행렬 및 공분산행렬이 계산된다.

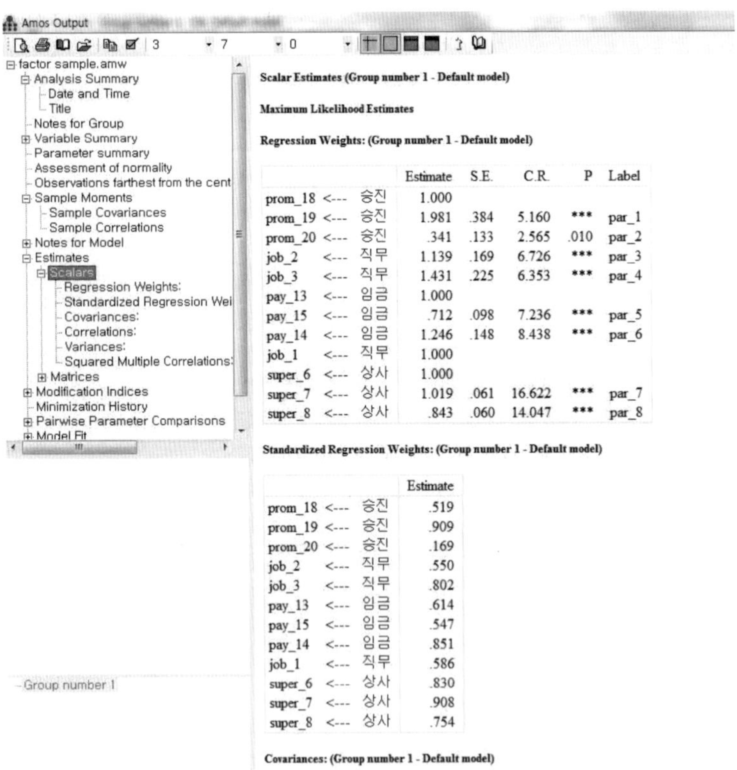

Scalar Estimates (Group number 1 - Default model)

Maximum Likelihood Estimates

Regression Weights: (Group number 1 - Default model)

			Estimate	S.E.	C.R.	P	Label
prom_18	<---	승진	1.000				
prom_19	<---	승진	1.981	.384	5.160	***	par_1
prom_20	<---	승진	.341	.133	2.565	.010	par_2
job_2	<---	직무	1.139	.169	6.726	***	par_3
job_3	<---	직무	1.431	.225	6.353	***	par_4
pay_13	<---	임금	1.000				
pay_15	<---	임금	.712	.098	7.236	***	par_5
pay_14	<---	임금	1.246	.148	8.438	***	par_6
job_1	<---	직무	1.000				
super_6	<---	상사	1.000				
super_7	<---	상사	1.019	.061	16.622	***	par_7
super_8	<---	상사	.843	.060	14.047	***	par_8

Standardized Regression Weights: (Group number 1 - Default model)

			Estimate
prom_18	<---	승진	.519
prom_19	<---	승진	.909
prom_20	<---	승진	.169
job_2	<---	직무	.550
job_3	<---	직무	.802
pay_13	<---	임금	.614
pay_15	<---	임금	.547
pay_14	<---	임금	.851
job_1	<---	직무	.586
super_6	<---	상사	.830
super_7	<---	상사	.908
super_8	<---	상사	.754

Covariances: (Group number 1 - Default model)

10. 요인별 적재치가 계산되며, 위에서 확증적요인분석 모형을 그릴 때 '1'로 값을 고정한 화살표의 적재치는 1로 계산된다. 그림처럼 결과물에는 표준화 적재치와 비표준화 적재치가 모두 계산되어 있다.

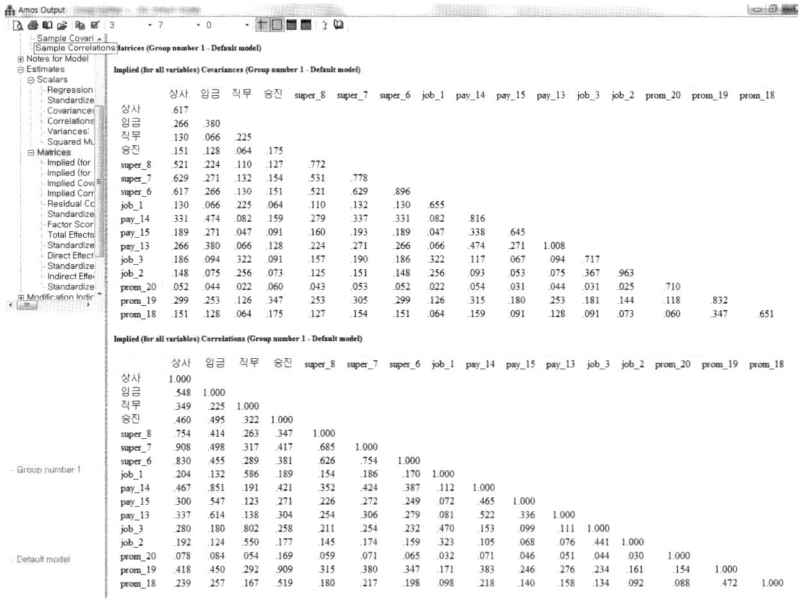

Implied (for all variables) Covariances (Group number 1 - Default model)

	상사	임금	직무	승진	super_8	super_7	super_6	job_1	pay_14	pay_15	pay_13	job_3	job_2	prom_20	prom_19	prom_18
상사	.617															
임금	.266	.380														
직무	.130	.066	.225													
승진	.151	.128	.064	.175												
super_8	.521	.224	.110	.127	.772											
super_7	.629	.271	.132	.154	.531	.778										
super_6	.617	.266	.130	.151	.521	.629	.896									
job_1	.130	.066	.225	.064	.110	.132	.130	.655								
pay_14	.331	.474	.082	.159	.279	.337	.331	.082	.816							
pay_15	.189	.271	.047	.091	.160	.193	.189	.047	.338	.645						
pay_13	.266	.380	.066	.128	.224	.271	.266	.066	.474	.271	1.008					
job_3	.186	.094	.322	.091	.157	.190	.186	.322	.117	.067	.094	.717				
job_2	.148	.075	.256	.073	.125	.151	.148	.256	.093	.053	.075	.367	.963			
prom_20	.052	.044	.022	.060	.043	.053	.052	.022	.054	.031	.044	.031	.025	.710		
prom_19	.299	.253	.126	.347	.253	.305	.299	.126	.315	.180	.253	.181	.144	.118	.832	
prom_18	.151	.128	.064	.175	.127	.154	.151	.064	.159	.091	.128	.091	.073	.060	.347	.651

Implied (for all variables) Correlations (Group number 1 - Default model)

	상사	임금	직무	승진	super_8	super_7	super_6	job_1	pay_14	pay_15	pay_13	job_3	job_2	prom_20	prom_19	prom_18
상사	1.000															
임금	.548	1.000														
직무	.349	.225	1.000													
승진	.460	.495	.322	1.000												
super_8	.754	.414	.263	.347	1.000											
super_7	.908	.498	.317	.417	.685	1.000										
super_6	.830	.455	.289	.381	.626	.754	1.000									
job_1	.204	.132	.586	.189	.154	.186	.170	1.000								
pay_14	.467	.851	.191	.421	.352	.424	.387	.112	1.000							
pay_15	.300	.547	.123	.271	.226	.272	.249	.072	.465	1.000						
pay_13	.337	.614	.138	.304	.254	.306	.279	.081	.522	.336	1.000					
job_3	.280	.180	.802	.258	.211	.254	.232	.470	.153	.099	.111	1.000				
job_2	.192	.124	.550	.177	.145	.174	.159	.323	.105	.068	.076	.441	1.000			
prom_20	.078	.084	.054	.169	.059	.071	.065	.032	.071	.046	.051	.044	.030	1.000		
prom_19	.418	.450	.292	.909	.315	.380	.347	.171	.383	.246	.276	.234	.161	.154	1.000	
prom_18	.239	.257	.167	.519	.180	.217	.198	.098	.218	.140	.158	.134	.092	.088	.472	1.000

11. 요인간 상관관계가 0.225~0.548로 다소 높은 편이다.

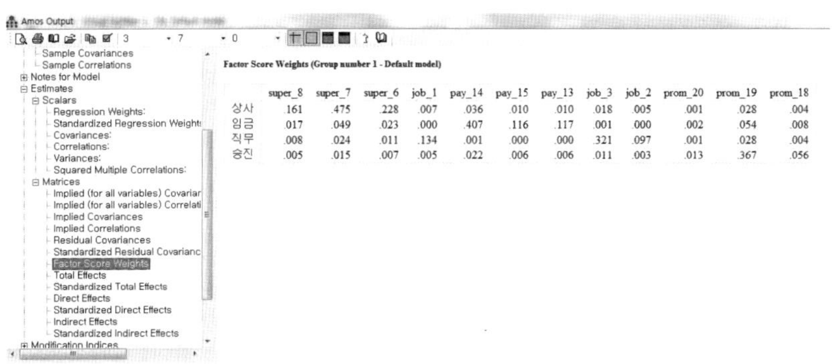

Factor Score Weights (Group number 1 - Default model)

	super_8	super_7	super_6	job_1	pay_14	pay_15	pay_13	job_3	job_2	prom_20	prom_19	prom_18
상사	.161	.475	.228	.007	.036	.010	.010	.018	.005	.001	.028	.004
임금	.017	.049	.023	.000	.407	.116	.117	.001	.000	.002	.054	.008
직무	.008	.024	.011	.134	.001	.000	.000	.321	.097	.001	.028	.004
승진	.005	.015	.007	.005	.022	.006	.006	.011	.003	.013	.367	.056

12. 좌측 그림의 결과물은 요인별 적재치를 정리한 표이다.

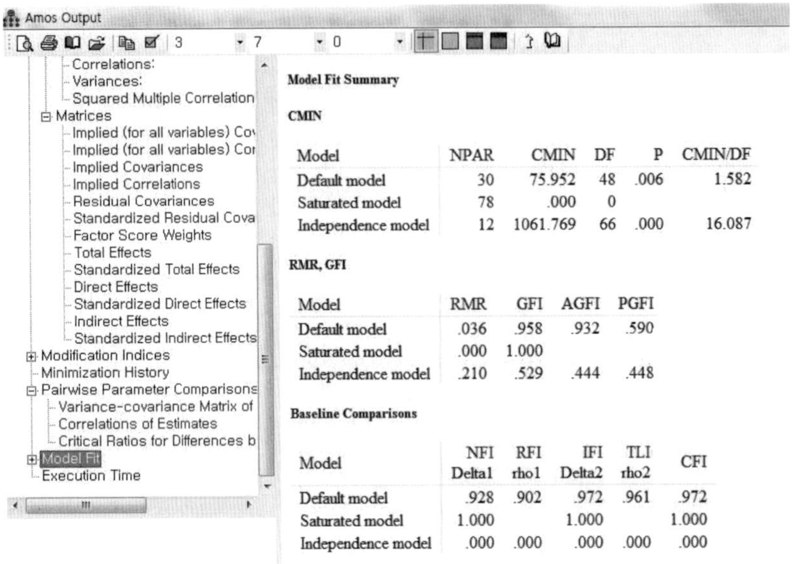

Model Fit Summary

CMIN

Model	NPAR	CMIN	DF	P	CMIN/DF
Default model	30	75.952	48	.006	1.582
Saturated model	78	.000	0		
Independence model	12	1061.769	66	.000	16.087

RMR, GFI

Model	RMR	GFI	AGFI	PGFI
Default model	.036	.958	.932	.590
Saturated model	.000	1.000		
Independence model	.210	.529	.444	.448

Baseline Comparisons

Model	NFI Delta1	RFI rho1	IFI Delta2	TLI rho2	CFI
Default model	.928	.902	.972	.961	.972
Saturated model	1.000		1.000		1.000
Independence model	.000	.000	.000	.000	.000

13. 모형의 적합도는 75.95(카이제곱값)로 적합도는 좋지 않다. 그러나 나머지 적합도 지수들을 보면, 전반적으로 우수하다. 적합도 지수의 계산 결과는 LISREL을 이용한 경우와 동일하다.

4. AMOS를 활용한 잠재변수 경로분석 방법

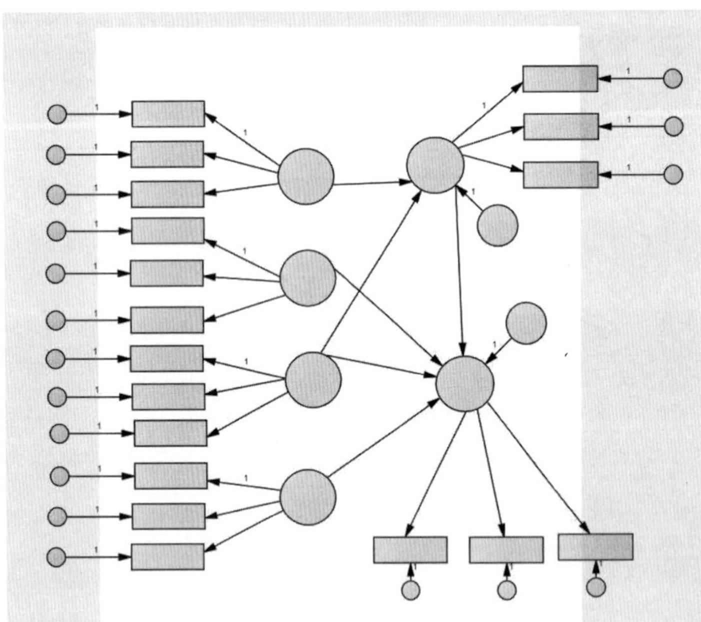

1. 잠재변수 경로분석을 위해 먼저 아이콘 툴바를 이용해 경로도를 그린다. 각 측정변수에는 오차항(e1~e18)을 표기하며, 잠재변수의 척도를 부여하기 위해 각 잠재변수에서 측정변수로 향하는 화살표 중 1개를 선택하여 그 값을 '1'로 고정한다.
   또한 잠재내생변수에는 오차항(d1, d2)을 표기해야 한다.

2. 좌측 그림과 같은 창이 뜨면 회귀분석 결과물을 저장하게 될 파일명을 지정하고 저장한다. 그러면 '.amv'의 확장자명을 가진 AMOS 파일이 생성된다.

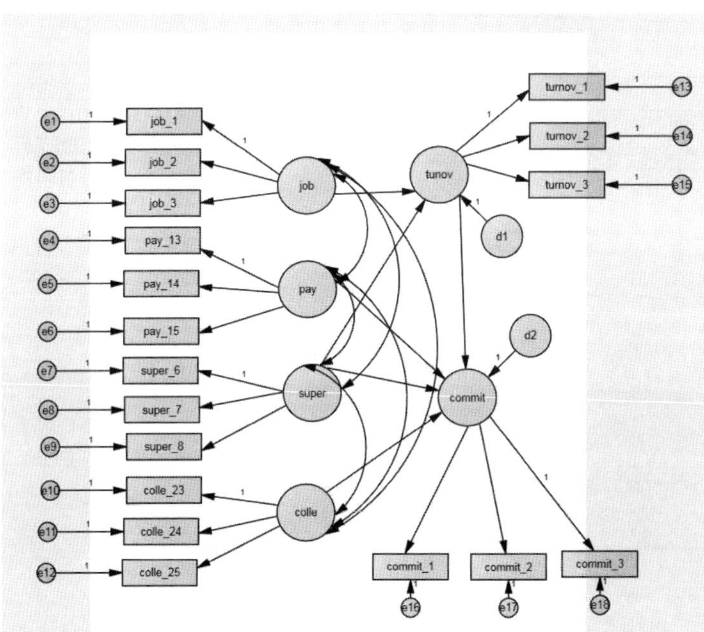

3. 위의 그림만으로 잠재변수 경로분석을 실시하려고 하면 '××:Default model'이라는 경고가 표시된다. 따라서 외생잠재변수들 간에상관관계(↔)를 추가하고, 각 변수에 이름을 부여한다. 그 방법은 앞의 확증적 요인분석 에서 설명한 것과 동일하다.

* 상관관계는 실제 분석결과를 보고할 때는 사용되지 않지만, 상관관계를 설정하지 않으면 분석이 진행되지 않는다. 따라서 보고 시에는 삭제해도 된다.

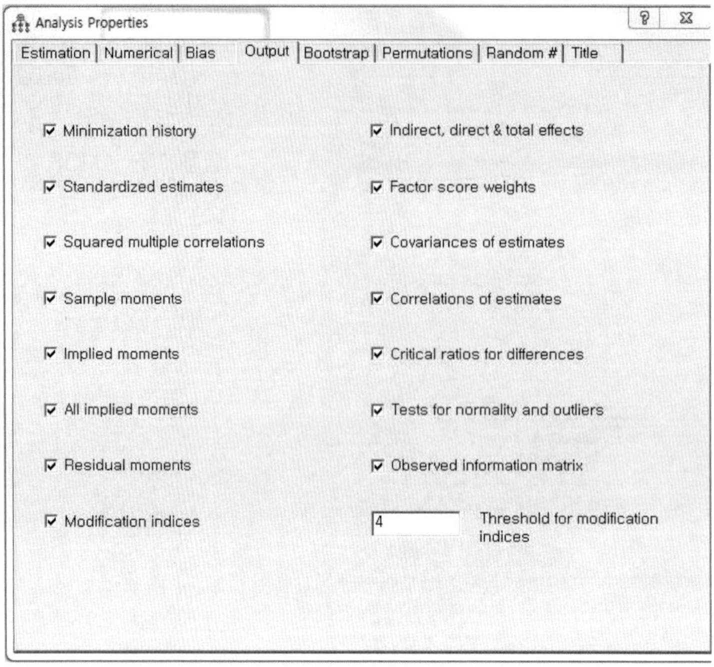

4. 아이콘을 클릭한 뒤, 상태창이 뜨면, [output]을 클릭하고, 'minimization history'와 'standardized estimate'를 클릭하고 창을 닫는다.

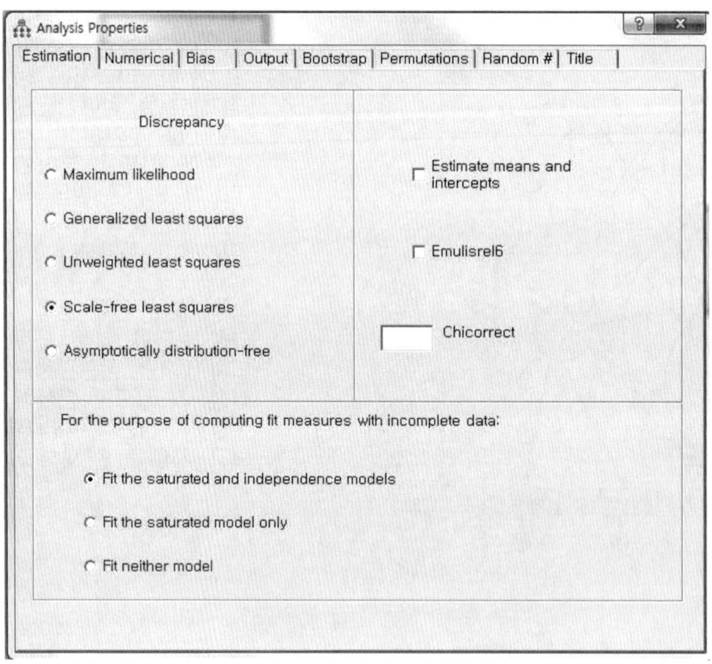

5. [estimation]을 클릭하고, '최대우도법(ML)'과 '최소자승법(OLS)' 중에서 하나를 선택한다.

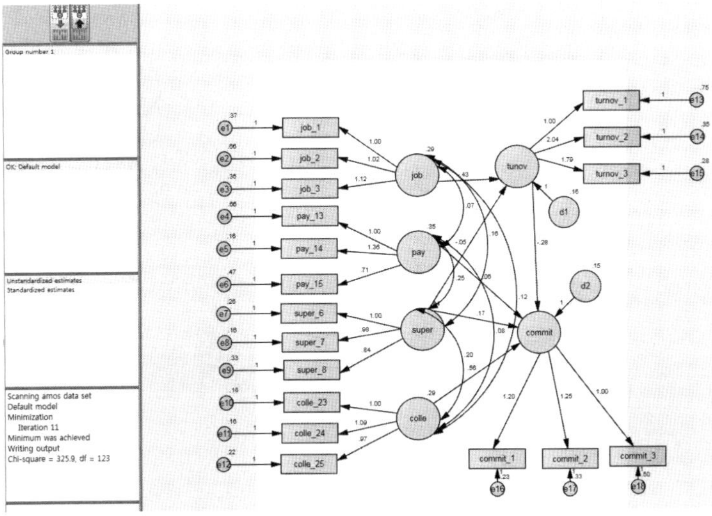

6. 좌측의 상단의 아이콘에서 좌측 아이콘을 클릭하면 투입(입력)이, 우측 아이콘을 클릭하면 결과물이 만들어진다. 우측 아이콘을 클릭하면 옆의 그림과 같은 결과물이 제시된다. [unst andardized estimate]를 누르면, 비표준화 회귀계수가 계산된다.

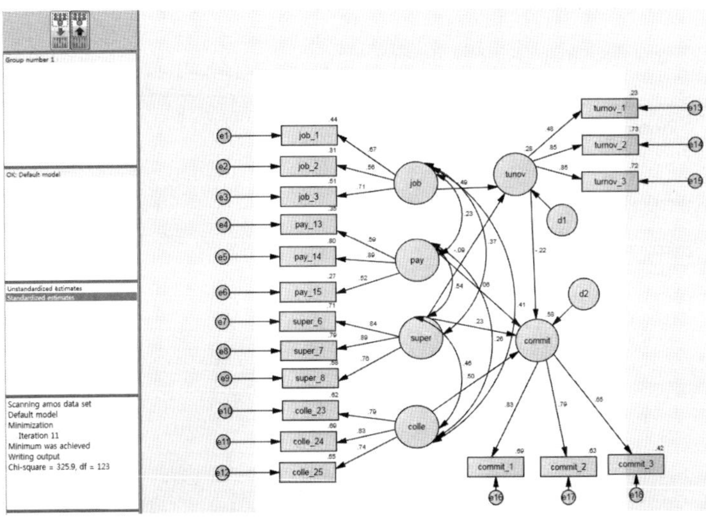

7. [standardized estimate]를 누르면, 표준화 회귀계수가 계산된다.

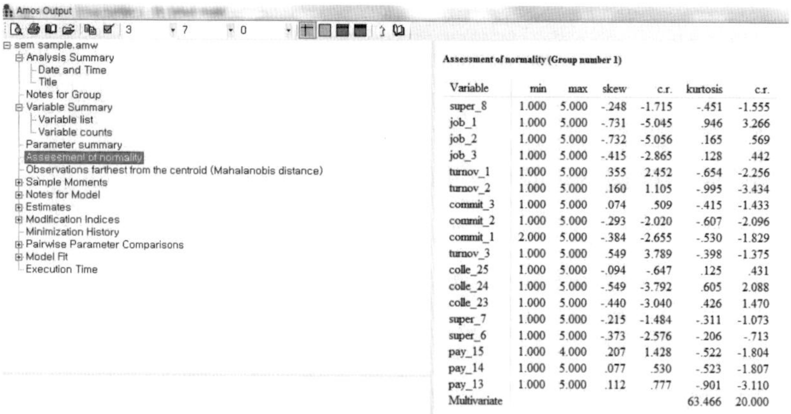

Assessment of normality (Group number 1)

Variable	min	max	skew	c.r.	kurtosis	c.r.
super_8	1.000	5.000	-.248	-1.715	-.451	-1.555
job_1	1.000	5.000	-.731	-5.045	.946	3.266
job_2	1.000	5.000	-.732	-5.056	.165	.569
job_3	1.000	5.000	-.415	-2.865	.128	.442
turnov_1	1.000	5.000	.355	2.452	-.654	-2.256
turnov_2	1.000	5.000	.160	1.105	-.995	-3.434
commit_3	1.000	5.000	.074	.509	-.415	-1.433
commit_2	1.000	5.000	-.293	-2.020	-.607	-2.096
commit_1	2.000	5.000	-.384	-2.655	-.530	-1.829
turnov_3	1.000	5.000	.549	3.789	-.398	-1.375
colle_25	1.000	5.000	-.094	-.647	.125	.431
colle_24	1.000	5.000	-.549	-3.792	.605	2.088
colle_23	1.000	5.000	-.440	-3.040	.426	1.470
super_7	1.000	5.000	-.215	-1.484	-.311	-1.073
super_6	1.000	5.000	-.373	-2.576	-.206	-.713
pay_15	1.000	4.000	.207	1.428	-.522	-1.804
pay_14	1.000	5.000	.077	.530	-.523	-1.807
pay_13	1.000	5.000	.112	.777	-.901	-3.110
Multivariate					63.466	20.000

8. [view] → [text output] 을 선택하면, 잠재변수 경로분석 결과에 대한 각종 결과물이 화면에 나타난다.

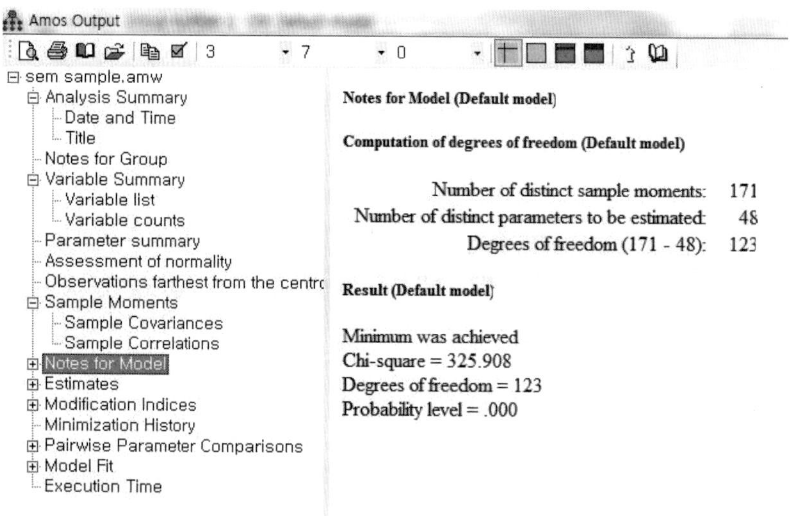

Notes for Model (Default model)

Computation of degrees of freedom (Default model)

Number of distinct sample moments: 171
Number of distinct parameters to be estimated: 48
Degrees of freedom (171 - 48): 123

Result (Default model)

Minimum was achieved
Chi-square = 325.908
Degrees of freedom = 123
Probability level = .000

9. 모형적합도로 카이제곱, 자유도, *p*값이 계산된다.

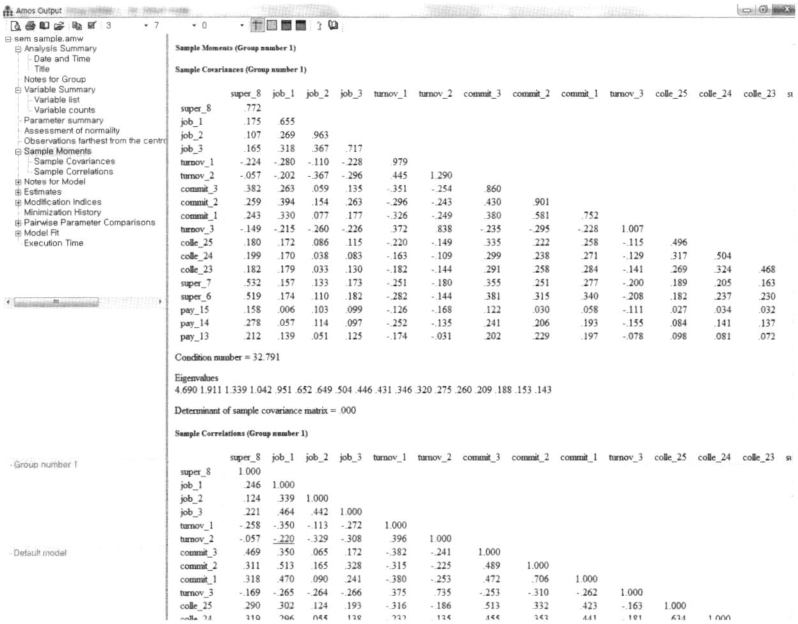

10. 변수 간 상관관계행렬 및 공분산행렬이 계산된다.

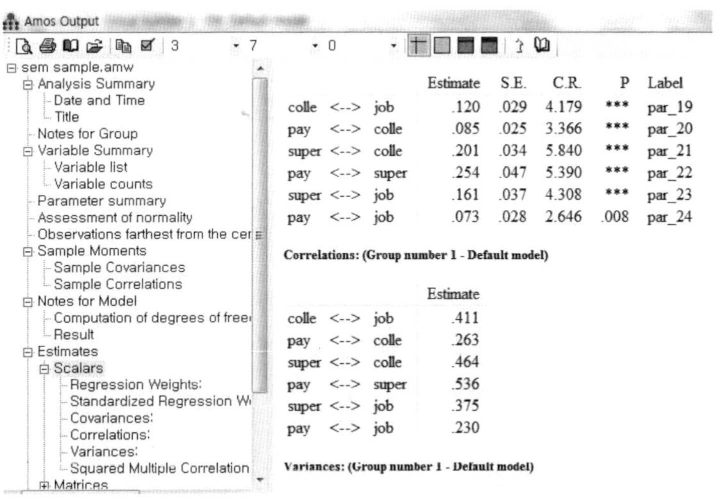

11. 잠재변수 간 경로계수의 추정치를 보여준다. 표준화 경로계수와 비표준화 경로계수(표준오차, *t*값, *p*값) 모두를 보여준다.

12. 잠재변수와 각 측정변수 간 요인적재치의 값 (R^2)을 보여준다.

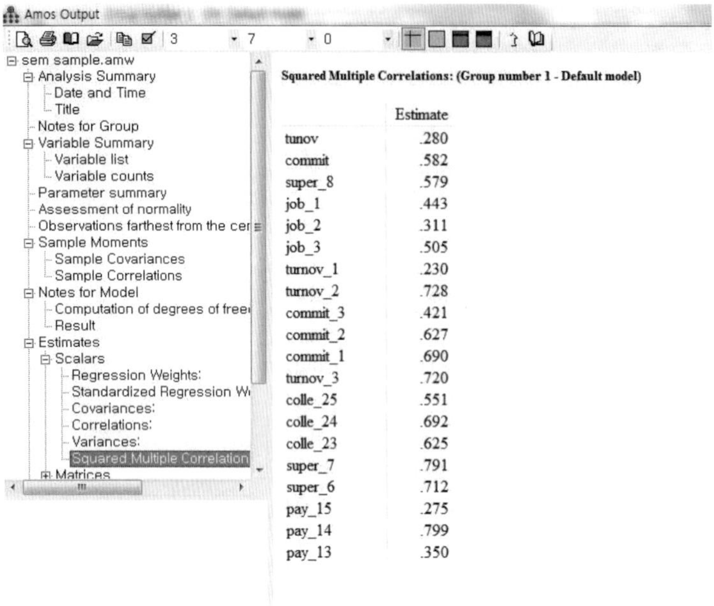

Squared Multiple Correlations: (Group number 1 - Default model)

	Estimate
tunov	.280
commit	.582
super_8	.579
job_1	.443
job_2	.311
job_3	.505
turnov_1	.230
turnov_2	.728
commit_3	.421
commit_2	.627
commit_1	.690
turnov_3	.720
colle_25	.551
colle_24	.692
colle_23	.625
super_7	.791
super_6	.712
pay_15	.275
pay_14	.799
pay_13	.350

13. 각 잠재변수와 측정변수간적재치, 각 잠재변수와 잠재변수간의 경로계수를 포함한 종합적인 결과를 보여준다.

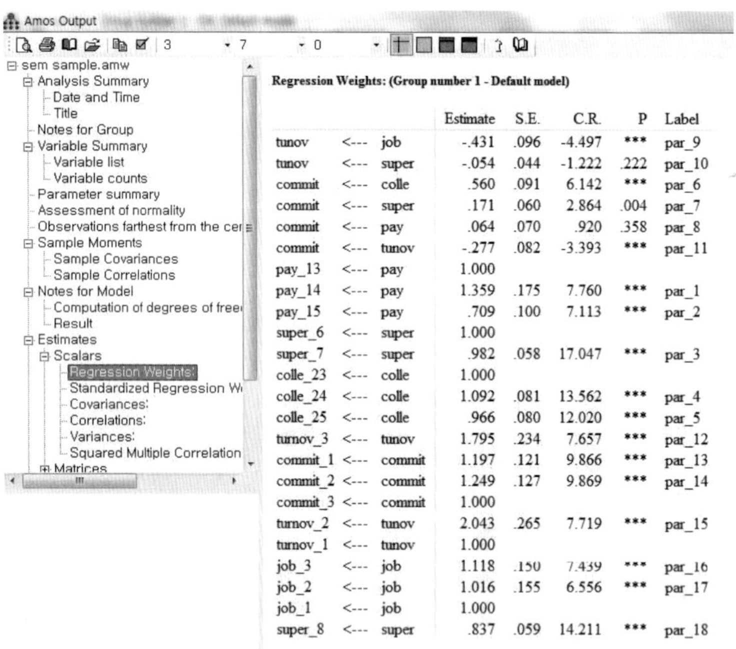

Regression Weights: (Group number 1 - Default model)

			Estimate	S.E.	C.R.	P	Label
tunov	<---	job	-.431	.096	-4.497	***	par_9
tunov	<---	super	-.054	.044	-1.222	.222	par_10
commit	<---	colle	.560	.091	6.142	***	par_6
commit	<---	super	.171	.060	2.864	.004	par_7
commit	<---	pay	.064	.070	.920	.358	par_8
commit	<---	tunov	-.277	.082	-3.393	***	par_11
pay_13	<---	pay	1.000				
pay_14	<---	pay	1.359	.175	7.760	***	par_1
pay_15	<---	pay	.709	.100	7.113	***	par_2
super_6	<---	super	1.000				
super_7	<---	super	.982	.058	17.047	***	par_3
colle_23	<---	colle	1.000				
colle_24	<---	colle	1.092	.081	13.562	***	par_4
colle_25	<---	colle	.966	.080	12.020	***	par_5
turnov_3	<---	tunov	1.795	.234	7.657	***	par_12
commit_1	<---	commit	1.197	.121	9.866	***	par_13
commit_2	<---	commit	1.249	.127	9.869	***	par_14
commit_3	<---	commit	1.000				
turnov_2	<---	tunov	2.043	.265	7.719	***	par_15
turnov_1	<---	tunov	1.000				
job_3	<---	job	1.118	.150	7.439	***	par_16
job_2	<---	job	1.016	.155	6.556	***	par_17
job_1	<---	job	1.000				
super_8	<---	super	.837	.059	14.211	***	par_18

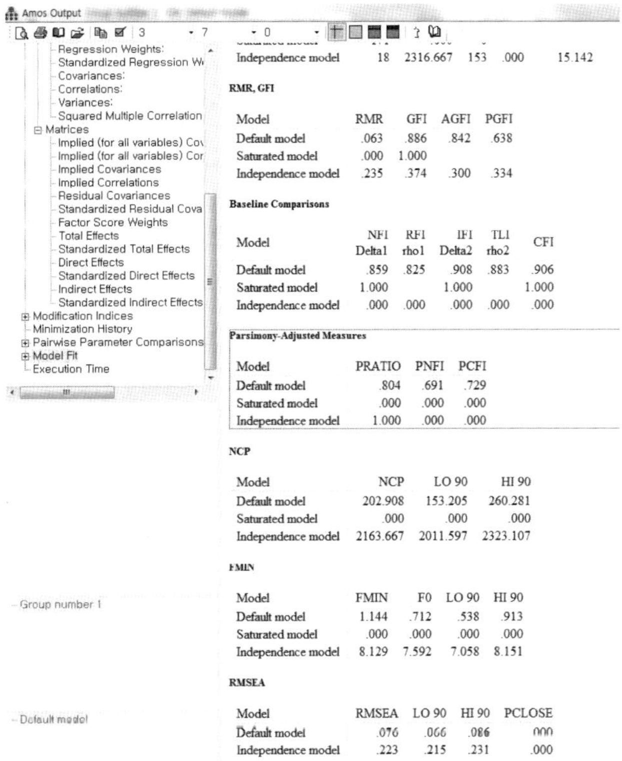

Independence model	18	2316.667	153	.000	15.142

RMR, GFI

Model	RMR	GFI	AGFI	PGFI
Default model	.063	.886	.842	.638
Saturated model	.000	1.000		
Independence model	.235	.374	.300	.334

Baseline Comparisons

Model	NFI Delta1	RFI rho1	IFI Delta2	TLI rho2	CFI
Default model	.859	.825	.908	.883	.906
Saturated model	1.000		1.000		1.000
Independence model	.000	.000	.000	.000	.000

Parsimony-Adjusted Measures

Model	PRATIO	PNFI	PCFI
Default model	.804	.691	.729
Saturated model	.000	.000	.000
Independence model	1.000	.000	.000

NCP

Model	NCP	LO 90	HI 90
Default model	202.908	153.205	260.281
Saturated model	.000	.000	.000
Independence model	2163.667	2011.597	2323.107

FMIN

Model	FMIN	F0	LO 90	HI 90
Default model	1.144	.712	.538	.913
Saturated model	.000	.000	.000	.000
Independence model	8.129	7.592	7.058	8.151

RMSEA

Model	RMSEA	LO 90	HI 90	PCLOSE
Default model	.076	.066	.086	.000
Independence model	.223	.215	.231	.000

14. 다양한 모형 적합도지수가 계산된다.

찾아보기

ㄱ

ㅅ

ㅇ

ㅈ

ㅊ

ㅋ

ㅌ

ㅍ

ㅎ

〔저 자 소 개〕

중앙대학교 행정학 학사
고려대학교 행정학 석사
뉴욕 주립대학교(State University of New York at Albany) 행정학 박사
플로리다 주립대학교(Florida State University) 방문교수
각종 국가고시 출제 및 검토위원 역임
한국행정학회 총무이사 역임
2012년 한국행정학회 학술상(논문부문) 수상
(현) 중앙대학교 공공인재학부 교수

구조방정식모형: 이해와 활용

2013년 4월 25일 초판 인쇄
2013년 4월 30일 초판 1쇄발행

저 자 심 준 섭
발행인 배 효 선
발행처 도서출판 法 文 社

주 소 413-756 경기도 파주시 문발동 526-3
(파주출판문화정보산업단지)
등 록 1957년 12월 12일/제2-76호(윤)
전 화 031-955-6500~6/ 팩 스 031-955-6525
e-mail(영업): bms@bobmunsa.co.kr
(편집): edit66@bobmunsa.co.kr
홈페이지: http://www.bobmunsa.co.kr
조 판 광 암 문 화 사

정가 32,000원 ISBN 978-89-18-12478-0